国家出版基金项目
NATIONAL PUBLICATION FOUNDATION

Supported by Key Project for the Development of State Facilities and Information Infrastructure for Science and Technology: National Specimen Information Infrastructure (2005DKA21401)
The Thirteenth Five-Year Plan for National Important Books Publication Project
国家科技基础条件平台：标本资源共享平台建设项目（2005DKA21401）资助
“十三五”国家重点图书出版规划项目

Type Specimens in China National Herbarium (PE)

Volume 12

ANGIOSPERMAE(9)

中国国家植物标本馆（PE）模式标本集

第12卷

被子植物门（9）

Institute of Botany, Chinese Academy of Sciences Editt
The editors of this volume LIN Qi, LIN Yun, ZHANG Xiaobing and YANG Zhirong

中国科学院植物研究所 编
本卷主编 林 祁 林 云 张小冰 杨志荣

河南科学技术出版社
Henan Science and Technology Press

图书在版编目（CIP）数据

中国国家植物标本馆（PE）模式标本集. 第12卷，被子植物门. 9：英汉对照 / 中国科学院植物研究所编；林祁等本卷主编. —郑州：河南科学技术出版社，2017. 6
ISBN 978-7-5349-8161-6

Ⅰ. ①中… Ⅱ. ①中… ②林… Ⅲ. ①植物—标本—中国—图集②被子植物—标本—中国—图集 Ⅳ. ①Q94-34

中国版本图书馆CIP数据核字（2017）第018944号

The editors of this volume LIN Qi, LIN Yun, ZHANG Xiaobing and YANG Zhirong

Edited by BAN Qin, CHEN Shurong, CHEN Yali, DU Yufen, FU Lianzhong, GAO Dai, HE Shanshan, JING Xuan, LI Hongli, LIN Qi, LIN Yun, LIU Wenqun, MA Xintang, WANG Mingqiong, WANG Zhongtao, WU Huibing, YANG Zhirong, YUN Yingxia, ZHANG Xiaobing, ZHAO Huijuan (Names are arranged in alphabetical order)

本卷主编 林 祁 林 云 张小冰 杨志荣

编 著 者（以姓氏拼音为序）

班 勤 陈淑荣 陈雅丽 杜玉芬 傅连中 高 玳 何珊珊 敬 璇
李红丽 林 祁 林 云 刘文群 马欣堂 王明琼 王忠涛 吴慧冰
杨志荣 云映霞 张小冰 赵慧娟

生物中国总策划：周本庆

出版发行：河南科学技术出版社
地址：郑州市经五路66号 邮编：450002
电话：（0371）65737028 65788613
网址：www.hnstp.cn
策划编辑：周本庆 杨秀芳
责任编辑：刘 嘉
责任校对：马晓灿
整体设计：张 伟
责任印制：张艳芳
印 刷：北京盛通印刷股份有限公司
经 销：全国新华书店
幅面尺寸：240mm × 345mm 印张：80.5 字数：250千字
版 次：2017年6月第1版 2017年6月第1次印刷
定 价：1 500.00元

如发现印、装质量问题，影响阅读，请与出版社联系并调换。

Introduction

Predecessors of China National Herbarium (abbreviated code PE), Institute of Botany, Chinese Academy of Sciences are the Herbarium, Department of Botany, the Fan Memorial Institute of Biology, Peiping (1928), as well as the Herbarium, Institute of Botany, the National Academy of Peiping (1929). Now PE has developed into the largest herbarium in Asia. The current collections contain more than 2 650 000 specimens in the herbarium, including mosses, ferns, seed plants, seed collections and plant fossil samples. Among them, there are about 20 000 type specimens (holotype, isotype, lectotype, isolectotype, neotype, isoneotype, epitype, isoepitype, syntype, isosyntype, paratype, isoparatype).

Type specimens in this book were produced by selecting the most important type specimen deposited at PE under the same scientific name (species, subspecies, variety and form), and then they were also reviewed and scanned. After compilation, ***Type Specimens in China National Herbarium*** (***PE***) which consists of 14 volumes is completed.

Type Specimens in China National Herbarium (***PE***) includes 7 451 type specimens, comprising 4 356 holotypes, 2 203 isotypes, 319 lectotypes, 8 isolectotypes, 3 neotypes, 3 isoepitypes, 27 syntypes, 94 isosyntypes, 279 paratypes, 170 isoparatypes, and belonging to 194 families, 1 134 genera, 6 159 species, 66 subspecies, 1 114 varieties and 122 forms. The taxa are arranged by family according to the system of ***Flora Bryophytorum Sinicorum*** and ***Flora Reipublicae Popularis Sinicae***. Infra-family taxa are alphabetized by genera, species, subspecies, varieties and forms. The explanation of each taxon is listed in the figure caption with Chinese name, scientific name, original publication, nature of specimen (holotype/ isotype/ lectotype/ isolectotype/ neotype/ isoneotype/ epitype/ isoepitype/ syntype/ isosyntype/ paratype/ isoparatype), type locality (country/ province/ county/ mountain if present), altitude, collection date, collector and collection number. The collector and type locality in this book follow ***Index Herbariorum Sinicorum*** (L. K. Fu, 1993) and ***Gazetteer of China—An Index to the Atlas of the People's Republic of China*** (Chinese Academy of Surveying & Mapping, 1997) respectively.

This book is a very important work for researching and identifying Chinese plants. It could also be used as a reference by plant taxonomists and people from botanic research institutions, educational institutions and production departments at home and abroad.

Volume 12 of Type Specimens in China National Herbarium (PE) includes 572 type specimens from Theaceae (2) to Loganiaceae (Oleaceae in Volume 14), comprising 176 holotypes, 271 isotypes, 39 lectotypes, 5 isolectotypes, 11 syntypes, 30 isosyntypes, 18 paratypes, 26 isoparatypes, and belonging to 33 families, 130 genera, 471 species, 5 subspecies, 91 varieties and 9 forms.

Greatest thanks to Prof. Li Liangqian and Prof. Zhang Xianchun, curators of China National Herbarium (PE), for their support and help throughout the publication of the book.

LIN Qi

February 2016

前　言

中国科学院植物研究所国家植物标本馆（缩写代号 PE）的前身是 1928 年成立的北平静生生物调查所植物标本室和 1929 年成立的北平研究院植物研究所标本室，现已发展为亚洲最大的植物标本馆，目前馆藏植物标本 265 万余份，包括苔藓植物标本、蕨类植物标本、种子植物标本、种子标本和植物化石标本，其中模式标本近 2 万份（含主模式、等模式、后选模式、等后选模式、新模式、等新模式、附加模式、等附加模式、合模式、等合模式、副模式、等副模式）。

书中所收录的模式标本是在同一学名下（种、亚种、变种、变型）遴选出一份最重要的馆藏模式标本，经整理并扫描后编撰而成《中国国家植物标本馆（PE）模式标本集》（共14卷）。

全书共收有模式标本7 451份，含4 356份主模式、2 203份等模式、319份后选模式、8份等后选模式、3份新模式、3份等附加模式、27份合模式、94份等合模式、279份副模式、170份等副模式，隶属于194科、1 134属、6 159种、66亚种、1 114变种和122变型。全套书各科依据《中国苔藓志》及《中国植物志》系统排列，属、种、亚种、变种、变型的名称按字母顺序排列。每张扫描模式标本相片的图注解释均标注中名、学名、原始文献、模式类型（主模式、等模式、后选模式、等后选模式、新模式、等新模式、附加模式、等附加模式、合模式、等合模式、副模式、等副模式）、采集地点（国名、省名、县名、山名）、海拔、采集时间（年月日）、采集人和采集号。本书中的采集人根据《中国植物标本馆索引》(傅立国，1993)书写，采集地根据《中国地名录——中华人民共和国地图集地名索引》（国家测绘局地名研究所, 1997）书写。

本书是一部研究与鉴定中国植物的重要著作，可供国内外植物分类学者及有关植物学科研、教学和生产部门人员参考。

第 12 卷包括被子植物门山茶科（2）至马钱科的模式标本（木犀科编排在第 14 卷），共 572 份，含 176 份主模式、271 份等模式、39 份后选模式、5 份等后选模式、11 份合模式、30 份等合模式、18 份副模式、26 份等副模式，隶属于 33 科、130 属、471 种、5 亚种、91 变种和 9 变型。

感谢中国国家植物标本馆（PE）馆长李良千研究员和张宪春研究员在本书编撰过程中给予的支持和帮助。

林　祁

2016 年 2 月

Contents
目　录

尖萼毛柃 ***Eurya acutisepala*** Hu & L. K. Ling in Acta Phytotax. Sin. 11(3): 291. 1966; P. T. Li in J. S China Agric. Univ. 21(4): 59. 2000. **Lectotype** (designated by Q. Lin & al. in Acta Bot. Boreal.-Occident. Sin. 28: 1698. 2008.)**:** China. Hunan: Chengbu, 1940-11-03, P. C. Tsoong 1524.

张氏柃 ***Eurya changii*** P. S. Hsu in Acta Phytotax. Sin. 9(1): 91. 1964. **Lectotype** (designated by Q. Lin & al. in Acta Bot. Boreal.-Occident. Sin. 28: 1698. 2008.)**:** China. Sichuan: Kangding, Precise locality not known, 1930-08-13, C. J. Chian 1772.

钱氏柃 ***Eurya chienii*** P. S. Hsu in Acta Phytotax. Sin. 9(1): 94. 1964. **Lectotype** (designated by Q. Lin & al. in Acta Bot. Boreal.-Occident. Sin. 28: 1698. 2008.)**:** China. Yunnan: Malipo, alt. 1 600~1 800 m, 1947-11-03, K. M. Feng 12789.

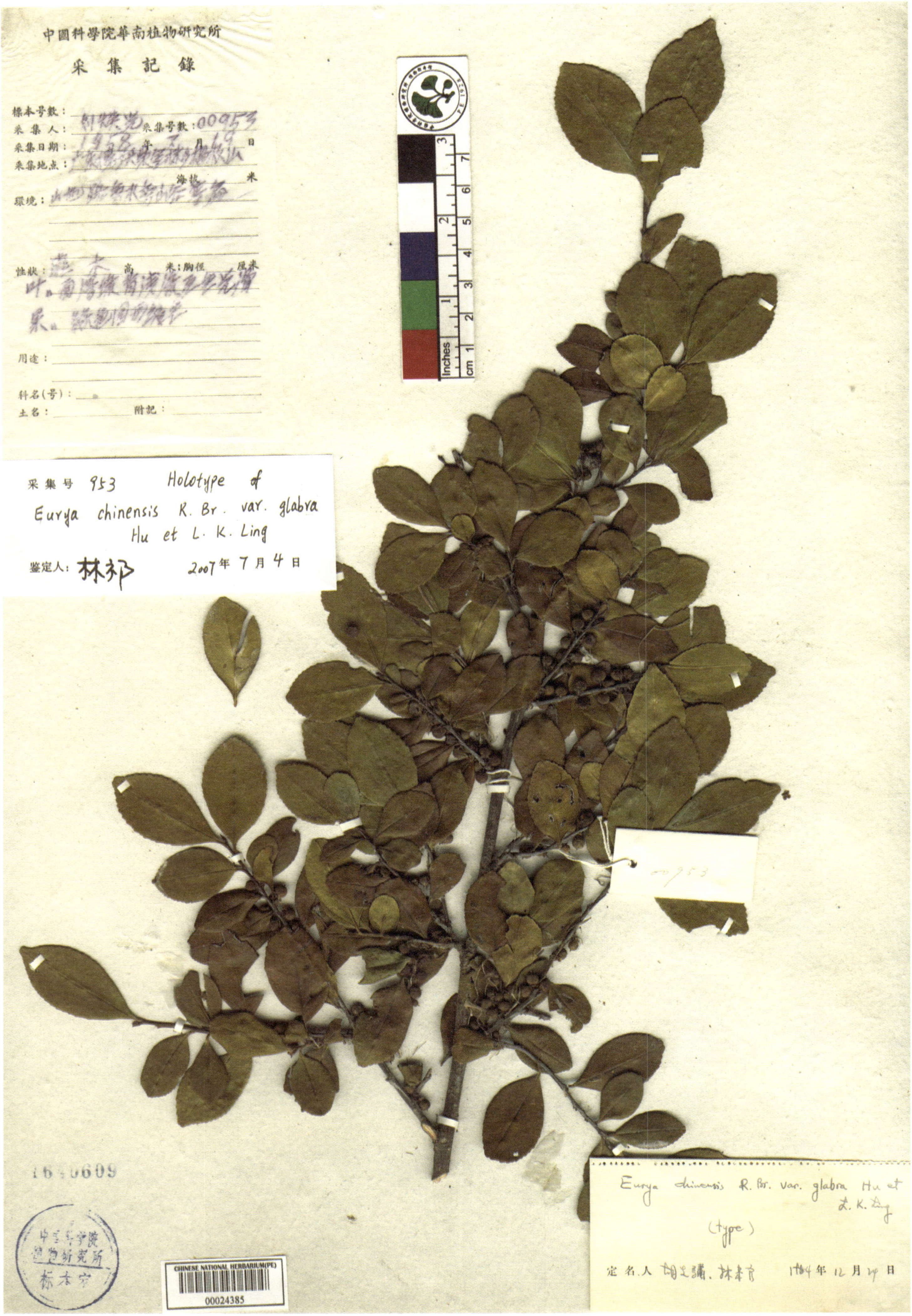

光枝米碎花 ***Eurya chinensis*** R. Br. var. ***glabra*** Hu. & L. K. Ling in Acta Phytotax. Sin. 11(3): 314. 1966. **Holotype:** China. Guangdong: Deqing, 1958-07-19, Y. G. Liu 00953.

大果柃 ***Eurya chuekiangensis*** Hu in Bul. Fan. Mem. Inst. Biol., Bot. Ser. 8: 147. 1938. **Holotype:** China. Yunnan: Gongshan, alt.3 000 m, 1935-10-??, C. W. Wang 67407.

华南毛柃 ***Eurya ciliata*** Merr. in Philip. J. Sci. 23(3): 253. 1923. **Isotype:** China. Hainan: Qiongzhong, 1922-04-28, F. A. McClure 9319.

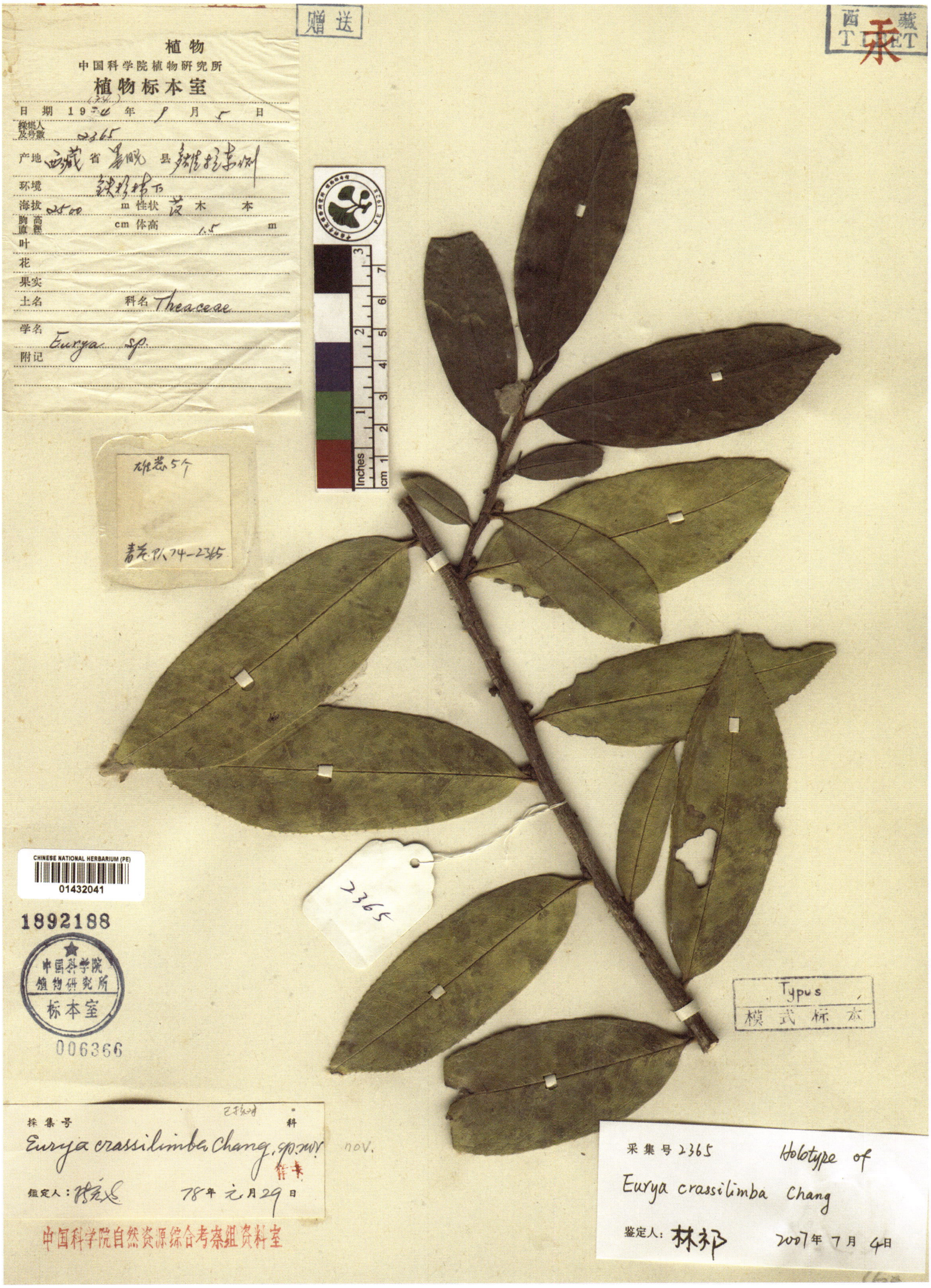

厚叶柃 ***Eurya crassilimba*** H. T. Chang, Fl. Xizang. 3: 267, f. 110: 2-5. 1986. **Holotype:** China. Xizang: Mêdog, alt. 2 500 m, 1974-09-05, Qinghai-Xizang Exped. 2365.

楔叶柃 ***Eurya cuneata*** Kobuski in Ann. Missouri Bot. Gard. 25: 317. 1937. **Isotype:** China. Hainan: Baoting, alt. 670 m, 1932-11-17, N. K. Chun & C. L. Tso 44274.

光枝楔叶柃 ***Eurya cuneata*** Kobuski var. ***glabra*** Kobuski in Ann. Missouri Bot. Gard. 25: 318. 1937. **Isotype:** China. Hainan: Baoting, alt. 1 000 m, 1932-11-22, N. K. Chun & C. L. Tso 44325.

方氏柃 ***Eurya fangii*** Rehd. in J. Arnold Arb. 11(3): 165. 1930. **Isotype:** China. Sichuan: Emei, Emeishan, alt. 2 600~2 750 m, 1928-08-13, W. P. Fang 2917.

光枝方氏柃 ***Eurya fangii*** Rehd. var. ***glaberrima*** P. S. Hsu in Acta Phytotax. Sin. 9(1): 93. 1964. **Holotype:** China. Yunnan: Weixi, alt. 3 000 m, 1956-08-23, P. I Mao 00405.

大叶方氏柃 ***Eurya fangii*** Rehd. var. ***megaphylla*** P. S. Hsu in Acta Phytotax. Sin. 9(1): 94. 1964. **Holotype:** China. Sichuan: Shimian, 1955-??-??, C. C. Hsieh 39853.

贡山柃 ***Eurya gungshanensis*** Hu & L. K. Ling in Acta Phytotax. Sin. 11(3): 319. 1966. **Holotype:** China. Yunnan: Gongshan, alt. 1 300 m, 1959-11-26, K. M. Feng 24739.

微毛柃 ***Eurya hebeclados*** Y. Ling in Acta Phytotax. Sin. 1(2): 208. 1951. **Lectotype** (designated by Q. Lin & al. in Acta Bot. Boreal.-Occident. Sin. 28: 1698. 2008.)**:** China. Fujian: Changting, 1946-05-01, Y. Ling 5014.

毛枝格药柃 ***Eurya huiana*** Kobuski in J. Arnold Arb. 20(3): 366. 1939. **Isotype:** China. Guangzhou: Jiangkou, alt. 600 m, 1931-09-27, A. N. Steward, C. Y. Chiao & H. C. Cheo 569.

鄂柃 ***Eurya hupehensis*** P. S. Hsu in Acta Phytotax. Sin. 9(1): 97. 1964. **Holotype:** China. Hubei: Xingshan, alt. 1 040 m, 1952-11-05, Q. L. Chen & al. 2225.

黄山柃 ***Eurya hwangshanensis*** P. S. Hsu in Acta Phytotax. Sin. 9(1): 88. 1964. **Paratype:** China. Anhui: Huangshan, alt. 1 830 m, 1933-10-04, M. Chen 1243.

凹脉柃 ***Eurya impressinervis*** Kobuski in J. Arnold Arb. 20(3): 367. 1939. **Isoparatype:** China. Guangxi: Luocheng, alt. 732 m, 1928-06-08, R. C. Ching 5827.

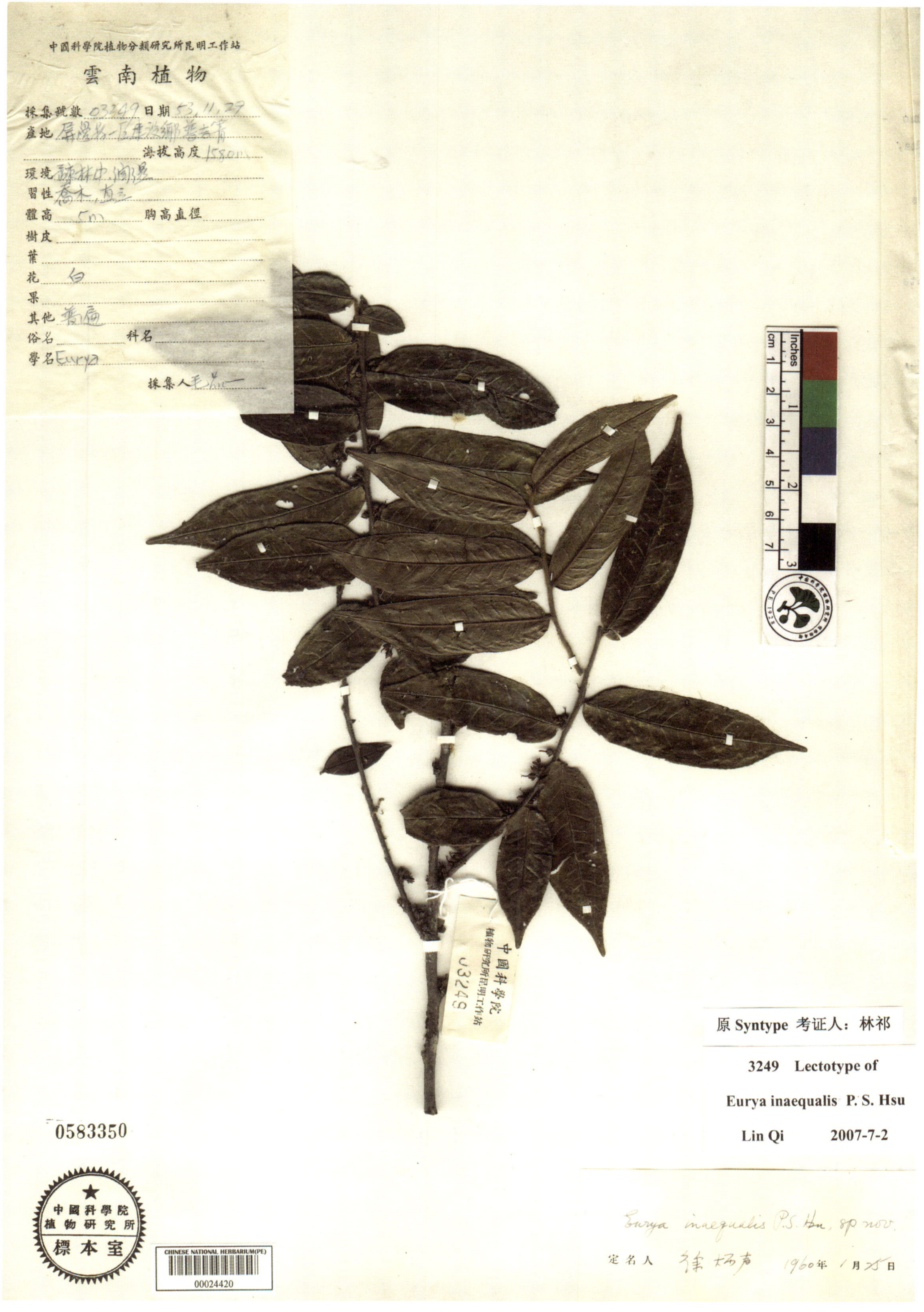

异侧柃 ***Eurya inaequalis*** P. S. Hsu in Acta Phytotax. Sin. 9(1): 87. 1964. **Lectotype** (designated by Q. Lin & al. in Acta Bot. Boreal.-Occident. Sin. 28: 1698. 2008.)**:** China. Yunnan: Pingbian, alt. 1 580 m, 1953-11-29, P. I Mao 03249.

景东柃 ***Eurya jintungensis*** Hu & L. K. Ling in Acta Phytotax. Sin. 11(3): 294. 1966; P. T. Li in J. S China Agric. Univ. 21(4): 60. 2000. **Lectotype** (designated by Q. Lin & al. in Acta Bot.-Occident. Sin. 28: 1699. 2008.)**:** China. Yunnan: Jingdong, alt. 2 100 m, 1939-12-09, M. G. Li 2340.

贵州毛柃 ***Eurya kueichouensis*** Hu & L. K. Ling in Acta Phytotax. Sin. 11(3): 294. 1966; P. T. Li in J. S China Agric. Univ. 21(4): 60. 2000. **Lectotype** (designated by Q. Lin & al. in Acta Bot.-Occident. Sin. 28: 1699. 2008.)**:** China. Guizhou: Jiangkou, alt. 980 m, 1931-09-03, A. N. Steward, C. Y. Chiao & H. C. Cheo 321.

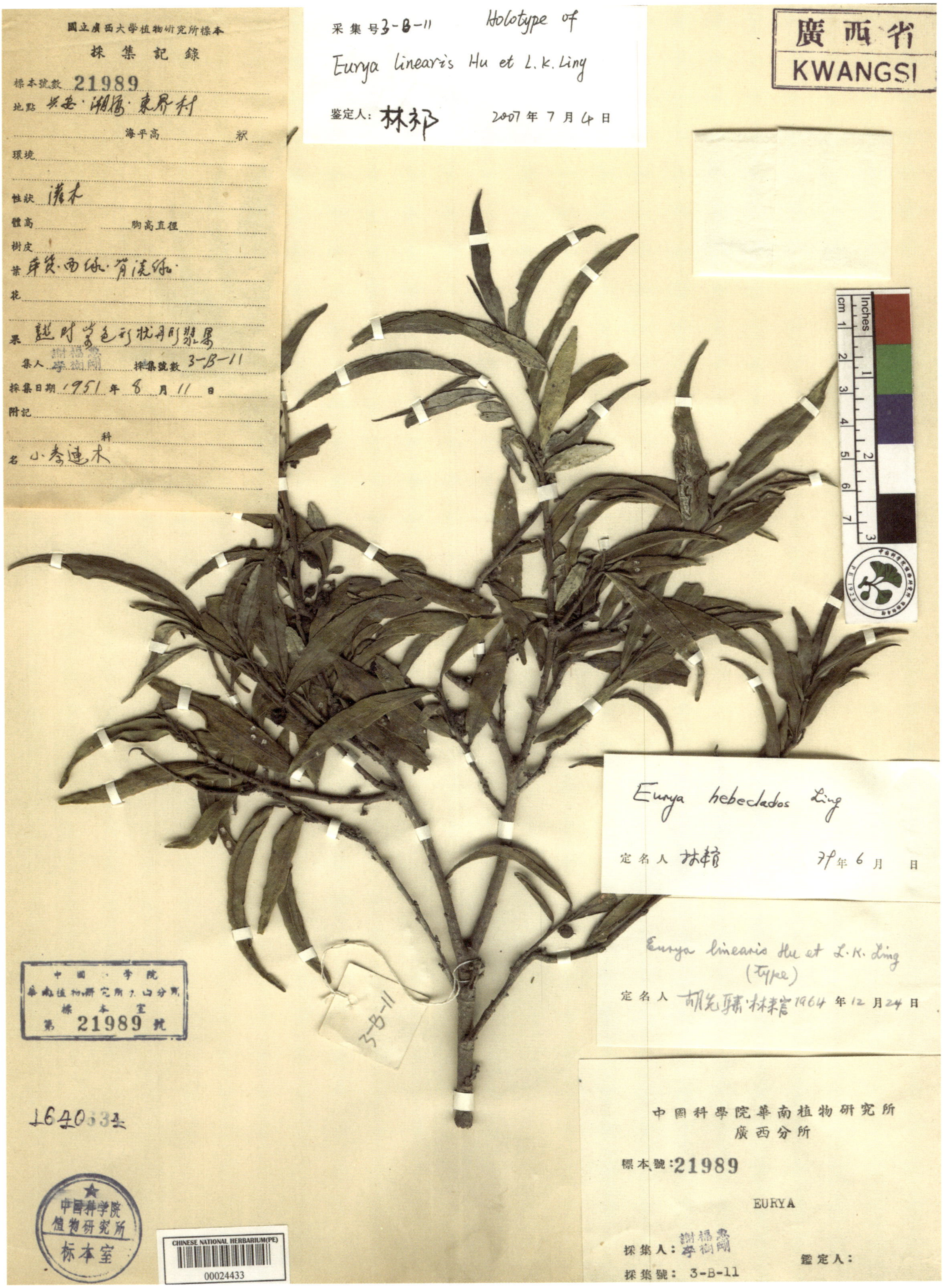

线叶柃 ***Eurya linearis*** Hu & L. K. Ling in Acta Phytotax. Sin. 11(3): 331. 1966. **Holotype:** China. Guangxi: Xingan, 1951-08-11, F. H. Xie & S. K. Lee 3-B-11.

黄腺罗氏柃 ***Eurya loquaiana*** Dunn. var. ***aureo-punctata*** H. T. Chang in Acta Phytotax. Sin. 3(1): 34. 1954. **Isosyntype:** China. Hunan: Yizhang, alt. 1 200 m, 1942-10-23, S. H. Chun 2778.

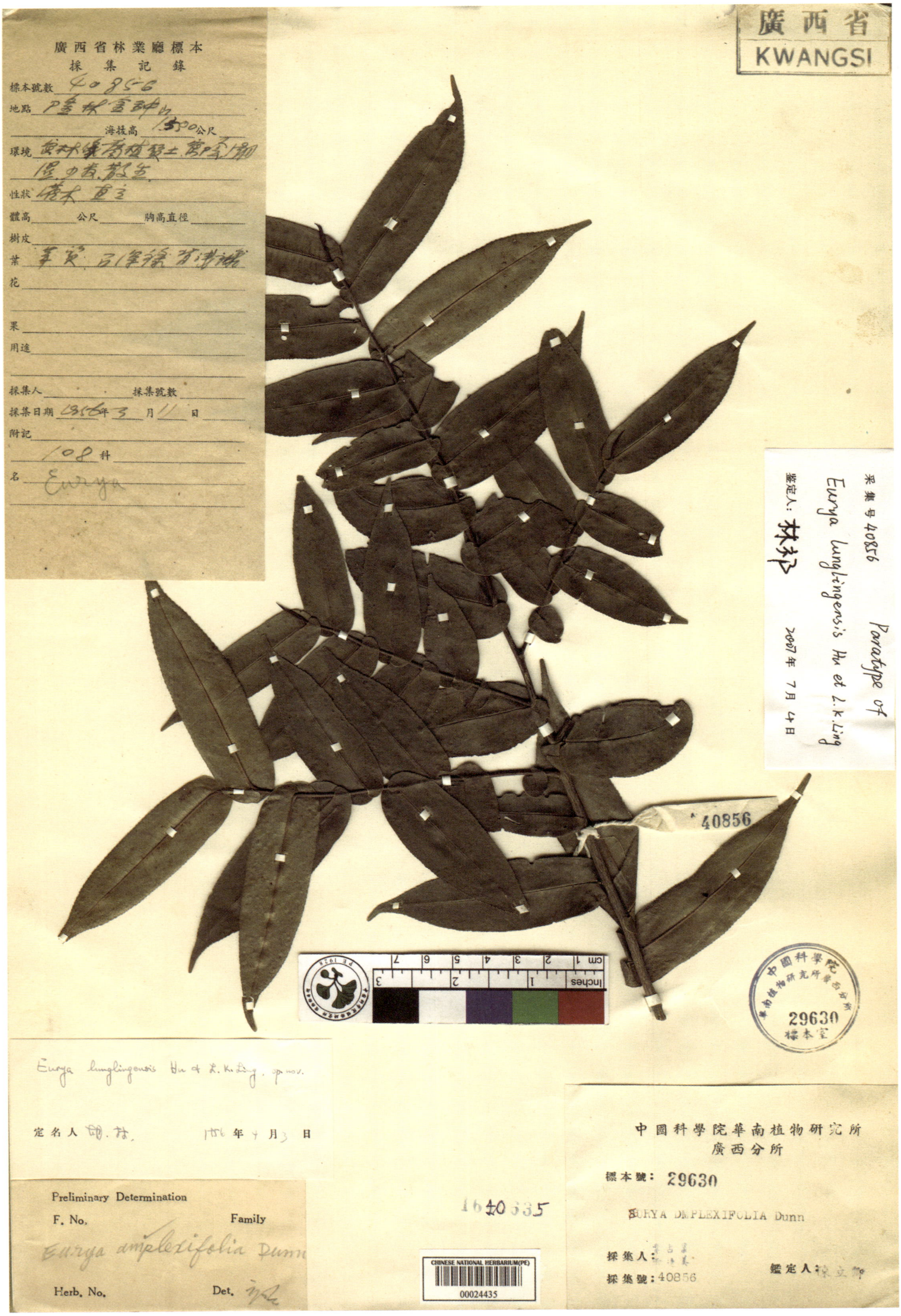

隆林耳叶柃 ***Eurya lunglingensis*** Hu & L. K. Ling in Acta Phytotax. Sin. 11(3): 323. 1966. **Paratype:** China. Guangxi: Longlin, alt. 1 500 m, 1956-03-11, Z. Y. Wei & D. M. Lei 40856.

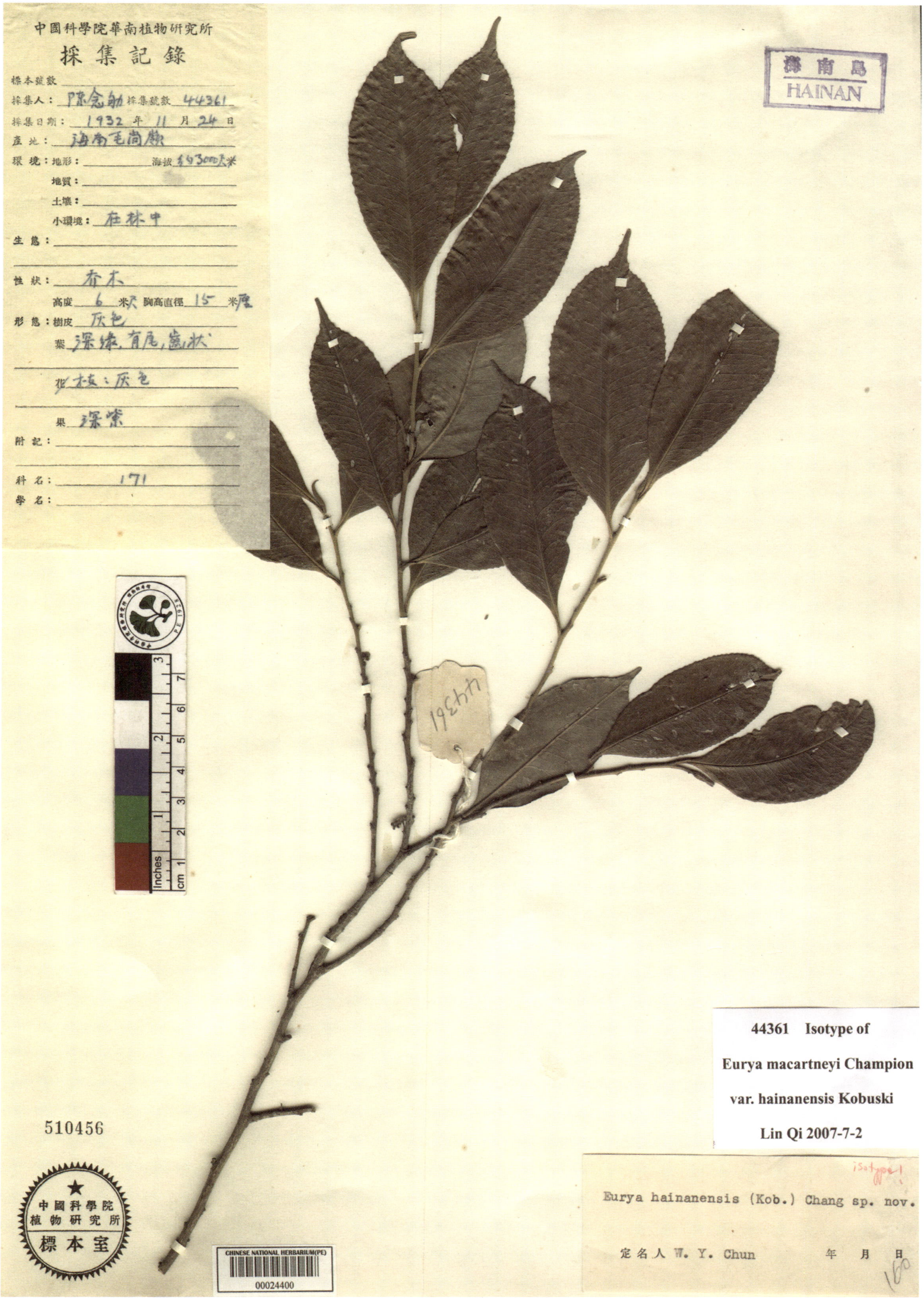

海南柃 ***Eurya macartneyi*** Champ. var. ***hainanensis*** Kobuski in Ann. Missouri Bot. Gard. 25(3): 307. 1937. **Isotype:** China. Hainan: Lingshui, alt. 1 000 m, 1932-11-24, N. K. Chun & C. L. Tso 44361.

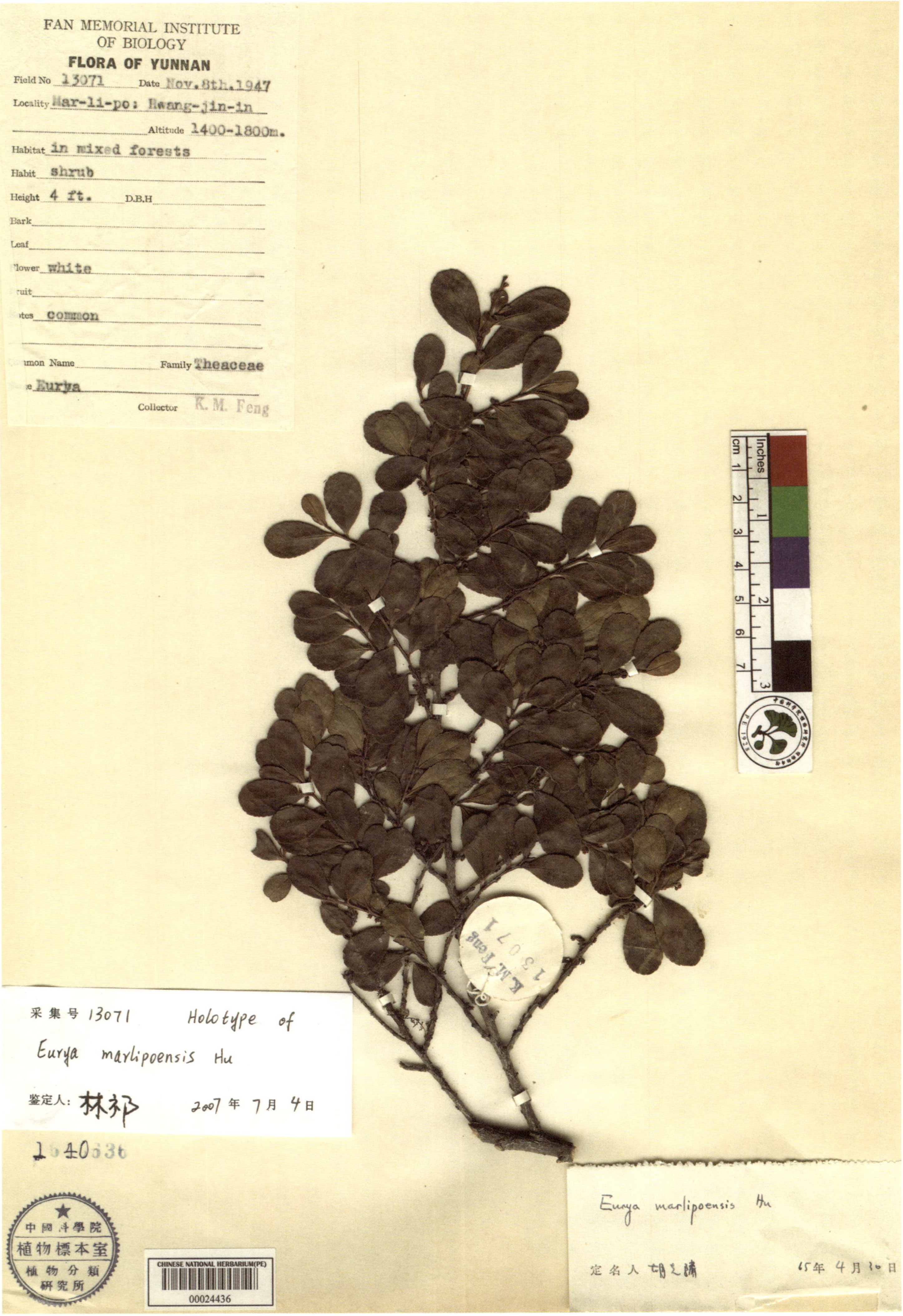

麻栗坡柃 ***Eurya marlipoensis*** Hu in Acta Phytotax. Sin. 11(3): 338. 1966. **Holotype:** China. Yunnan: Malipo, alt. 1 400~1 800 m, 1947-11-08, K. M. Feng 13071.

大毛果柃 ***Eurya megatrichocarpa*** H. T. Chang in Acta Phytotax. Sin. 3(1): 16. 1954. **Isosyntype:** China. Guangxi: Shiwandashan, alt. 400 m, 1933-07-29, C. L. Tso 23476.

硬叶柃 ***Eurya nitida*** Korth. var. ***rigida*** H. T. Chang in Acta Phytotax. Sin. 3(1): 52. 1954. **Isosyntype:** China. Guangdong: Yingde, 1931-10-11, H. Y. Liang 61359.

矩圆叶柃 ***Eurya oblonga*** Y. C. Yang in Contr. Biol. Lab. Sci. Soc. China, Bot. Ser. 12(3): 133. 1942. **Isotype:** China. Sichuan: Tianquan, alt. 1 500 m, 1938-10-03, C. Pei 8262.

合柱矩圆叶柃 ***Eurya oblonga*** Y. C. Yang var. ***stylosa*** Y. C. Yang in Contr. Biol. Lab. Sci. Soc. China, Bot. Ser. 12(3): 135. 1942. **Holotype:** China. Sichuan: Hongya, 1938-07-26, C. W. Yao 2550.

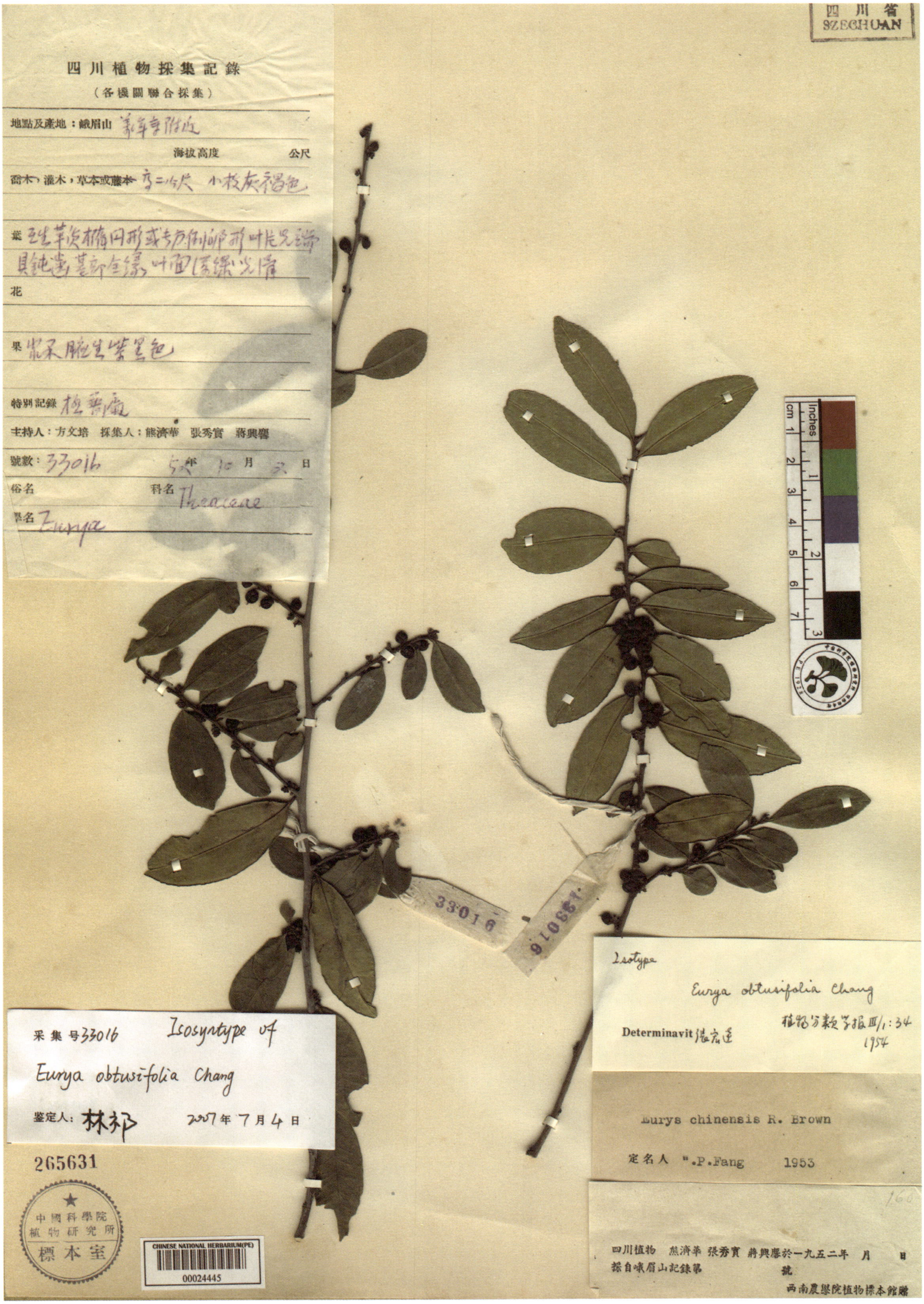

钝叶柃 ***Eurya obtusifolia*** H. T. Chang in Acta Phytotax. Sin. 3(1): 34. 1954. **Isosyntype:** China. Sichuan: Emei, Emeishan, 1952-10-02, C. H. Hsiung, S. S. Chang & H. L. Tsiang 33016.

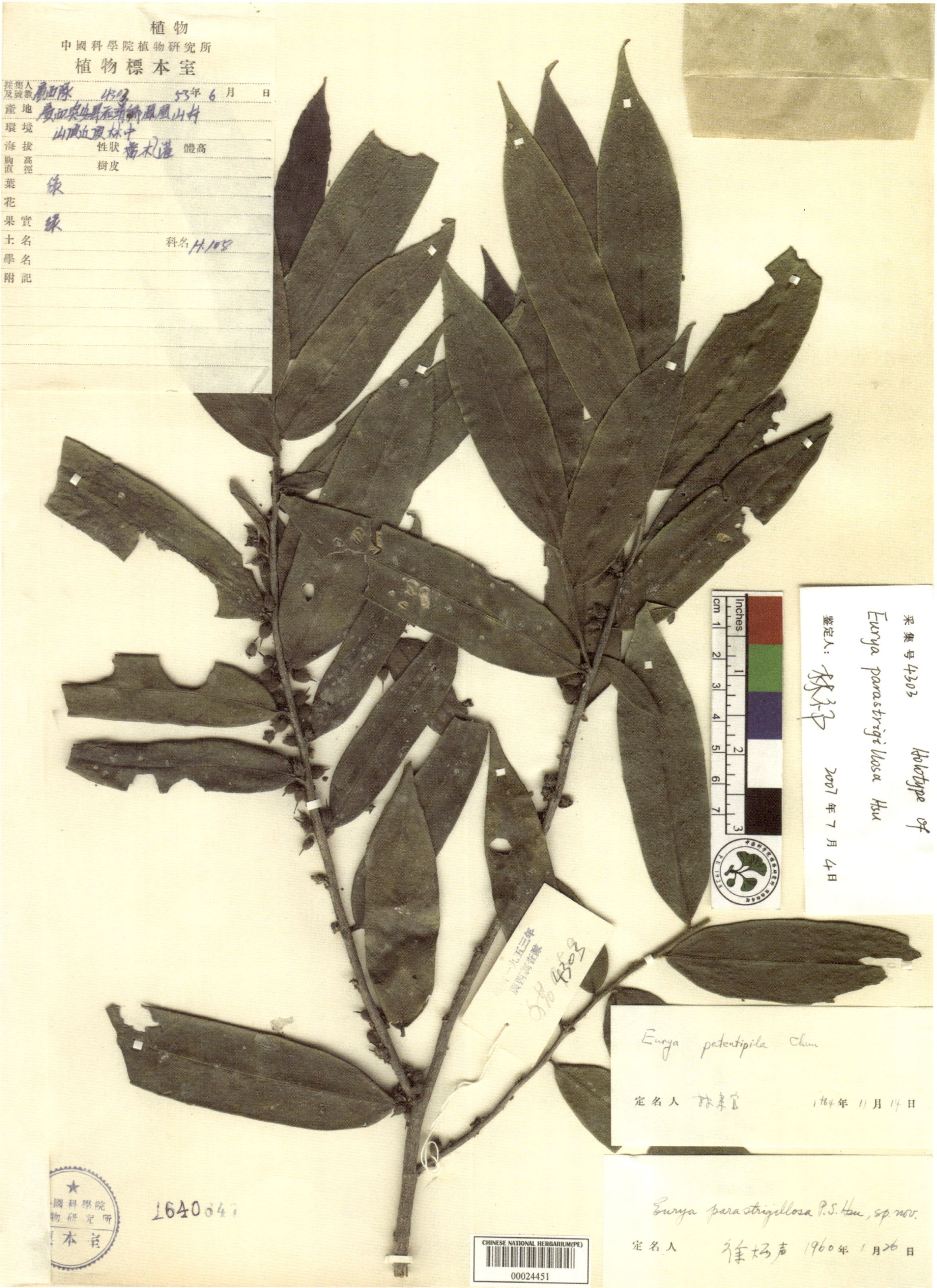

桂毛柃 ***Eurya parastrigillosa*** P. S. Hsu in Acta Phytotax. Sin. 9(1): 86. 1964. **Holotype:** China. Guangxi: Xingan, 1953-06-??, Guangxi Exped. 4303.

滇四角柃 ***Eurya paratetragonoclada*** Hu in Bul. Fan Mem. Inst. Biol., Bot. Ser. 8(3): 149. 1938. **Lectotype** (designated by Q. Lin & al. in Acta Bot. Boreal.-Occident. Sin. 28: 1699. 2008.)**:** China. Yunnan: Che-tse-lo (=Bijiang), alt. 3 200 m, 1934-09-08, H. T. Tsai 58438.

长毛柃 ***Eurya patentipila*** Chun in Sunyatsenia 2(1): 56. 1934. **Isoparatype:** China. Guangdong: Sunyi (=Xinyi), 1931-08-11, C. Wang 31149.

五柱柃 ***Eurya pentagyna*** H. T. Chang in Acta Phytotax. Sin. 3(1): 21. 1954. **Isosyntype:** China. Hainan: Baoting, 1935-??-??, S. K. Lau 28262.

尖齿叶柃 ***Eurya perserrata*** Kobuski in J. Arnold Arb. 34(2): 134. 1953. **Isotype:** China. Yunnan: Gongshan, alt. 2 500 m, 1938-11-21, T. T. Yu 21035.

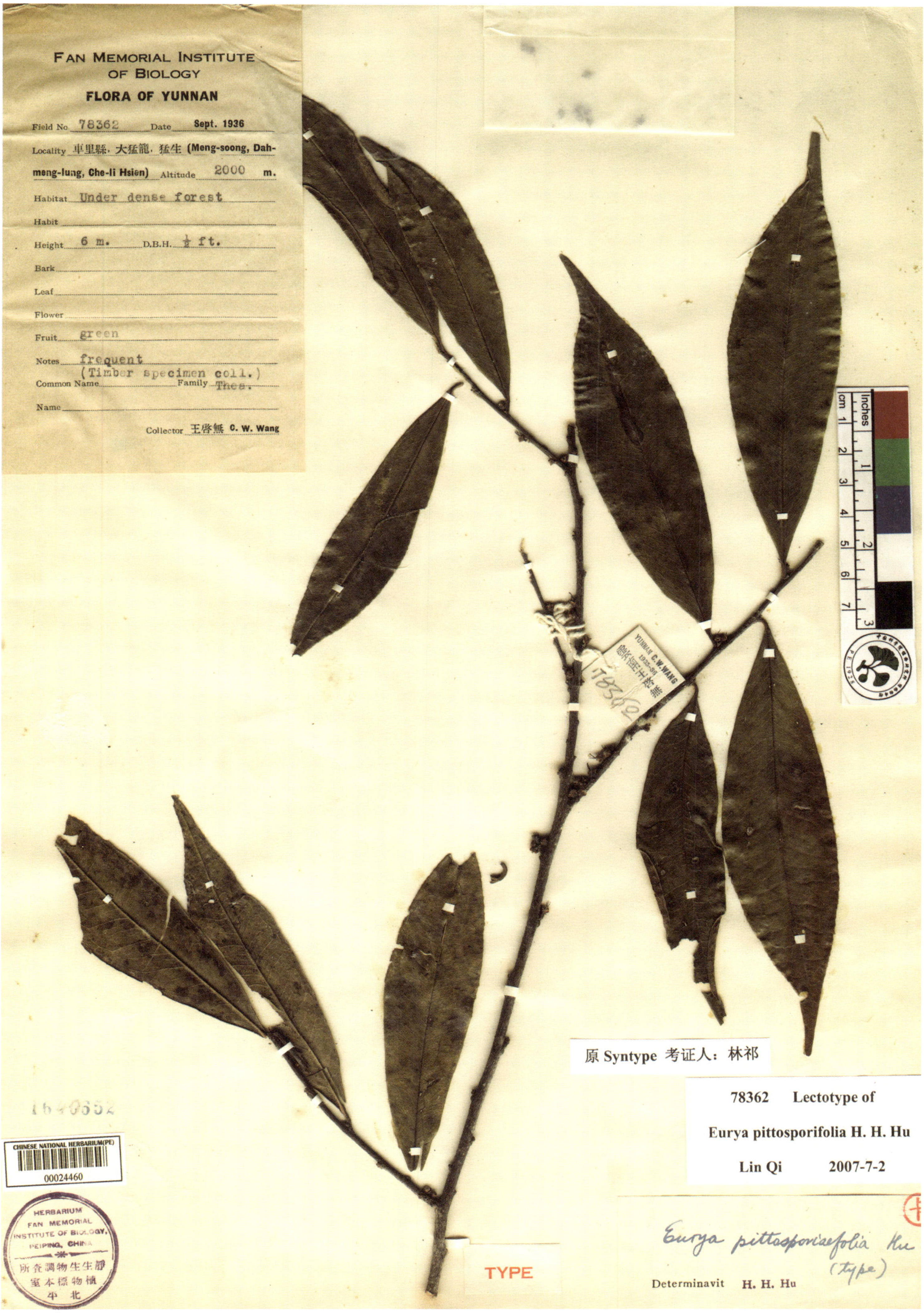

海桐叶柃 ***Eurya pittosporifolia*** Hu in Bul. Fan Mem. Inst. Biol., Bot. Ser. 8(3): 150. 1938. **Lectotype** (designated By Q. Lin & al. in Acta Bot. Boreal.-Occident. Sin. 28(8): 1699. 2008.)**:** China. Yunnan: Che-li (=Jinghong), alt. 2 000 m, 1936-09-??, C. W. Wang 78362.

多脉柃 ***Eurya polyneura*** Chun in Sunyatsenia 2(1): 54, pl. 16. 1934. **Isotype:** China. Guangdong: Sunyi (=Xinyi), 1931-(03-24)~(05-26), S. P. Ko 51272.

桃叶柃 ***Eurya prunifolia*** P. S. Hsu in Acta Phytotax. Sin. 9(1): 87. 1964. **Holotype:** China. Yunnan: Hekou, alt. 220 m, 1958-03-24, K. M. Feng 21721.

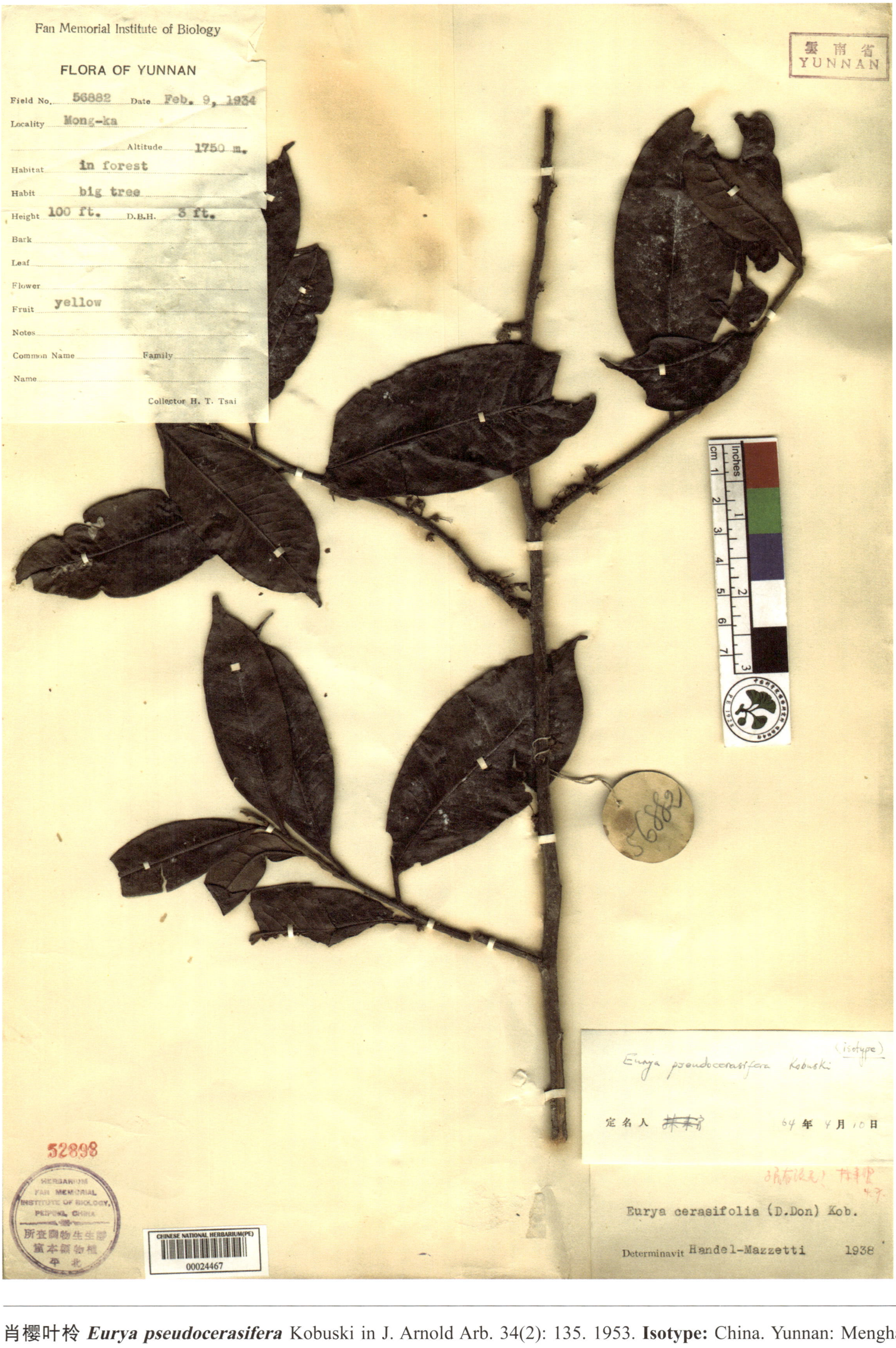

肖樱叶柃 ***Eurya pseudocerasifera*** Kobuski in J. Arnold Arb. 34(2): 135. 1953. **Isotype:** China. Yunnan: Menghai, alt. 1 750 m, 1934-02-09, H. T. Tsai 56882.

拟多脉柃 ***Eurya pseudopolyneura*** H. T. Chang in Acta Phytotax. Sin. 3(1): 41. 1954. **Isosyntype:** China. Guangdong: Ruyuan, 1933-11-10, S. P. Ko 53576.

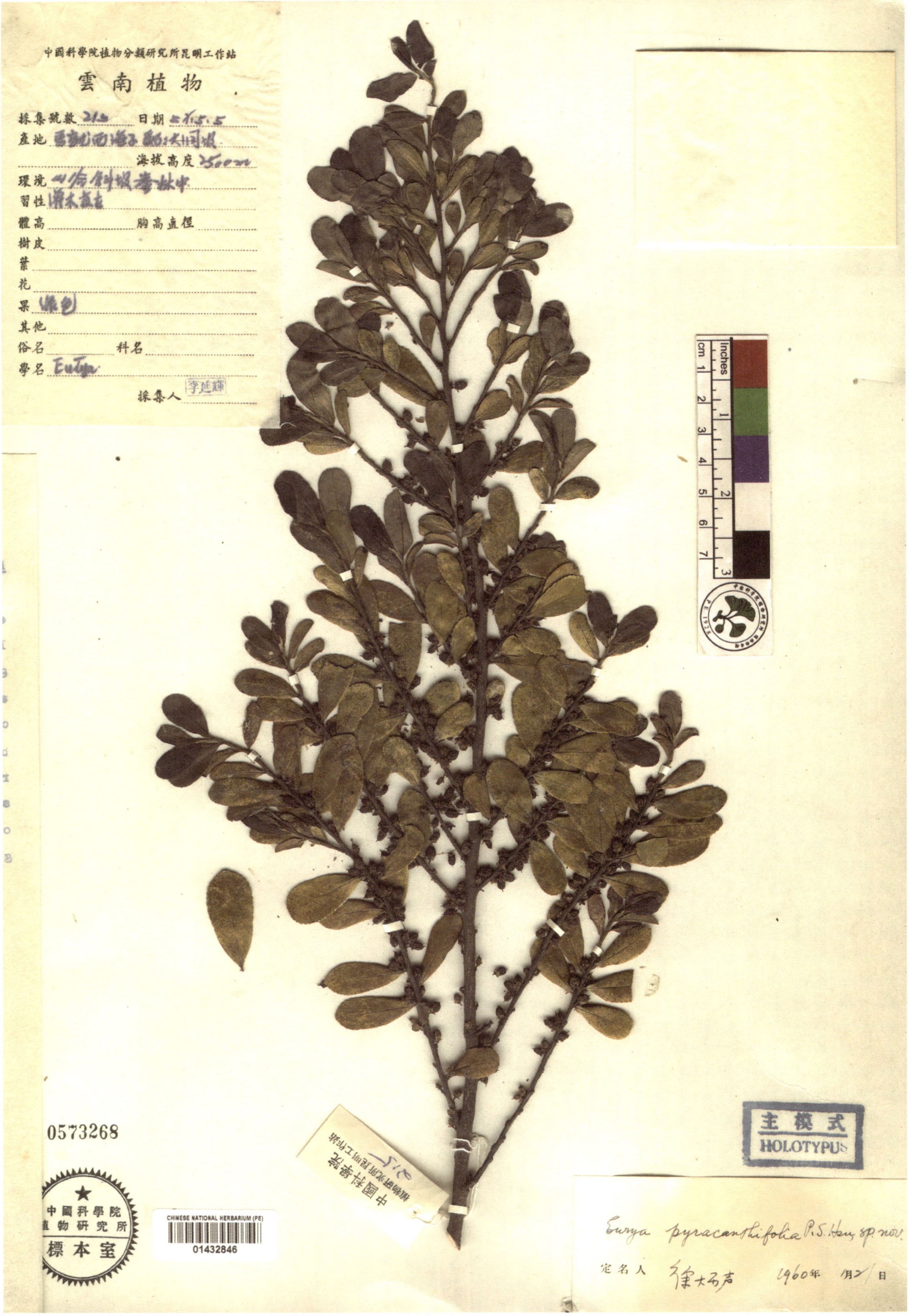

火棘叶柃 ***Eurya pyracanthifolia*** P. S. Hsu in Acta Phytotax. Sin. 9(1): 90. 1964. **Holotype:** China. Yunnan: Ma-lung, alt. 2 500 m, 1957-05-05, Y. H. Li 215.

大叶五室柃 ***Eurya quinquelocularis*** Kobuski in J. Arnold Arb. 20(3): 372. 1939. **Isotype:** China. Guangxi: Luocheng, alt. 610 m, 1928-06-07, R. C. Ching 5794.

皱叶柃 ***Eurya rugosa*** Hu in Bul. Fan Mem. Inst. Biol., Bot. Ser. 8(3): 151. 1938. **Holotype:** China. Sichuan: Pingshan, alt. 1 600 m, 1931-04-16, F. T. Wang 22685.

毛岩柃 ***Eurya saxicola*** H. T. Chang f. ***puberula*** H. T. Chang in Acta Phytotax. Sin. 3(1): 27. 1954. **Isoparatype:** China. Guangxi: Lingui, alt. 1 690 m, 1953-04-01, L. C. Chun 94632.

半齿柃 ***Eurya semiserrulata*** H. T. Chang in Acta Phytotax. Sin. 3(1): 29. 1954. **Isosyntype:** China. Guangxi: Ziyuan, 1937-07-28, C. H. Tsoong 83455.

窄叶柃 ***Eurya stenophylla*** Merr. in Philip. J. Sci. 21(5): 502. 1922. **Isotype:** China. Guangxi: Dongxing, 1928-06-08, K. K. Tsoong 1940.

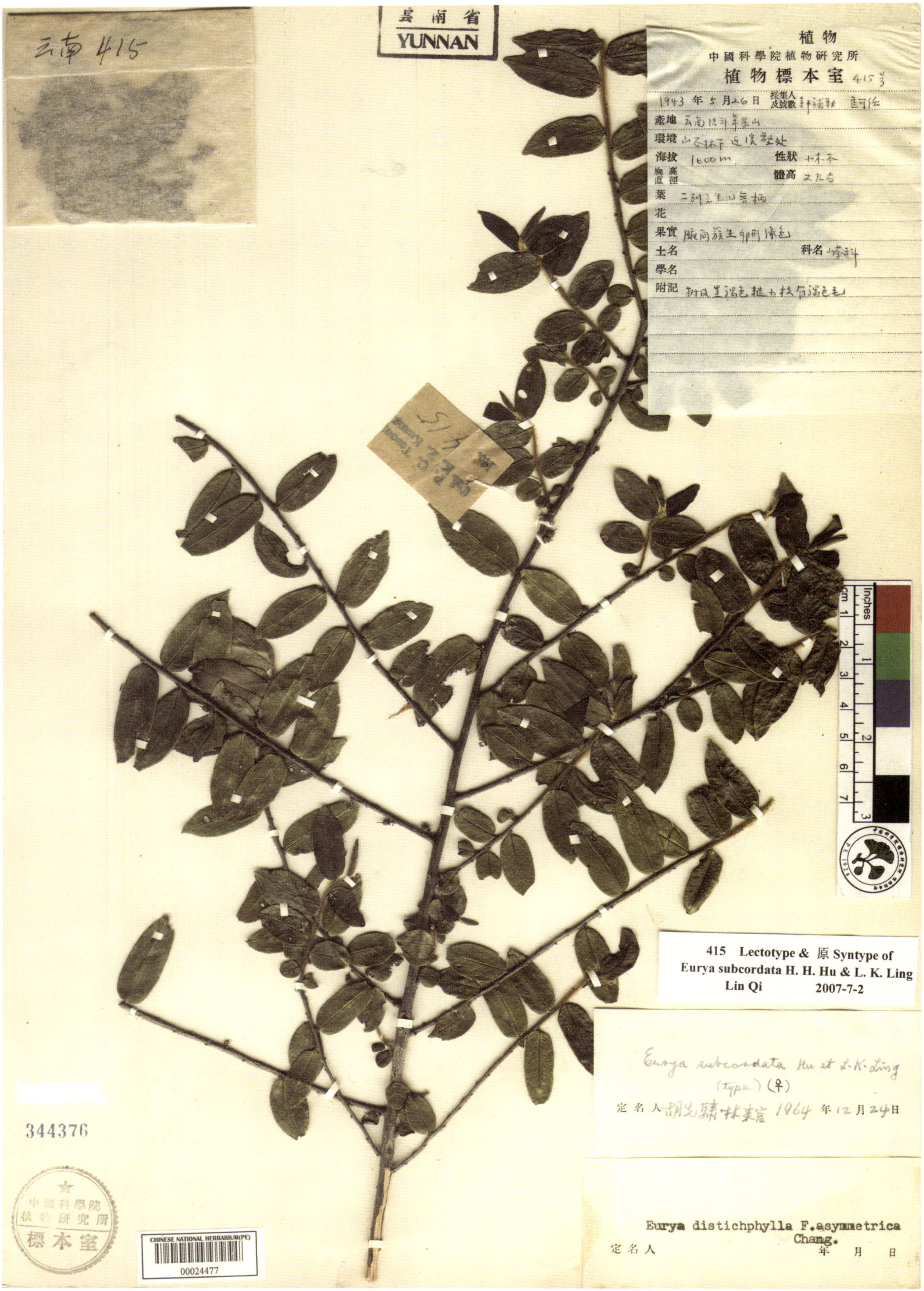

微心叶毛柃 ***Eurya subcordata*** Hu & L. K. Ling in Acta Phytotax. Sin. 11(3): 296. 1966; P. T. Li in J. S China Agric. Univ. 21(4): 60. 2000. **Lectotype** (designated by Q. Lin & al. in Acta Bot. Boreal.-Occident. Sin. 28: 1700. 2008.): China. Yunnan: Xichou, alt. 1 000 m, 1943-05-26, P. C. Tsoong & K. Z. Kuang 415.

史氏柃 ***Eurya swinglei*** Merr. in Philip. J. Sci., Bot. 12(2): 106. 1917. **Isotype:** China. Guangdong: Boluo, alt. 1 000 m, 1916-10-(27~30), E. D. Merrill 10233.

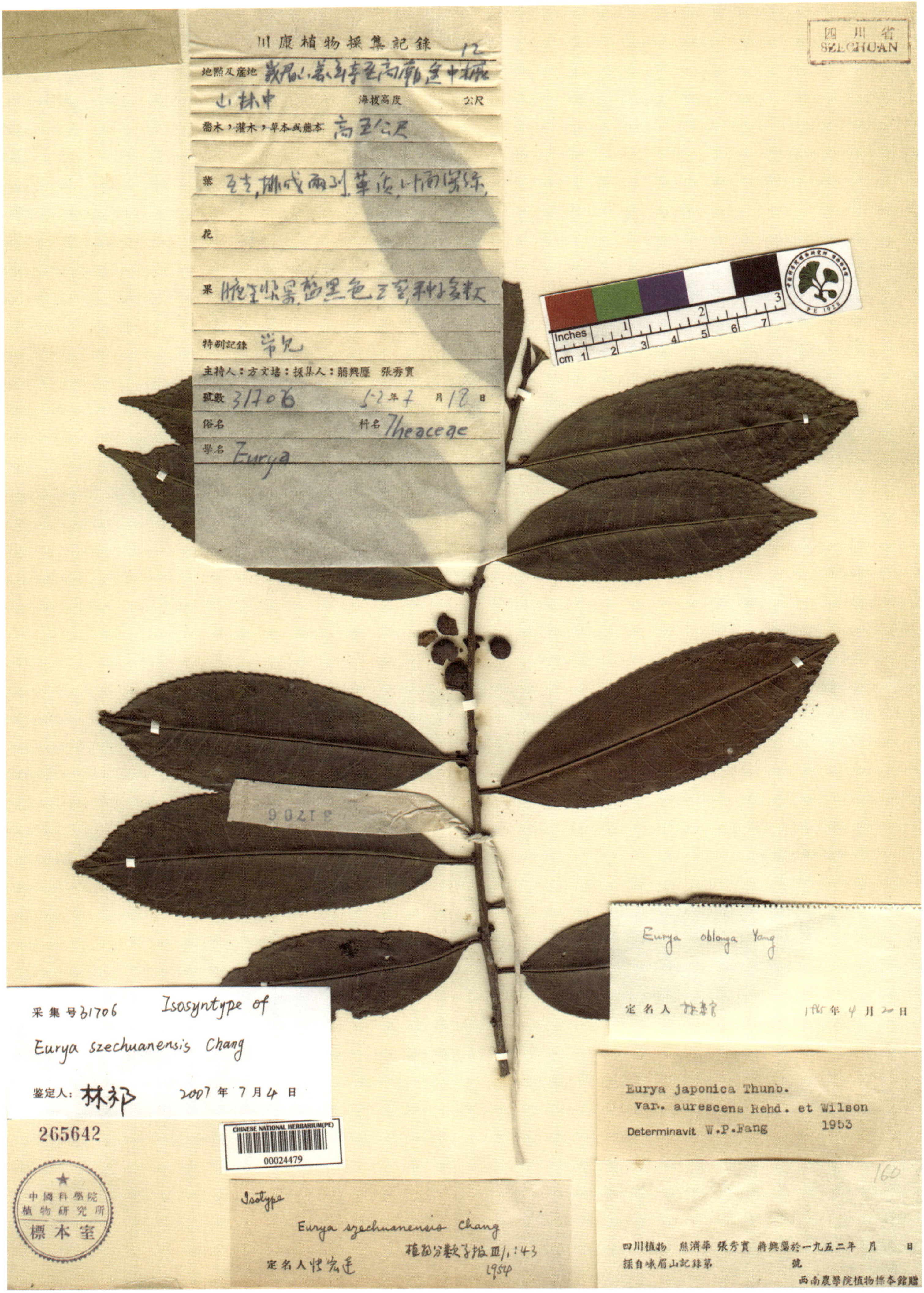

川柃 ***Eurya szechuanensis*** H. T. Chang in Acta Phytotax. Sin. 3(1): 43. 1954. **Isosyntype:** China. Sichuan: Emei, Emeishan, 1952-07-18, C. H. Hsiung, H. L. Tsiang & S. S. Chang 31706.

独龙柃 ***Eurya taronensis*** Hu & L. K. Ling in Acta Phytotax. Sin. 11(3): 328. 1966; P. T. Li in J. S China Agric. Univ. 21(4): 60. 2000. **Lectotype** [designated by Q. Lin & al. in Acta Bot. Boreal.-Occident. Sin. 28(8): 1700. 2008.]: China. Yunnan: Gongshan, alt. 2 400 m, 1938-11-06, T. T. Yu 20982.

蔡氏柃 ***Eurya tsaii*** H. T. Chang in Acta Phytotax. Sin. 3(1): 30. 1954. **Isosyntype:** China. Yunnan: Chih-tze-lo (=Bijiang), alt. 3 200 m, 1934-09-04, H. T. Tsai 58341.

镇边柃 ***Eurya tsingpienensis*** Hu in Bul. Fan Mem. Inst. Biol., Bot. Ser. 8(3): 152. 1938. **Holotype:** China. Yunnan: Tsing-pian (=Lancang), alt. 1 700 m, 1932-12-27, H. T. Tsai 52502.

信宜毛柃 ***Eurya velutina*** Chun in Sunyatsenia 2(1): 57. 1934. **Isotype:** China. Guangdong: Sunyi (=Xinyi), 1931-07-14, C. Wang 30909.

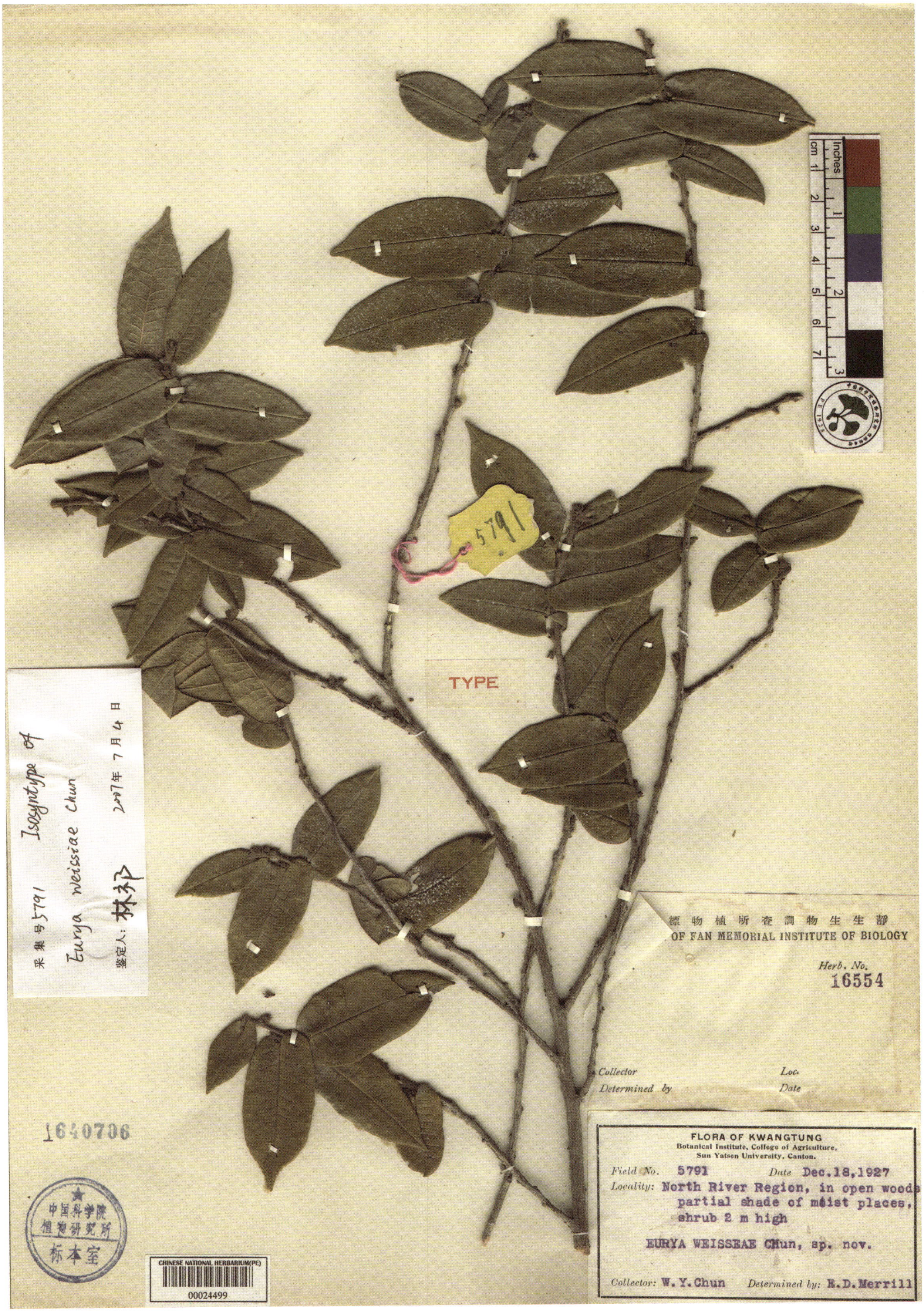

单耳柃 ***Eurya weissiae*** Chun in J. Arnold Arb. 9(2-3): 128. 1928. **Isosyntype:** China. Guangdong: North River Region, 1927-12-18, W. Y. Chun 5791.

文山柃 ***Eurya wenshanensis*** Hu & L. K. Ling in Acta Phytotax. Sin. 11(3): 335. 1966. **Lectotype** (designated by Q. Lin & al. in Acta Bot. Boreal.-Occident. Sin. 28: 1 700. 2008.)**:** China. Yunnan: Wenshan, alt. 2 000~2 200 m, 1947-08-16, K. M. Feng 11271.

滇柃 ***Eurya yunnanensis*** P. S. Hsu in Acta Phytotax. Sin. 9(1): 91. 1964. **Holotype:** China. Yunnan: Jingdong, alt. 2 550 m, 1956-11-16, B. Y. Qiu 53759.

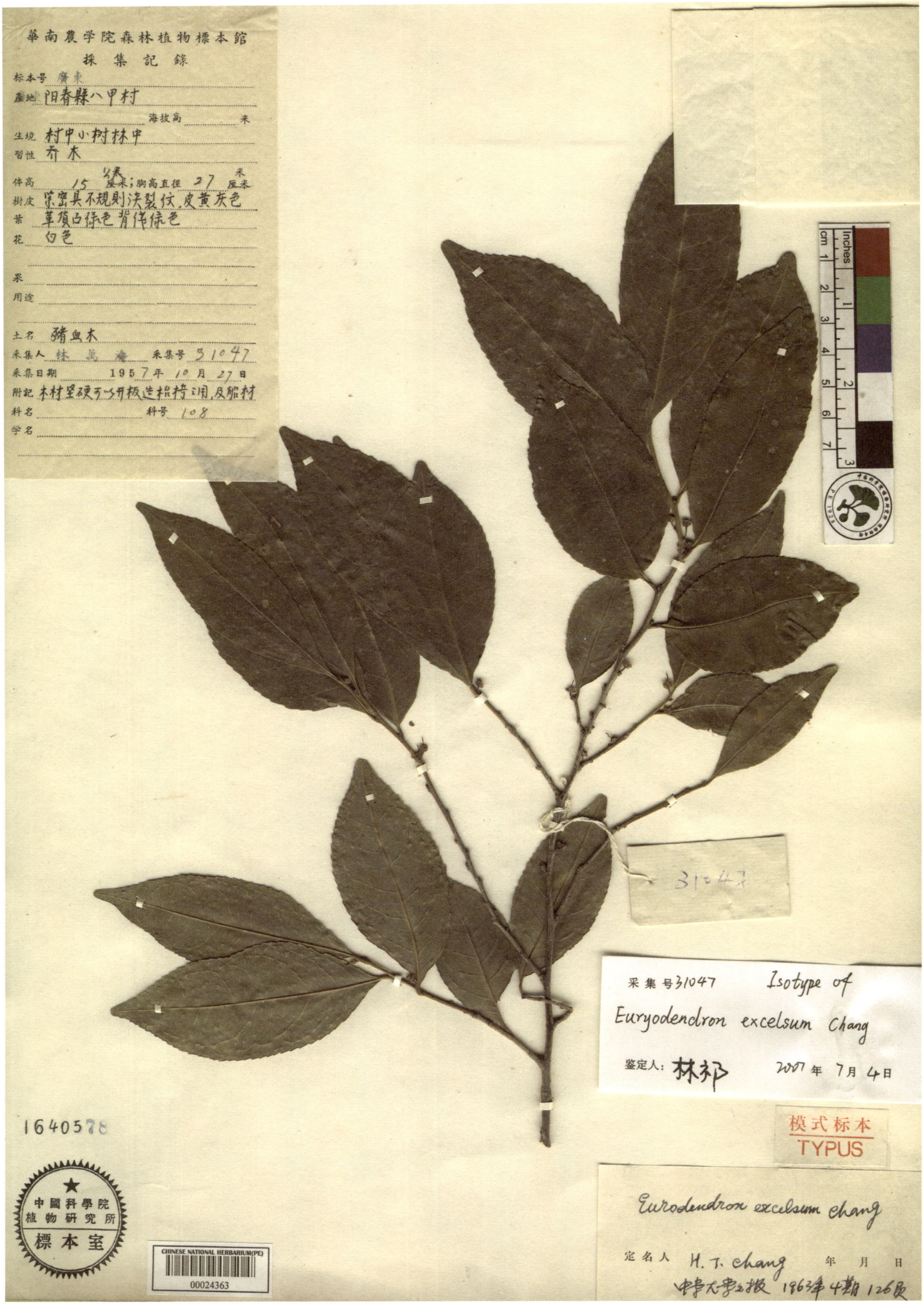

猪血木 ***Euryodendron excelsum*** H. T. Chang in Acta Sci. Nat. Univ. Sunyatseni 1963 (4): 126, pl. 1. 1963. **Isotype:** China. Guangdong: Yangchun, 1957-10-27, W. T. Lin 31047.

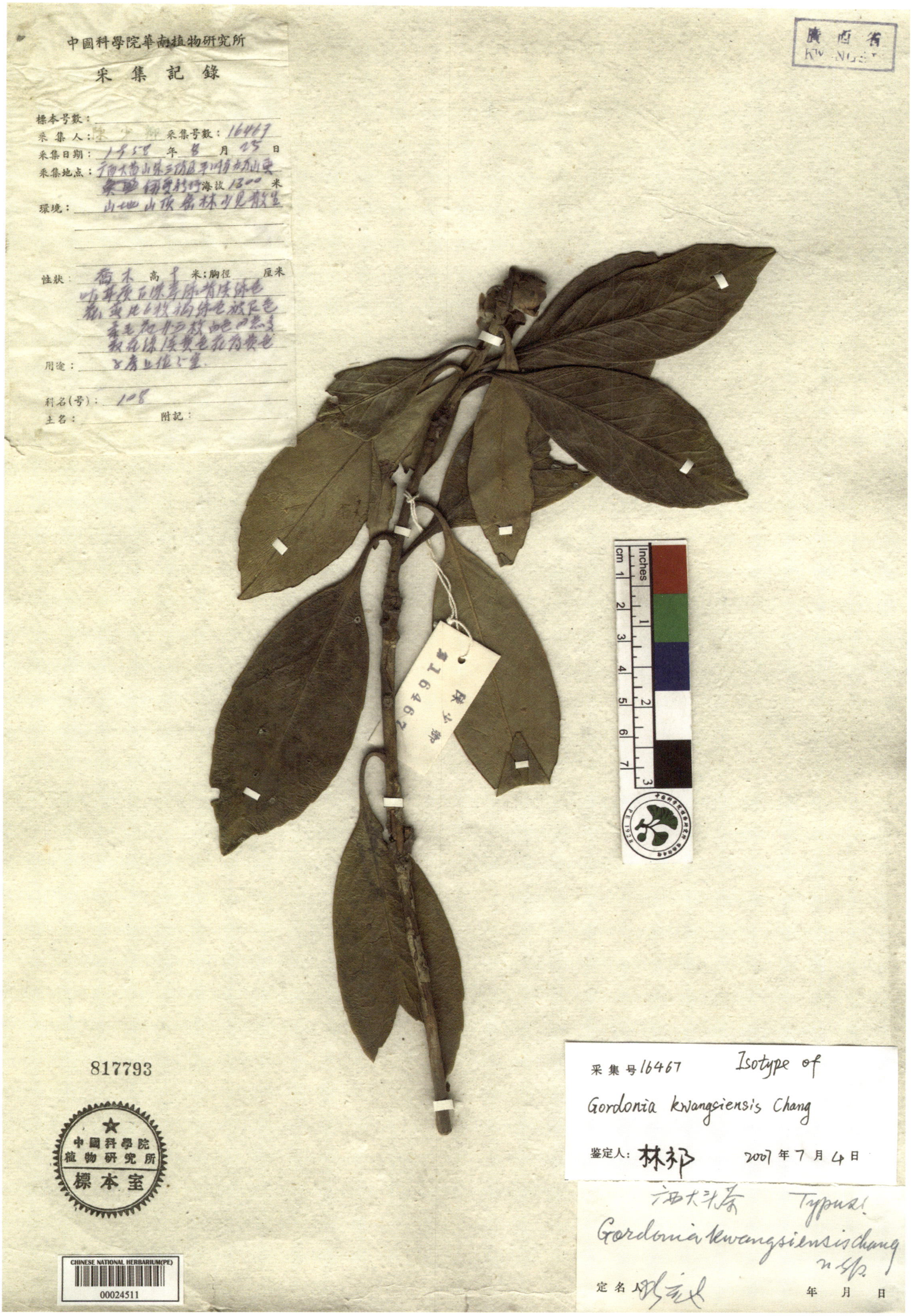

广西大头茶 ***Gordonia kwangsiensis*** H. T. Chang in Acta Sci. Nat. Univ. Sunyatseni 1983 (2): 112. 1983. **Isotype:** China. Guangxi: Damiaoshan (=Rongshui), alt. 1 300 m, 1958-08-25, S. H. Chun 16467.

长果大头茶 ***Gordonia longicarpa*** H. T. Chang in Acta Sci. Nat. Univ. Sunyatseni 1983 (2): 111. 1983. **Paratype:** China. Yunnan: Tengchong, alt. 2 130~2 450 m, 1924-12-??, G. Forrest 26090.

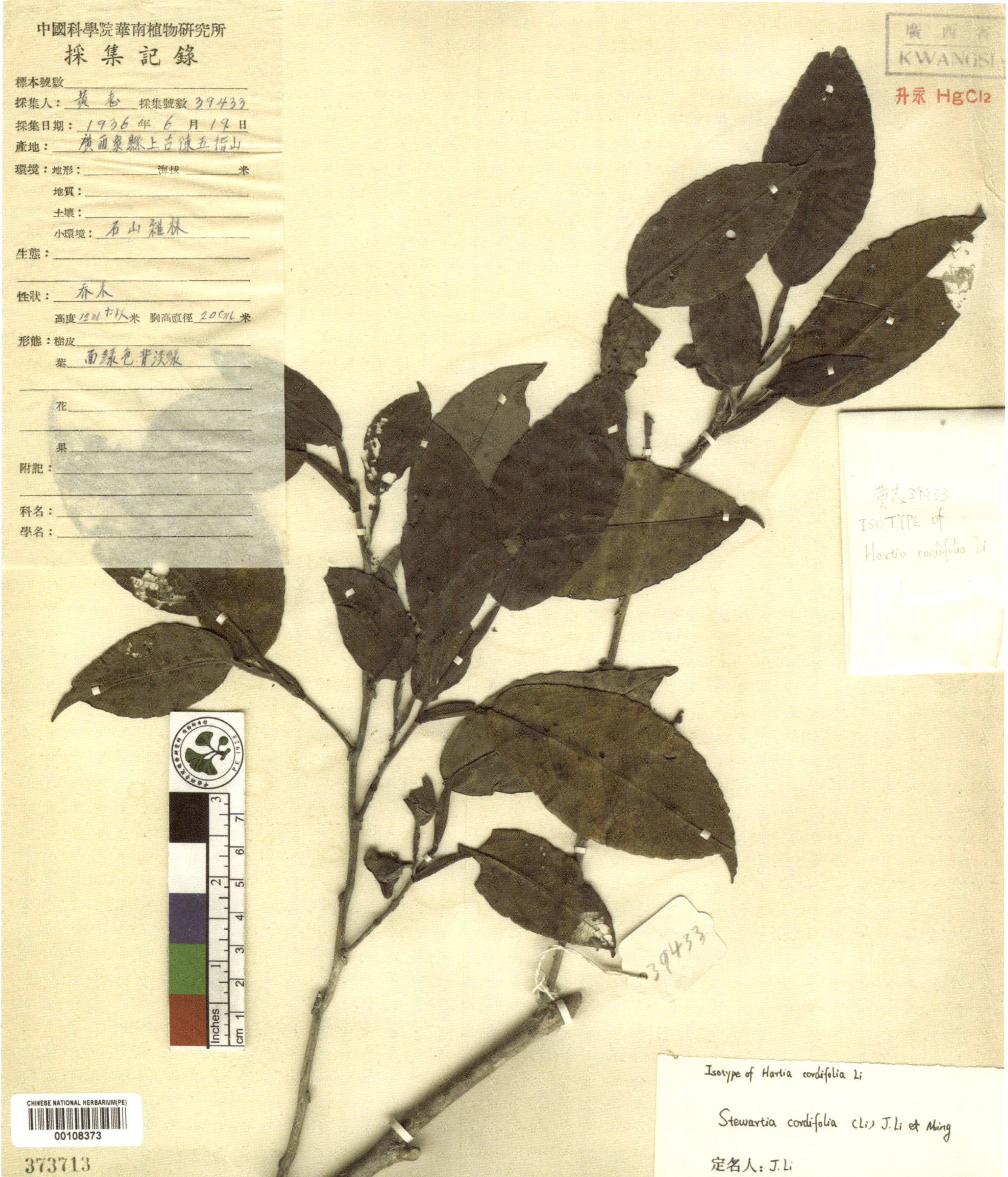

心叶折柄茶 ***Hartia cordifolia*** H. L. Li in J. Arnold Arb. 26: 65. 1945. **Isotype:** China. Guangxi: Xiangzhou, 1936-06-19, C. Wang 39433.

狭萼折柄茶 ***Hartia densivillosa*** Hu ex H. T. Chang & C. X. Ye in Acta Sci. Nat. Univ. Sunyatseni 1982 (4): 75. 1982.
Holotype: China. Yunnan: Funing, alt. 800 m, 1940-04-18, C. W. Wang 88674.

贵州折柄茶 ***Hartia guizhouensis*** C. X. Ye in Guihaia 4(2): 136. 1984. **Isotype:** China. Guizhou: Rongjiang, 1959-08-03, S Guizhou Exped. 3180.

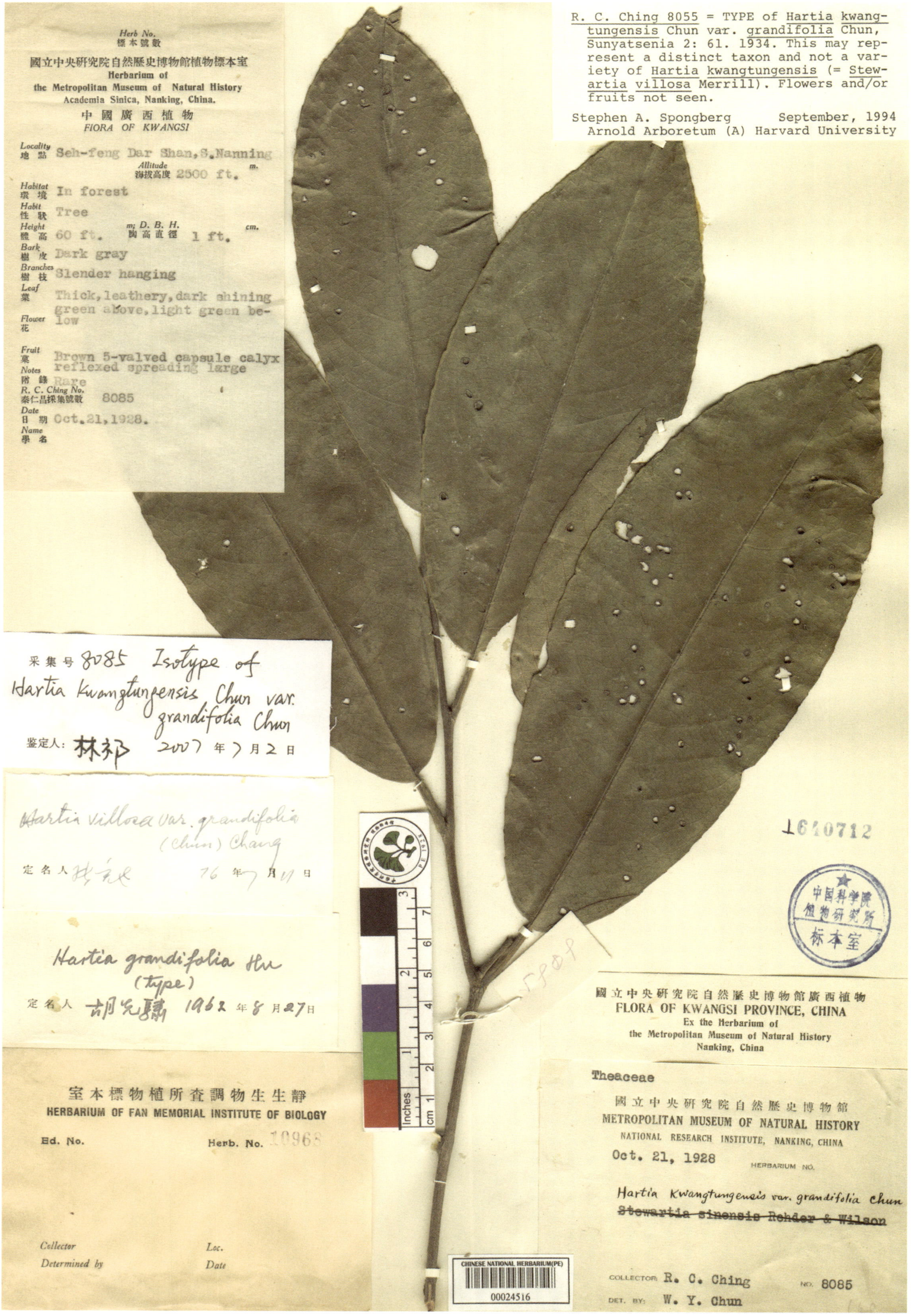

大叶广东折柄茶 ***Hartia kwangtungensis*** Chun var. ***grandifolia*** Chun in Sunyatsenia 2(1): 61. 1934. **Isotype:** China. Guangxi: Nanning, alt. 763 m, 1928-10-21, R. C. Ching 8085.

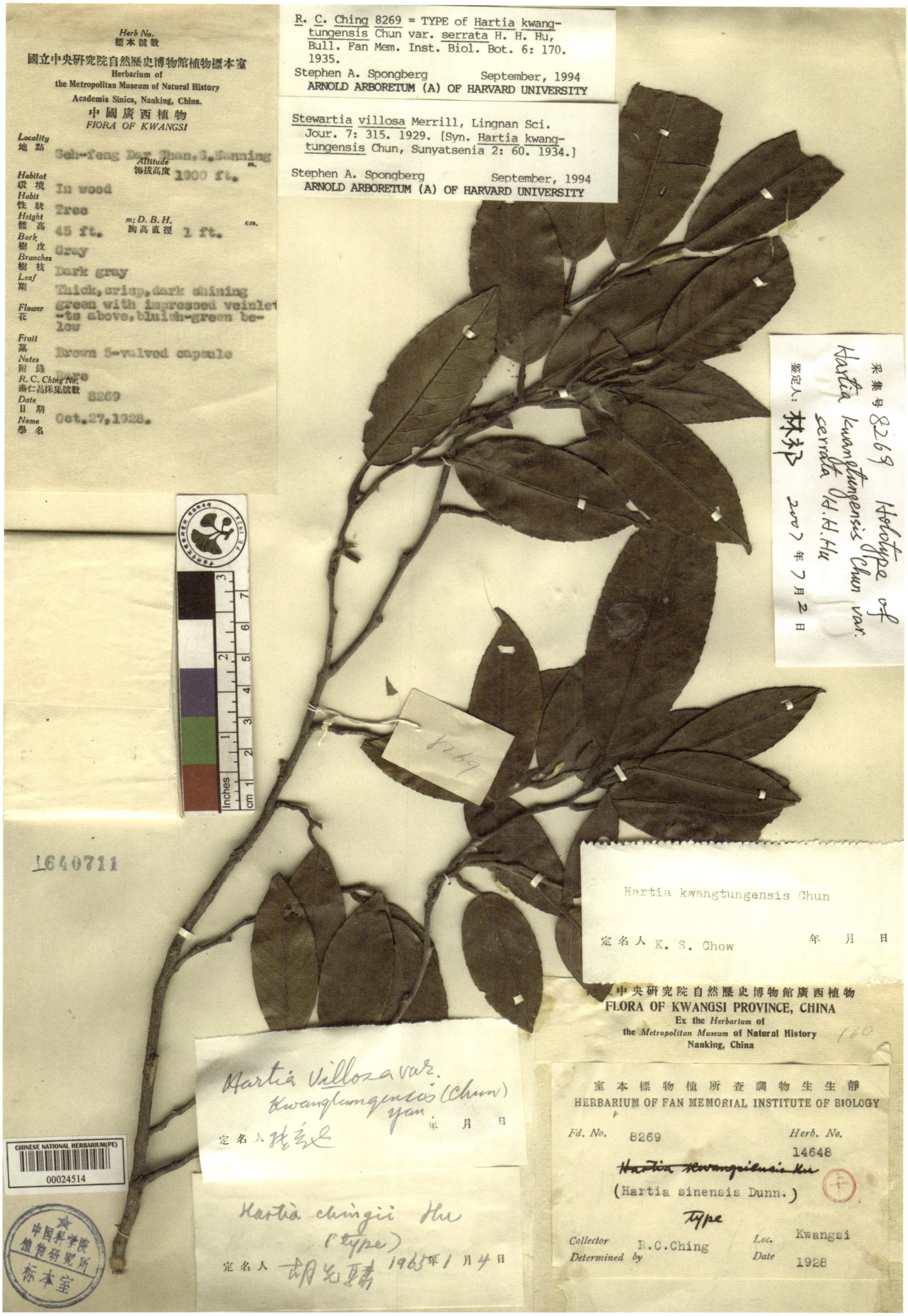

齿叶广东折柄茶 ***Hartia kwangtungensis*** Chun. var. ***serrata*** Hu in Bull. Fan Mem. Inst. Biol., Bot. 6(4): 170. 1935.
Holotype: China. Guangxi: Nanning, alt. 580 m, 1928-10-27, R. C. Ching 8269.

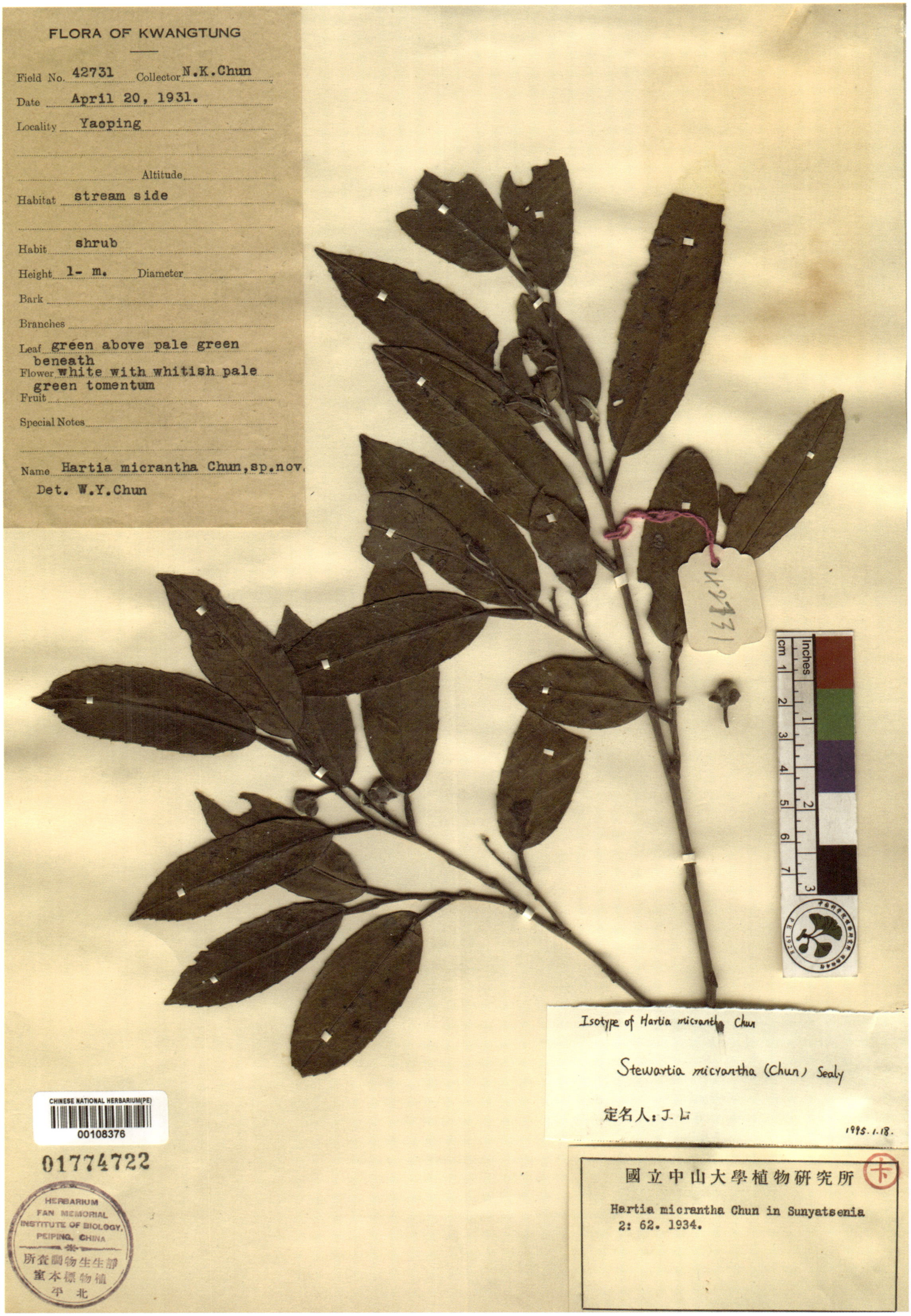

小花折柄茶 ***Hartia micrantha*** Chun in Sunyatsenia 2(1): 62. 1934. **Isotype:** China. Guangdong: Raoping, 1931-04-20, N. K. Chun 42731.

密脉折柄茶 ***Hartia multinerva*** S. Z. Yan in Acta Phytotax. Sin. 19(4): 470, f. 7. 1981. **Paratype:** China. Guangxi: Damiaoshan (=Rongshui), alt. 900~1 150 m, 1958-06-17, S. H. Chun 14501.

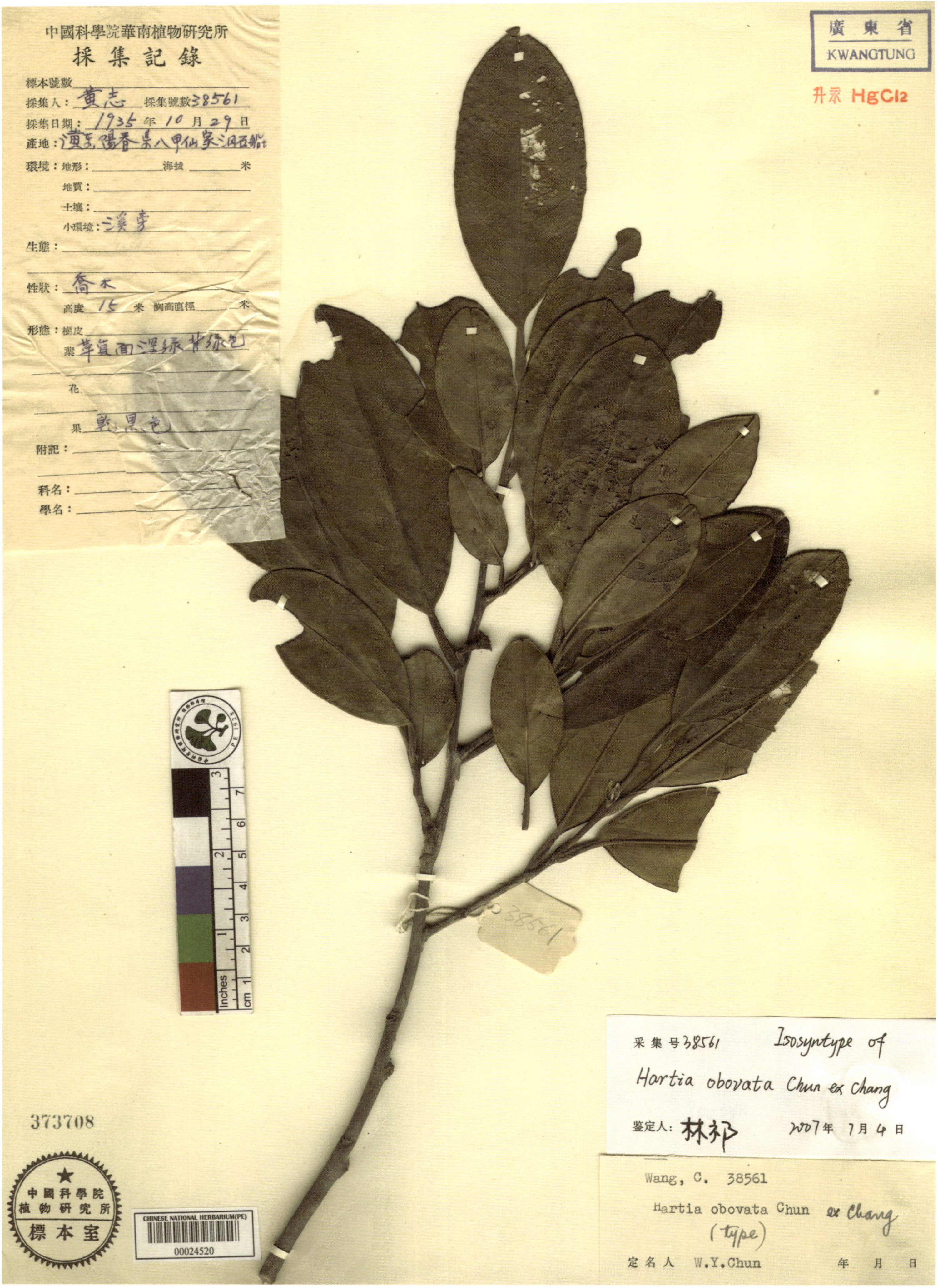

钝叶赫德木 ***Hartia obovata*** Chun & H. T. Chang in Acta Sci. Nat. Univ. Sunyatseni 1959 (2): 24. 1959. **Isosyntype:** China. Guangdong: Yangchun, 1935-10-29, C. Wang 38561.

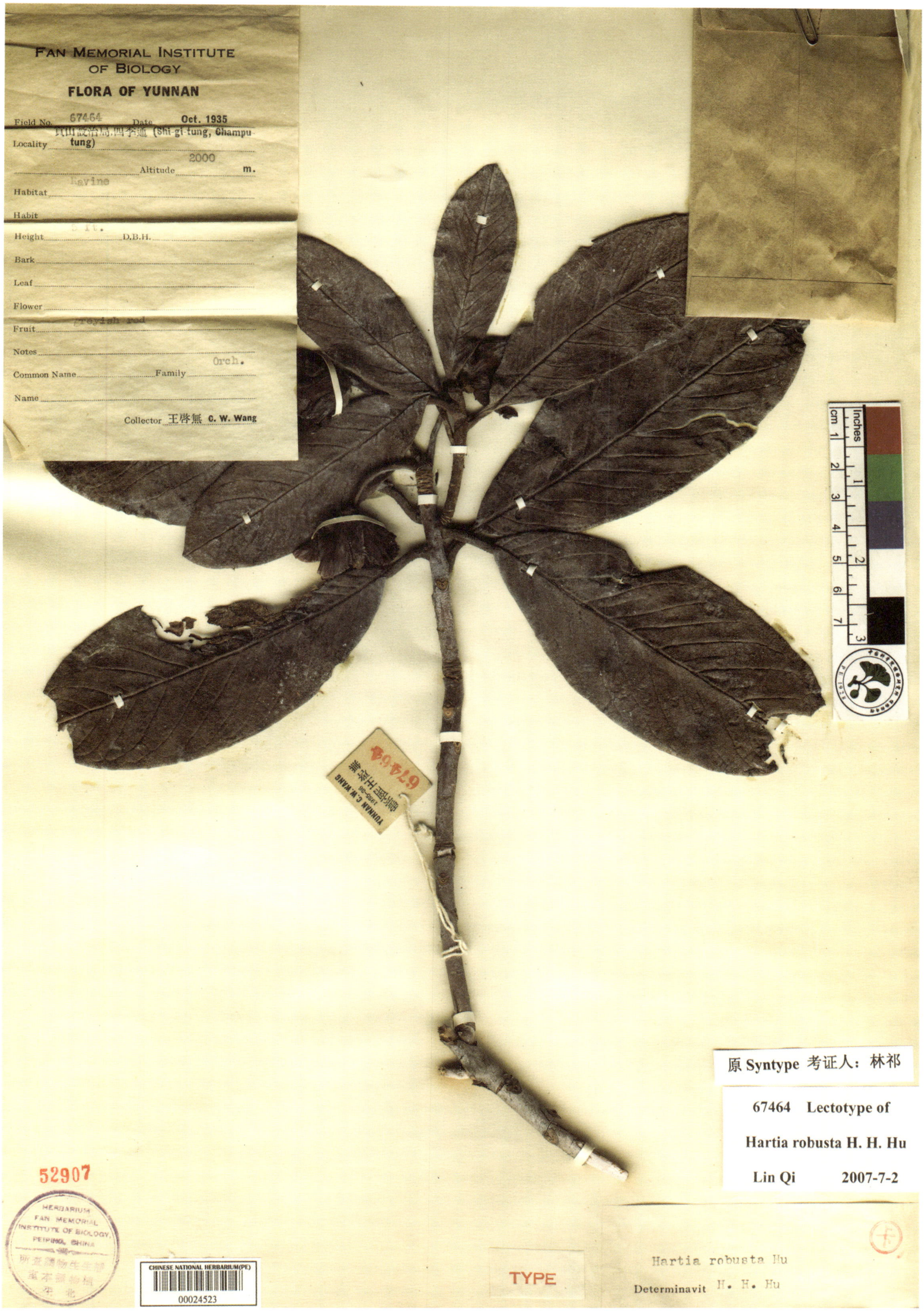

粗柄折柄茶 ***Hartia robusta*** Hu in Bull. Fan Mem. Inst. Biol., Bot. 8(1): 39. 1937. **Lectotype** (designated by Q. Lin & al. in Acta Bot. Boreal.-Occident. Sin. 28: 1 700. 2008.)**:** China. Yunnan: Gongshan, alt. 2 000 m, 1935-10-??, C. W. Wang 67464.

齿瓣折柄茶 ***Hartia serratisepala*** Hu in Bull. Fan. Mem. Inst. Biol., Bot. Ser. 8(3): 142. 1938. **Holotype:** China. Yunnan: Lancang, alt. 2 200 m, 1936-05-??, C. W. Wang 76777.

四川折柄茶 ***Hartia szechuanensis*** S. Z. Yan in Acta Phytotax. Sin. 19(4): 469, f. 6. 1981. **Lectotype** (designated by Q. Lin & al. in Acta Bot. Boreal.-Occident. Sin. 28: 1700. 2008.)**:** China. Sichuan: Pingshan, alt. 600 m, 1959-06-05, Sichuan Econ. Pl. Exped. 0924.

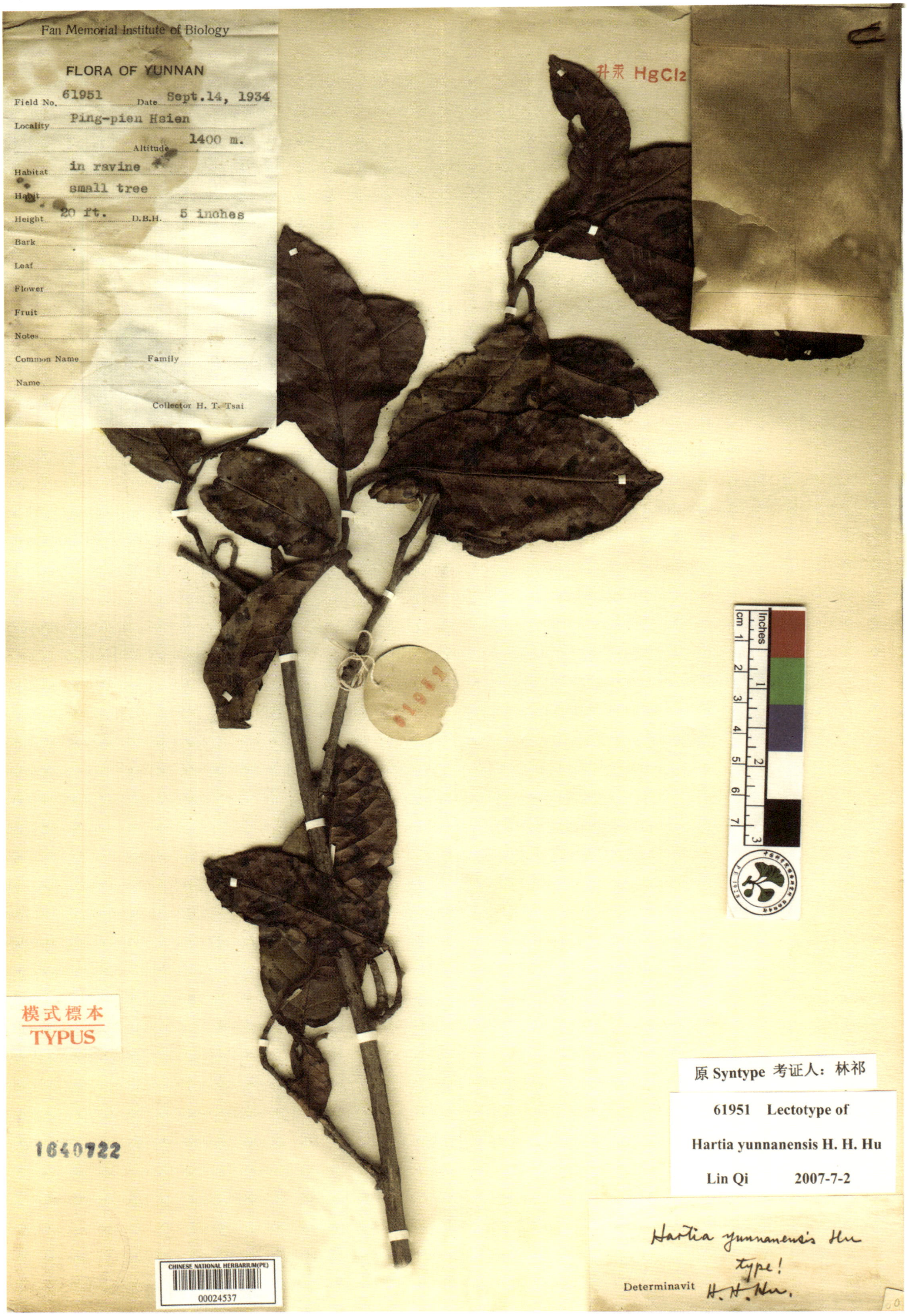

云南折柄茶 ***Hartia yunnanensis*** Hu in Bull. Fan. Mem. Inst. Biol., Bot. 6(4): 169. 1935. **Lectotype** (designated by Q. Lin & al. in Acta Bot. Boreal.-Occident. Sin. 28: 1701. 2008.)**:** China. Yunnan: Ping-pien(=Pingbian), alt. 1 400 m, 1934-09-14, H. T. Tsai 61951.

越南多瓣核果茶 ***Parapyrenaria indo-chinensis*** H. T. Chang in Acta Sci. Nat. Univ. Sunyatseni 1983 (3): 62. 1983. **Paratype:** Vietnam. Annam: Braian, 1935-02-18, M Eug. Poilane 24388.

云南大头茶 ***Polyspora yunnanensis*** Hu in Bull. Fan Mem. Inst. Biol., Bot. Ser. 8(3): 135. 1938. **Holotype:** China. Yunnan: Luxi, alt. 1 750 m, 1934-02-06, H. T. Tsai 56805.

拟山茶核果茶 ***Pyrenaria camellioides*** Hu in Bull. Fan Mem. Inst. Biol., Bot. Ser. 8(3): 136. 1938. **Lectotype** (designated by Q. Lin & al. in Acta Bot. Boreal.-Occident. Sin. 28: 1701. 2008.)**:** China. Yunnan: Zhenkang, alt. 2 600 m, 1936-03-??, C. W. Wang 72468.

景洪核果茶 ***Pyrenaria cheliensis*** Hu in Bull. Fan Mem. Inst. Biol., Bot. Ser. 8(3): 140. 1938. **Holotype:** China. Yunnan: Che-Li (=Jinghong), alt. 1 800 m, 1936-09-??, C. W. Wang 78513.

广西核果茶 ***Pyrenaria kwangsiensis*** H. T. Chang in Acta Sci. Nat. Univ. Sunyatseni 1983 (3): 63. 1983. **Isotype:** China. Guangxi: He Xian, 1956-06-??, H. C. Chen & L. X. Chen 500214.

老挝核果茶 ***Pyrenaria laotica*** Gagnep in Not. Syst. 10(3): 122. 1942. **Isotype:** Laos. Savannakhet: entre Lao-bao & Muong-non, 1927-04-18, M. Poilane 13282.

长核果茶 ***Pyrenaria oblongicarpa*** H. T. Chang in Acta Sci. Nat. Univ. Sunyatseni 1983 (3): 62. 1983. **Holotype:** China. Yunnan: Pingbian, alt. 700 m, 1953-07-03, P. I Mao 02363.

西藏核果茶 ***Pyrenaria tibetana*** H. T. Chang in Acta Sci. Nat Univ. Sumyatseni 1983 (3): 64. 1983. **Lectotype** (designated by Q. Lin & al. in Acta Bot. Boreal.-Occident. Sin. 28: 1701. 2008.)**:** China. Xizang: Mêdog, alt. 2 000 m, 1974-08-13, Qinghai-Xizang Exped. 74-1848.

云南核果茶***Pyrenaria yunnanensis*** Hu in Bull. Fan Mem. Inst. Biol., Bot. Ser. 8(3): 137. 1938. **Lectotype** (designated by Q. Lin & al. in Acta Bot. Boreal.-Occident. Sin. 28: 1701. 2008.)**:** China. Yunnan: Lancang, alt. 1 500 m, 1936-05-??, C. W. Wang 73388.

竹叶木荷 ***Schima bambusifolia*** Hu in J. Arnold Arb. 11: 224. 1930. **Isotype:** China. Guangxi: Nanning, alt. 915 m, 1928-10-19, R. C. Ching 8020.

大萼木荷 ***Schima macrosepala*** H. T. Chang in Acta Sci. Nat. Univ. Sunyatseni 1983 (3): 58. 1983. **Holotype:** China. Yunnan: Hekou, alt. 1 430 m, 1953-06-06, W. X. Liu 512.

小花木荷 ***Schima parviflora*** W. C. Cheng & H. T. Chang ex H. T. Chang in Acta Sci. Nat. Univ. Sunyatseni 1983(3): 61. 1983. **Isotype:** China. Hubei: Enshi, 1951-08-11, L. Y. Dai & Z. H. Qian 637.

毛木荷 ***Schima villosa*** Hu in Bull. Fan. Mem. Inst. Biol., Bot. Ser. 8(3): 141. 1938. **Lectotype** (designated by Q. Lin & al. in Acta Bot. Boreal.-Occident. Sin. 28: 1701. 2008.)**:** China. Yunnan: Pingbian, alt. 1 300 m, 1934-07-07, H. T. Tsai 60763.

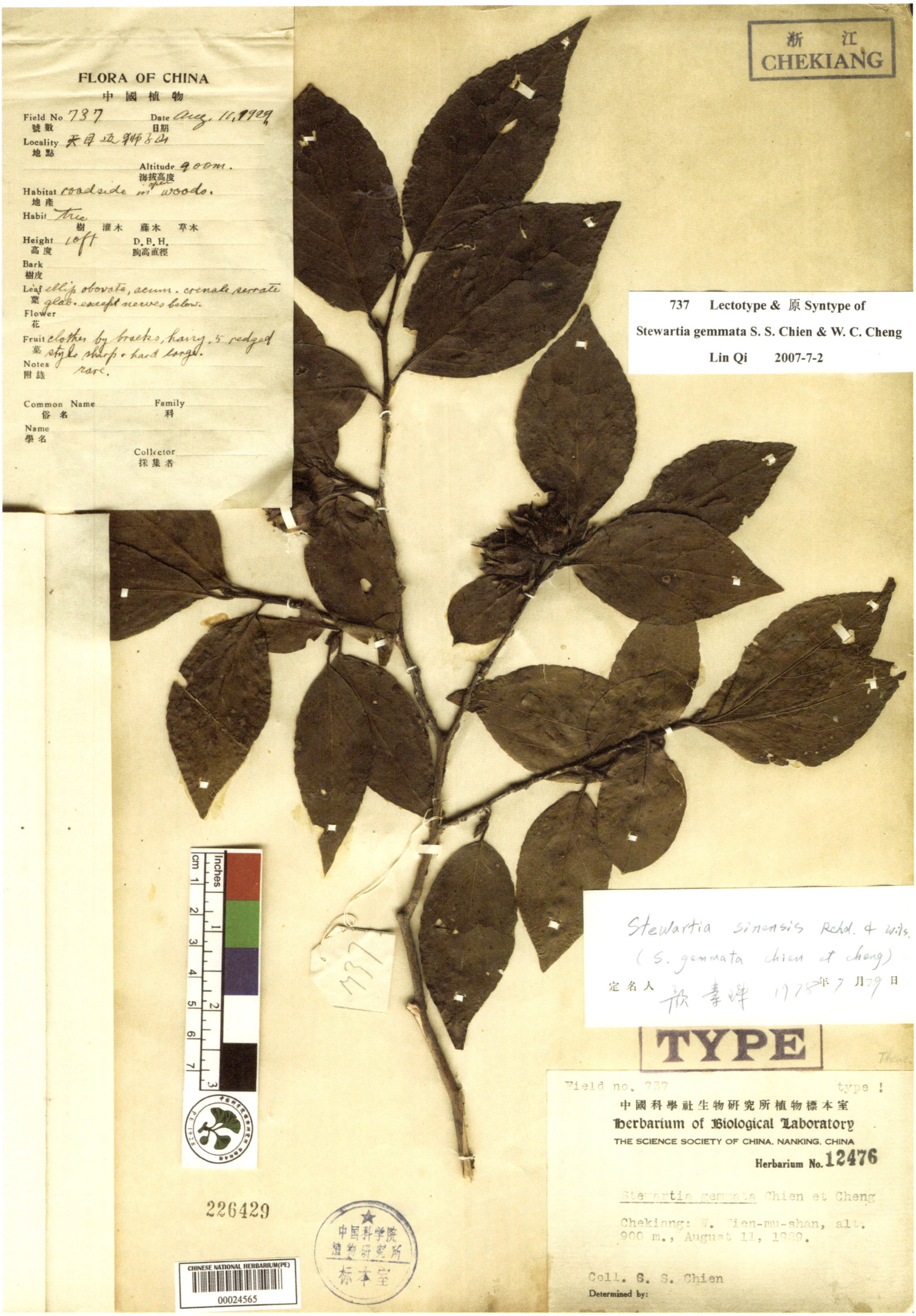

天目紫茎 ***Stewartia gemmata*** S. S. Chien & W. C. Cheng in Cont. Biol. Lab. Sci. Soc. China, Bot. Ser. 6(7): 66, f. 3. 1931. **Lectotype** (designated by Q. Lin & al. in Acta Bot. Boreal.-Occident. Sin. 28: 1702. 2008.)**:** China. Zhejiang: Tianmushan, alt. 900 m, 1929-08-11, S. S. Chien 737.

朝鲜紫茎 ***Stewartia koreana*** Nakai & Rehder in J. Arnold Arb. 7(4): 242. 1926. **Isotype:** Korea. S. Keisho: Kirishan, alt. 600~1 845 m, 1917-11-14, E. H. Wilson 9596.

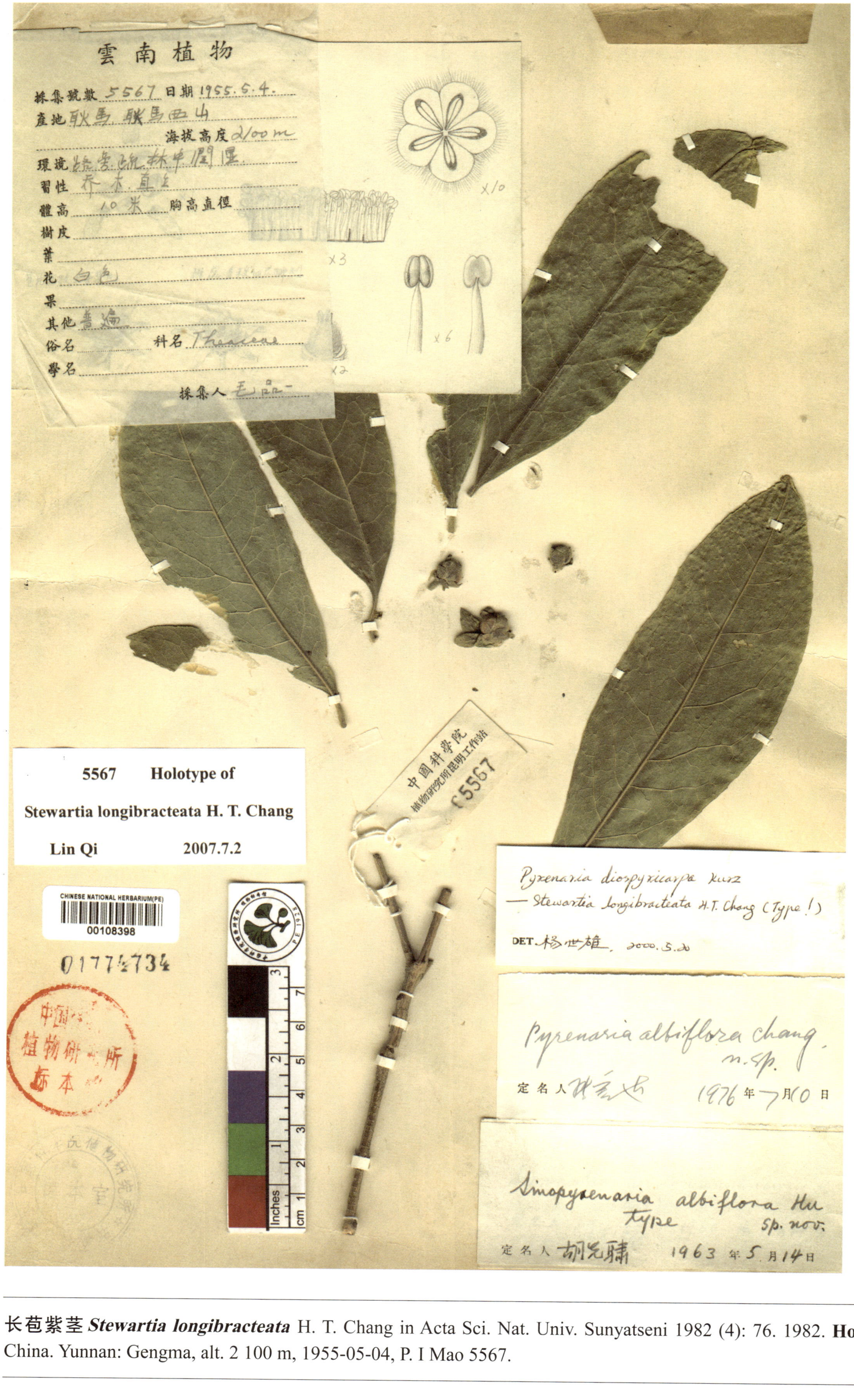

长苞紫茎 ***Stewartia longibracteata*** H. T. Chang in Acta Sci. Nat. Univ. Sunyatseni 1982 (4): 76. 1982. **Holotype:** China. Yunnan: Gengma, alt. 2 100 m, 1955-05-04, P. I Mao 5567.

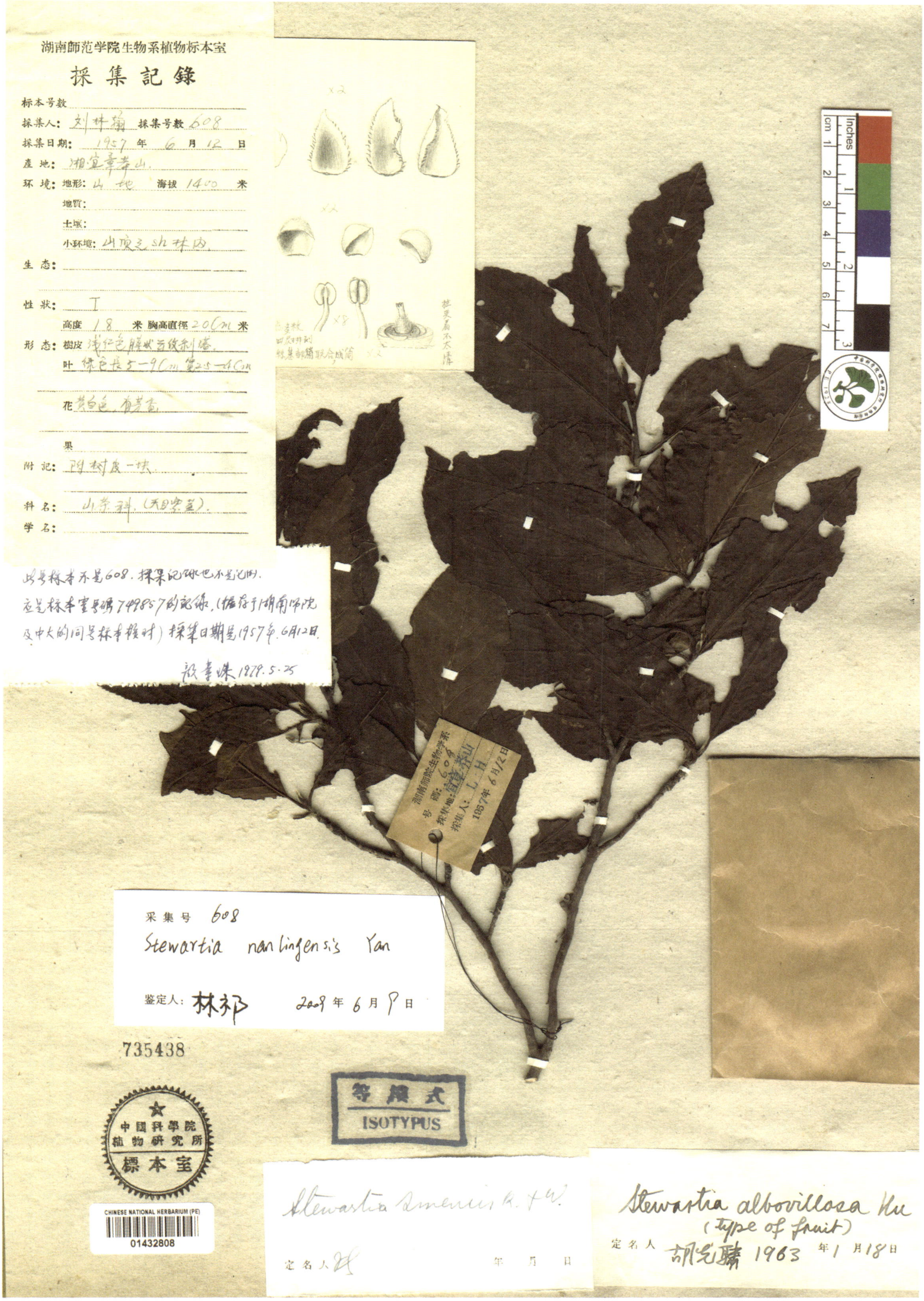

南岭紫茎 ***Stewartia nanlingensis*** S. Z. Yan in Acta Phytotax. Sin. 19(4): 465. 1981. **Isotype:** China. Hunan: Yizhang, alt. 1 400 m, 1957-06-12, L. H. Liu 608.

长叶紫茎 ***Stewartia oblongifolia*** Hu & S. Z. Yan in Acta Phytotax. Sin. 19(4): 467, f. 4. 1981. **Holotype:** China. Hunan: Xinning, 1959-07-16, P. C. Tam 63639.

陕西紫茎 ***Stewartia shensiensis*** H. T. Chang in Acta Sci. Nat. Univ. Sunyatseni 1982 (4): 76. 1982. **Holotype:** China. Shaanxi: Nanzheng, alt. 1 550 m, 1963-07-10, M. C. Wang 599.

云南紫茎 ***Stewartia yunnanensis*** H. T. Chang in Acta Sci. Nat. Univ. Sunyatseni 1982 (4): 77. 1982. **Isotype:** China. Yunnan: Xishuangbanna, alt. 1 800~2 000 m, 1967-04-28, 2nd Brigade of Yunnan, Bot. Inst. Kunming 020.

长梗厚皮香 ***Ternstroemia longipedicellata*** L. K. Ling, Fl. Reip. Pop. Sin. 50(1): 9, 184, pl. 3: 1-2. 1998. **Holotype:** China. Yunnan: Gongshan, alt. 1 300 m, 1938-10-01, T. T. Yu 20540.

小叶厚皮香 ***Ternstroemia parvifolia*** Hu in Bull. Fan Mem. Inst. Biol., Bot. Ser. 8(3): 144. 1938. **Lectotype** (designated by Q. Lin & al. in Acta Bot. Boreal.-Occident. Sin. 28: 1702. 2008.)**:** China. Yunnan: Ping-Pien(=Pingbian), alt. 1 500 m, 1934-07-16, H. T. Tsai 62699.

假轮叶厚皮香 ***Ternstroemia pseudoverticillate*** Merr. & Chun in Sunyatsenia 5(1-3): 131. 1940. **Isotype:** China. Hainan: Baoting, alt. 915 m, 1935-09-01, F. C. How 73574.

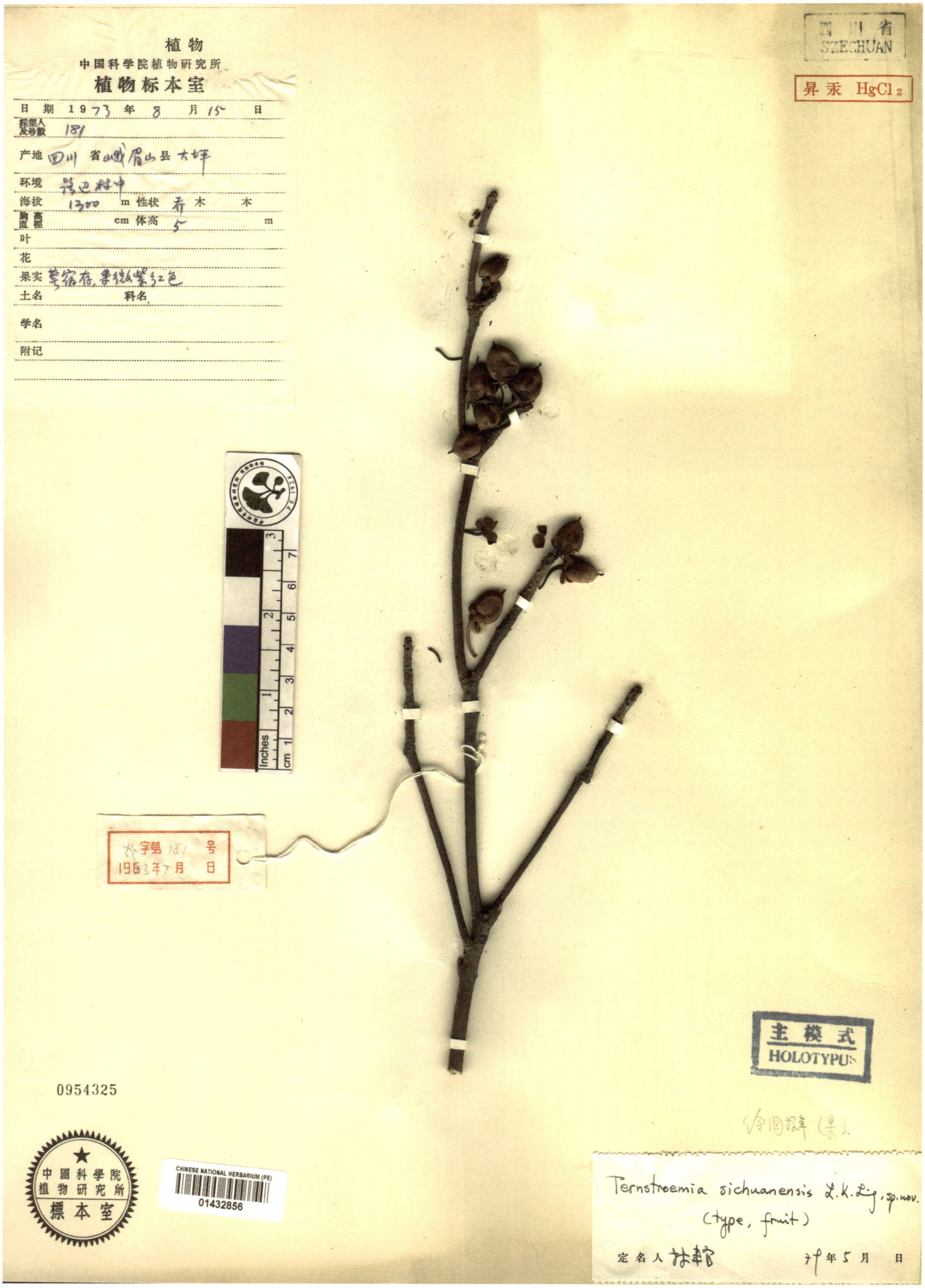

四川厚皮香 ***Ternstroemia sichuanensis*** L. K. Ling, Fl. Reip. Pop. Sin. 50(1): 15, 186, pl. 4: 7-9. 1998. **Holotype:** China. Sichuan: Emei, Emeishan, alt. 1 300 m, 1973-08-15, Y. B. Yang 181.

尖叶山茶 ***Thea cuspidate*** Kochs in Engler, Bot. Jahrb. 27: 586. 1900. **Isotype:** China. Chongqing: Wushan, (1885~1888)-??-??, A. Henry 7026.

脉茶 ***Thea nervosa*** Gagnep in Not. Syst. 10(3): 129. 1942. **Isotype:** Vietnam. Annam: Braian, 1935-02-14, M. Eug. Poilane 305.

杂性茶 ***Thea polygama*** Hu in Bull. Fan Mem. Inst. Biol. 6(4): 171. 1935. **Holotype:** China. Yunnan: Wenshan, alt. 1 800 m, 1933-02-14, H. T. Tsai 51804.

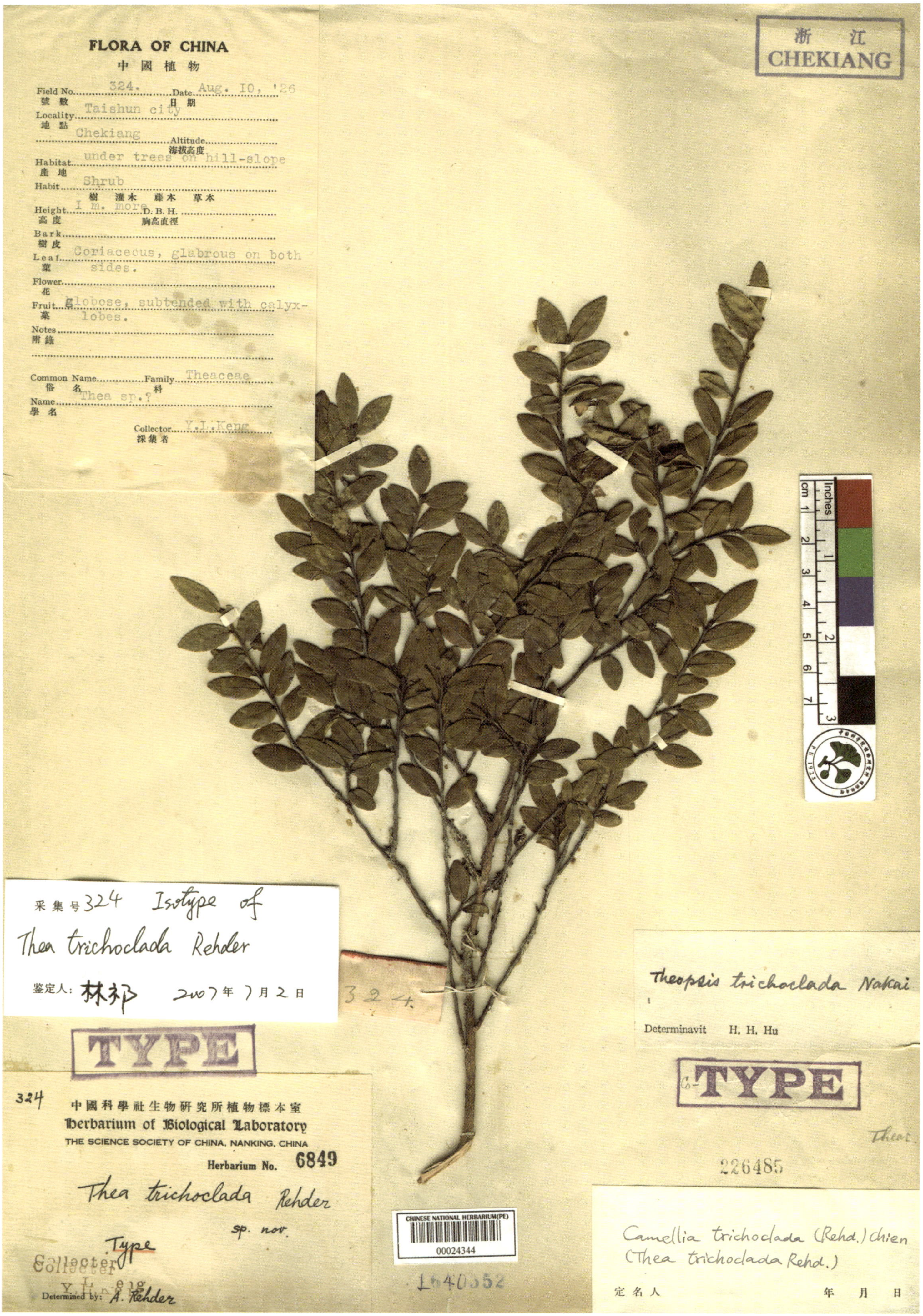

毛枝连蕊茶 ***Thea trichoclada*** Rehder in J. Arnold Arb. 8(3): 176. 1927. **Isotype:** China. Zhejiang: Taishun, 1926-08-10, Y. L. Keng 324.

金花茶 ***Theopsis chrysantha*** Hu in Acta Phytotax. Sin. 10(2): 139. 1965. **Lectotype** (designated by Q. Lin & al. in Acta Bot. Boreal.-Occident. Sin. 28: 1702. 2008.)**:** China. Guangxi: Yongning, 1960-12-25, GXMI Exped. 17530.

卫矛叶连蕊茶 ***Theopsis euonymifolia*** Hu in Acta Phytotax. Sin. 10(2): 140. 1965. **Holotype:** China. Yunnan: Jingdong, alt. 1 050 m, 1939-12-13, T. T. Yu & M. K. Li 1506.

长梗连蕊茶 ***Theopsis longipedicellata*** Hu in Acta Phytotax. Sin. 10(2): 141. 1965. **Holotype:** China. Guangxi: Xincheng, 1959-02-15, X. Lan 099.

龙岩山茶 ***Theopsis lungyaiensis*** Hu in Acta Phytotax. Sin. 10(2): 141. 1965. **Holotype:** China. Fujian: Longyan, 1934-11-13, P. C. Tsoong 4418.

华南石笔木 ***Tutcheria austrosinica*** H. T. Chang in Acta Sci. Nat. Univ. Sunyatseni 1983 (2): 108. 1983. **Paratype:** China. Guangdong: Xinhui, alt. 270 m, 1958-05-16, M. X. Huang 110074.

短果石笔木 ***Tutcheria brachycarpa*** H. T. Chang in Acta Sci. Nat. Univ. Sunyatseni 1983 (2): 109. 1983. **Isoparatype:** China. Guangdong: Yangshan, alt. 1 200 m, 1956-06-12, L. Deng 1428.

长柄石笔木 ***Tutcheria greeniae*** Chun in J. Arnold Arb. 9(2-3): 129. 1928. **Isotype:** China. Guangdong: Ruyuan, 1927-12-25, W. Y. Chun 5937.

六爿石笔木 ***Tutcheria hexalocularia*** Hu & S. Y. Liang ex H. T. Chang in Acta Sci. Nat. Univ. Sunyatseni 1983 (2): 107. 1983. **Isotype:** China. Guangxi: Teng Xian, alt. 750 m, 1965-11-05, S. Y. Liang 6505189.

心叶核果木 ***Tutcheria hirta*** (Hand.-Mazz.) H. L. Li var. ***cordatula*** H. L. Li in J. Arnold Arb. 26: 65. 1945. **Isotype:** China. Guangxi: Shiwandashan, 1937-07-14, H. Y. Liang 69639.

屏边石笔木 ***Tutcheria pingpienensis*** H. T. Chang in Acta Sci. Nat. Univ. Sunyatseni 1983 (2): 107. 1983. **Isotype:** China. Yunnan: Ping-Pien (= Pingbian), alt. 1 400 m, 1934-08-30, H. T. Tsai 61715.

毛肋石笔木 ***Tutcheria pubicostata*** H. T. Chang in Acta Sci. Nat. Univ. Sunyatseni 1983 (2): 106. 1983. **Isotype:** China. Yunnan: SE Yunnan, K. M. Feng 10949.

毛石笔木 ***Tutcheria pubifolia*** Merr. & H. T. Chang in Acta Sci. Nat. Univ. Sunyatseni 1959 (2): 23, photo. 5. 1959.

Isoparatype: China. Guangxi: Baishou, 1937-08-(20~23), Y. W. Taan 61.

尖喙石笔木 ***Tutcheria rostrata*** H. T. Chang in Acta Sci. Nat. Univ. Sunyatseni 1983 (2): 106. 1983. **Isotype:** China. Guangdong: Yangchun, 1957-10-19, W. T. Lin 30962.

锥果石笔木 ***Tutcheria symplocifolia*** Merr. & Metc. in Lingnan Sci. J. 16(2): 172, f. 10. 1937. **Isotype:** China. Guangdong: Dapu, 1932-07-16, W. T. Tsang 21196.

云南茶 ***Yunnanea xylocarpa*** Hu in Acta Phytotax. Sin. 5(4): 282, pl. 55. 1956. **Lectotype** (designated by Q. Lin & al. in Acta Bot. Boreal.-Occident. Sin. 28: 1702. 2008.)**:** China. Yunnan: Shunning (=Fengqing), alt. 2 400 m, 1938-05-27, T. T. Yu 16021.

Guttiferae (Clusiaceae)

藤黄科（金丝桃科）

tenghuangke（jinsitaoke）

粗毛叶黄牛木 ***Cratoxylon dasyphyllum*** Hand.-Mazz in Sinensia 2(1): 4. 1931. **Isotype:** China. Guangxi: Nanning, alt. 366 m, 1928-10-18, R. C. Ching 7980.

长裂藤黄 ***Garcinia lancilimba*** C. Y. Wu & Y. H. Li in Acta Phytotax. Sin. 19(4): 493, f. 3. 1981. **Paratype:** China. Yunnan: Jinghong, Sino-Russia Yunnan Exped. 9286.

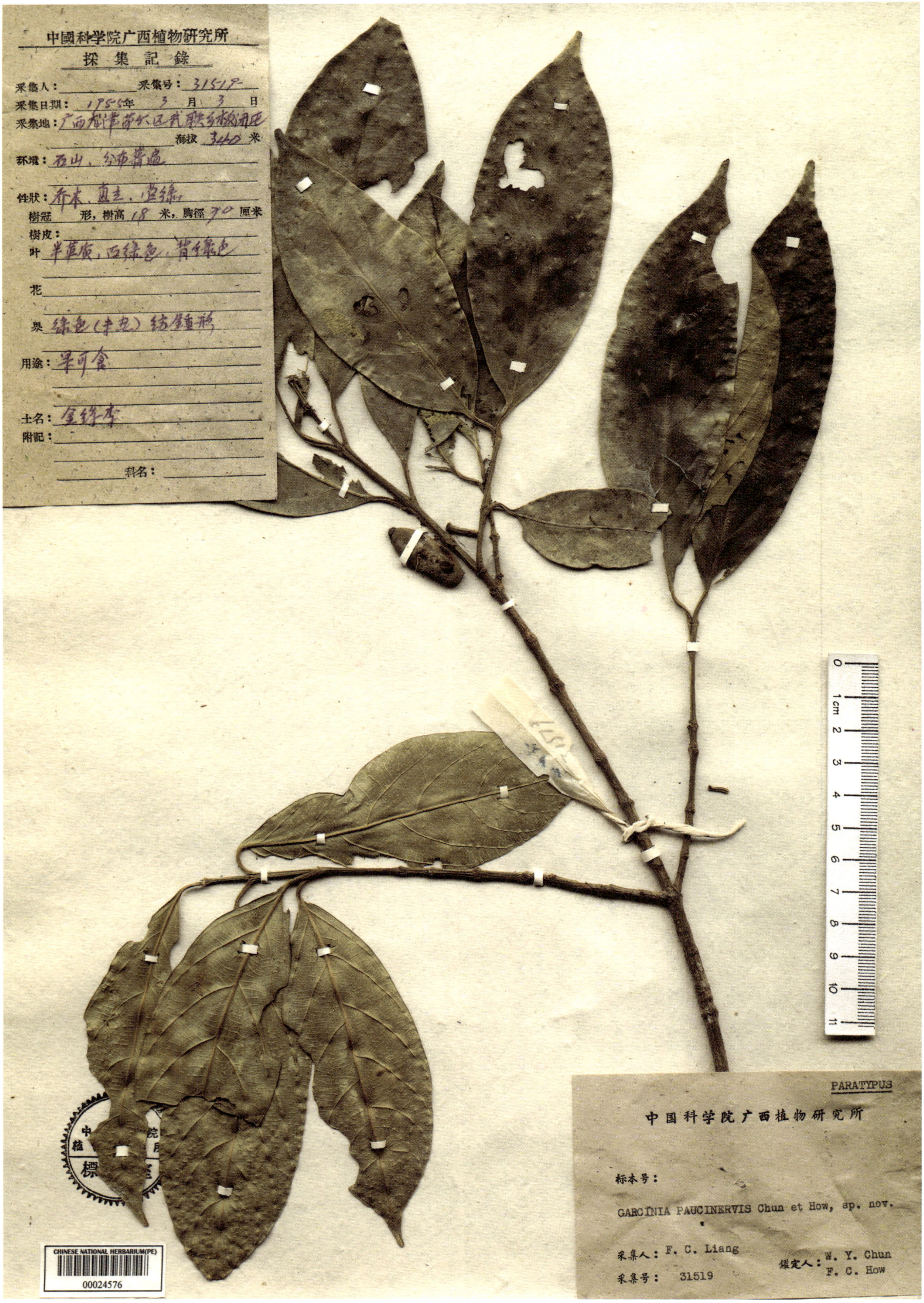

金丝李 ***Garcinia paucinervis*** Chun & How in Acta Phytotax. Sin. 5(1): 12, pl. 5. 1956. **Paratype:** China. Guangxi: Longjin (=Longzhou), alt. 340 m, 1955-03-03, F. C. Liang 31519.

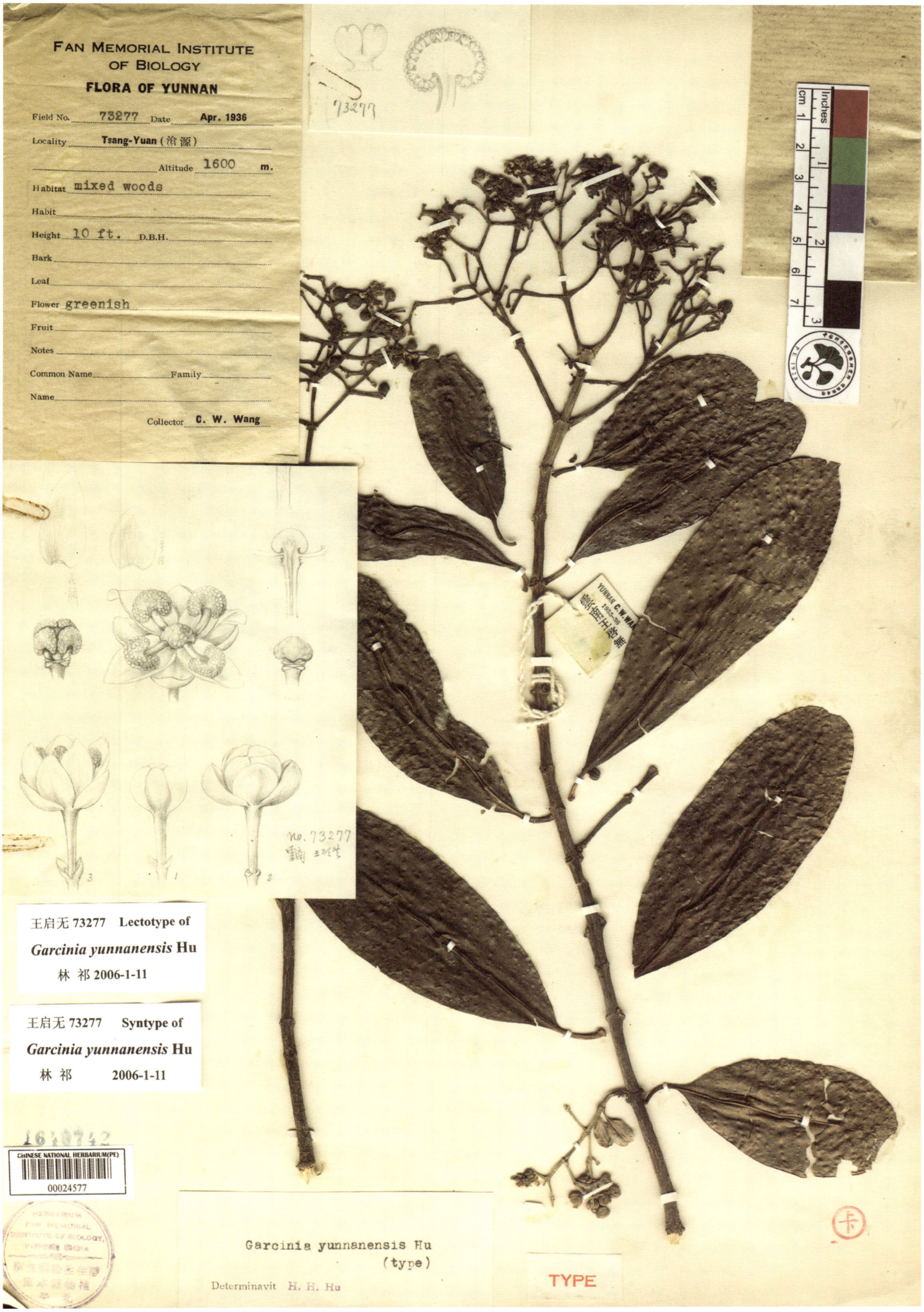

云南藤黄 ***Garcinia yunnanensis*** Hu in Bull. Fan Mem. Inst. Biol., Bot. Ser. 10: 131. 1940. **Lectotype** (designated By Q. Lin & al. in Bull. Bot. Res., Harbin 28: 538. 2008.)**:** China. Yunnan: Tsang-Yuan (=Mengla), alt. 1 600 m, 1936-04-??, C. W. Wang 73277.

恩施小连翘 ***Hypericum enshiense*** L. H. Wu & F. S. Wang in Acta Phytotax. Sin. 42(1): 76, f. 2. 2004. **Paratype:** China. Hubei: Badong, alt. 1 000 m, 2001-07-23, L. Y. Wu & F. S. Wang 01018.

长萼小连翘 ***Hypericum erectum*** Thunb. & Murray subsp. ***longisepalum*** L. H. Wu & D. P. Yang in Acta Phytotax. Sin. 42(1): 78. 2004. **Isotype:** China. Hubei: Badong, alt. 1 600 m, 2001-07-27, L. Y. Wu & F. S. Wang 01033.

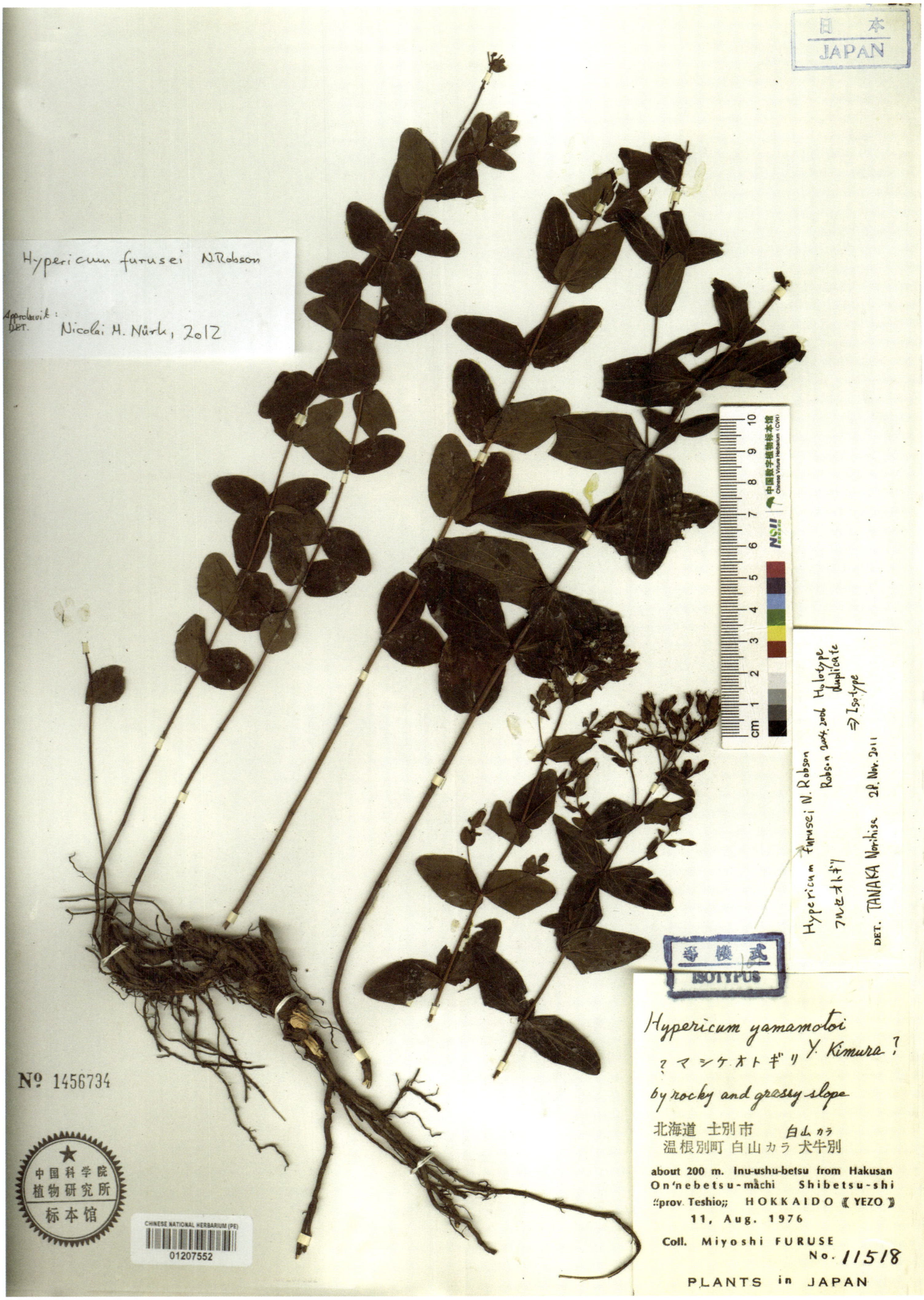

古濑义金丝桃 ***Hypericum furusei*** N. Robson in Systematics & Biodiversity 4(1): 52, f. 14. 2006. **Isotype:** Japan. Hokkaidō: Kawikama, Shibetsu-shi, alt. 200 m, 1976-08-11, M. Furuse 11518.

衡山金丝桃 ***Hypericum hengshanense*** W. T. Wang in Bull. Bot. Lab. N.-E. Forest. Inst., Harbin 5: 27, f. 1979. **Holotype:** China. Hunan: Hengshan, Nanyue, alt. 820 m, 1948-07-20, Y. Liu 00109.

新宁金丝桃 ***Hypericum hengshanense*** W. T. Wang var. ***xinlinense*** Z. Y. Li in Bull. Bot. Res., Harbin 8(3): 129, f. 2. 1988. **Holotype:** China. Hunan: Xinning, alt. 1 100 m, 1984-09-13, Ziyunshan Exped. 1789.

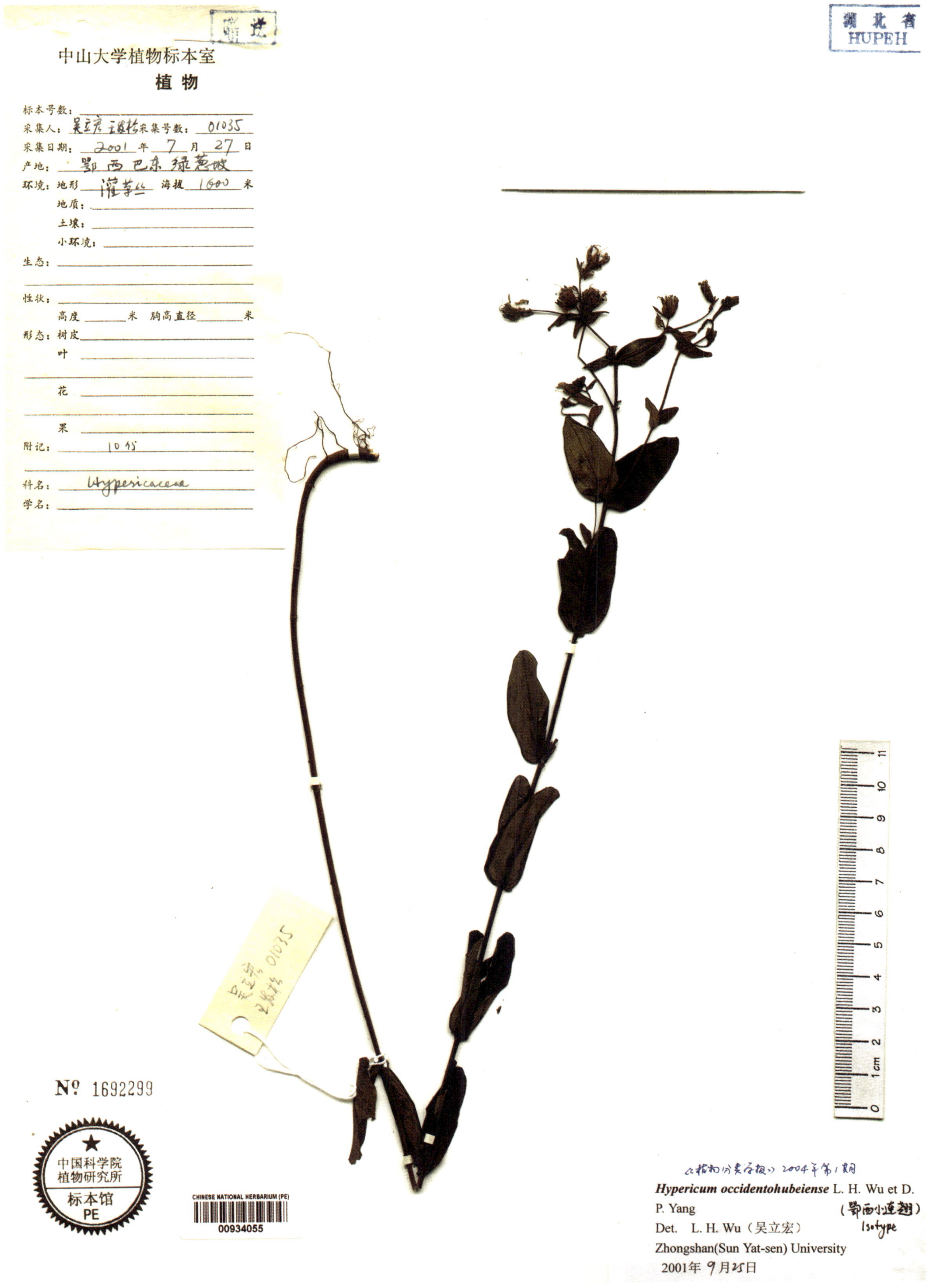

湖北小连翘 ***Hypericum hubeiense*** L. H. Wu & D. P. Yang in Acta Phytotax. Sin. 42(1): 74, f. 1. 2004. **Isotype:** China. Hubei: Badong, alt. 1 600 m, 2001-07-27, L. H. Wu & F. S. Wang 01035.

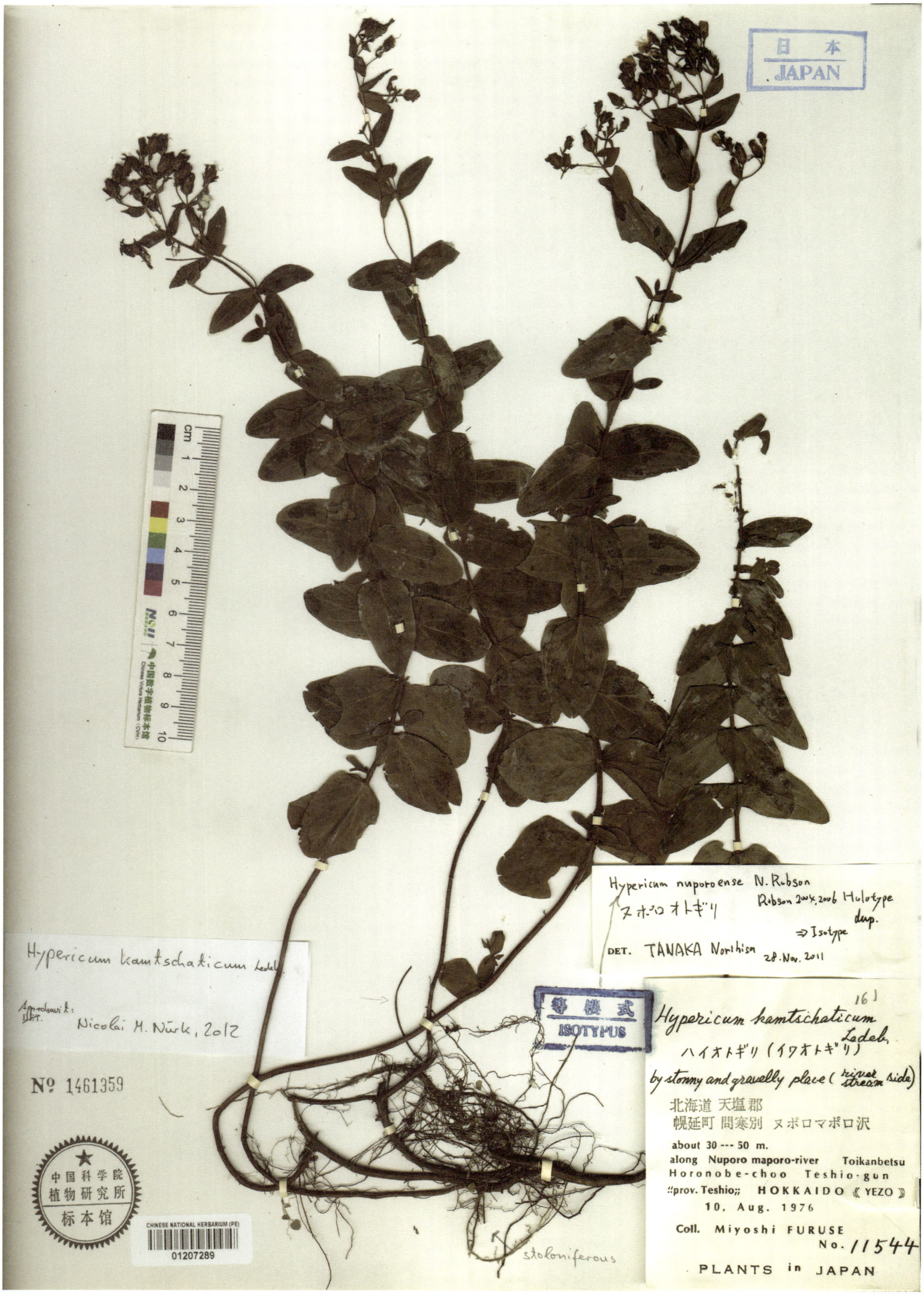

努河金丝桃 ***Hypericum nuporoense*** N. Robson in Systematics & Biodiversity 4(1): 52, f. 14. 2006. **Isotype:** Japan. Hokkaidō: Teshio, Nuporo maporo-river, alt. 30~50 m, 1976-08-10, M. Furuse 11544.

突脉金丝桃 ***Hypericum przewalskii*** Maxim. in Bull. Acad. Imp. Sci. St-Petersb. 27(4): 431. 1881. **Isotype:** China. Gansu: Precise locality not known, 1880-07-(11~23), N. M. Przewalski 553.

近无柄金丝桃 ***Hypericum subsessile*** N. Robson in Bull. Brit. Mus. (Nat. Hist.), Bot. 12(4): 239. 1985. **Isotype:** China. Yunnan: Dali, 1929-08-??, G. Forrest 28133.

Dipterocarpaceae

龙脑香科

longnaoxiangke

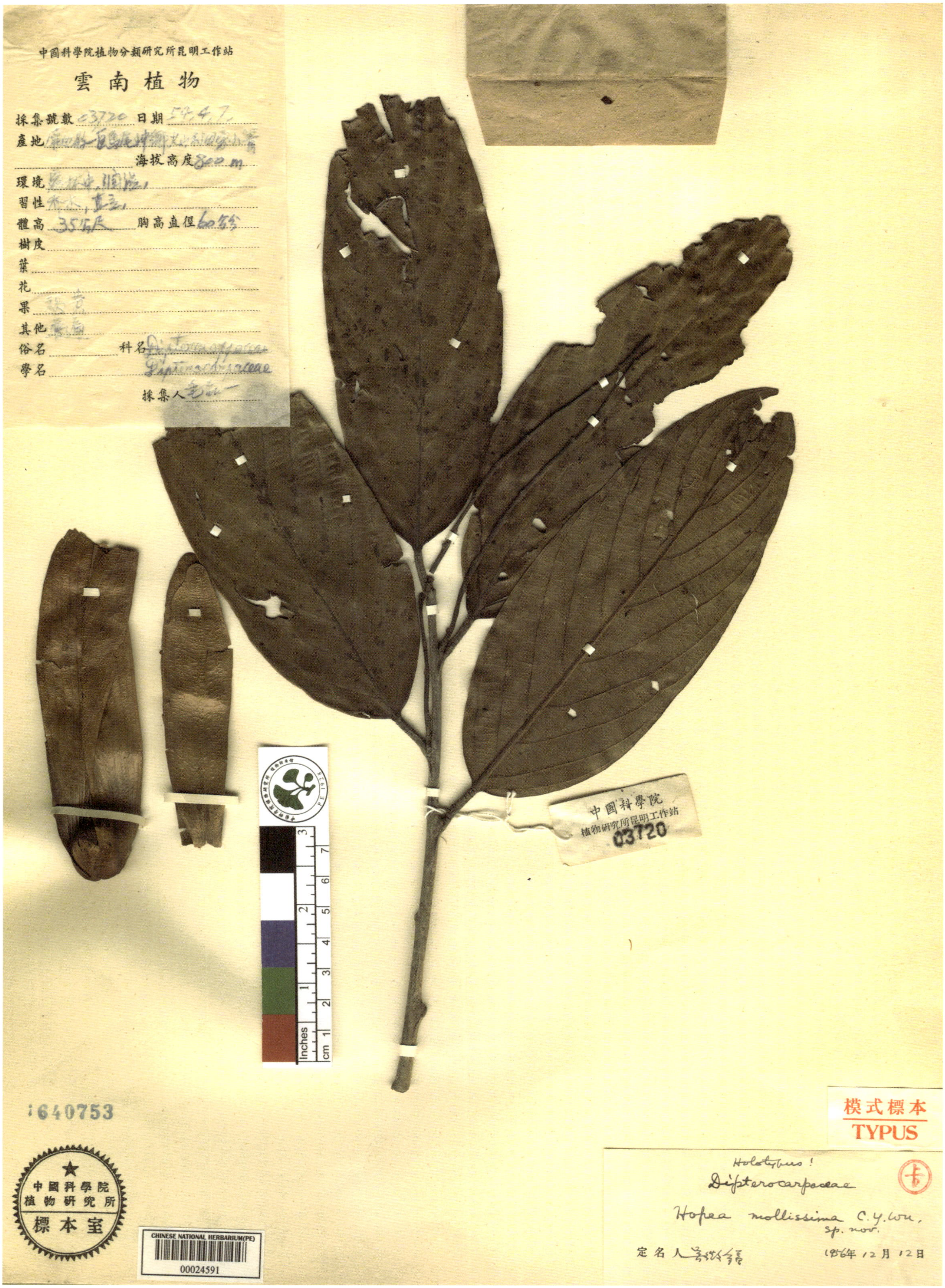

多毛坡垒 ***Hopea mollissima*** C. Y. Wu in Acta Phytotax. Sin. 6(2): 244, pl. 48: 9. 1957. **Holotype:** China. Yunnan: Pingbian, alt. 800 m, 1954-04-07, P. I Mao 03720.

望天树 ***Parashorea chinensis*** H. Wang in Acta Phytotax. Sin. 15(2): 11, f. 1. 1977. **Isoparatype:** China. Yunnan: Mengla, alt. 800 m, 1975-07-13, C. S. Pei & Y. H. Li 20005.

擎天树 ***Parashorea chinensis*** H. Wang var. ***kwangsiensis*** Lin Chi in Acta Phytotax. Sin. 15(2): 22. 1977. **Isotype:** China. Guangxi: Napo, alt. 540 m, 1976-09-22, Guangxi Exped. 76003.

Tamaricaceae

柽柳科

chengliuke

宽叶水柏枝 ***Myricaria platyphylla*** Maxim. in Bull. Acad. Imp. Sci. St.-Petersb. 27(4): 425.1881. **Isotype:** China. Nei Mongol: Alxa Meng, 1872-06-(11~23), N. M. Przewalski 89.

心叶水柏枝 ***Myricaria pulcherrima*** Batal. in Acta Horti Petrop. 11: 483. 1891. **Isosyntype:** China. Xinjiang: Kaschi, alt. 1 068 m, 1889-06-21, W. J. Roborowski s. n.

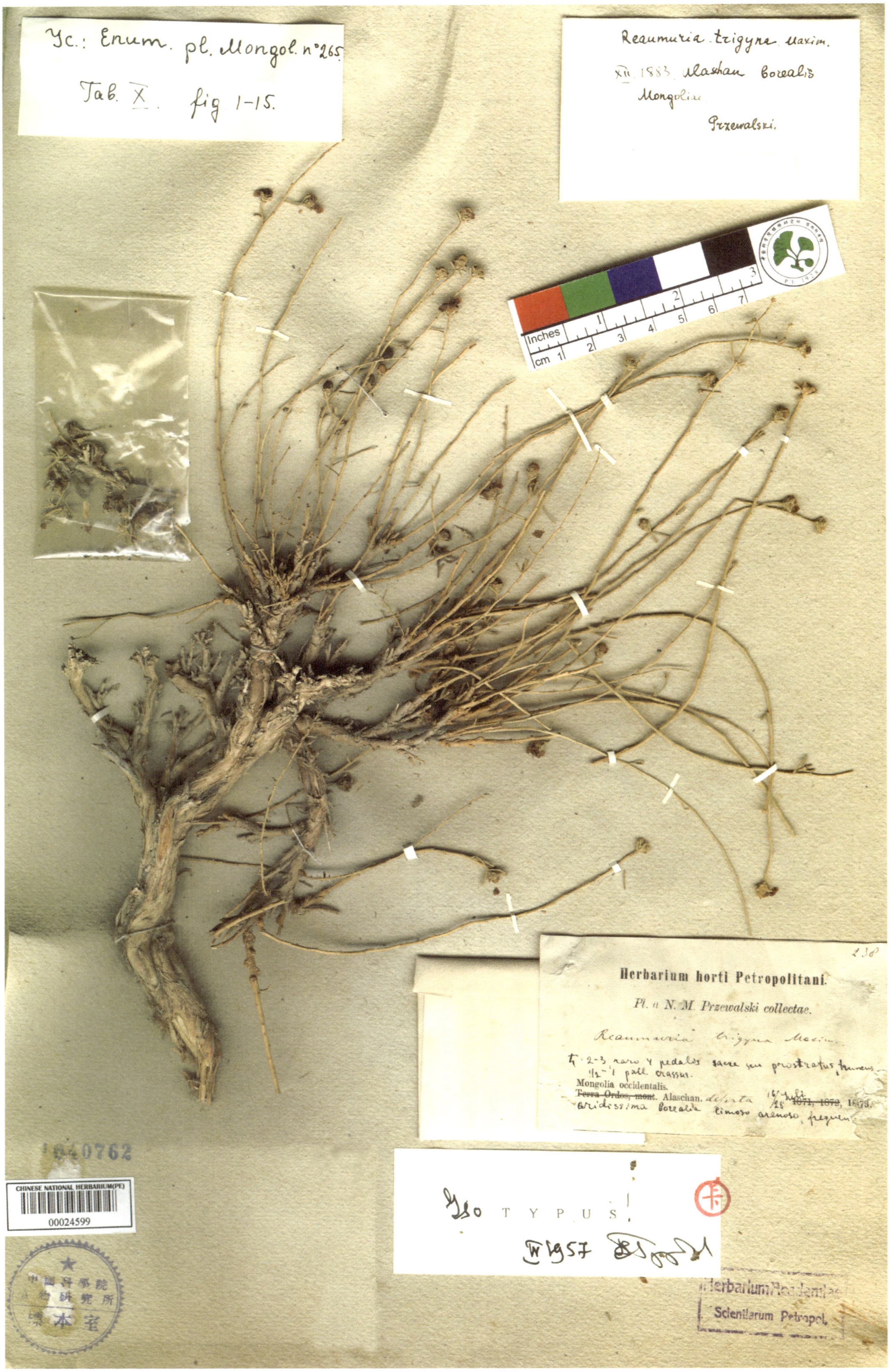

黄花红砂 ***Reaumuria trigyna*** Maxim. in Bull. Acad. Imp. Sci. St.-Petersb. 27(4): 425. 1881. **Isotype:** China. Nei Mongol: Helanshan, 1873-07-(16~28), N. M. Przewalski 238.

塔克拉玛干柽柳 ***Tamarix taklamakanensis*** M. T. Liu in Acta Phytotax. Sin. 17(3): 120, f. 1. 1979. **Isotype:** China. Xinjiang: Taklamakan Desert, alt. 1 280 m, 1960-09-25, M. T. Liu & J. J. Zhao 143.

Violaceae

堇菜科

jincaike

狭托叶堇菜 ***Viola angustistipulata*** C. C. Chang in Bull. Fan Mem. Inst. Biol., New Ser. 1(3): 250. 1949. **Holotype:** China. Yunnan: Mengla, alt. 920 m, 1936-10-??, C. W. Wang 80207.

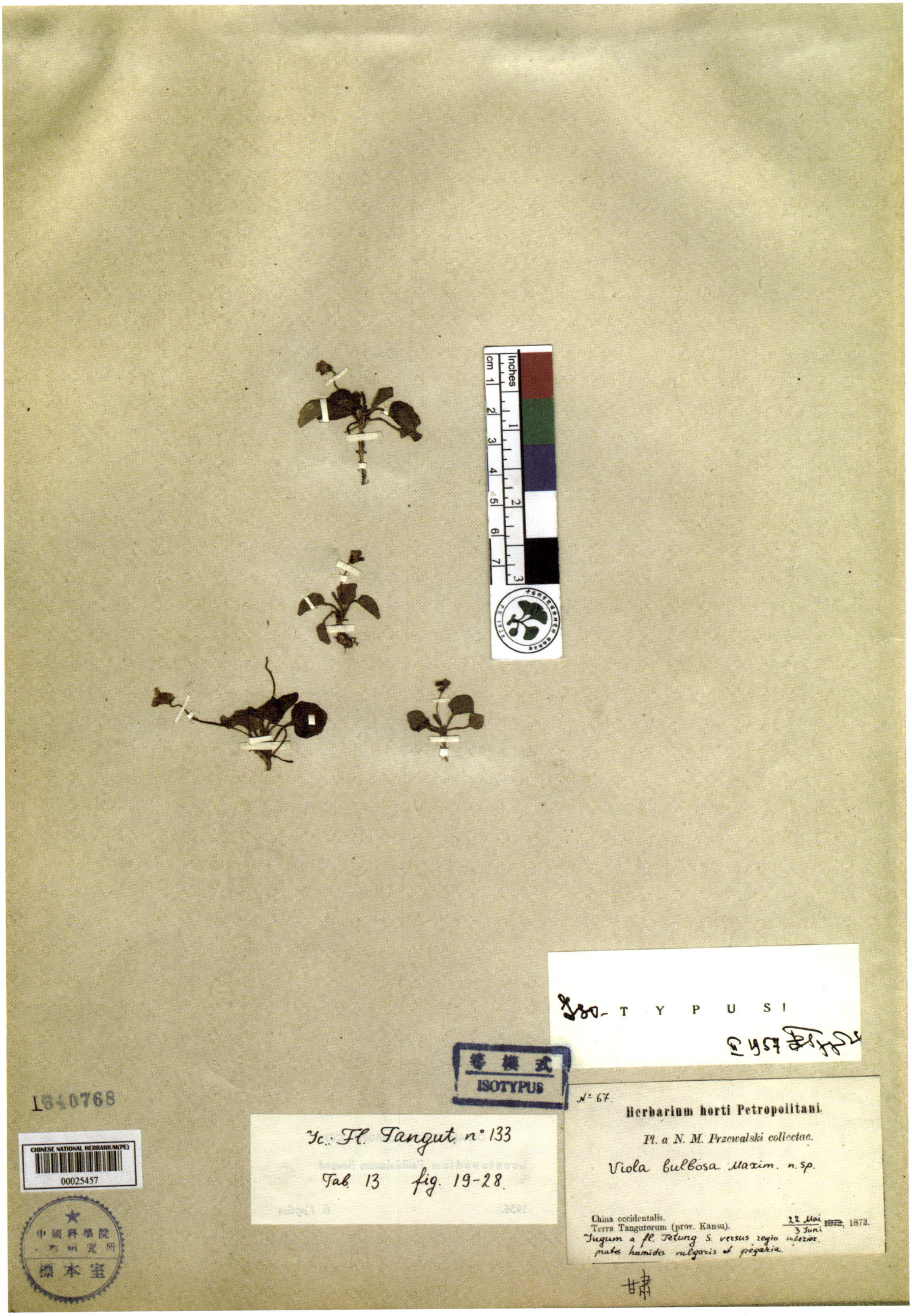

鳞茎堇菜 ***Viola bulbosa*** Maxim. in Mél. Biol. Bull. Phys.-Math. Acad. Imp. Sci. St.-Pétersb. 9: 748. 1876. **Isotype:** China. Gansu: Datong He, 1873-05-22, N. M. Przewalski 67.

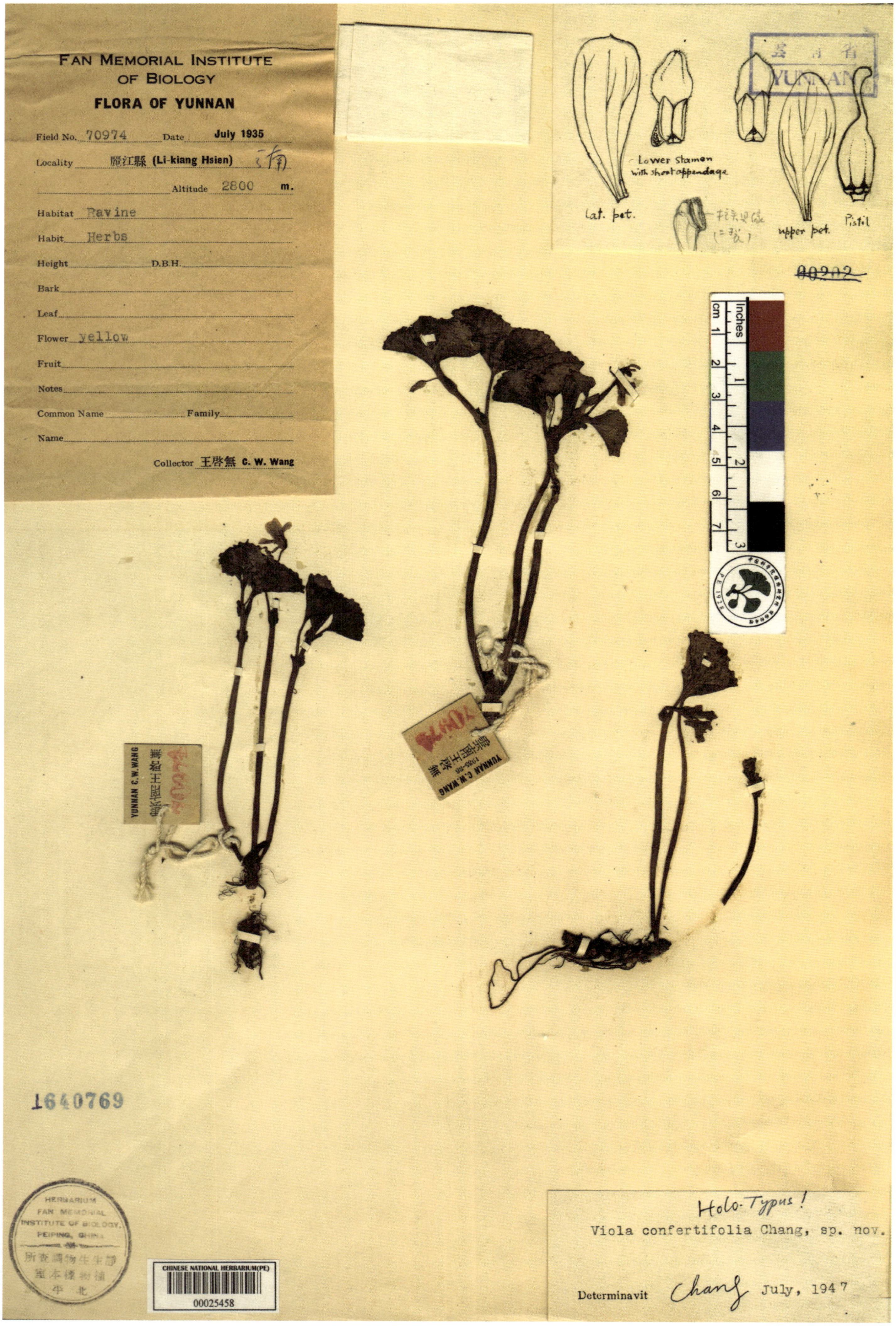

密叶堇菜 ***Viola confertifolia*** C. C. Chang in Bull. Fan Mem. Inst. Biol., New Ser. 1(3): 238. 1949. **Holotype:** China. Yunnan: Lijiang, alt. 2 800 m, 1935-07-??, C. W. Wang 70974.

光蔓茎堇菜 ***Viola diffusoides*** C. J. Wang in Bull. Bot. Res., Harbin 8(2): 19, pl. 1-9. 1988. **Holotype:** China. Sichuan: Hechuan, 1941-05-19, Y. C. Yang 4231.

轮叶堇菜 ***Viola dimorphophylla*** T. S. Chen & Q. E. Yang in Bot. J. Linn. Soc. 149: 116, f. 1-5. 2005. **Holotype:** China. Yunnan: Zhongdian(=Shangri-La), alt. 2 400 m, 2004-07-11, Y. S. Chen 4268.

峨眉小堇菜 ***Viola emeiensis*** C. J. Wang in Acta Bot. Yunnan. 14(4): 381, f. 1: 9-16. 1992. **Isotype:** China. Sichuan: Emei, Emeishan, alt. 2 500 m, 1942-05-16, W. P. Fang 18810.

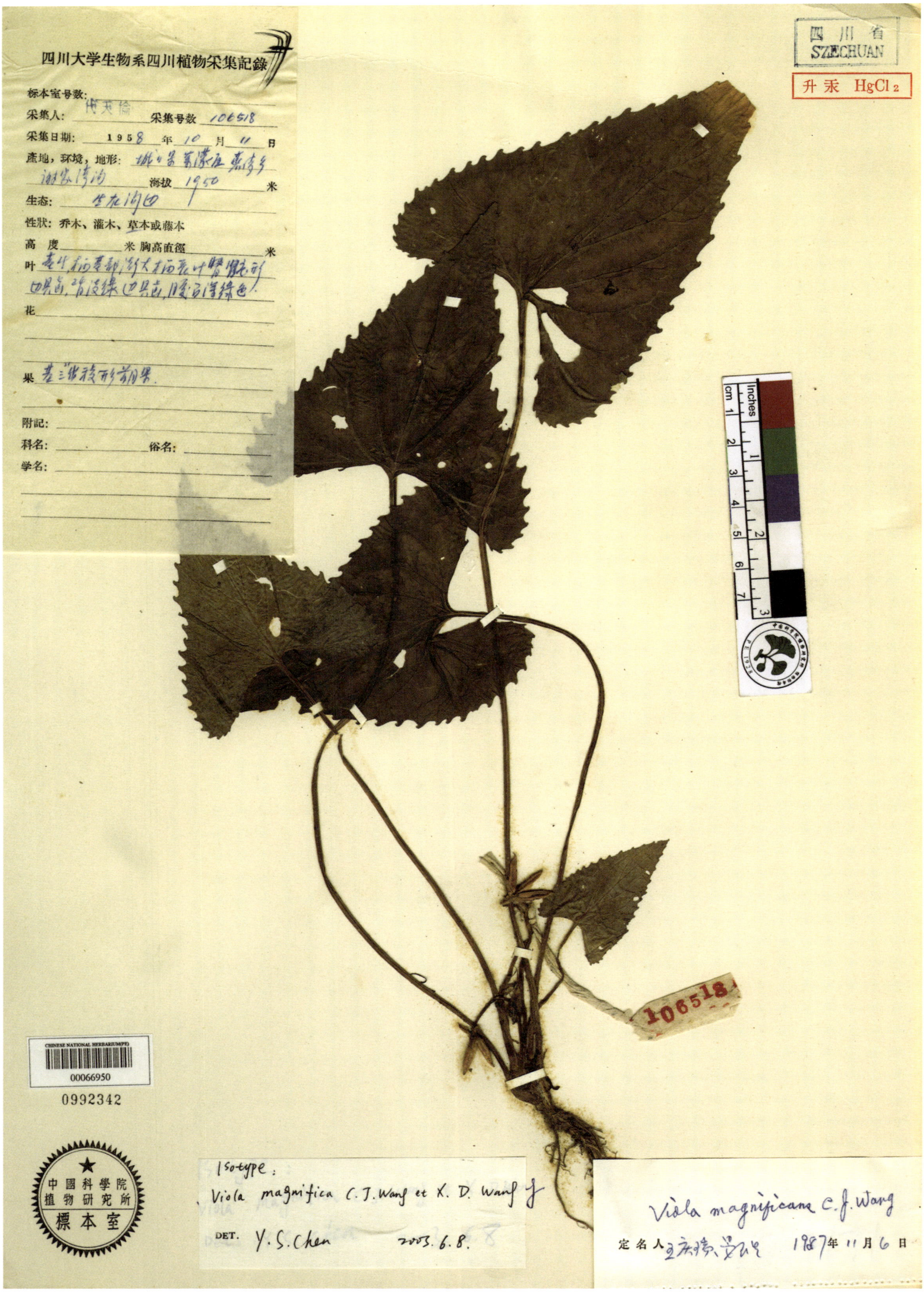

犁头叶堇菜 ***Viola magnifica*** C. J. Wang & X. D. Wang ex C. J. Wang in Acta Bot. Yunnan. 13(3): 263, f. 2: 9-11. 1991. **Isotype:** China. Chongqing: Chengkou, alt. 1 950 m, 1958-10-11, T. L. Dai 106518.

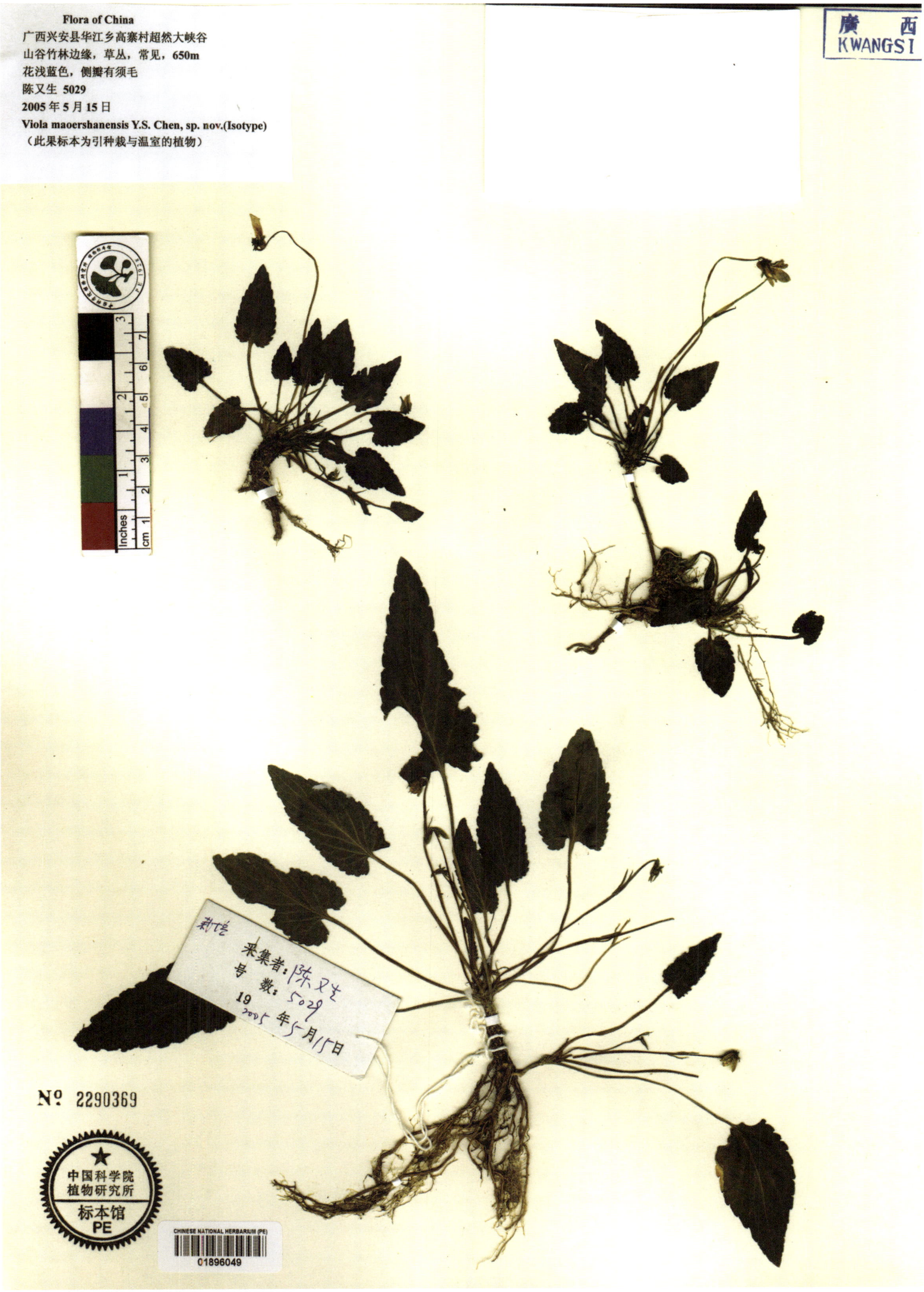

猫耳山堇菜 ***Viola maoershanensis*** Y. S. Chen & Q. E. Yang in Bot. J. Linn. Soc. 159: 351, f. 2. 2009. **Isotype:** China. Guangxi: Xingan, alt. 650 m, 2005-05-15, Y. S. Chen 5029.

细齿堇菜 ***Viola microdonta*** C. C. Chang in Bull. Fan Mem. Inst. Biol., New Ser. 1(3): 263. 1949. **Holotype:** China. Jiangsu: Nanjing, 1927-03-19, C. Y. Chiao 14814.

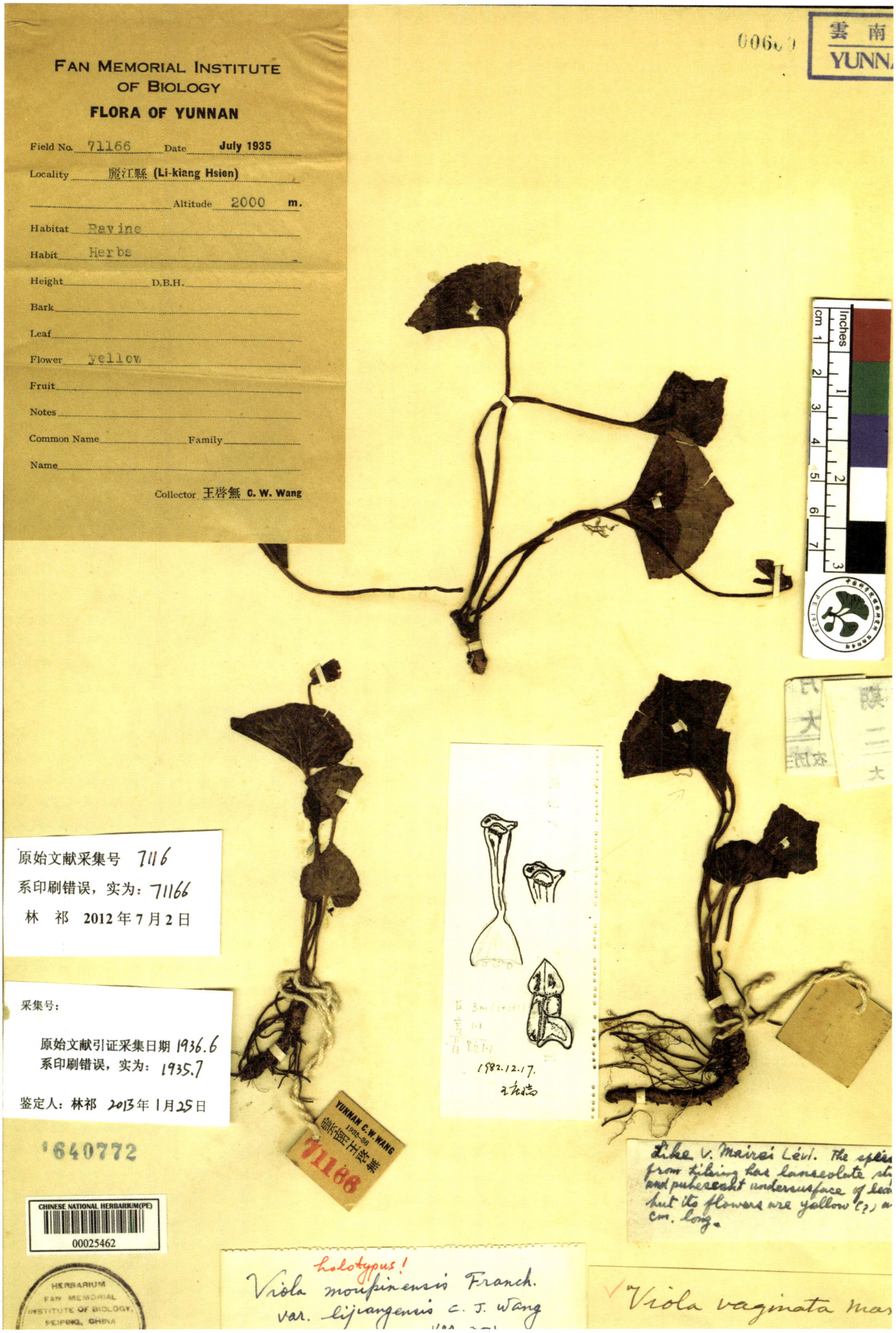

黄花堇 ***Viola moupinensis*** Franch. var. ***lijiangensis*** C. J. Wang in Bull. Bot. Res., Harbin 8(2): 20. 1988. **Holotype:** China. Yunnan: Lijiang, alt. 2 000 m, 1935-07-??, C. W. Wang 71166.

小尖堇菜 ***Viola mucronulifera*** Hand.-Mazz. in Sinensia 2(1): 4. 1931. **Holotype:** China. Guangxi: Lingyun, alt. 1 373 m, 1928-08-19, R. C. Ching 7016.

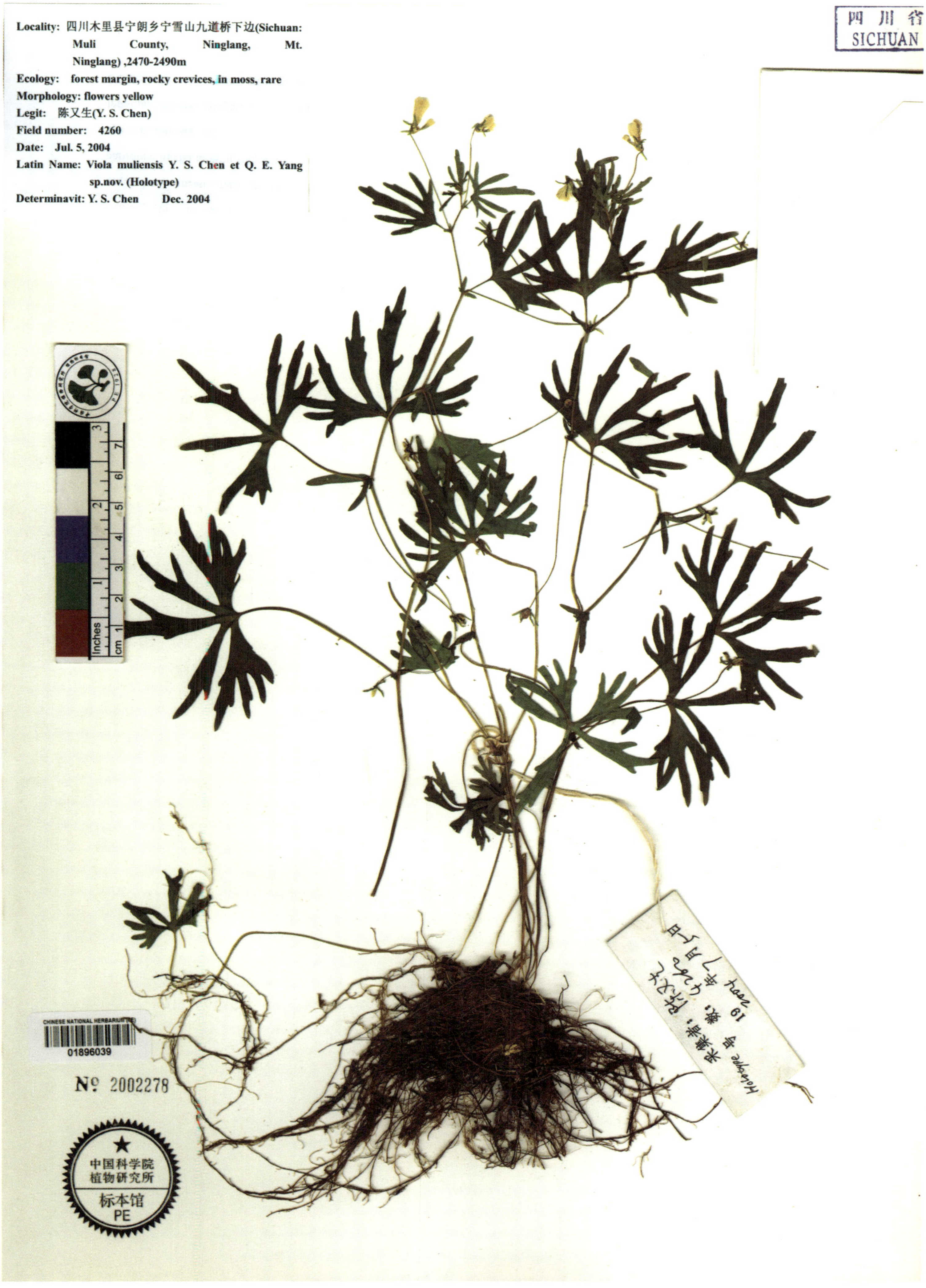

木里堇菜 ***Viola muliensis*** Y. S. Chen & Q. E. Yang in Bot. J. Linn. Soc. 149: 365, f. 1 & 2. 2005. **Holotype:** China. Sichuan: Muli, alt. 2 470~2 490 m, 2004-07-05, Y. S. Chen 4260.

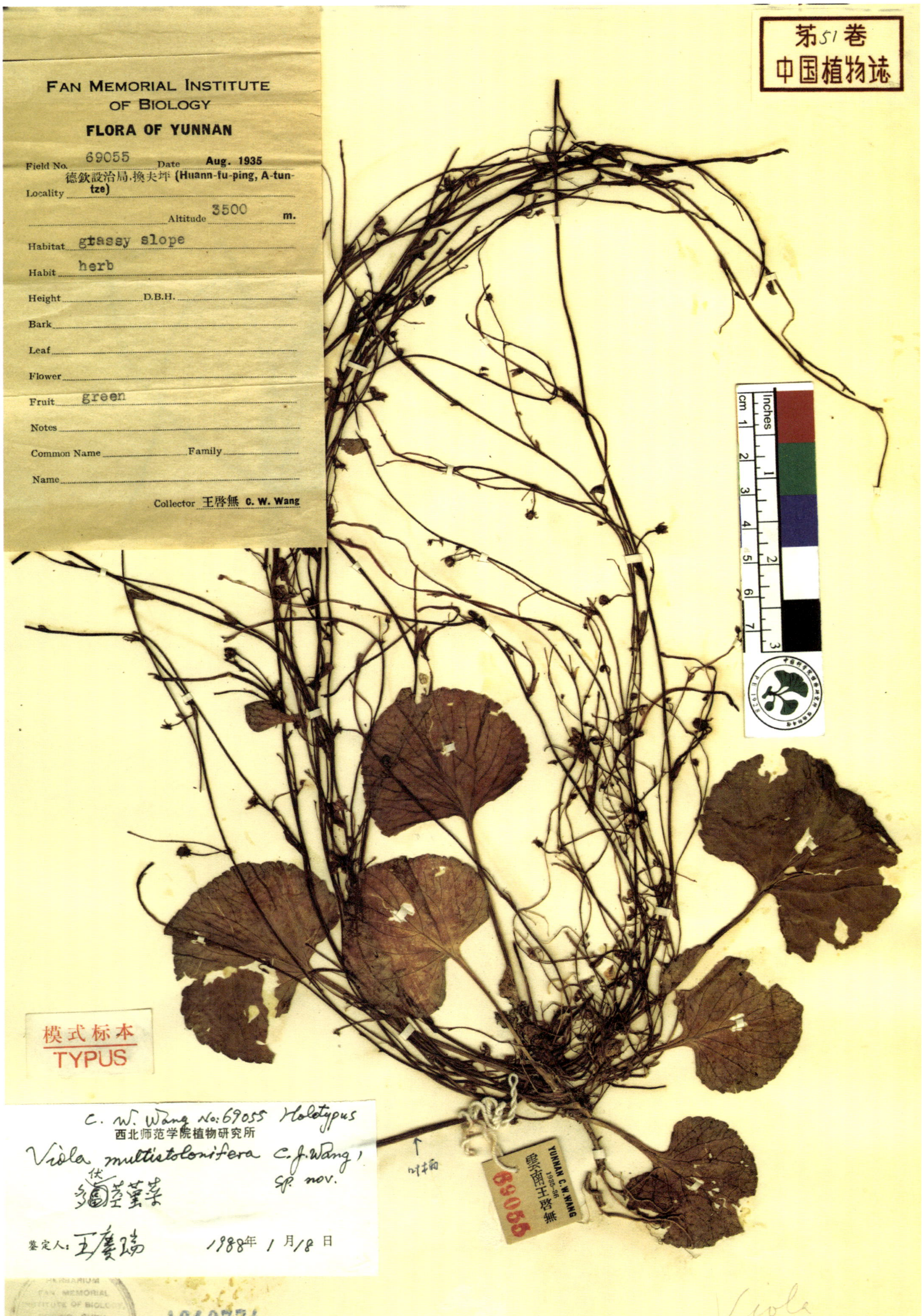

多伏茎堇菜 ***Viola multistolonifera*** C. J. Wang in Acta Bot. Yunnan. 14(4): 382, f. 1: 17-19. 1992. **Holotype:** China. Yunnan: Dêqên, alt. 3 500 m, 1935-08-??, C. W. Wang 69055.

光亮堇菜 ***Viola nitida*** Y. S. Chen & Q. E. Yang in Bot. J. Linn. Soc. 159(2): 350, f. 3-6. 2009. **Holotype:** China. Guangxi: Xingan, alt. 500~700 m, 2005-03-19, Y. S. Chen 5026.

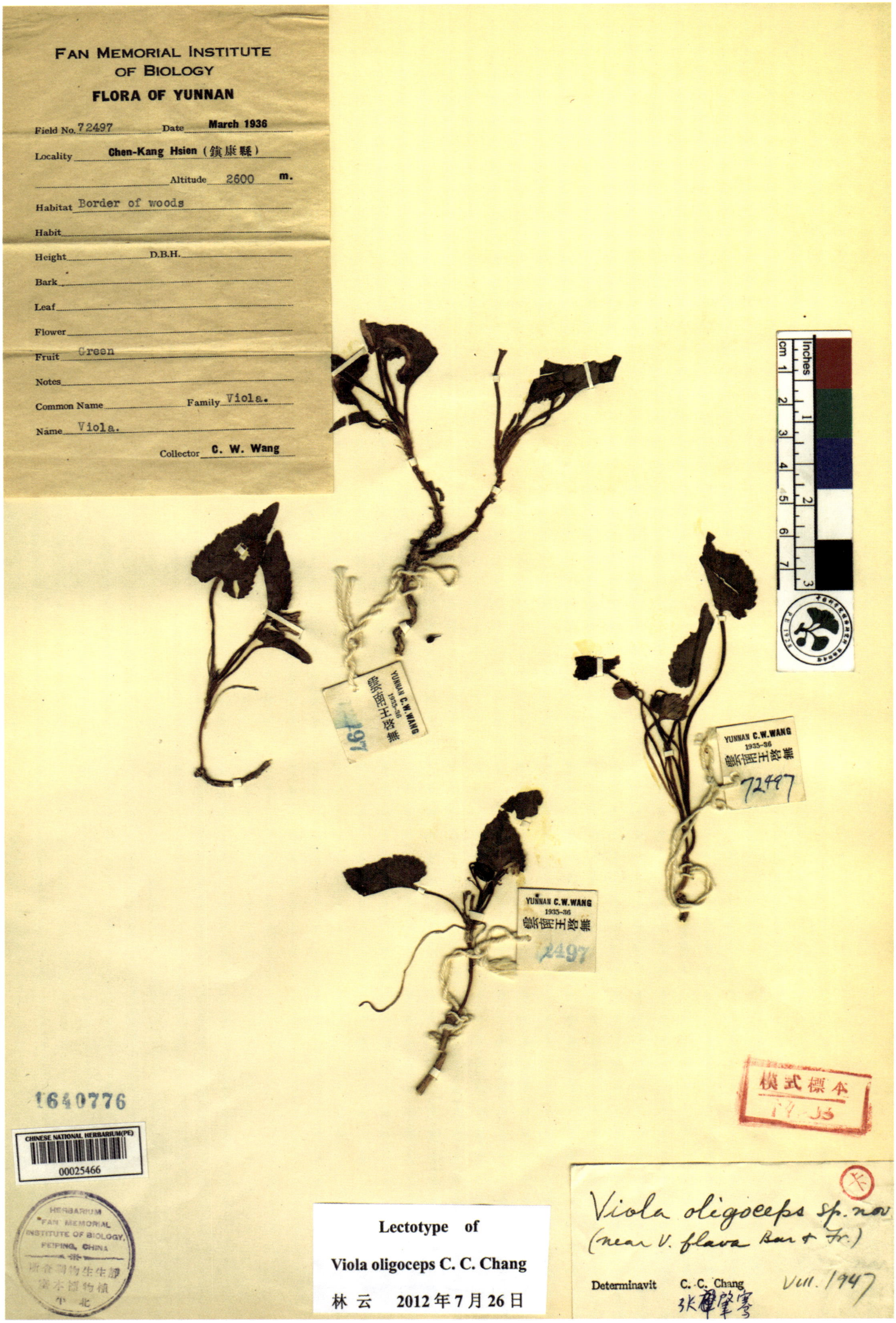

分蘖堇菜 ***Viola oligoceps*** C. C. Chang in Bull. Fan. Mem. Inst. Biol., New Ser. 1(3): 252. 1949. **Lectotype** (designated by Yun Lin & al. in Bull. Bot. Res., Harbin 33: 518. 2013.)**:** China. Yunnan: Zhenkang, alt. 2 600 m, 1936-03-??, C. W. Wang 72497.

多形堇菜 ***Viola polymorpha*** C. C. Chang in Bull. Fan Mem. Inst. Biol., New Ser. 1(3): 247. 1949. **Holotype:** China. Yunnan: Weixi, alt. 2 000 m, 1935-10-??, C. W. Wang 70390.

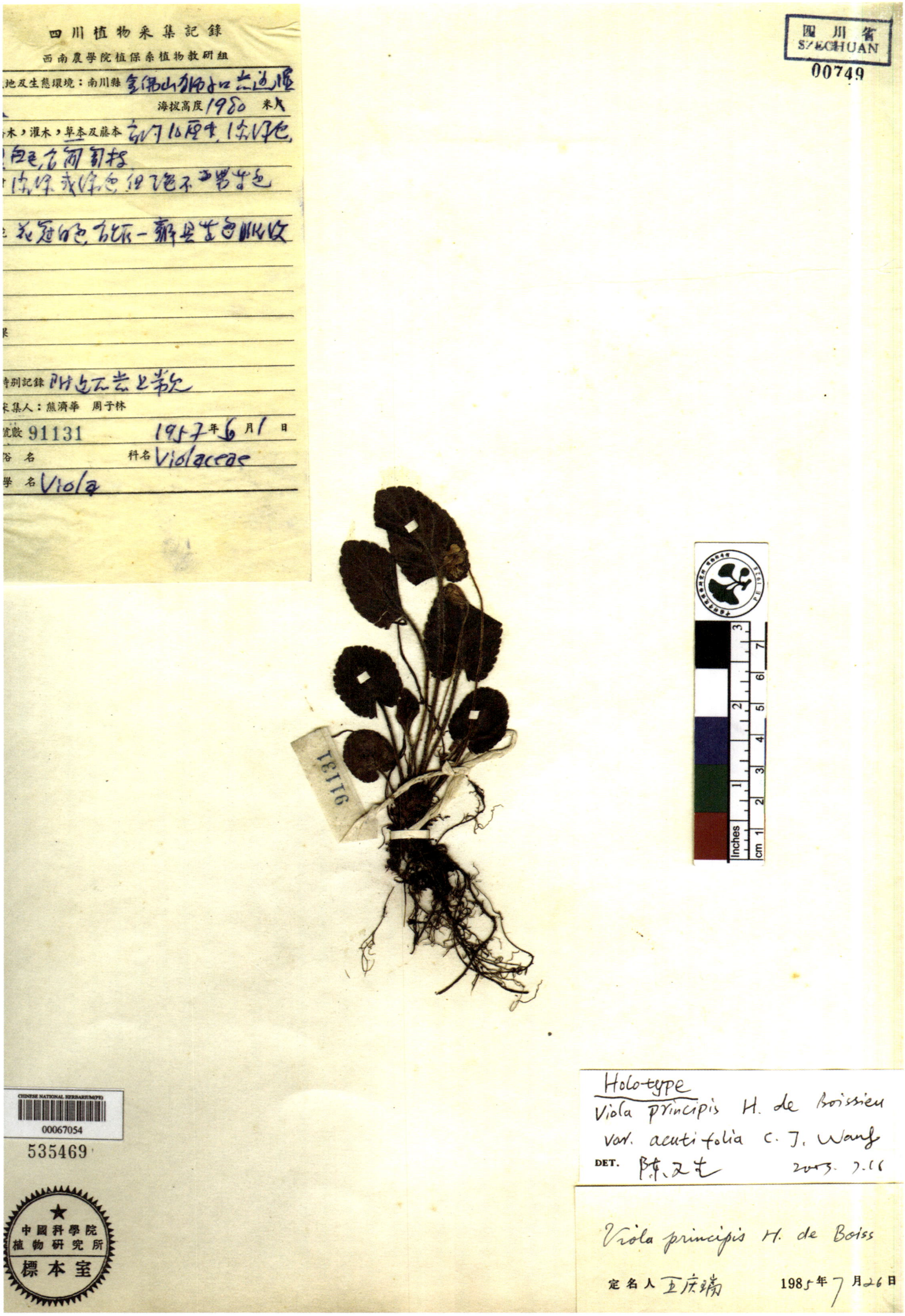

尖叶柔毛堇菜 ***Viola principis*** H. de Boiss. var. ***acutifolia*** C. J. Wang in Acta Bot. Yunnan. 13(3): 264. 1991. **Holotype:** China. Chongqing: Nanchuan, alt. 1 980 m, 1957-06-01, C. H. Hsiung & Z. L. Zhou 91131.

假如意草 ***Viola pseudoarcuata*** C. C. Chang in Bull. Fan Mem. Inst. Biol., New Ser. 1(3): 245. 1949. **Holotype:** China. Yunnan: Gongshan, alt. 2 000 m, 1935-10-??, C. W. Wang 67272.

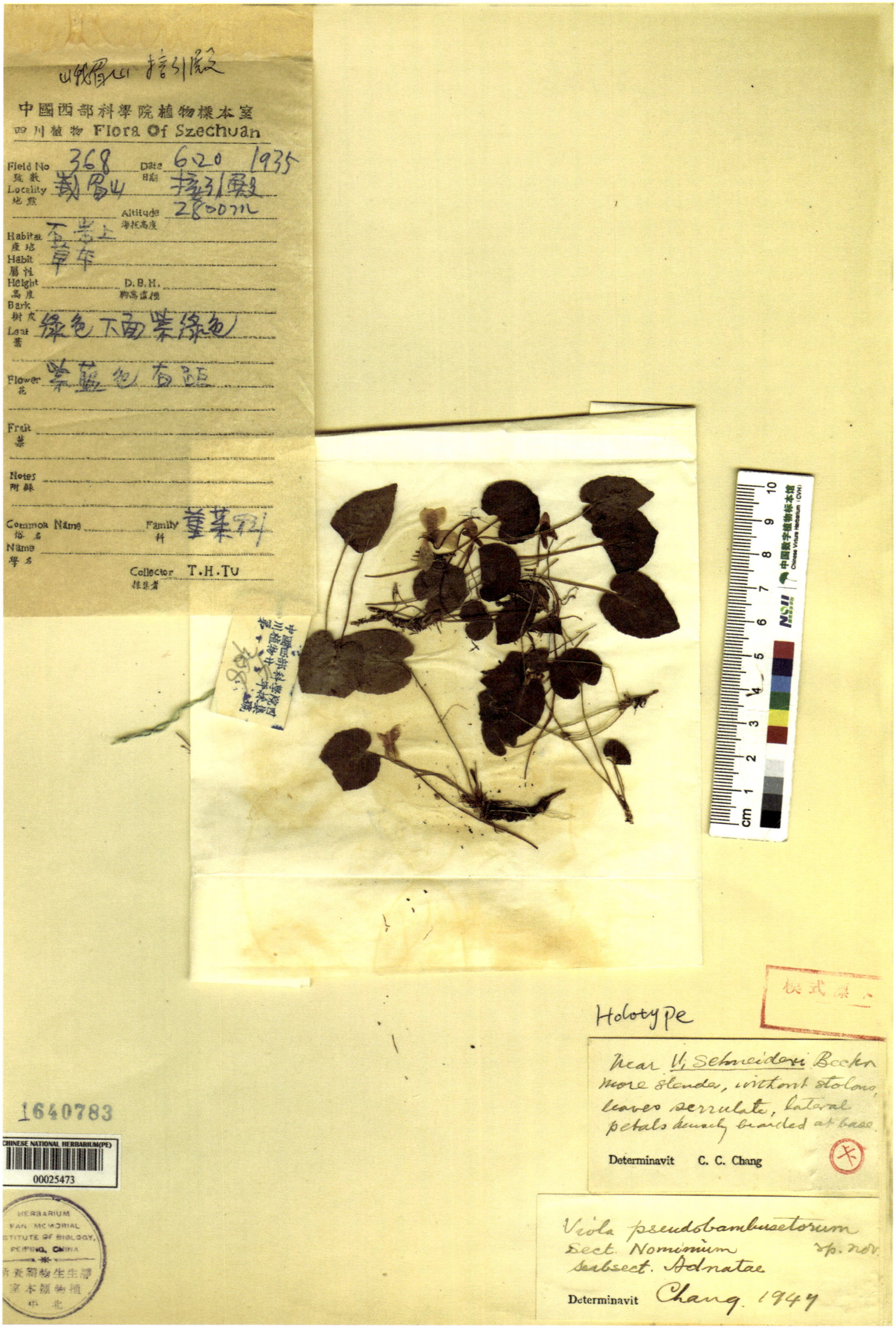

圆叶堇菜 ***Viola pseudobambusetorum*** C. C. Chang in Bull. Fan Mem. Inst. Biol., New Ser. 1(3): 256. 1949.
Holotype: China. Sichuan: Emei, Emeishan, alt. 2 800 m, 1935-06-20, T. H. Tu 368.

多花堇菜 ***Viola pseudo-monbeigii*** C. C. Chang in Bull. Fan. Mem. Inst. Biol., New Ser. 1(3): 251. 1949. **Lectotype** (designated by Yun Lin & al. in Bull. Bot. Res., Harbin 33: 518. 2013.)**:** China. Chongqing: Beibei, alt. 300 m, 1934-03-09, T. T. Yu 2767.

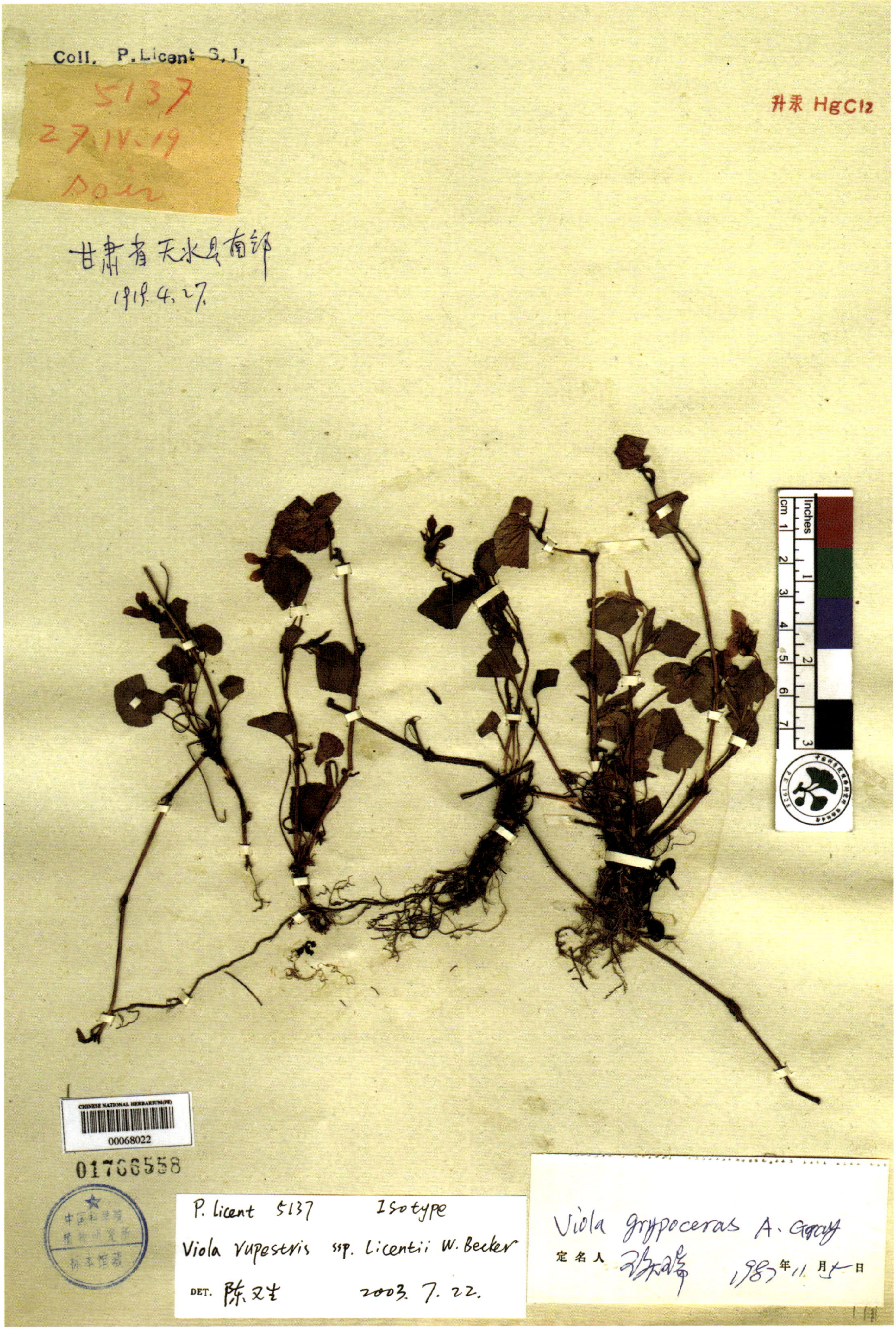

长托叶石生堇菜 ***Viola rupestris*** F. W. Schmidt subsp. ***licentii*** W. Beck. in Bull. Misc. Inform., Kew 1928(6): 248. 1928. **Isotype:** China. Gansu: Tianshui, 1919-04-27, P. Licent 5137.

长白山堇菜 ***Viola sacchalinensis*** H. de Boiss. var. ***alpicola*** P. Y. Fu & Y. C. Teng, Fl. Pl. Herb. Chin. Bor.-Orient. 6: 291. 1977. **Isotype:** China. Jilin: Fusong, alt. 2 200 m, 1950-07-22, Y. L. Zhang & S. G. Wang 505.

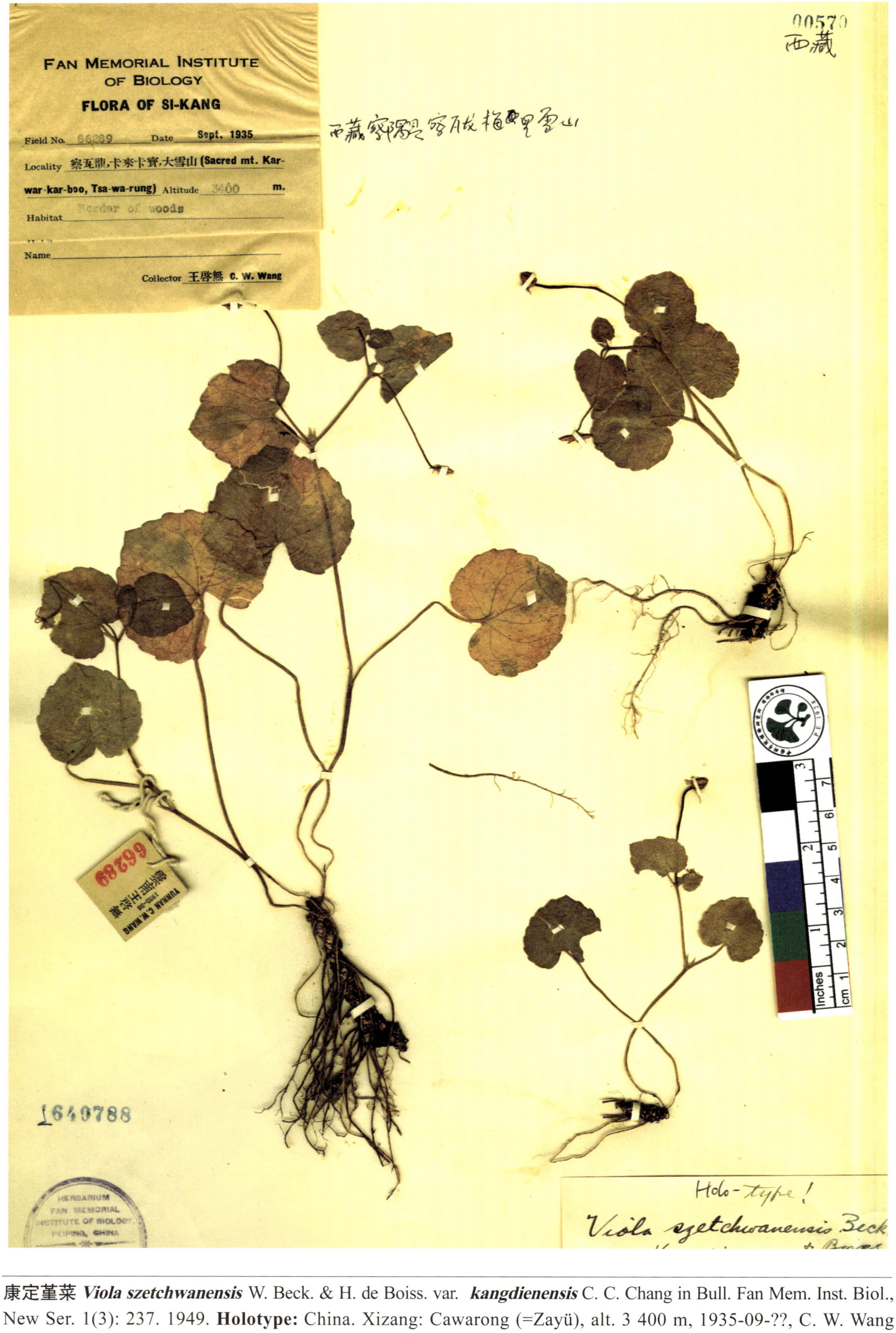

康定堇菜 ***Viola szetchwanensis*** W. Beck. & H. de Boiss. var. ***kangdienensis*** C. C. Chang in Bull. Fan Mem. Inst. Biol., New Ser. 1(3): 237. 1949. **Holotype:** China. Xizang: Cawarong (=Zayü), alt. 3 400 m, 1935-09-??, C. W. Wang 66289.

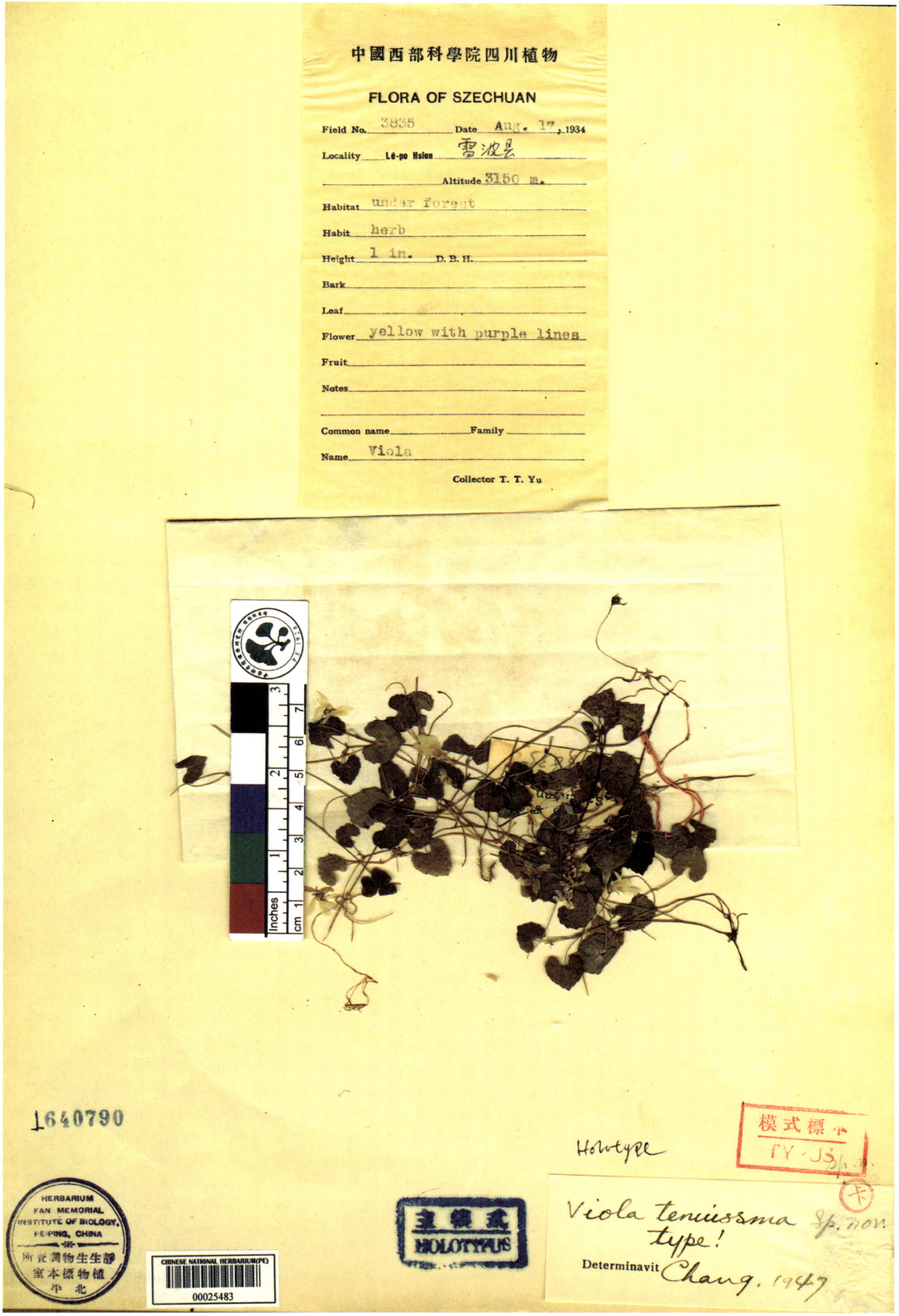

纤茎堇菜 ***Viola tenuisissima*** C. C. Chang in Bull. Fan Mem. Inst. Biol., New Ser. 1(3): 234. 1949. **Holotype:** China. Sichuan: Leibo, alt. 3 150 m, 1934-08-17, T. T. Yu 3835.

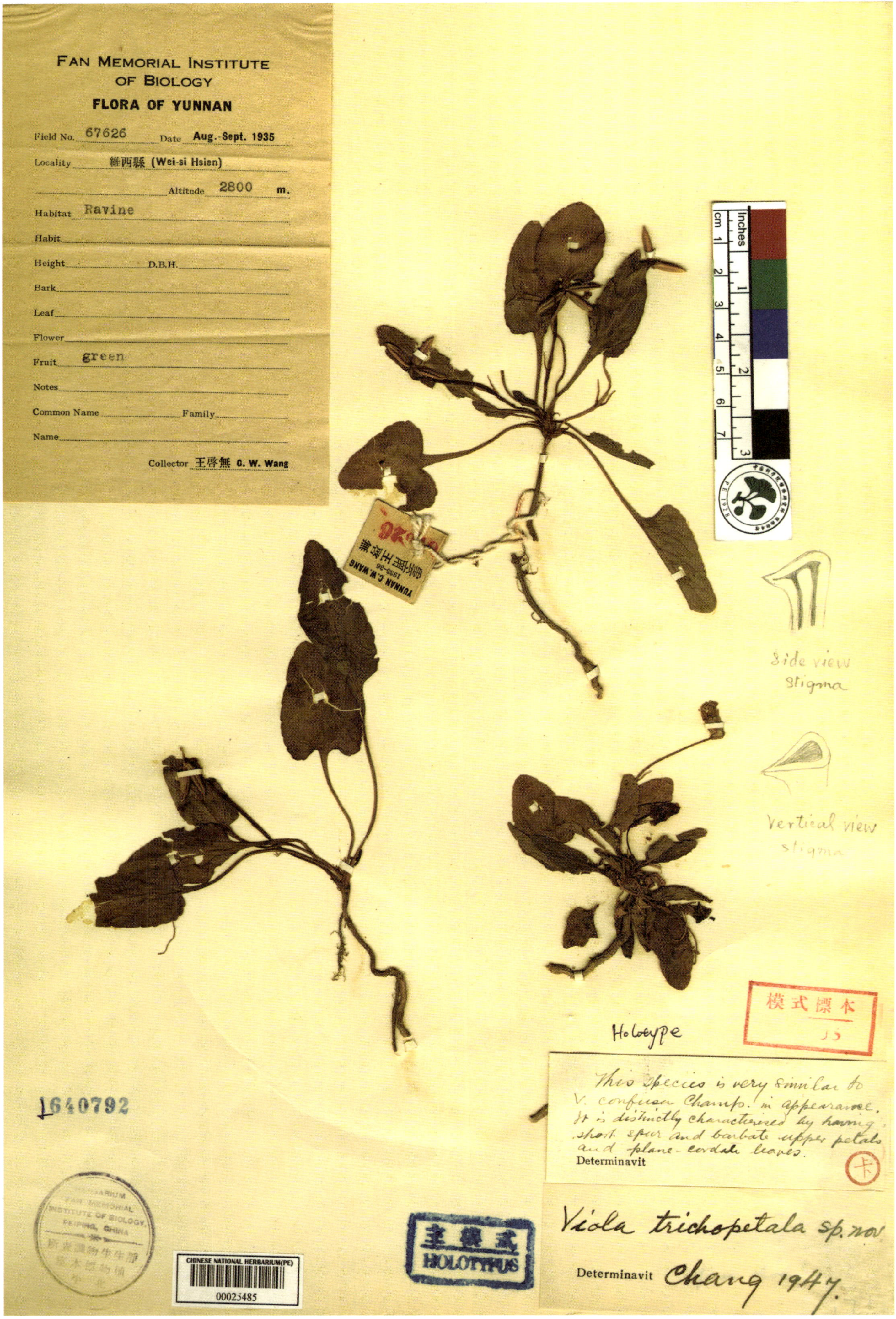

毛瓣堇菜 ***Viola trichopetala*** C. C. Chang in Bull. Fan Mem. Inst. Biol., New Ser. 1(3): 254. 1949. **Holotype:** China. Yunnan: Weixi, alt. 2 800 m, 1935-(08~09)-??, C. W. Wang 67626.

短梗块茎堇菜 ***Viola tuberifera*** Franch. var. ***brevipedicellata*** S. Y. Chen in Acta Phytotax. Sin. 18(4): 524. 1980. **Holotype:** China. Xizang: Gyaca, alt. 3 700 m, 1972-08-19, Xizang Med. Pl. Exped. 4272.

密毛粗齿堇菜 ***Viola urophylla*** Franch. var. ***densivillosa*** C. J. Wang in Acta Bot. Yunnan. 13(3): 265. 1991. **Holotype:** China. Yunnan: Lijiang, alt. 2 500 m, 1935-07-??, C. W. Wang 71700.

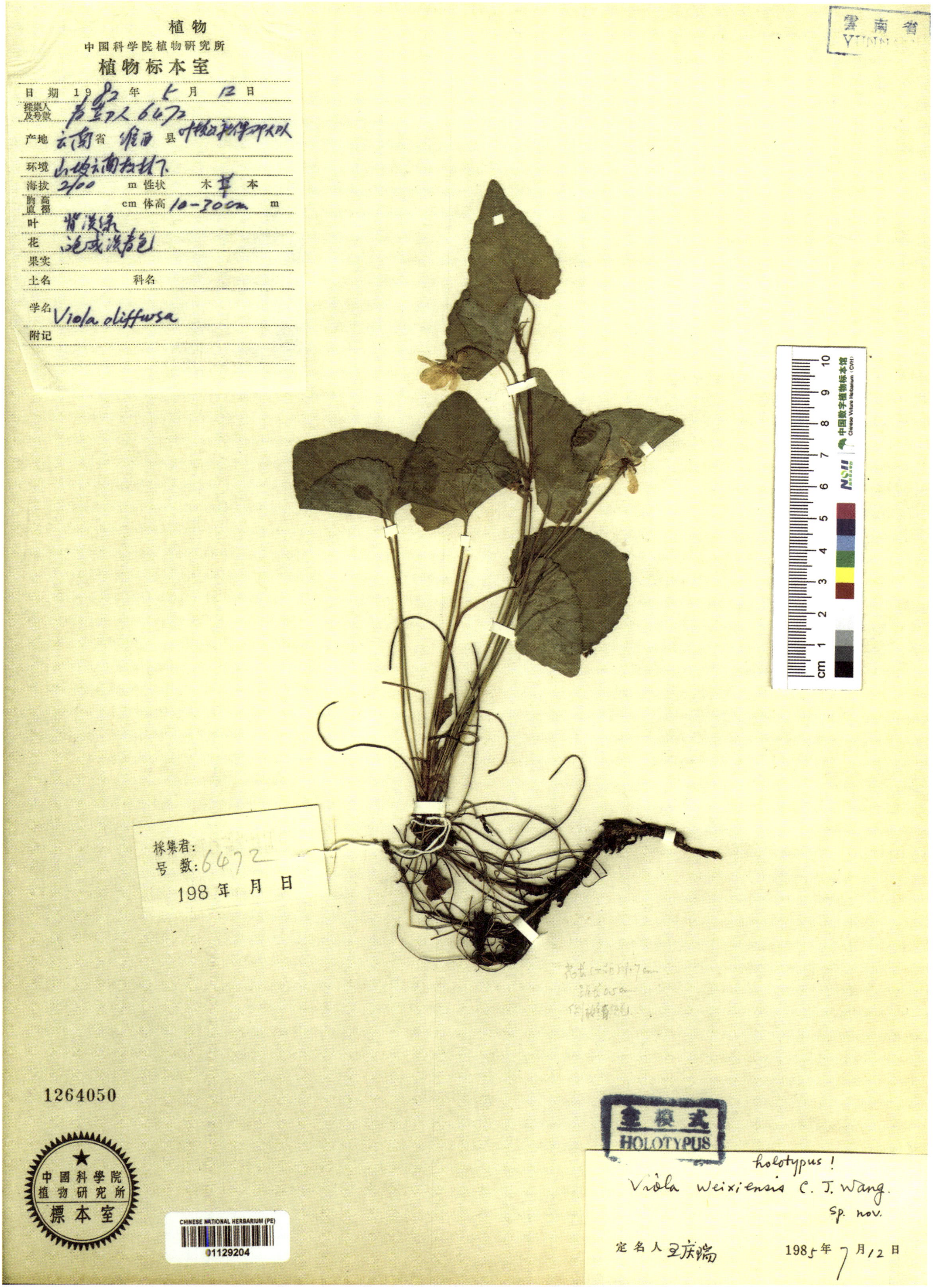

滇维堇菜 ***Viola weixiensis*** C. J. Wang in Bull. Bot. Res., Harbin 8(2): 17, pl. 10. 1988. **Holotype:** China. Yunnan: Weixi, alt. 2 100 m, 1982-05-12, Qinghai-Xizang Exped. 6472.

阴地堇菜 ***Viola yezoensis*** Maxim. in Bull. Acad. Imp. Sci. St.-Pétersb. 23(2): 325. 1877. **Isotype:** Japan. Hakodate, 1861-04-19, Maximowicz s. n.

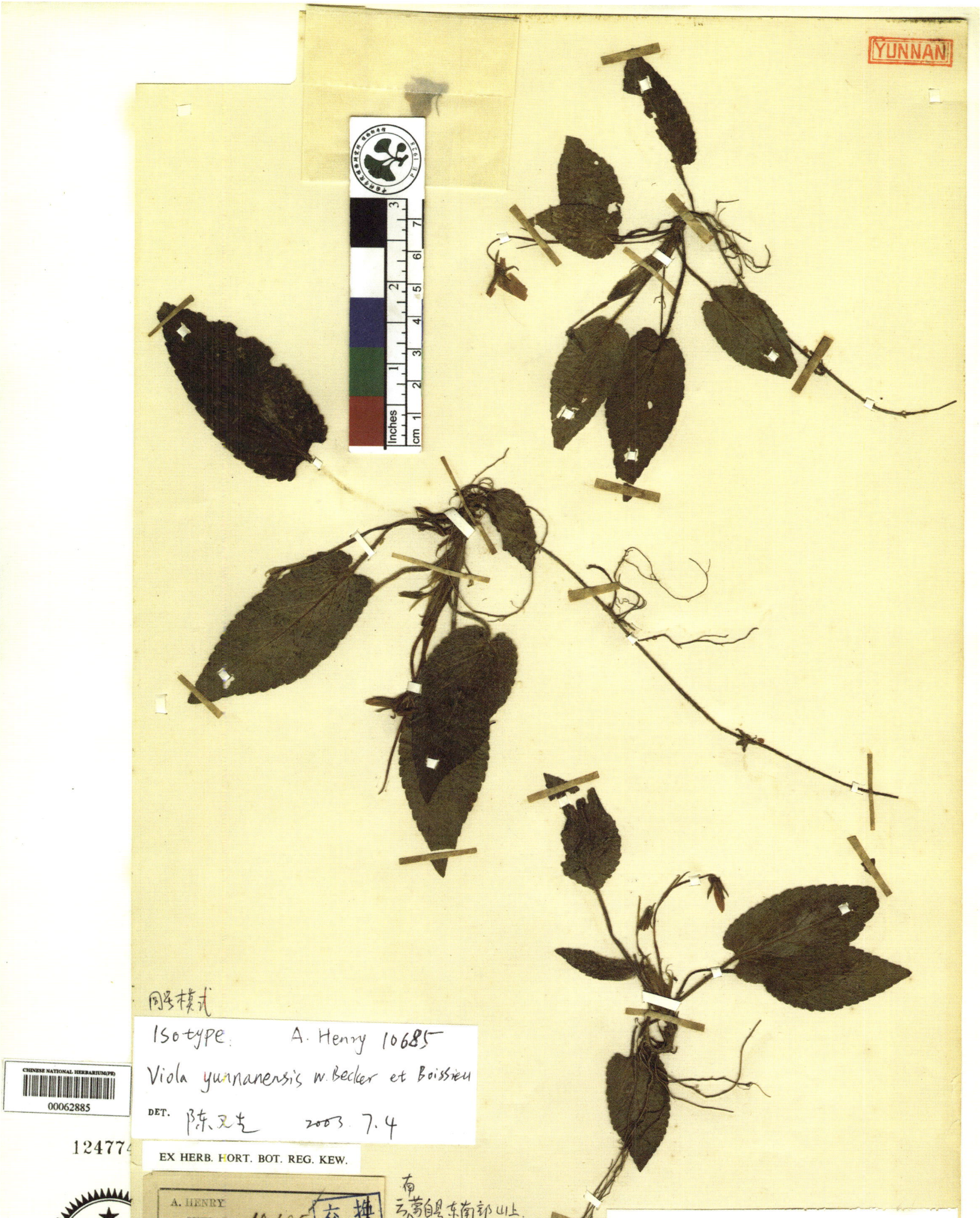

云南堇菜 ***Viola yunnanensis*** W. Beck. & H. Boiss. in Bull. Herb. Boissier. sér. 8(10): 740. 1908. **Isotype:** China. Yunnan: Mengzi, alt. 1 525 m, A. Henry 10685.

Flacourtiaceae

大风子科

dafengzike

短柄山桂花 ***Bennettiodendron brevipes*** Merr. in J. Arnold Arb. 8(1): 10. 1927. **Isotype:** China. Guangdong: Liannan, 1924-06-(14~28), Canton Christian College 12473.

近总状花序山桂花 ***Bennettiodendron subracemosum*** C. Y. Wu in Acta Phytotax. Sin. 6(2): 231. 1957. **Holotype:** China. Yunnan: Funing, alt. 700 m, 1940-05-27, C. W. Wang 89655.

黑叶脚骨脆 ***Casearia membranacea*** Hance f. ***nigrescens*** S. S. Lai in Bull. Bot. Res., Harbin 14(3): 229, pl. 3: 4. 1994; S. Y. Jin, Catal. Type Specimens (Corm.) Herb. China, Suppl. 87. 1999. **Isotype:** China. Guangxi: Longjin (=Longzhou), Daqingshan, alt. 580~680 m, 1957-06-07, S. H. Chun 11697.

毛天料木 ***Homalium mollissimum*** Merr. in Lingnan Sci. J. 14(1): 39. 1935. **Isotype:** China. Hainan: Ngai (=Sanya), 1932-08-(21~22), S. K. Lau 433.

梅氏大风子 ***Hydnocarpus merrillianus*** H. L. Li in J. Arnold Arb. 24(4): 446. 1943. **Isoparatype:** China. Guangxi: Longzhou, 1935-07-04, S. P. Ko 55421.

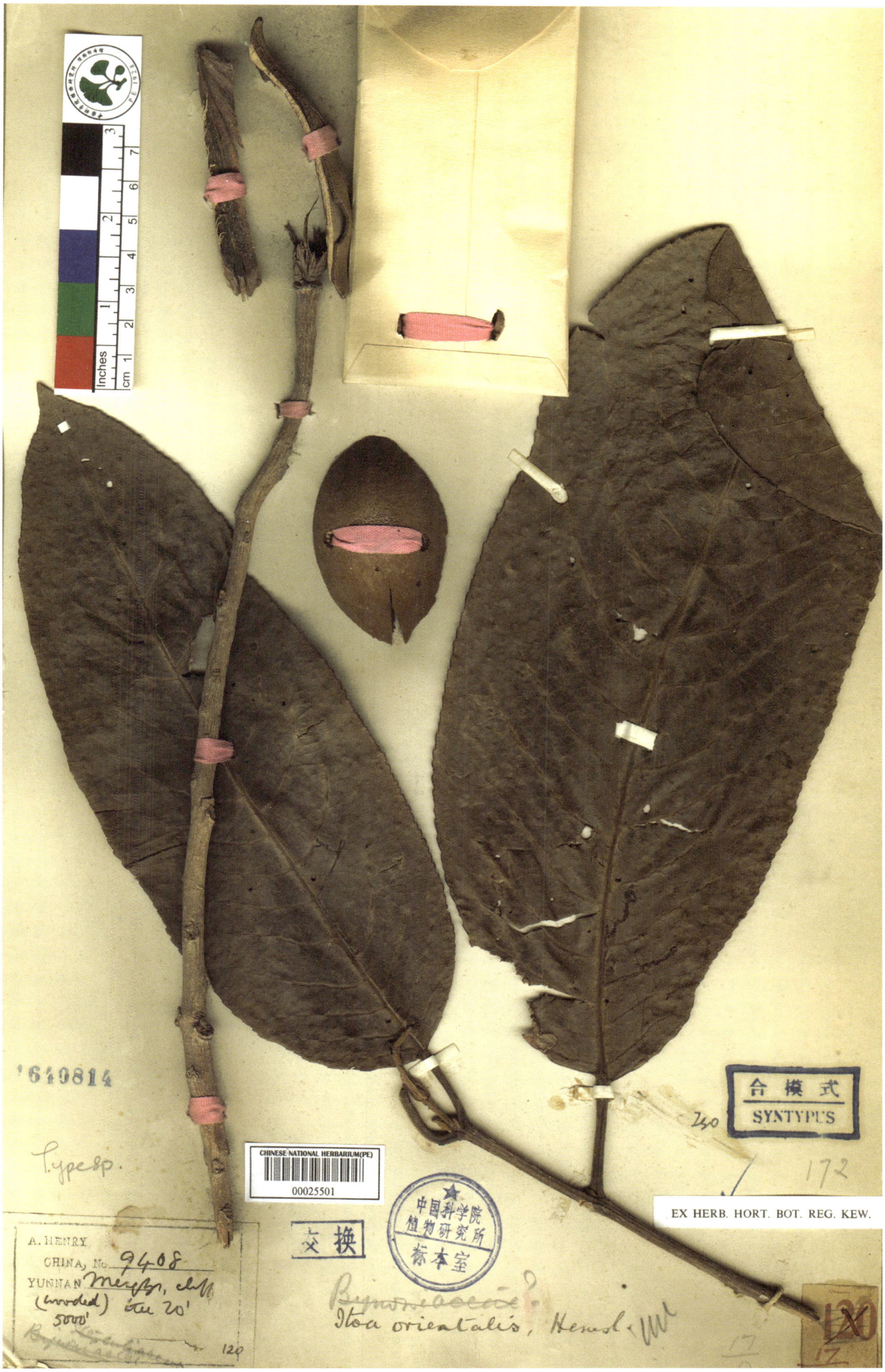

栀子皮 ***Itoa orientalis*** Hemsl. in Hook. Icon. Pl. 27: pl. 2688. 1901. **Isosyntype:** China. Yunnan: Mengtze, alt. 1 525 m, A. Henry 9408.

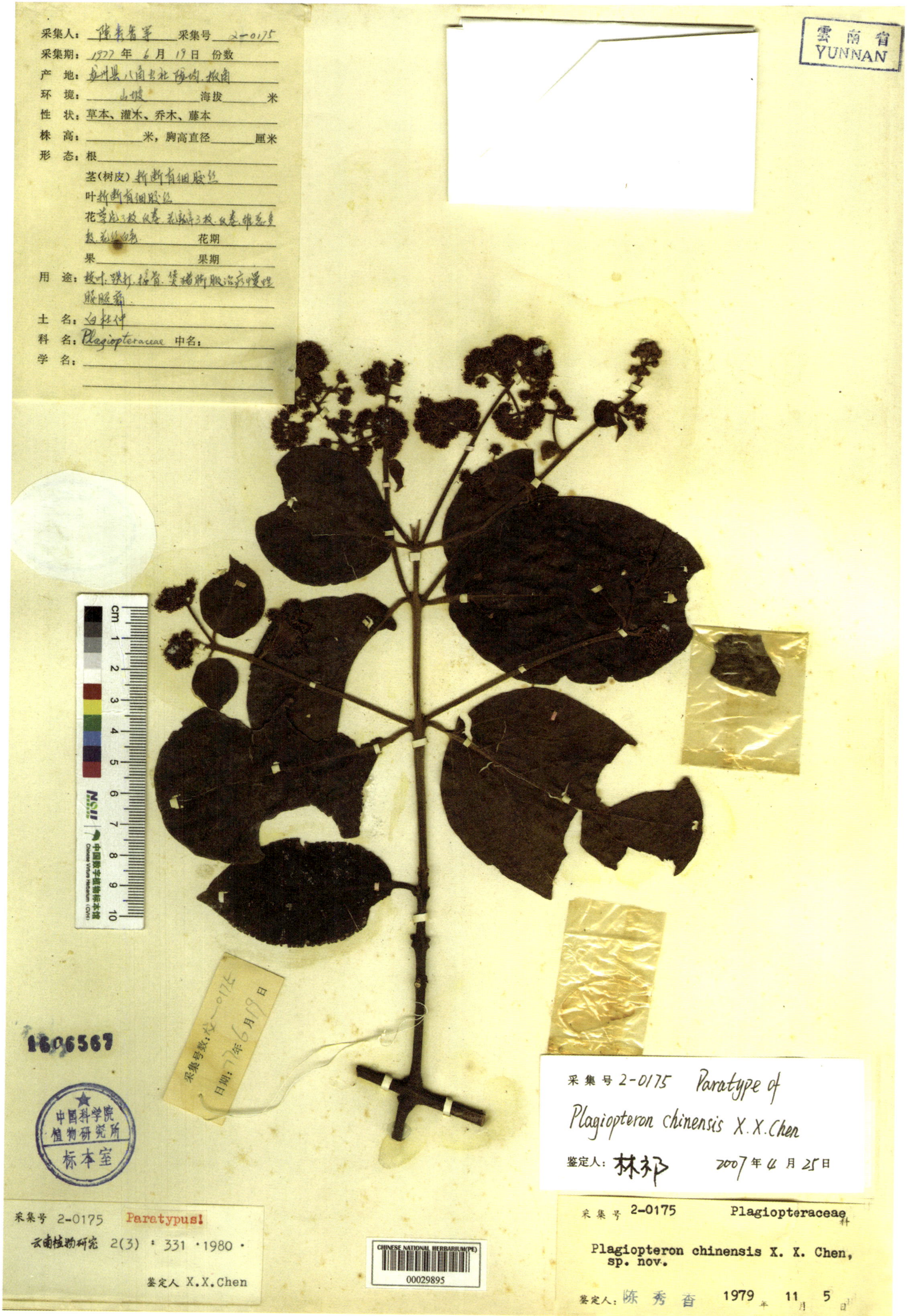

华斜翼 ***Plagiopteron chinensis*** X. X. Chen in Acta Bot. Yunnan. 2(3): 331, f. 1. 1980. **Paratype:** China. Guangxi: Longzhou, 1977-06-19, X. X. Chen & al. 2-0175.

毛叶南岭柞木 ***Xylosma controversum*** Clos. var. ***pubescens*** Q. E. Yang, Fl. China 13: 122. 2007. **Holotype:** China. Guangdong: Yangshan, alt. 500 m, 1956-07-04, L. Deng 1675.

丛花柞木 ***Xylosma fasciculiflora*** S. S. Lai in Bull. Bot. Res., Harbin 14(3): 224, pl. 1: 3. 1994, 'fascicuflorum'; S. Y. Jin, Catal. Type Specimens (Corm.) Herb. China, Suppl. 88. 1999, 'fascicuflorum'. **Isolectotype** (designated by S. Liao & al. in Taxon 64: 380. 2015.)**:** China. Yunnan: Jingdong, alt. 2 350 m, 1956-11-04, B. Y. Qiu 53405.

Stachyuraceae

旌节花科

jingjiehuake

椭圆叶旌节花 ***Stachyurus callosus*** C. Y. Wu & S. K. Chen in Acta Bot. Yunnan. 3(2): 128, f. 1. 1981. **Isotype:** China. Yunnan: Malipo, alt. 1 100 m, 1940-01-20, C. W. Wang 86275.

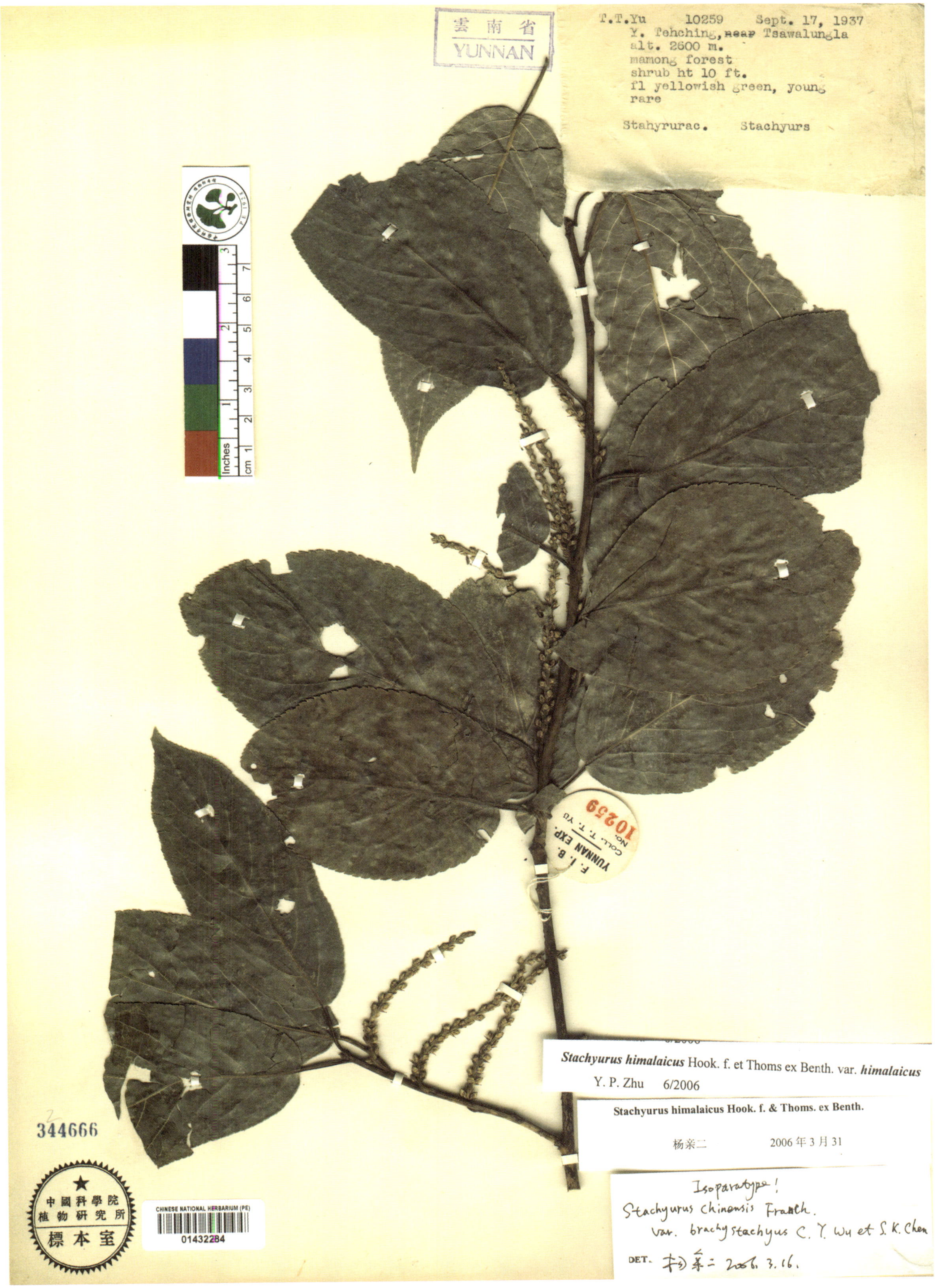

短穗旌节花 ***Stachyurus chinensis*** Franch. var. ***brachystachyus*** C. Y. Wu & S. K. Chen in Acta Bot. Yunnan. 3(2): 132. 1981. **Isoparatype:** China. Xizang: Tsawalungla (=Zayü), alt. 2 600 m, 1937-09-17, T. T. Yu 10259.

骤尖叶旌节花 ***Stachyurus chinensis*** Franch. var. ***cuspidatus*** H. L. Li in Bull. Torr. Bot. Club 70(6): 627, f. 13. 1943.

Isotype: China. Sichuan: Wenchuan, alt. 2 250 m, 1930-05-21, F. T. Wang 20945.

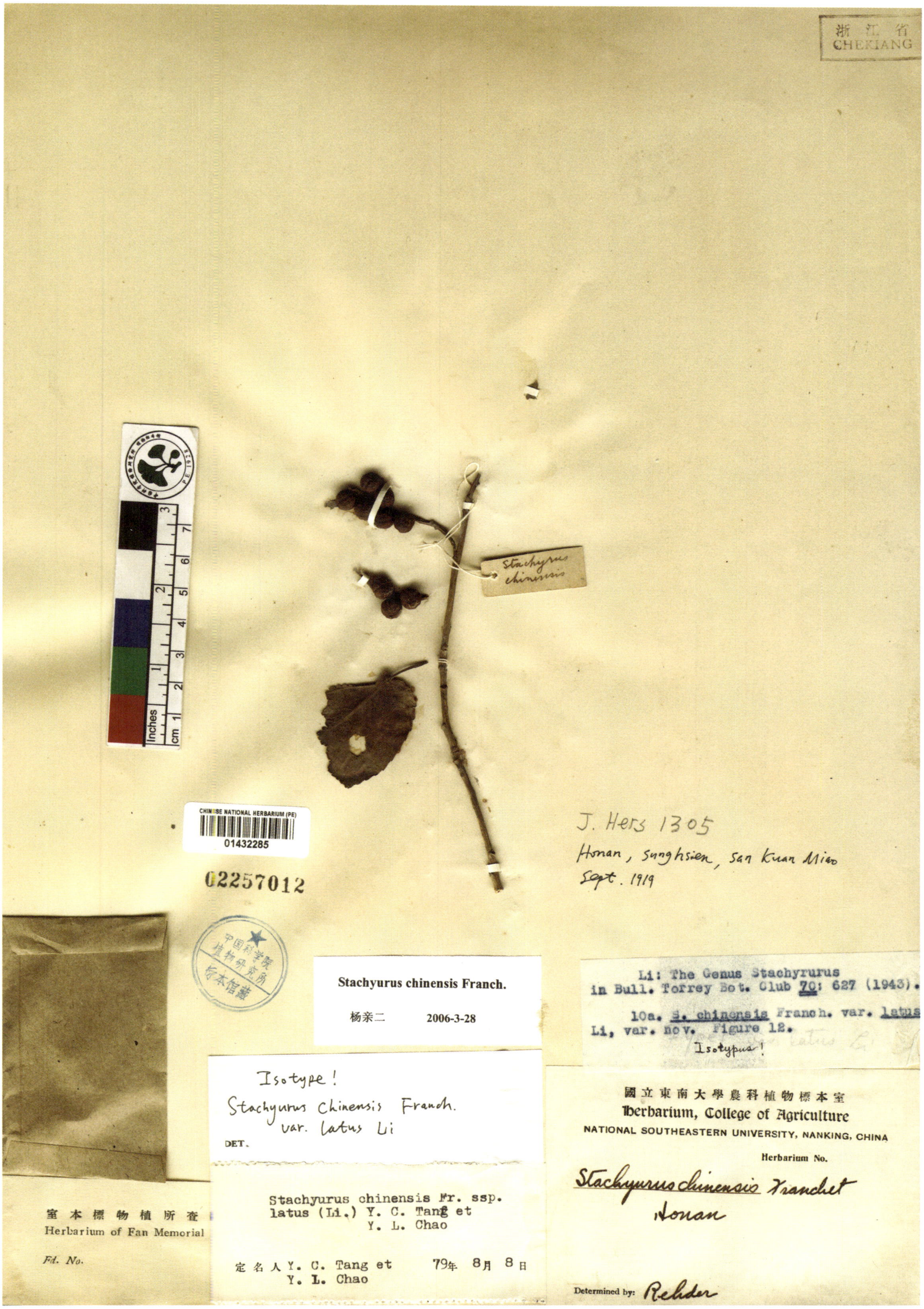

宽叶旌节花 ***Stachyurus chinensis*** Franch. var. ***latus*** H. L. Li in Bull. Torr. Bot. Club 70(6): 627, f. 12. 1943.
Isotype: China. Henan: Song Xian, 1919-09-??, J. Hers 1305.

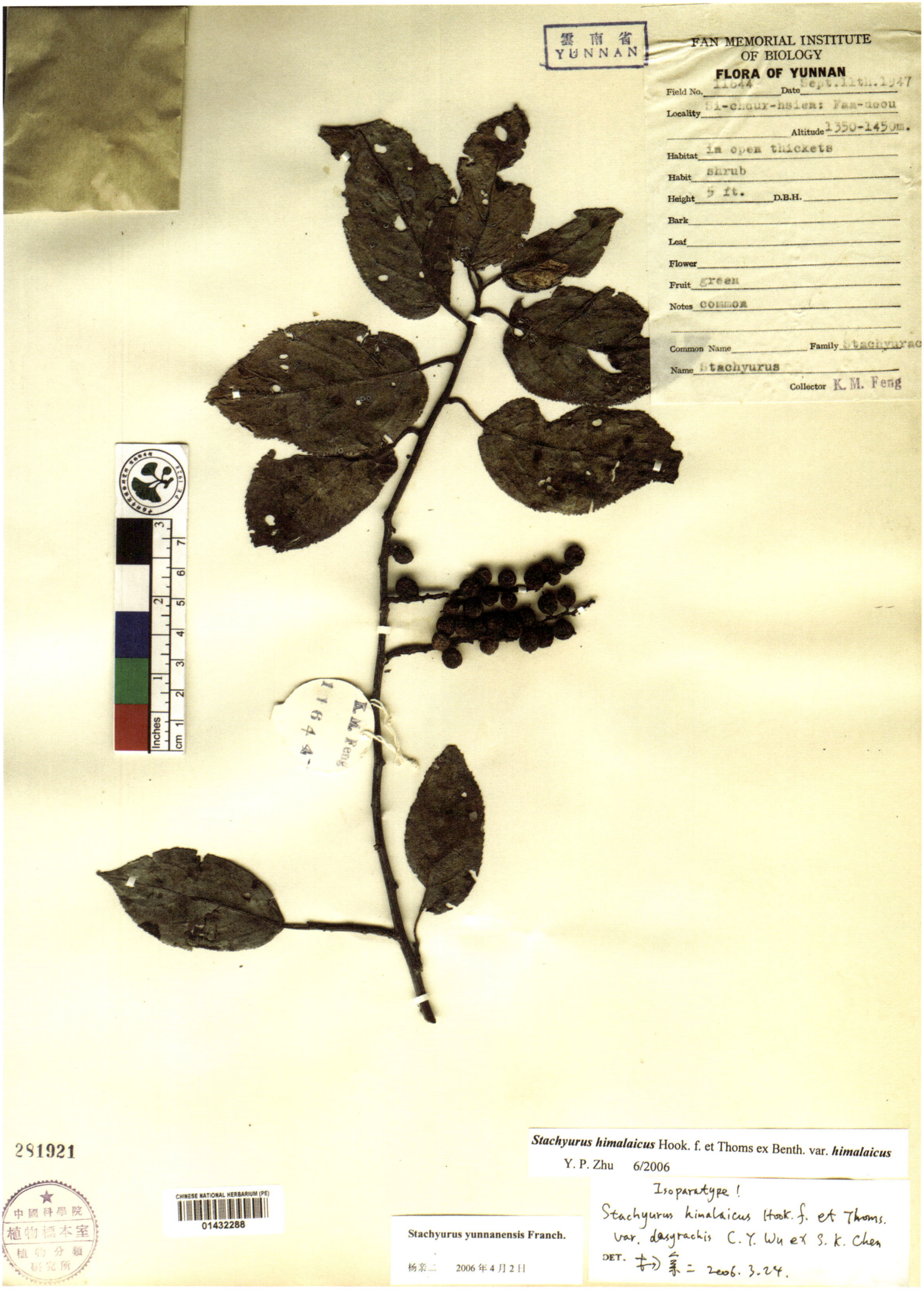

毛轴旌节花 ***Stachyurus himalaicus*** Hook. f. & Thoms. ex Benth. var. ***dasyrachis*** C. Y. Wu & S. K. Chen in Acta Bot. Yunnan. 3(2): 133. 1981. **Isoparatype:** China. Yunnan: Xichou, alt. 1 350~1 450 m, 1947-09-11, K. M. Feng 11644.

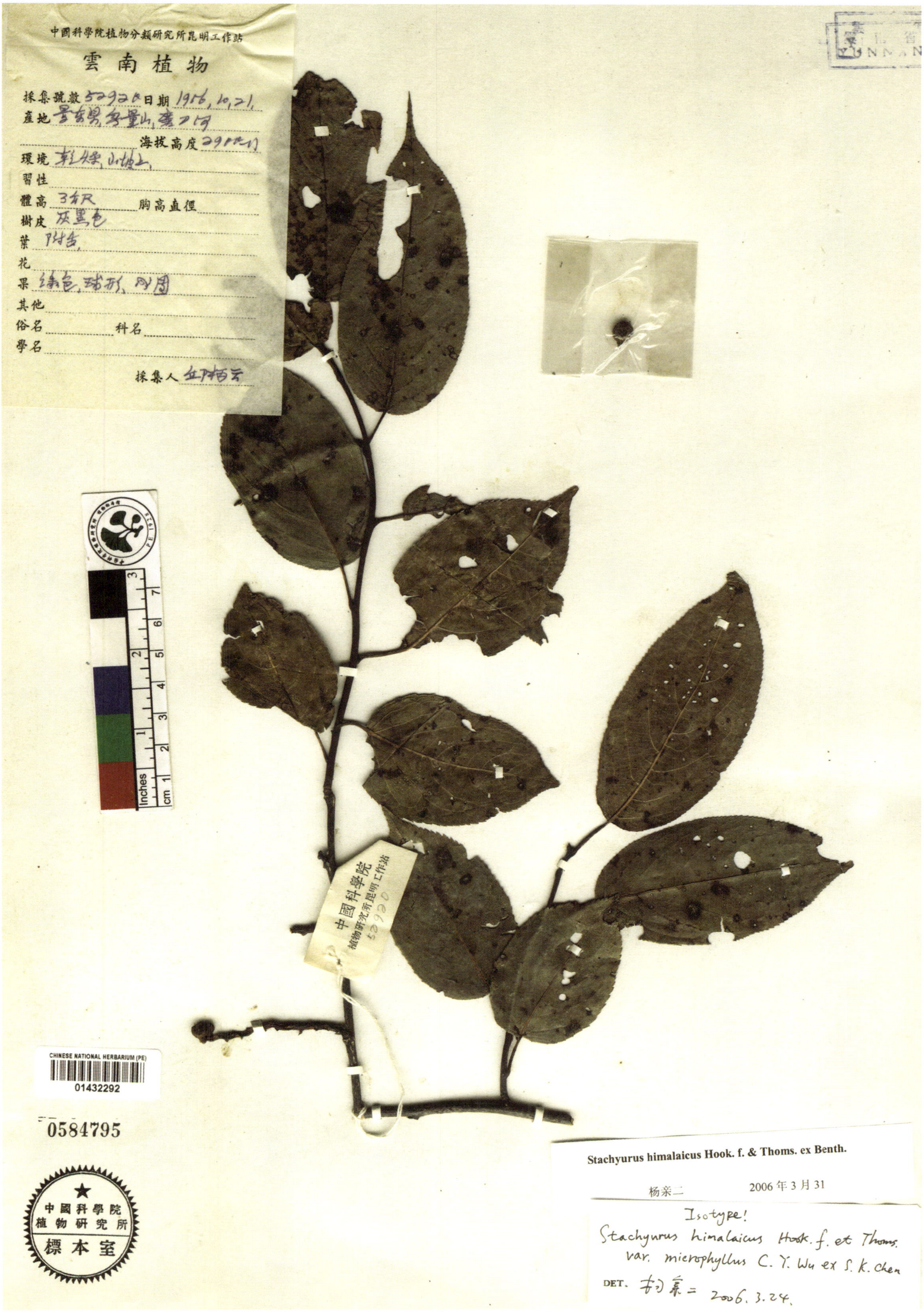

小叶旌节花 ***Stachyurus himalaicus*** Hook. f. & Thoms. ex Benth. var. ***microphyllus*** C. Y. Wu & S. K. Chen in Acta Bot. Yunnan. 3(2): 133. 1981. **Isotype:** China. Yunnan: Jingdong, alt. 2 900 m, 1956-10-21, B. Y. Qiu 52920.

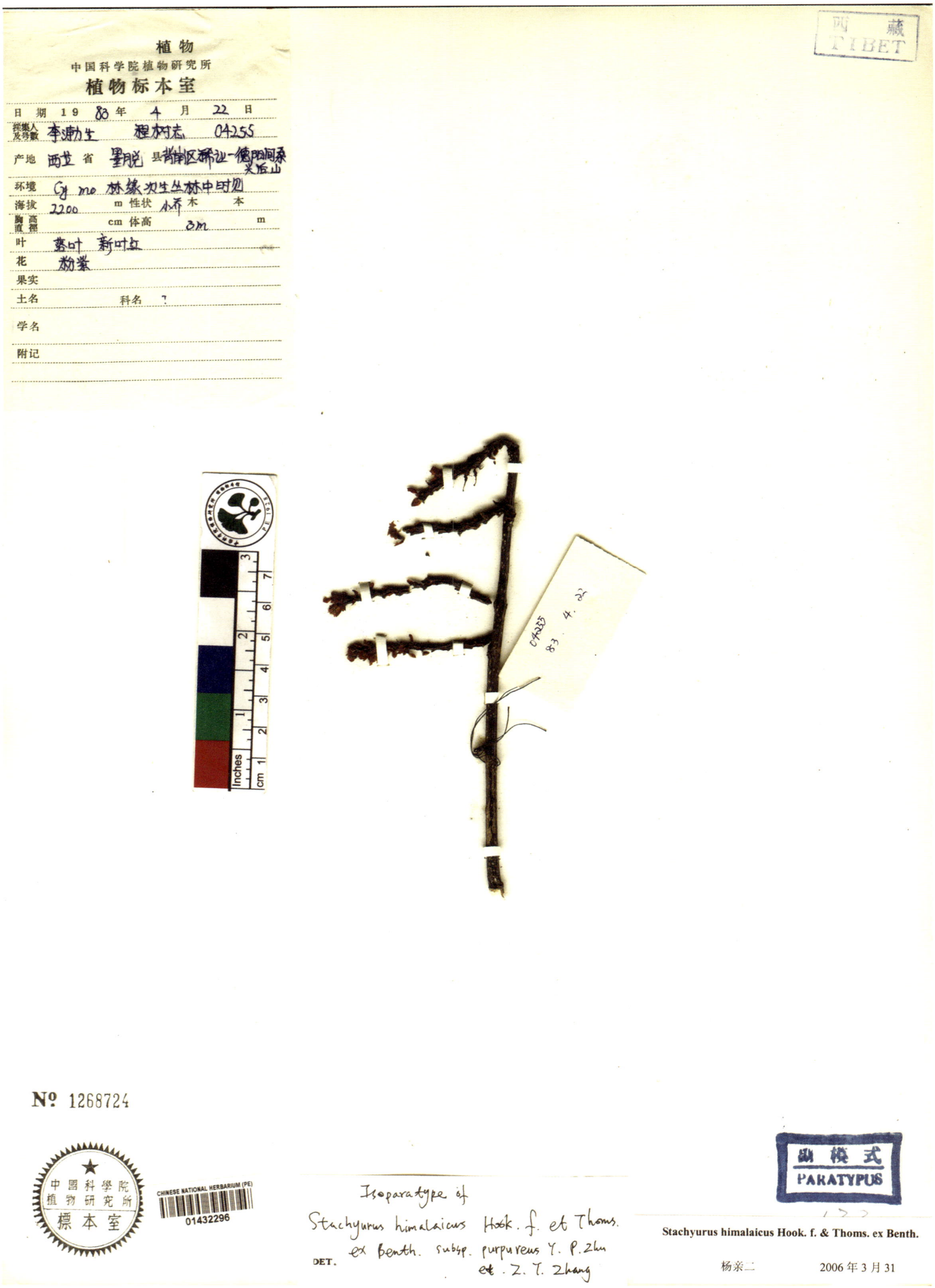

紫红旌节花 ***Stachyurus himalaicus*** Hook. f. & Thoms. ex Benth. subsp. ***purpureus*** Y. P. Zhu & Z. Y. Zhang in Acta Phytotax. Sin. 42(5): 460, f. 1. 2004. **Paratype:** China. Xizang: Mêdog, alt. 2 200 m, 1983-04-22, B. S. Li & S. Z. Cheng 04255.

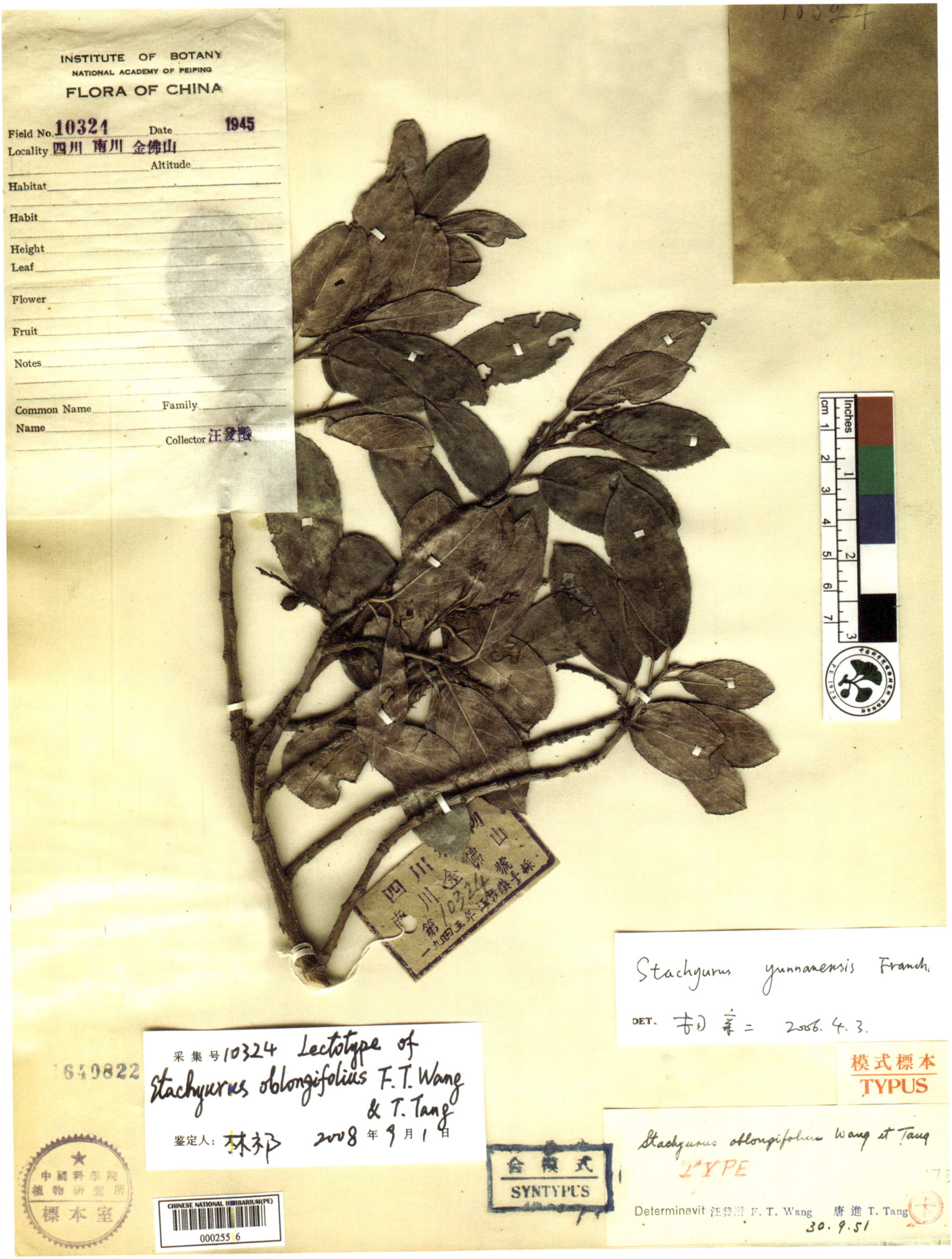

矩圆叶旌节花 ***Stachyurus oblongifolius*** F. T. Wang & T. Tang in Acta Phytotax. Sin. 1(3-4): 326. 1951. **Lectotype** (designated by S. K. Chen in Acta Bot. Yunnan. 3: 129. 1981.)**:** China. Chongqing: Nanchuan, 1945-??-??, F. T. Wang 10324.

凹叶旌节花 ***Stachyurus retusa*** Y. C. Yang in Contr. Biol. Lab. Sci. Soc. China. 12(2): 105, f. 6. 1939. **Isotype:** China. Sichuan: Emei, Emeishan, 1938-10-??, C. W. Yao 3365.

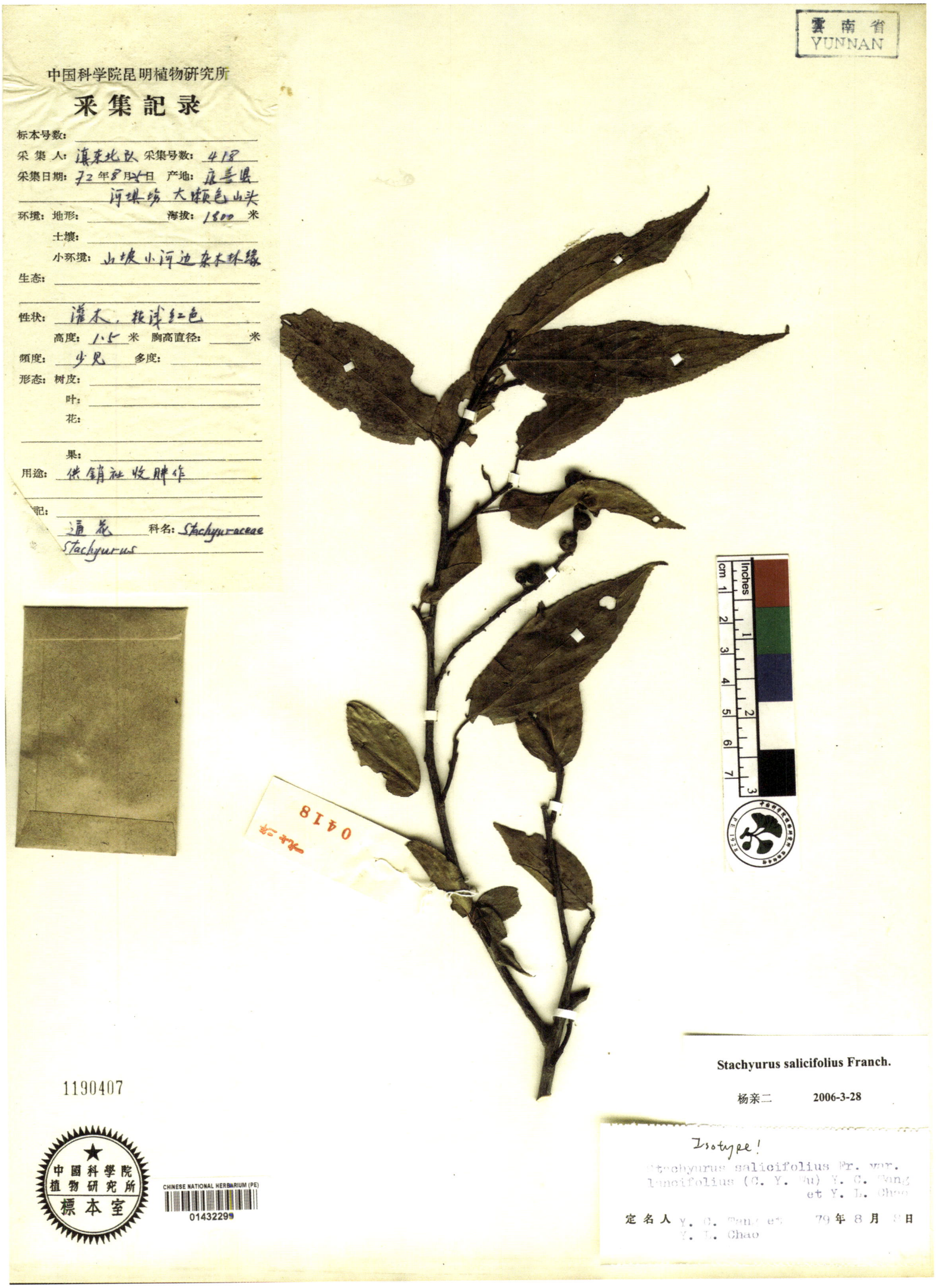

披针叶旌节花 ***Stachyurus salicifolius*** Franch. var. ***lancifolius*** C. Y. Wu & S. K. Chen in Acta Bot. Yunnan. 3(2): 127. 1981. **Isotype:** China. Yunnan: Yongshan, alt. 1 800 m, 1972-08-25, NE Yunnan Exped. 418.

倒卵叶旌节花 ***Stachyurus yunnanensis*** Franch. var. ***obovata*** Rehd. in J. Arnold Arb. 11(3): 165. 1930. **Isotype:** China. Sichuan: Kuan-hsien (=Dujiangyan), alt. 915~1 098 m, 1928-07-04, W. P. Fang 2000.

Passifloraceae

西番莲科

xifanlianke

广东西番莲 ***Passiflora kwangtungensis*** Merr. in Lingnan Sci. J. 13(1): 38. 1934. **Isotype:** China. Guangdong: Conghua, 1932-05-29, W. T. Tsang 20609.

蝴蝶藤 ***Passiflora papilio*** H. L. Li in J. Arnold Arb. 24(4): 447. 1943. **Isotype:** China. Guangxi: Longzhou, 1935-07-07, S. P. Ko 55426.

西双版纳西番莲 ***Passiflora xishuangbannaensis*** Krosnick in Novon 15: 160, f. 1. 2005. **Isotype:** China. Yunnan: Xishuangbanna, Jinghong, alt. 1200 m, 2004-03-14, S. Krosnick & H. Wang 254.

Begoniaceae

秋海棠科

qiuhaitangke

点叶秋海棠 ***Begonia alveolata*** Yu in Bul. Fan Mem. Inst. Biol., New. Ser. 1(2): 121. 1948. **Isotype:** China. Yunnan: Ping-bien (=Pingbian), alt. 1 500 m, 1939-11-13, C. W. Wang 82780.

二棱秋海棠 ***Begonia anceps*** Irmsch. in Not. Roy. Bot. Gard. Edinburgh 21: 35. 1951. **Isotype:** China. Yunnan: Malipo, alt. 1 000 m, 1940-02-10, C. W. Wang 86714.

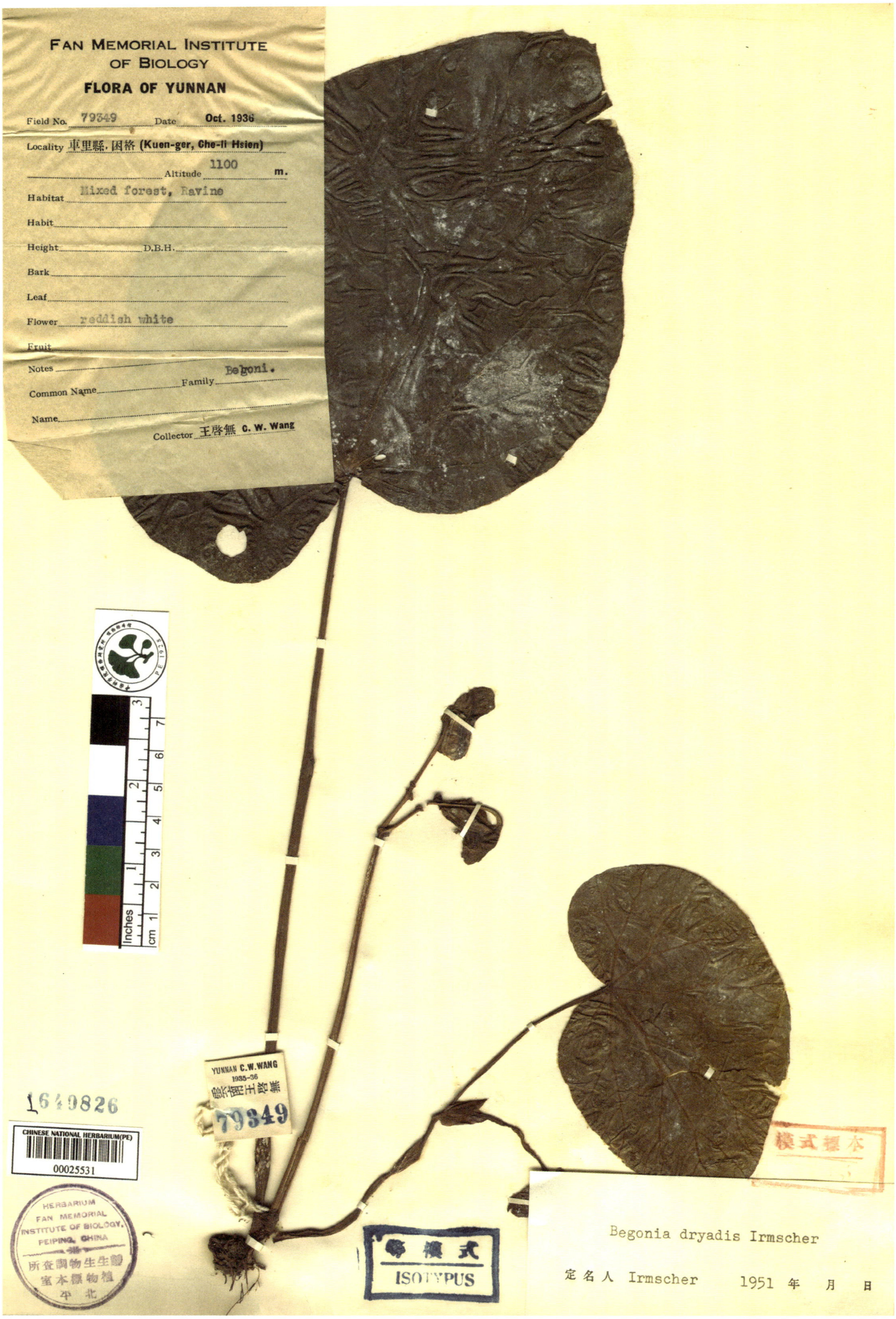

厚叶秋海棠 ***Begonia dryadis*** Irmsch. in Not. Roy. Bot. Gard. Edinburgh 21: 41. 1951. **Isotype:** China. Yunnan: Cheli (=Jinghong), alt. 1 100 m, 1936-10-??, C. W. Wang 79349.

圆翅秋海棠 ***Begonia laminariae*** Irmsch. in Not. Roy. Bot. Gard. Edinburgh 21: 40. 1951. **Isotype:** China. Yunnan: Malipo, alt. 1 200 m, 1940-01-13, C. W. Wang 83161.

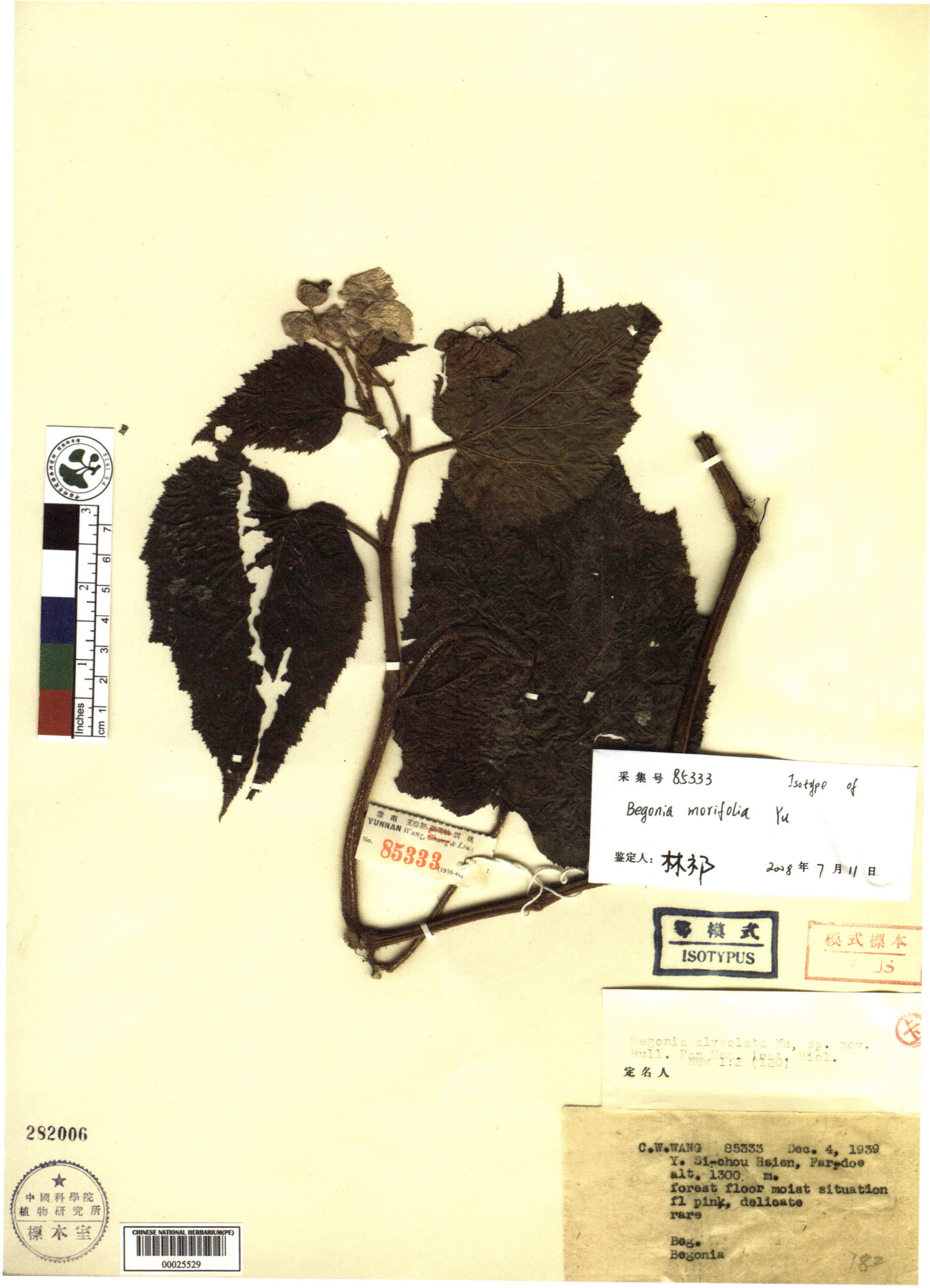

桑叶秋海棠 ***Begonia morifolia*** Yu in Bul. Fan Mem. Inst. Biol., New Ser. 1(2): 119. 1948. **Isotype:** China. Yunnan: Xichou, alt. 1 300 m, 1939-12-04, C. W. Wang 85333.

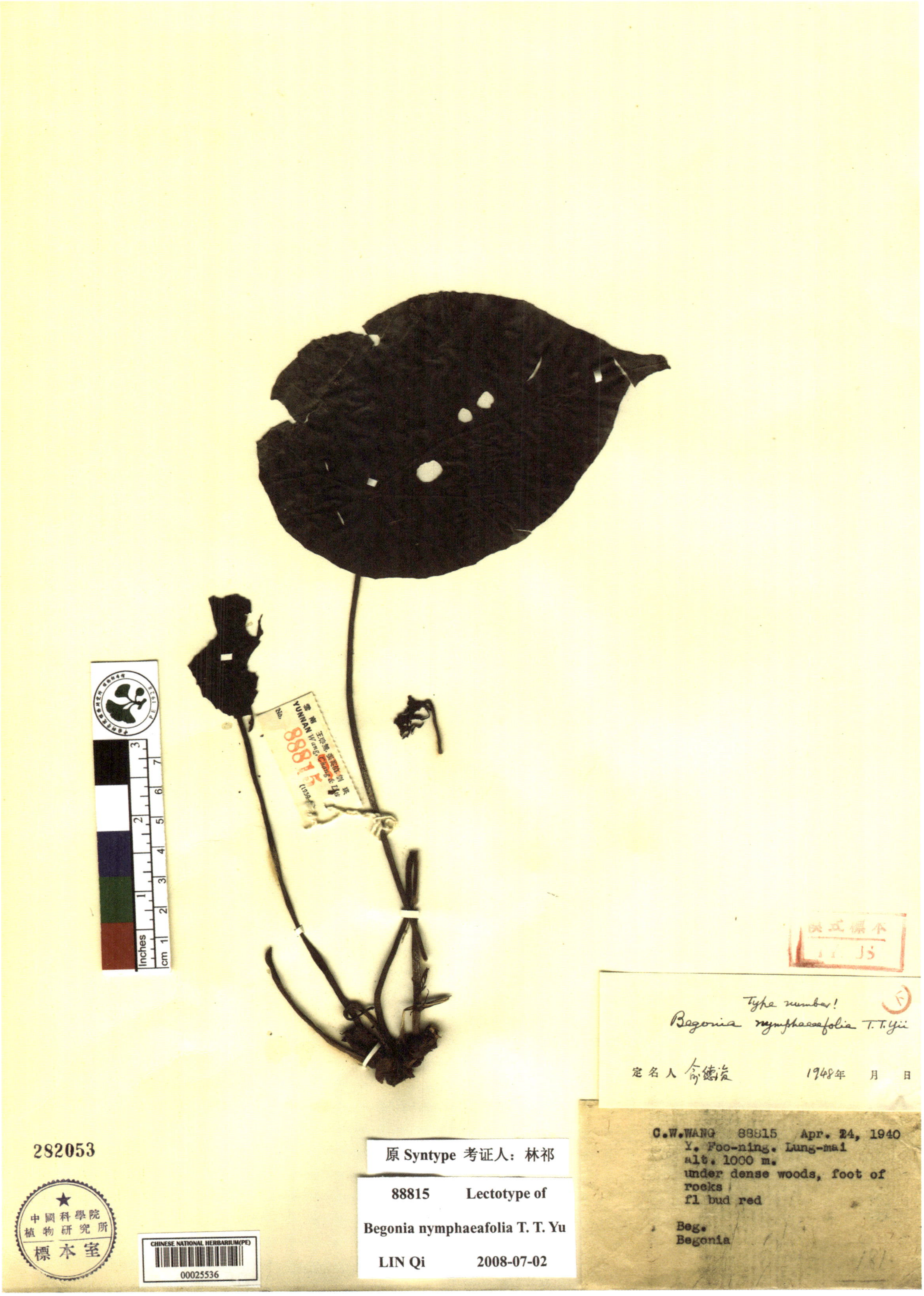

睡莲叶秋海棠 ***Begonia nymphaeafolia*** Yu in Bul. Fan Mem. Inst. Biol., New Ser. 1(2): 127. 1948. **Lectotype** (designated by Q. Lin & al. in Acta Bot. Boreal.-Occident. Sin. 29: 177. 2009.)**:** China. Yunnan: Funing, alt. 1 000 m, 1940-04-24, C. W. Wang 88815.

光叶秋海棠 ***Begonia summoglabra*** Yu in Bul. Fan Mem. Inst. Biol., New Ser. 1(2): 117. 1948. **Isotype:** China. Yunnan: Pingbian, alt. 1 400 m, 1939-09-24, C. W. Wang 82099.

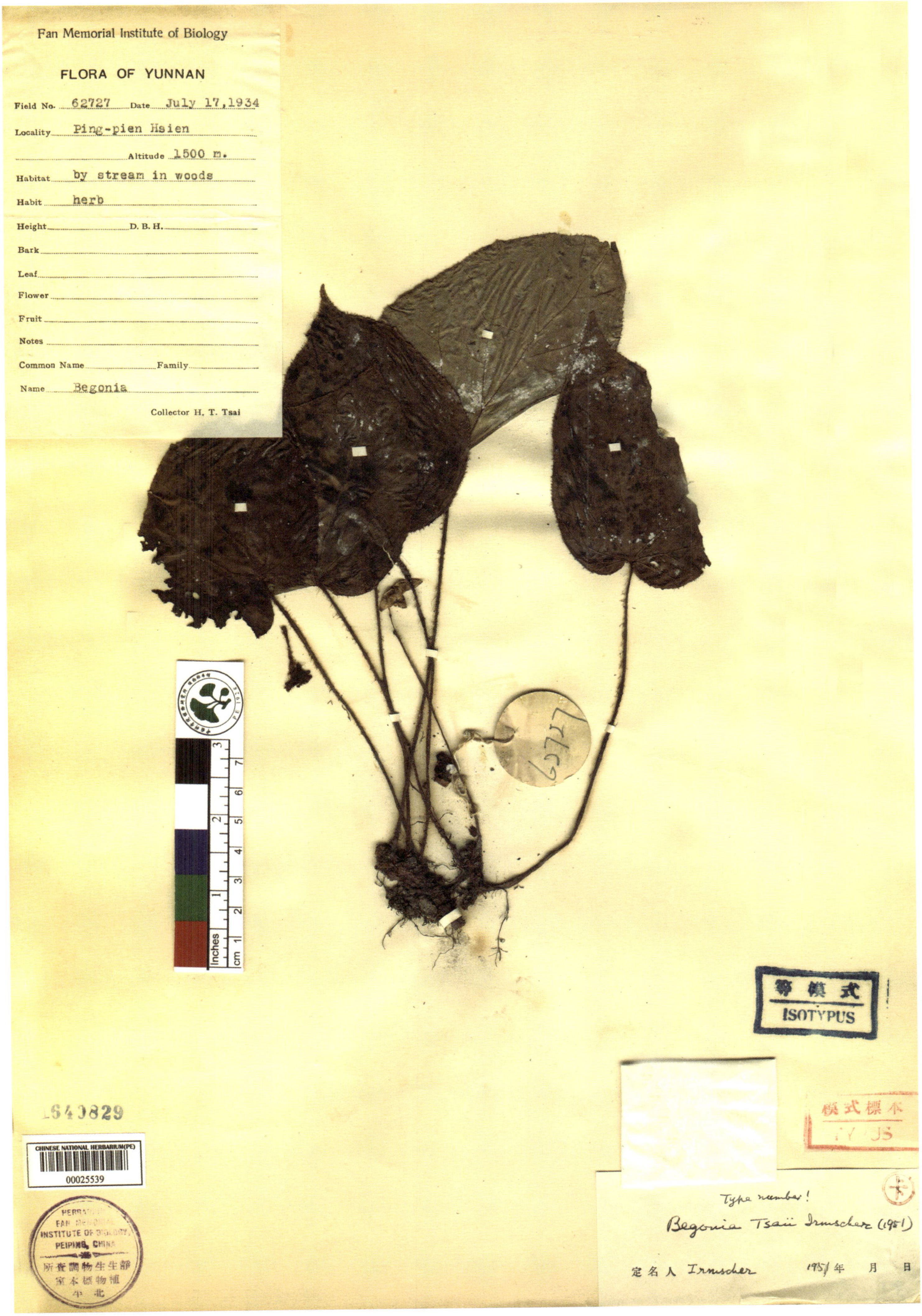

屏边秋海棠 ***Begonia tsaii*** Irmsch. in Not. Roy. Bot. Gard. Edinburgh 21: 42. 1951. **Isotype:** China. Yunnan: Ping-pien (=Pingbian), alt. 1 500 m, 1934-07-17, H. T. Tsai 62727.

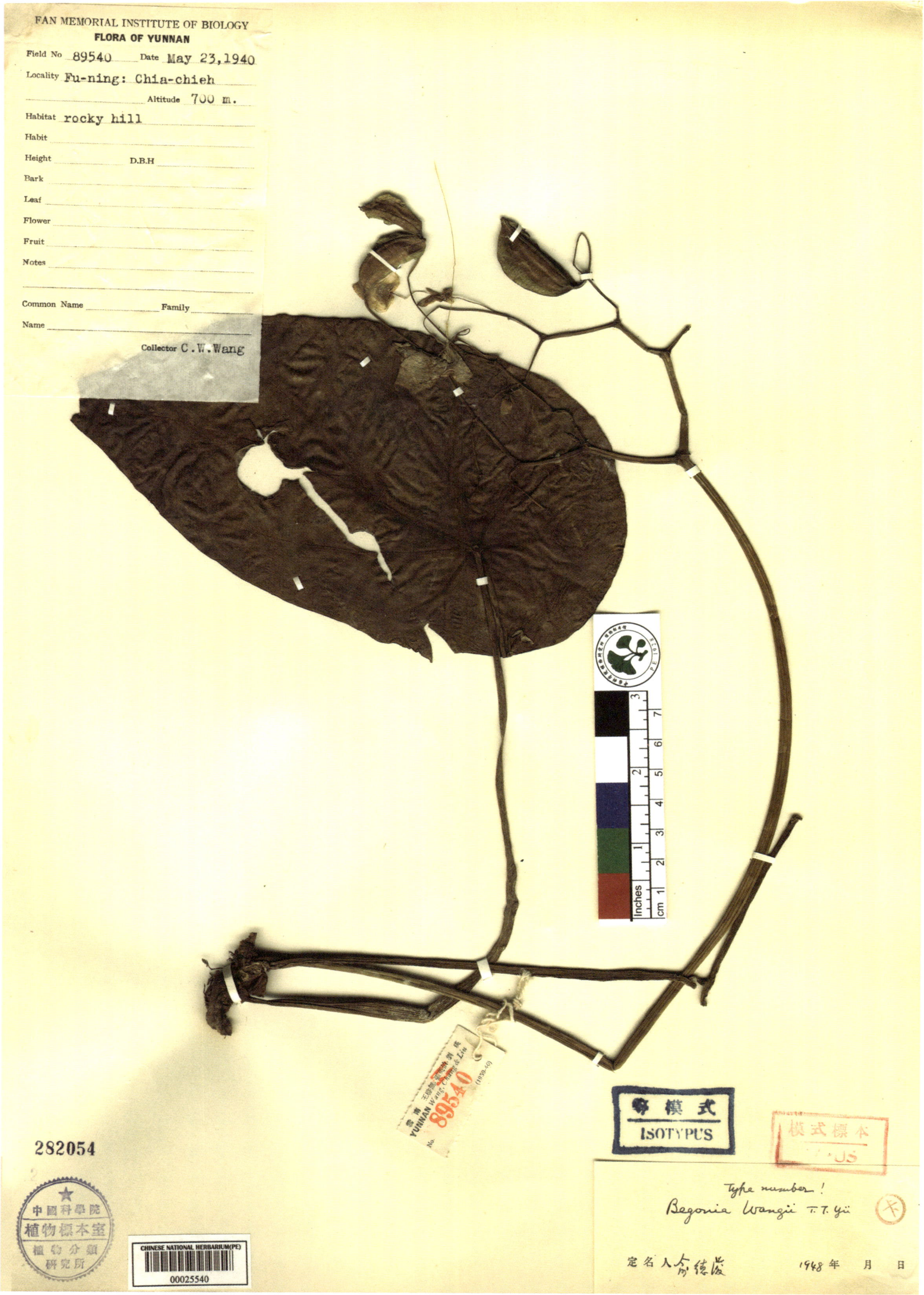

少瓣秋海棠 ***Begonia wangii*** Yu in Bul. Fan Mem. Inst. Biol., New Ser. 1(2): 126. 1948. **Isotype:** China. Yunnan: Funing, alt. 700 m, 1940-05-23, C. W. Wang 89540.

Thymelaeaceae

瑞香科

ruixiangke

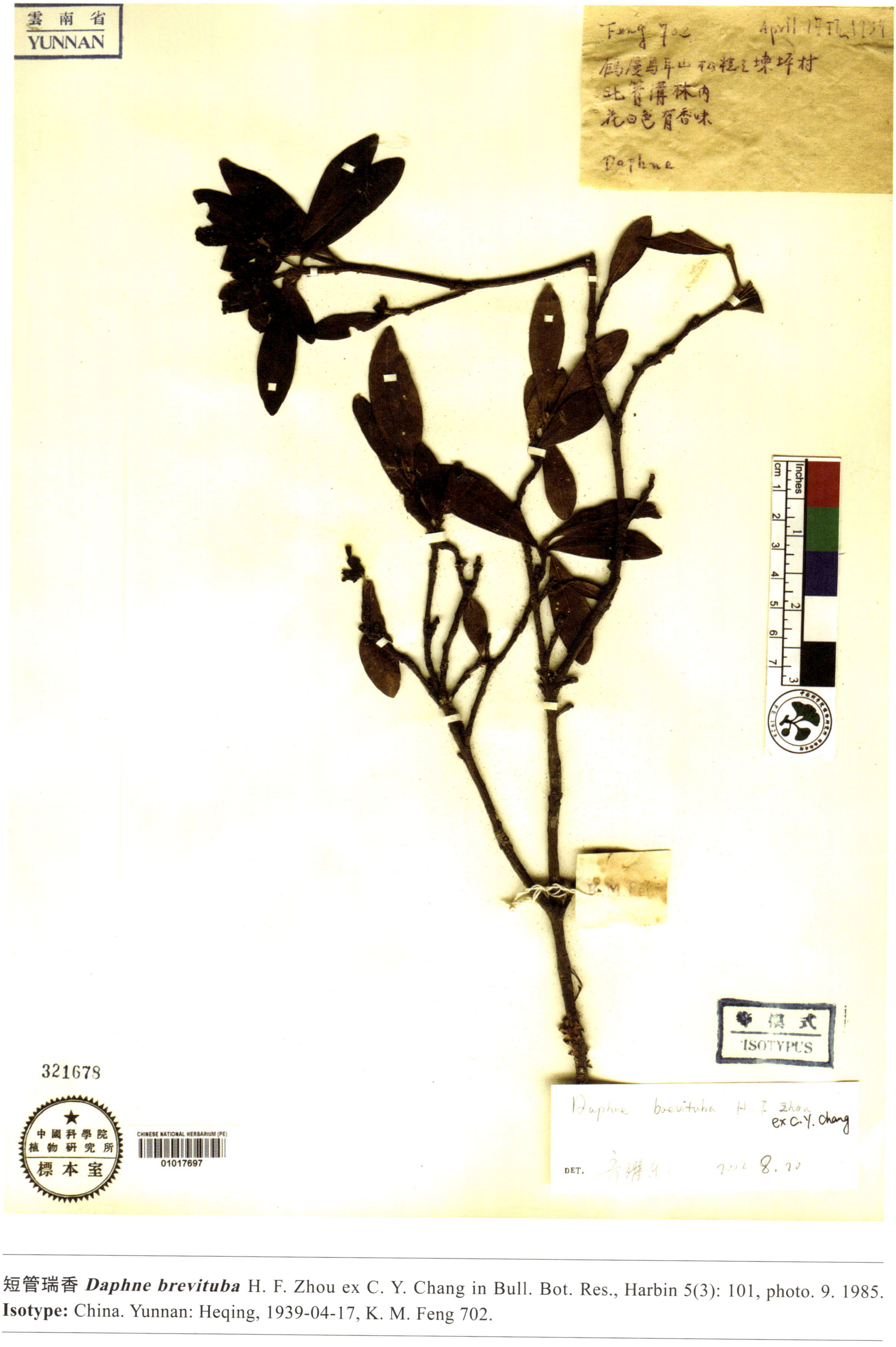

短管瑞香 ***Daphne brevituba*** H. F. Zhou ex C. Y. Chang in Bull. Bot. Res., Harbin 5(3): 101, photo. 9. 1985.
Isotype: China. Yunnan: Heqing, 1939-04-17, K. M. Feng 702.

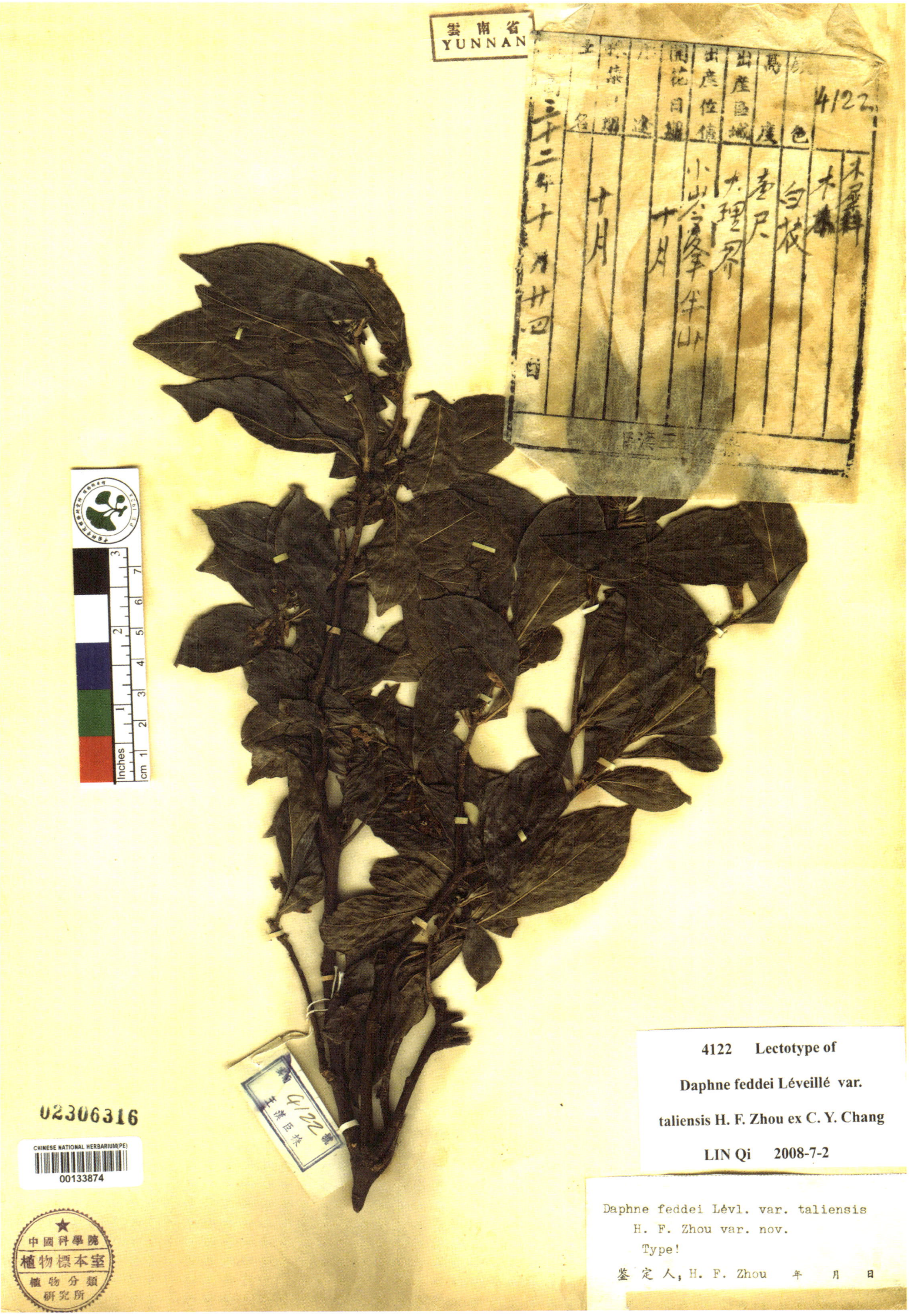

大理瑞香 ***Daphne feddei*** Lévl. var. ***taliensis*** H. F. Zhou ex C. Y. Chang in Bull. Bot. Res., Harbin 5(3): 99. 1985. **Lectotype** (designated by Q. Lin in Acta Bot. Boreal.-Occident. Sin. 29: 177. 2009.)**:** China. Yunnan: Dali, 1943-10-24, H. C. Wang 4122.

少丝毛瑞香 ***Daphne holosericea*** (Diels) Hamaya var. ***wangeana*** Hamaya in Acta Horti Gothob. 26: 90. 1963.
Isotype: China. Xizang: Cawarong (=Zayü), alt. 3 200 m, 1935-09-??, C. W. Wang 66544.

毛柱瑞香 ***Daphne jinyunensis*** C. Y. Chang var. ***ptilostyla*** C. Y. Chang in Bull. Bot. Res., Harbin 5(3): 95. 1985.
Holotype: China. Chongqing: Beibei, 1941-01-08, C. Pei 7786.

长管瑞香 ***Daphne longituba*** C. Y. Chang in Bull. Bot. Res., Harbin 5(3): 97, photo. 7. 1985. **Isosyntype:** Guangxi: Xingan, alt. 1 185 m, 1956-11-02, S. L. Yu 900036.

长梗瑞香 ***Daphne pedunculata*** H. F. Zhou ex C. Y. Chang in Bull. Bot. Res., Harbin 5(3): 89, photo. 2. 1985. **Isotype:** China. Yunnan: Yuanyang, alt. 380 m, 1973-11-11, D. D. Tao 1330.

紫花瑞香 ***Daphne purpurascens*** S. C. Huang in Acta Bot. Yunnan. 7(3): 280, f. 3. 1985. **Isotype:** China. Xizang: Cona, alt. 2 900 m, 1974-10-04, Qinghai-Xizang Exped. 74-2759.

喙果瑞香 ***Daphne rhynchocarpa*** C. Y. Chang in Bull. Bot. Res., Harbin 5(3): 87, photo. 1. 1985. **Holotype:** China. Yunnan: Zhenkang, alt. 2 500 m, 1936-04-24, C. W. Wang 72352.

唐古特瑞香 ***Daphne tangutica*** Maxim. in Bull. Acad. Imp. Sci. St.-Petersb. 27: 531. 1881. **Isosyntype:** China. Gansu: Terra Tangutorum, 1873-05-(01~15), N. M. Przewalski s. n.

九龙瑞香 ***Daphne tripartita*** H. F. Zhou ex C. Y. Chang in Guihaia 6(4): 268, f. 3. 1986. **Holotype:** China. Sichuan: Jiulong, 1930-06-11, K. Huang & al. 00359.

红花鼠皮树 ***Rhamnoneuron rubriflorum*** C. Y. Wu ex S. C. Huang in Acta Bot. Yunnan. 7(3): 278, f. 2. 1985.
Isoparatype: China. Yunnan: Pingbian, alt. 1 280 m, 1954-03-11, P. I Mao 03347.

互生叶荛花 ***Wickstroemia alternifolia*** Batal. in Acta Horti Petrop. 13: 99. 1893. **Isotype:** China. Sichuan: Precise locality not known, Heiho, 1885-07-24, C. N. Potanin s. n.

匙叶荛花 ***Wikstroemia cochlearifolia*** S. C. Huang in Acta Bot. Yunnan. 7(3): 290, f. 11. 1985. **Isotype:** China. Sichuan: Jiangyou, alt. 1 200 m, 1930-08-19, F. T. Wang 22239.

富民荛花 ***Wikstroemia fuminensis*** Y. D. Qi & Y. Z. Wang in Novon 14(3): 324, f. 1. 2004. **Isotype:** China. Yunnan: Fumin, alt. 2 700 m, 1964-10-20, B. Y. Qiu 596135.

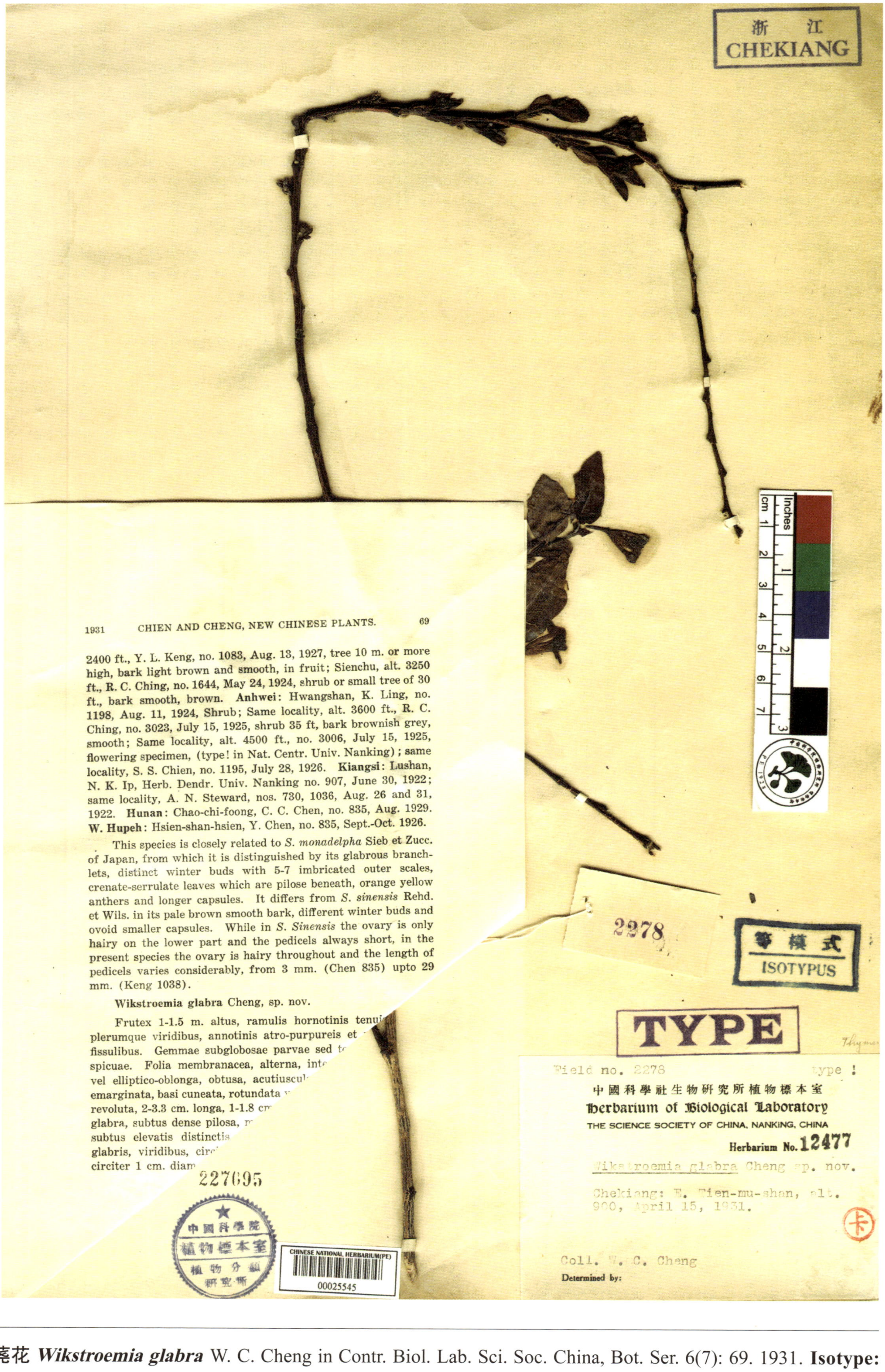

光叶荛花 ***Wikstroemia glabra*** W. C. Cheng in Contr. Biol. Lab. Sci. Soc. China, Bot. Ser. 6(7): 69. 1931. **Isotype:** China. Zhejiang: E Tianmushan, alt. 900 m, 1931-04-15, W. C. Cheng 2278.

紫被光叶荛花 ***Wikstroemia glabra*** W. C. Cheng var. ***purpurea*** W. C. Cheng in Contr. Biol. Lab. Sci. Soc. China, Bot. Ser. 9(3): 203. 1934. **Isotype:** China. Anhui: Huangshan, alt. 900~1 800 m, 1934-05-??, P. C. Yieh 340.

海南荛花 ***Wikstroemia hainanensis*** Merr. in Lingnan Sci. J. 14(1): 40. 1935. **Isotype:** China. Hainan: Ngai (=Sanya), 1932-07-05, S. K. Lau 212.

丽江荛花 ***Wikstroemia lichiangensis*** W. W. Smith in Not. Roy. Bot. Gard. Edinburgh 8: 136. 1913. **Isosyntype:** China. Yunnan: Lijiang, 1910-05-??, G. Forrest 5664.

多花荛花 ***Wikstroemia pilosa*** W. C. Cheng in Contr. Biol. Lab. Sci. Soc. China, Bot. Ser. 8: 140, f. 6. 1932.
Isotype: China. Zhejiang: Zhuji, 1932-07-12, W. C. Cheng 2479.

Elaeagnaceae

胡颓子科

hutuizike

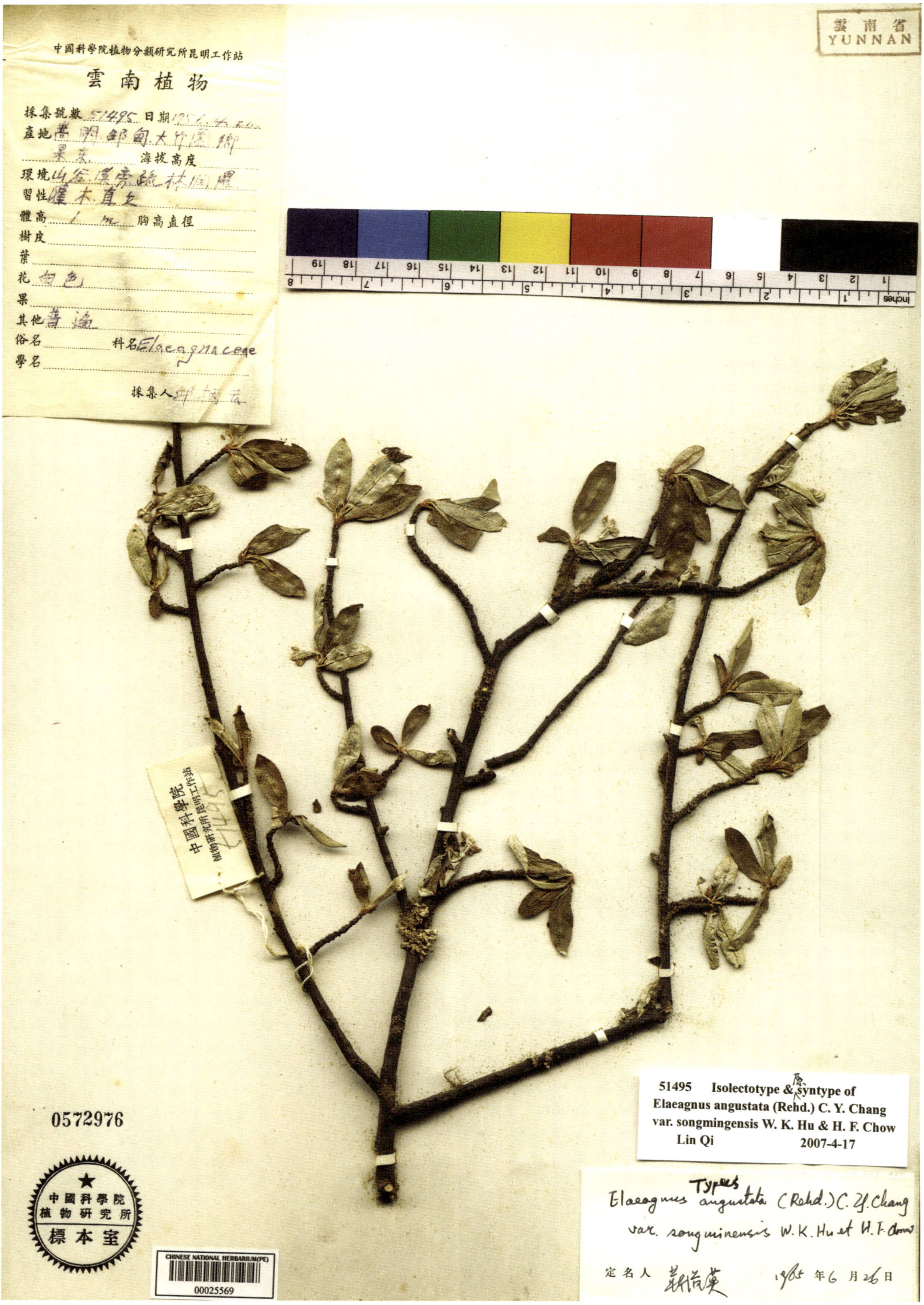

嵩明木半夏 ***Elaeagnus angustata*** (Rehd.) C .Y. Chang var. ***songmingensis*** W. K. Hu & H. F. Chow ex C. Y. Chang in Bull. Bot. Lab. N. E. Forest. Inst., Harbin 6: 121. 1980. **Isolectotype** (designated by Q. Lin in Bull. Bot. Res., Harbin 26: 656. 2006.): China. Yunnan: Songming, 1956-04-20, B. Y. Qiu 51495.

木里胡颓子 ***Elaeagnus bockii*** Diels var. ***muliensis*** C. Y. Chang, Fl. Sichuanica 1: 273, 463. 1981. **Lectotype** (designated by Q. Lin in Bull. Bot. Res., Harbin 26: 656. 2006.)**:** China. Sichuan: Muli, alt. 2 300 m, 1959-10-??, S. K. Wu 3510.

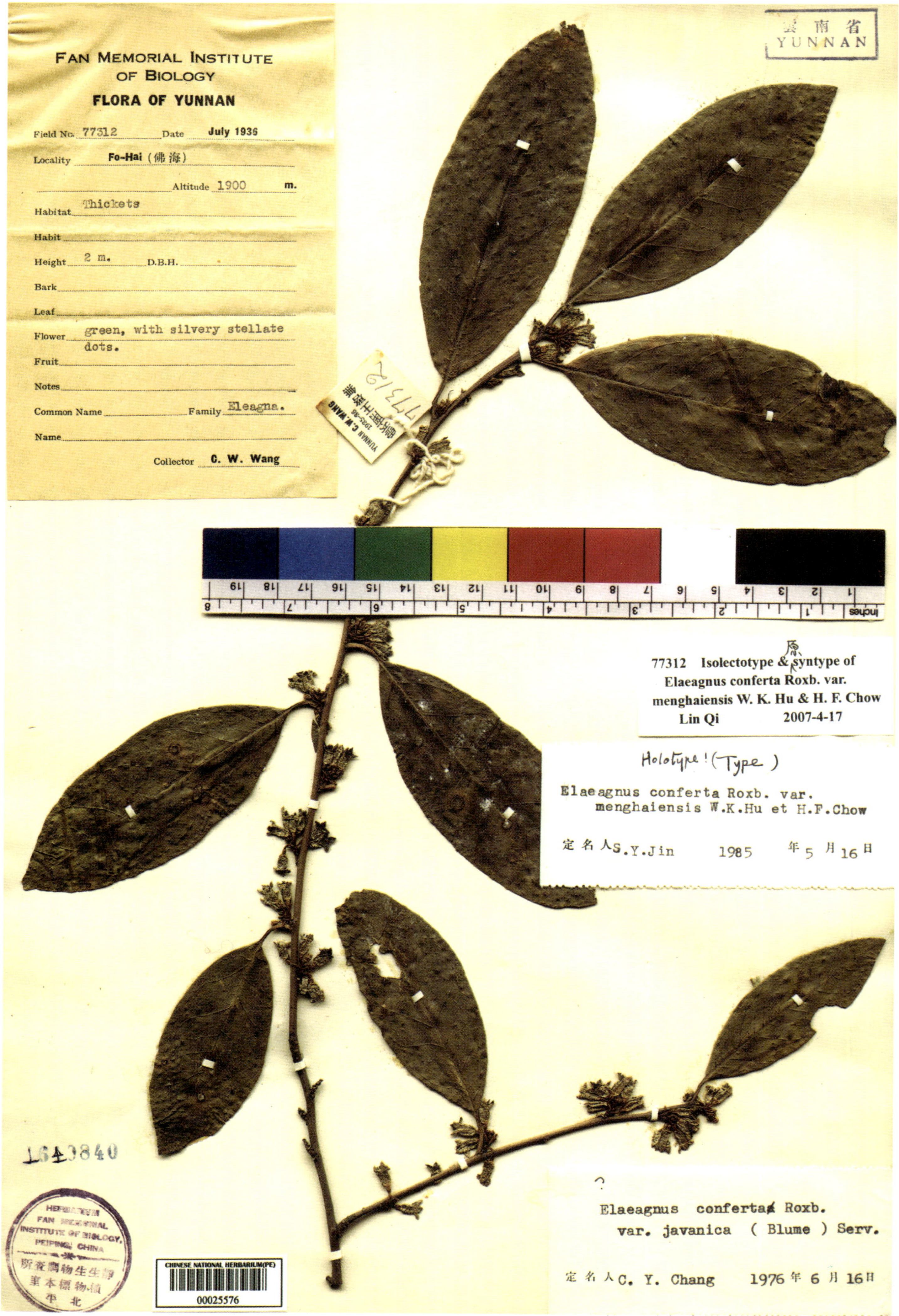

勐海胡颓子 ***Elaeagnus conferta*** Roxb. var. ***menghaiensis*** W. K. Hu & H. F. Chow in Bull. Bot. Lab. N. E. Forest. Inst., Harbin 6: 107. 1980. **Isolectotype** (designated by Q. Lin in Bull. Bot. Res., Harbin 26: 656. 2006.)**:** China. Yunnan: Fo-hai (=Menghai), alt. 1 900 m, 1936-07-??, C. W. Wang 77312.

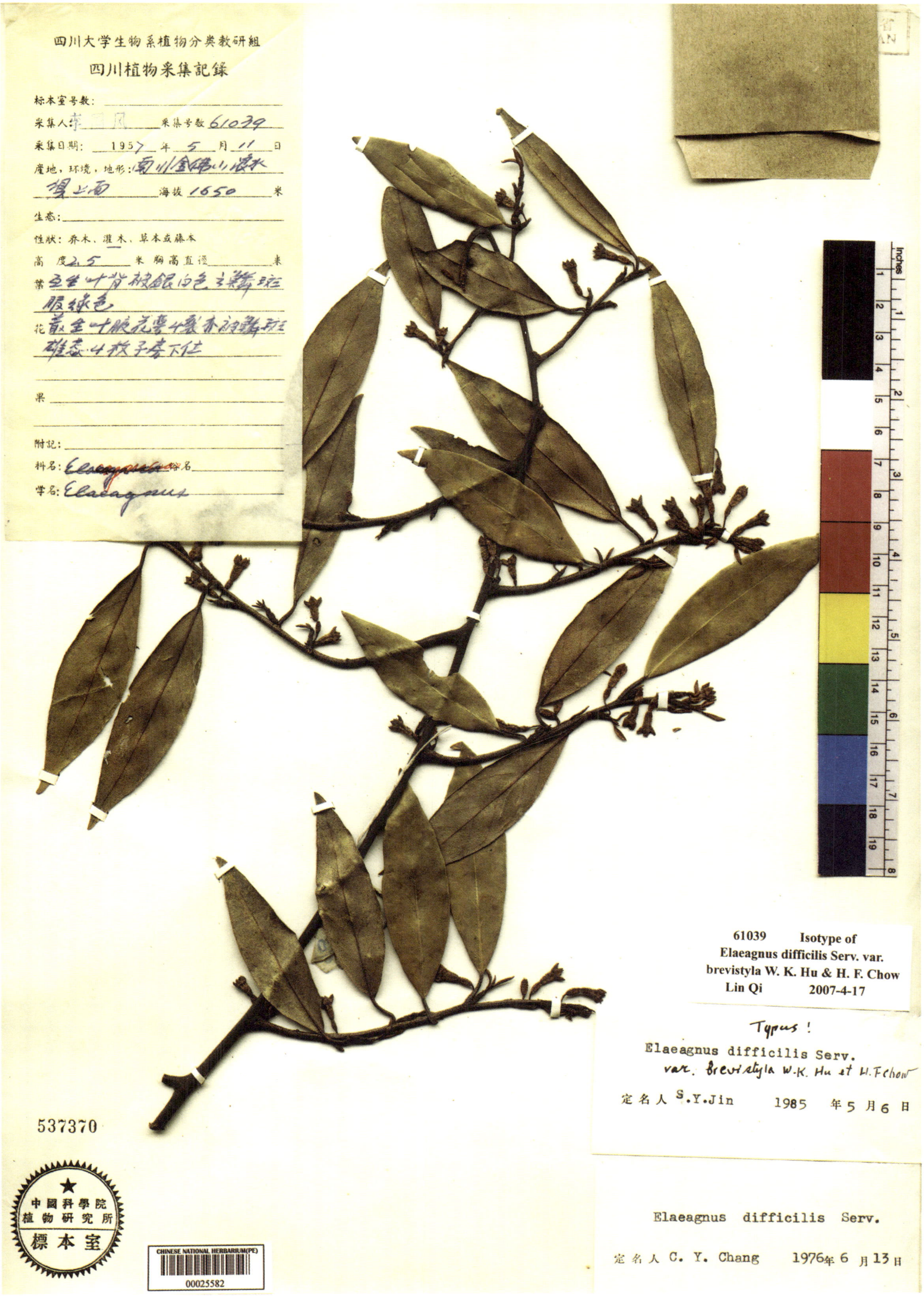

短柱胡颓子 ***Elaeagnus difficilis*** Serv. var. ***brevistyla*** W. K. Hu & H. F. Chow, Fl. Sichuan. 1: 464. 1981.
Isotype: China. Chongqing: Nanchuan, alt. 1 650 m, 1957-05-11, G. F. Li 61039.

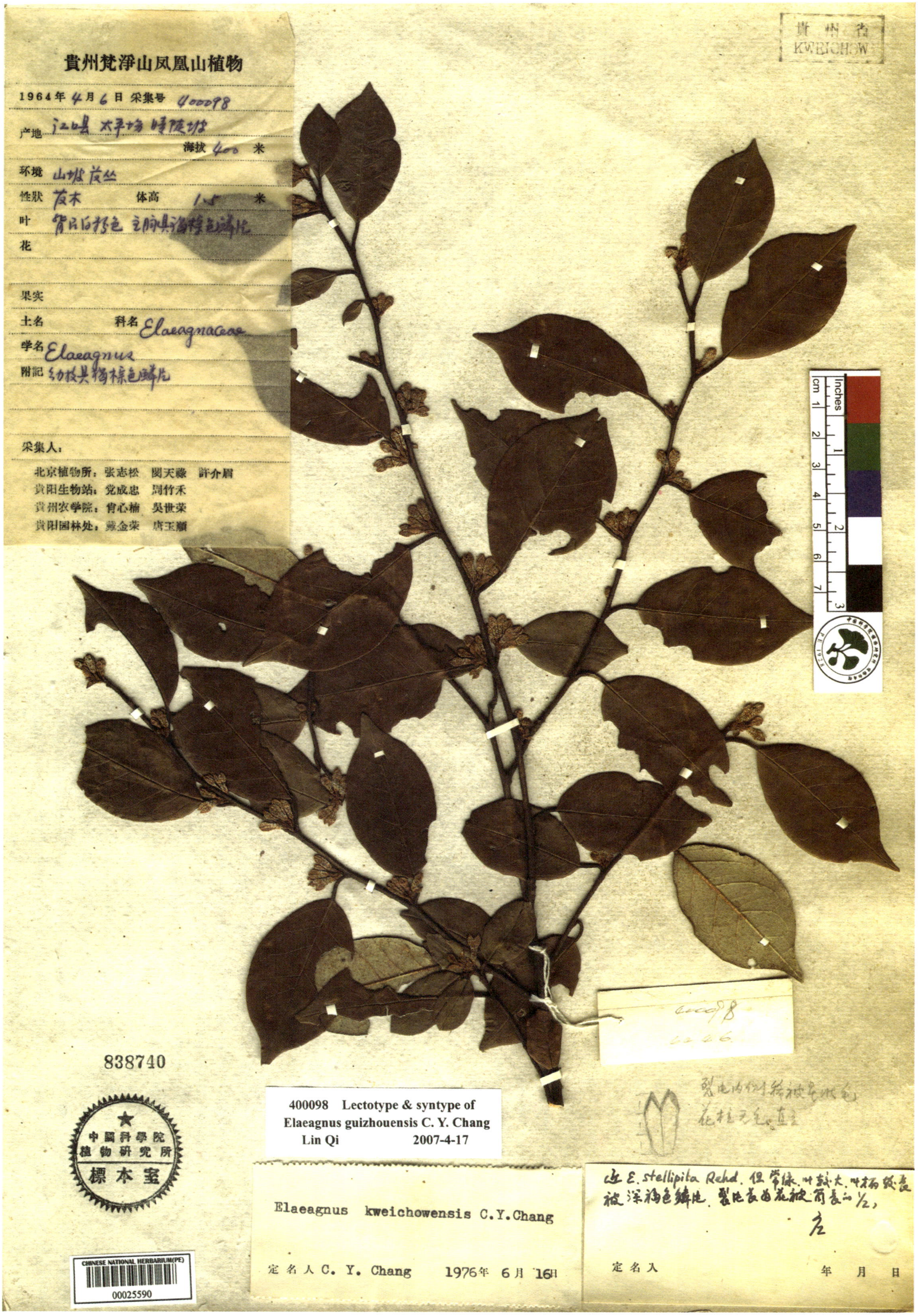

贵州羊奶子 ***Elaeagnus guizhouensis*** C. Y. Chang in Bull. Bot. Lab. N. E. Forest. Inst., Harbin 6: 117, pl. 12: 3. 1980. **Lectotype** (designated by Q. Lin & al. in Acta Bot. Boreal.-Occident. Sin. 29: 177. 2009.)**:** China. Guizhou: Jiangkou, alt. 400 m, 1964-04-06, Z. S. Zhang & al. 400098.

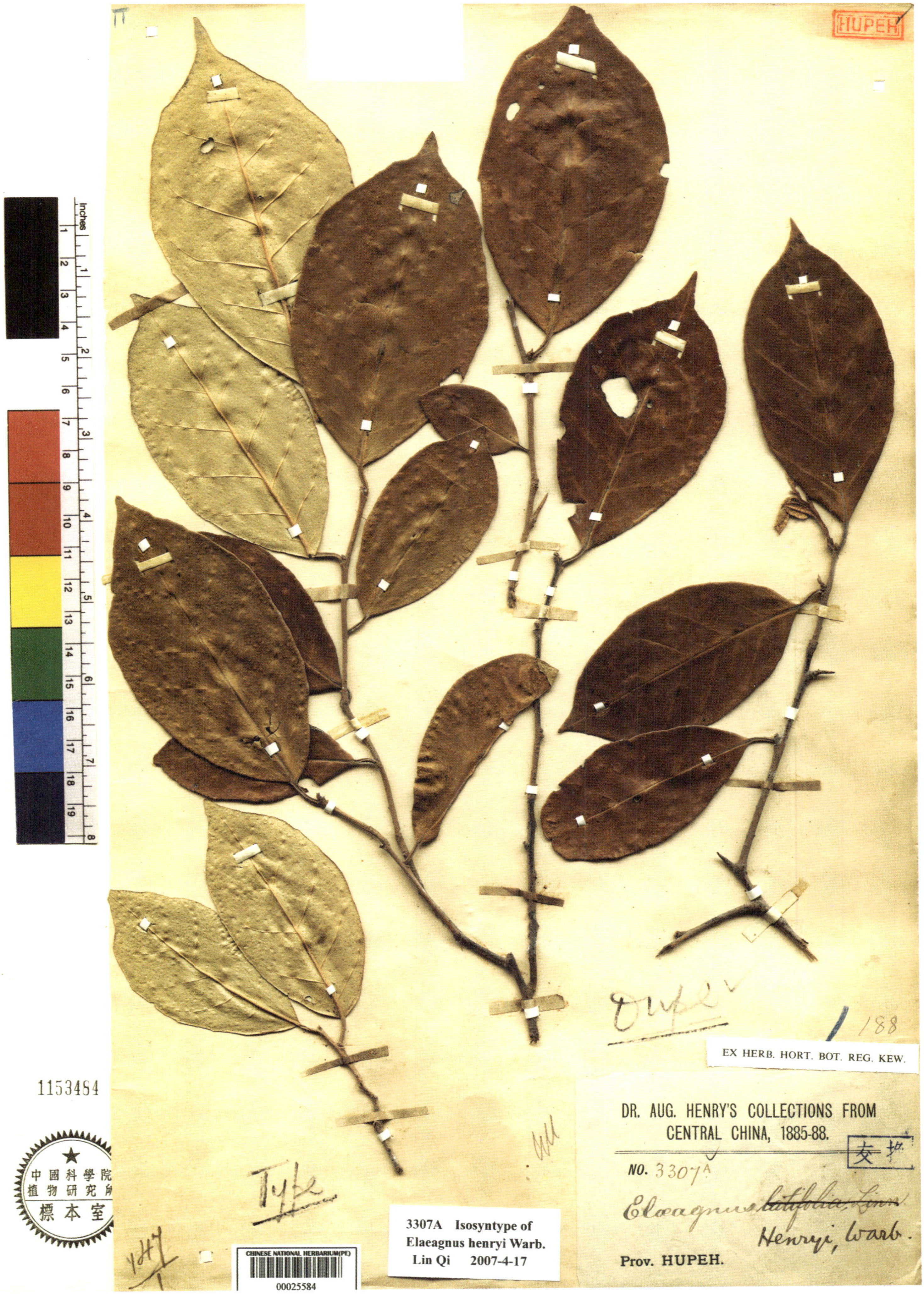

宜昌胡颓子 ***Elaeagnus henryi*** Warb. ex Diels in Bot. Jahrb. 29(3-4): 483. 1900. **Isosyntype:** China. Chongqing: Nanchuan, (1885~1888)-??-??, A. Henry 3307 A.

江西羊奶子 ***Elaeagnus jiangxiensis*** C. Y. Chang in Bull. Bot. Lab. N. E. Forest. Inst., Harbin 6: 118, pl. 12: 1-2. 1980. **Lectotype** (designated by Q. Lin & al. in Acta Bot. Boreal.-Occident. Sin. 29: 177. 2009.)**:** China. Jiangxi: Suichuan, 1970-05-03, 236 Exped. 491.

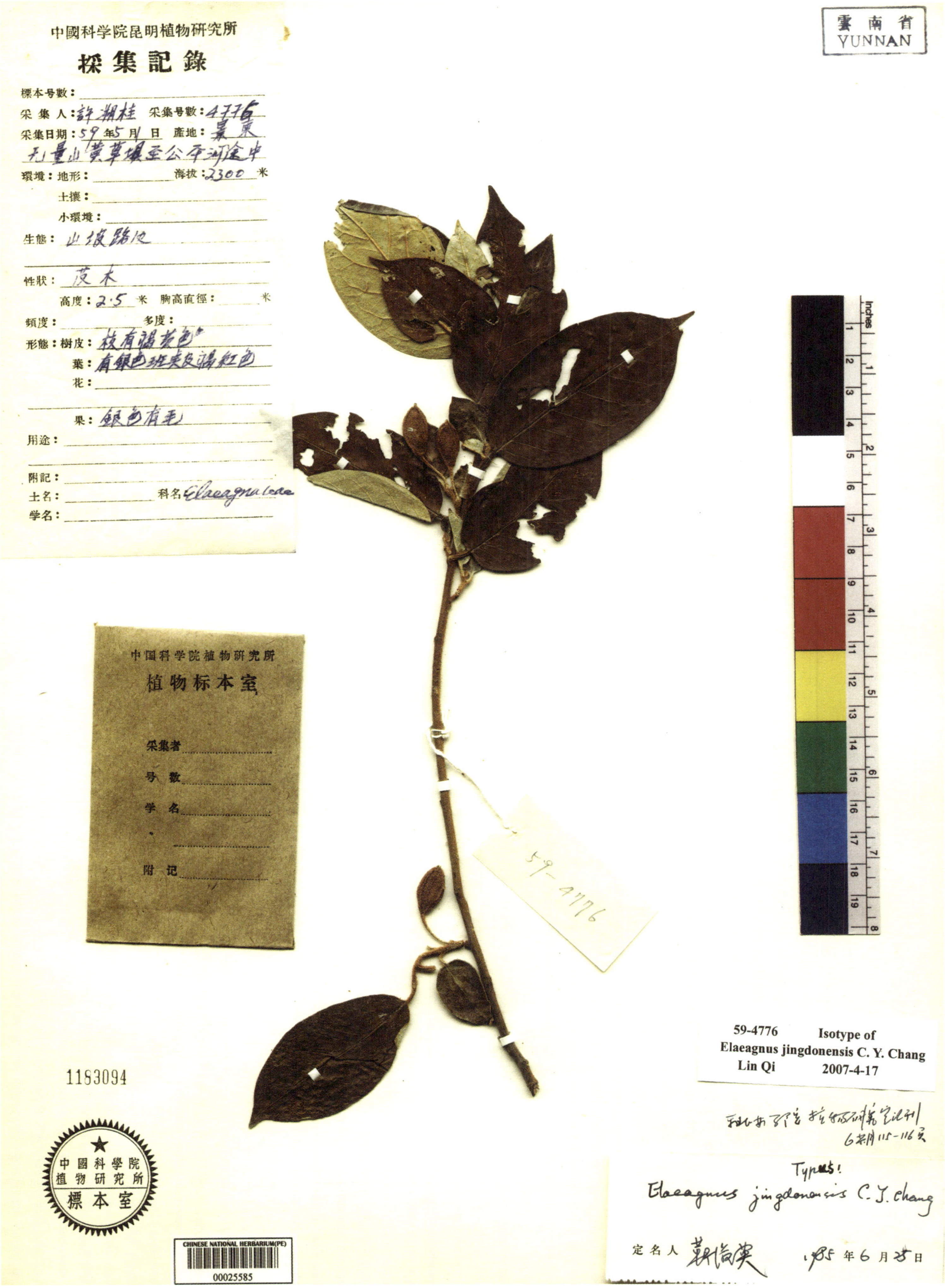

景东羊奶子 ***Elaeagnus jingdonensis*** C. Y. Chang in Bull. Bot. Lab. N. E. Forest. Inst., Harbin 6: 115-116, pl. 10. 1980. **Isotype:** China. Yunnan: Jingdong, alt. 2 300 m, 1959-05-01, S. K. Hsu 59-4776.

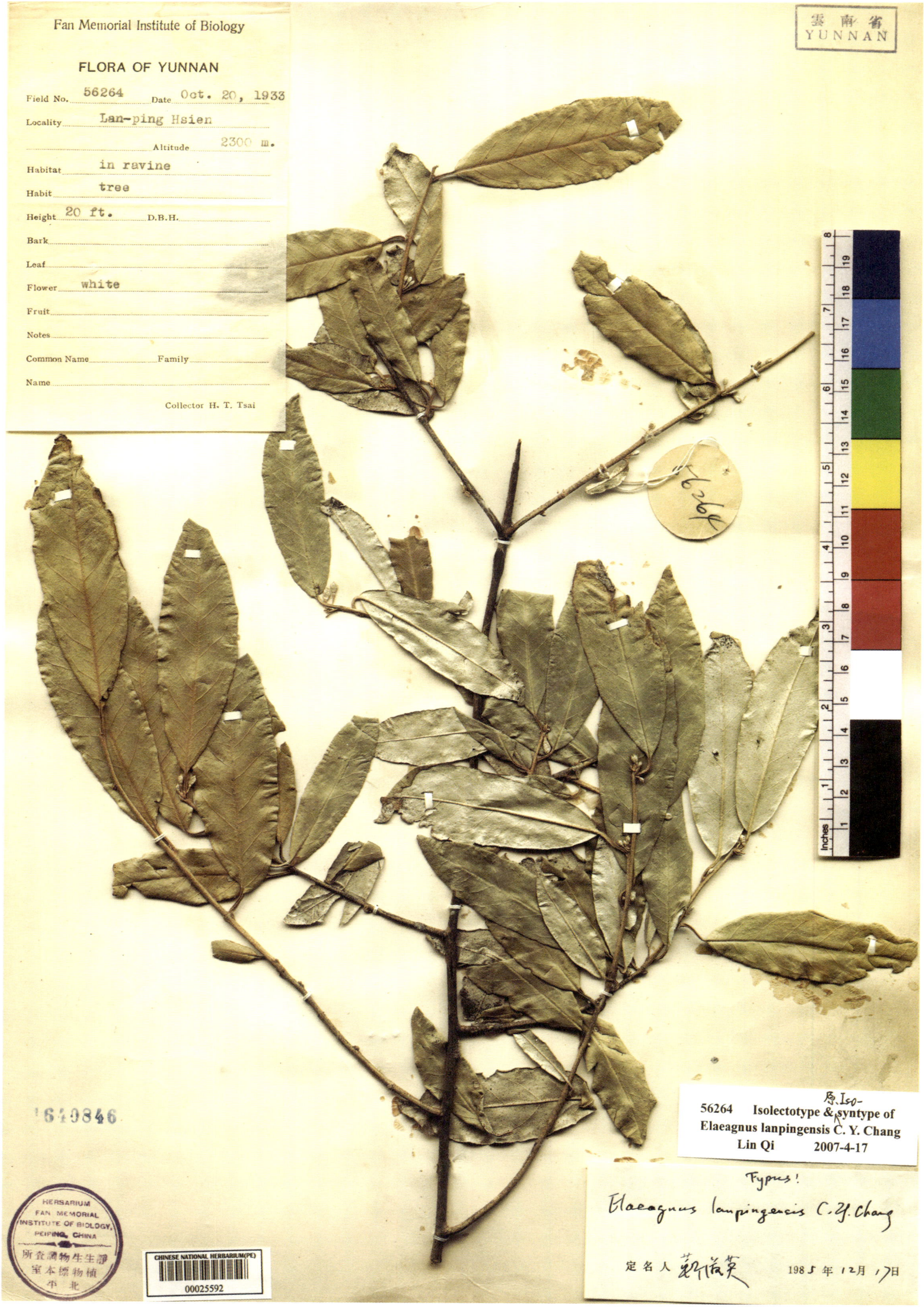

兰坪胡颓子 ***Elaeagnus lanpingensis*** C. Y. Chang in Bull. Bot. Lab. N. E. Forest. Inst., Harbin 6: 109, pl. 4. 1980. **Isolectotype** (designated by Q. Lin in Bull. Bot. Res., Harbin 26: 657. 2006.)**:** China. Yunnan: Lanping, alt. 2 300 m, 1933-10-20, H. T. Tsai 56264.

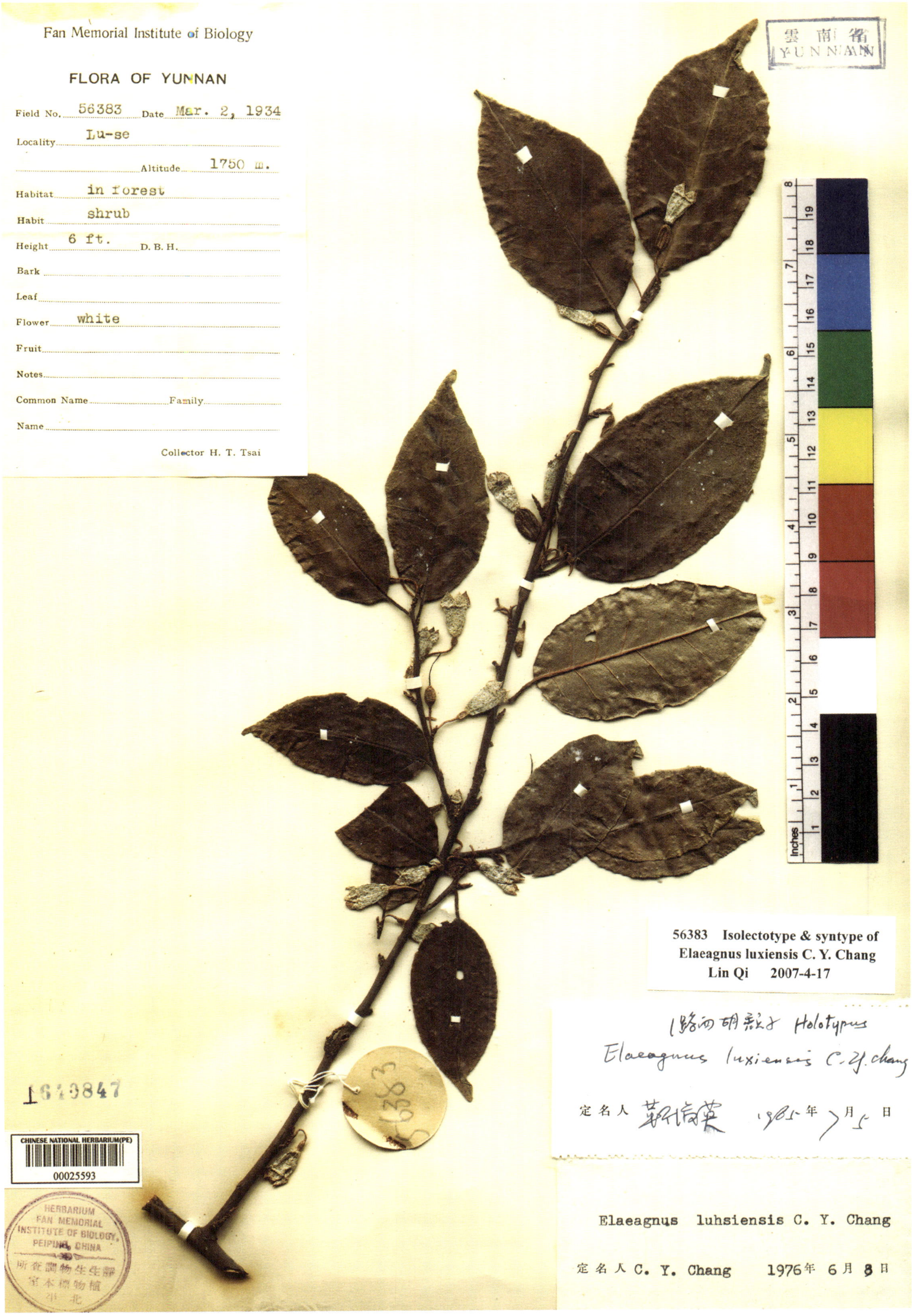

潞西胡颓子 ***Elaeagnus luxiensis*** C. Y. Chang in Bull. Bot. Lab. N. E. Forest. Inst., Harbin 6: 105, pl. 1. 1980. **Isolectotype** (designated by Q. Lin in Bull. Bot. Res., Harbin 26: 657. 2006.)**:** China. Yunnan: Luxi, alt. 1 750 m, 1934-03-02, H. T. Tsai 56383.

大花胡颓子 ***Elaeagnus macrantha*** Rehd. in Sarg., Pl. Wilson. 2: 416. 1915. **Isotype:** China. Yunnan: Simao, alt. 1 525 m, A. Henry 12818.

小花羊奶子 ***Elaeagnus micrantha*** C. Y. Chang in Bull. Bot. Lab. N. E. Forest. Inst., Harbin 6: 116, pl. 11. 1980.

Isotype: China. Yunnan: Songming, Guodong, alt. 2 420 m, 1955-10-10, W. X. Liu 51182.

倒果木半夏 ***Elaeagnus multiflora*** Thunb. var. ***obovoidea*** C. Y. Chang in Bull. Bot. Lab. N. E. Forest. Inst., Harbin 6: 119. 1980. **Paratype**: China. Jiangsu: Nanjing, 1951-04-24, F. S. Liu 900.

细枝木半夏 ***Elaeagnus multiflora*** Thunb. var. ***tenuipes*** C. Y. Chang, Fl. Sichuan. 1: 466. 1981. **Paratype:** China. Sichuan: Emei, Emeishan, alt. 1 800 m, 1952-05-09, C. H. Hsiung, S. S. Chang & H. L. Tsiang 30444.

南川牛奶子 ***Elaeagnus nanchuanensis*** C. Y. Chang, Fl. Sichuan. 1: 464, pl. 105: 1-3. 1981. **Isotype:** China. Chongqing: Nanchuan, alt. 1 300 m, 1957-05-03, C. H. Hsiung & Z. L. Zhou 90645.

毛柱胡颓子 ***Elaeagnus pilostyla*** C. Y. Chang, Fl. Sichuan. 1: 463, pl. 106: 3-5. 1981. **Paratype:** China. Chongqing: Nanchuan, alt. 1 900 m, 1957-09-14, C. H. Hsiung & Z. L. Zhou 93475.

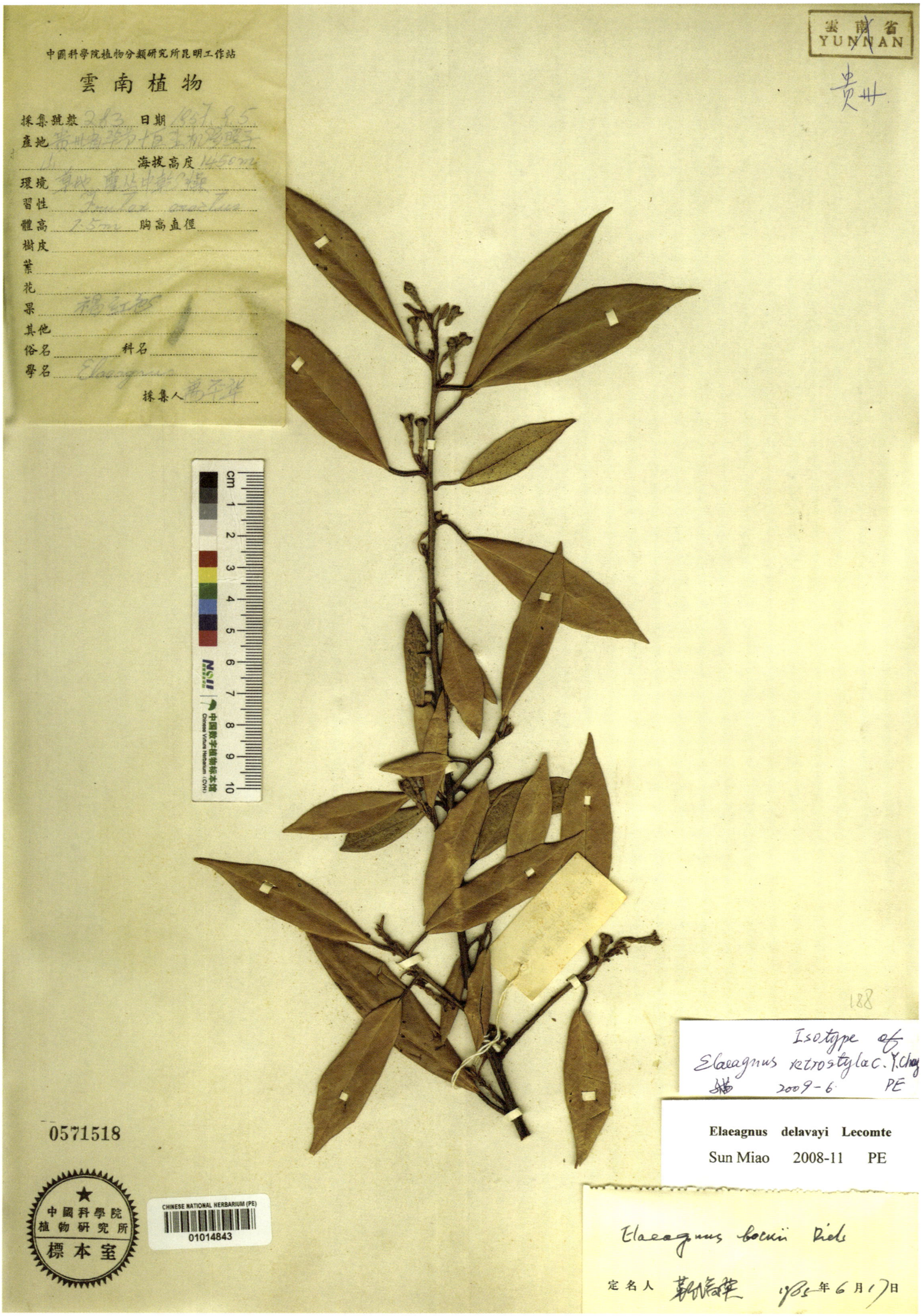

卷柱胡颓子 ***Elaeagnus retrostyla*** C. Y. Chang in Bull. Bot. Lab. N. E. Forest. Inst., Harbin 6: 112, pl. 7. 1980.
Isotype: China. Guizhou: Bijie, alt. 1 450 m, 1957-09-05, P. H. Yu 283.

攀缘胡颓子 ***Elaeagnus sarmentosa*** Rehd. in Sarg., Pl. Wilson. 2: 417. 1915. **Isotype:** China. Yunnan: Mengzi, alt. 1 830 m, A. Henry 11439.

大理胡颓子 ***Elaeagnus taliensis*** C. Y. Chang in Acta Phytotax. Sin. 23(5): 376, f. 1. 1985. **Paratype:** China. Yunnan: Luxi, alt. 1 500 m, 1933-09-20, H. T. Tsai 54536.

管花胡颓子 ***Elaeagnus tubiflora*** C. Y. Chang in Bull. Bot. Lab. N. E. Forest. Inst., Harbin 6: 111, pl. 6. 1980.

Isotype: China. Yunnan: Malipo, alt. 1 600~1 800 m, 1947-11-03, K. M. Feng 12811.

文山胡颓子 ***Elaeagnus wenshanensis*** C. Y. Chang, Fl. Sichuan. 1: 463. 1981. **Isotype:** China. Yunnan: Wenshan, alt. 1 800 m, 1933-01-11, H. T. Tsai 51496.

巫山牛奶子 ***Elaeagnus wushanensis*** C. Y. Chang, Fl. Sichuan. 1: 465. 1981. **Isotype:** China. Chongqing: Wushan, alt. 1 450 m, 1958-04-30, G. H. Yang 57882.

西藏胡颓子 ***Elaeagnus xizangensis*** C. Y. Chang in Bull. Bot. Res., Harbin 6(2): 72. 1986. **Lectotype** (designated by Q. Lin & al. in Acta Bot. Boreal.-Occident. Sin. 29: 177. 2009.)**:** China. Xizang: Mêdog, alt. 2 400 m, 1982-12-15, S. Z. Cheng & B. S. Li 03399.

肋果沙棘 ***Hippophae neurocarpa*** S. W. Liu & T. N. He in Acta Phytotax. Sin. 16(2): 107, f. 2. 1978. **Paratype:** China. Qinghai: Qilianshan, 1958-07-27, P. C. Tsoong 8581.

Lecythidaceae

玉蕊科

yuruike

梭形果玉蕊 ***Barringtonia fusicarpa*** Hu in Acta Phytotax. Sin. 8(3): 200. 1963. **Holotype:** China. Yunnan: Maguan, 1956-06-10, Sino-Russia Yunnan Exped. 3313.

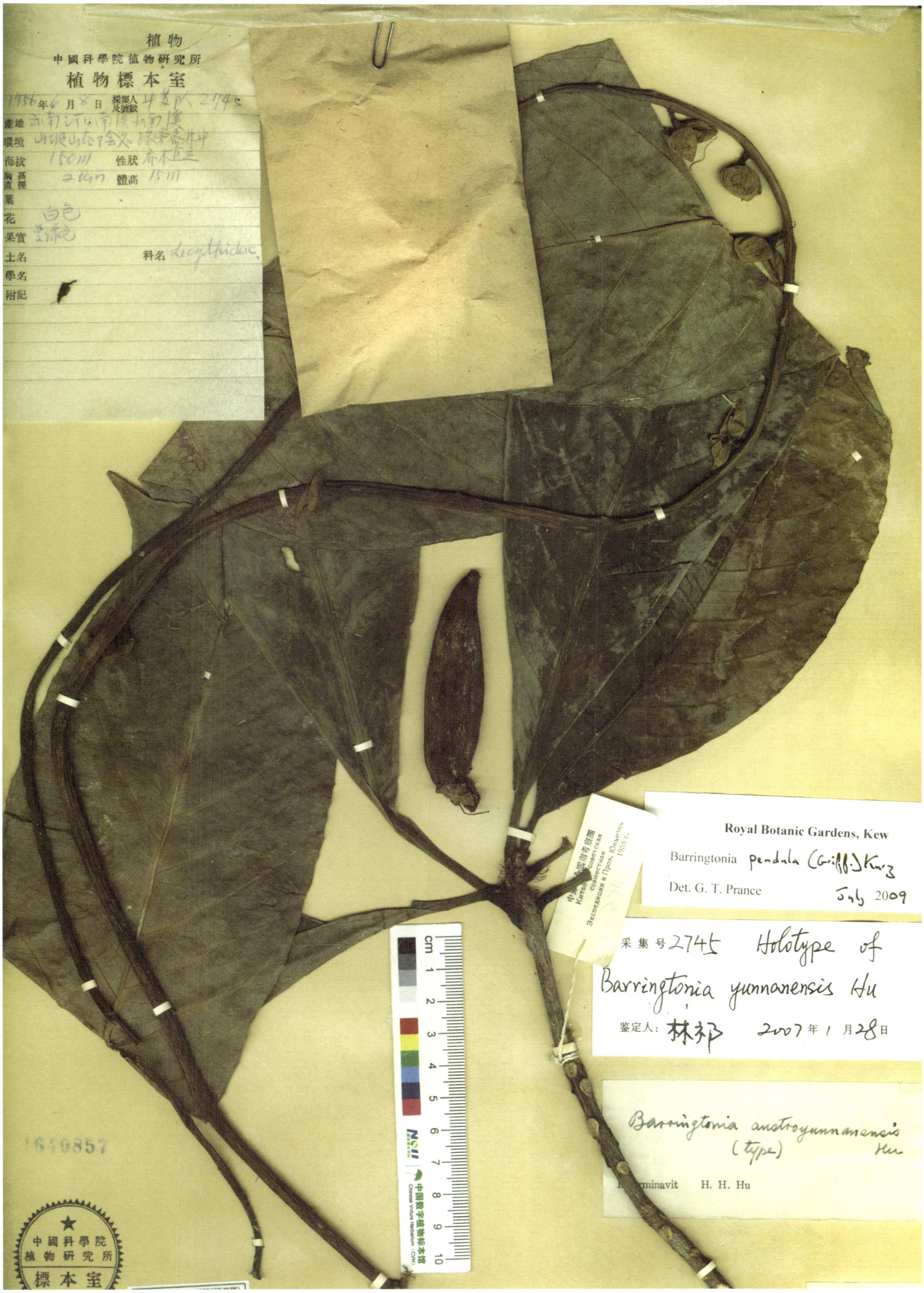

云南玉蕊 ***Barringtonia yunnanensis*** Hu in Acta Phytotax. Sin. 8(3): 199. 1963. **Holotype:** China. Yunnan: Hekou, alt. 150 m, 1956-06-08, Sino-Russia Yunnan Exped. 2745.

Rhizophoraceae

红树科

hongshuke

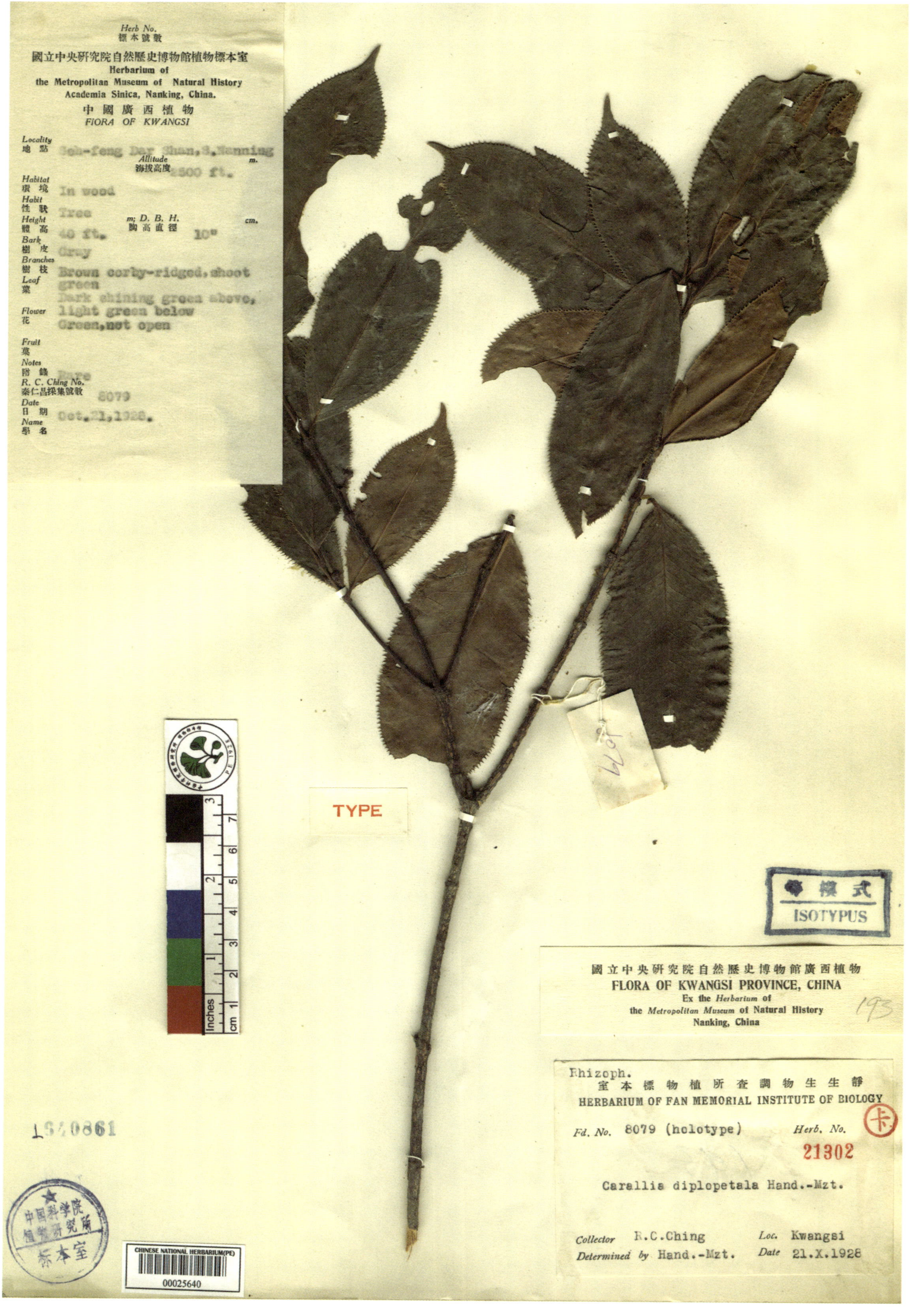

锯叶竹节树 ***Carallia diplopetala*** Hand.-Mazz. in Sinensia. 2: 5. 1931. **Isotype:** China. Guangxi: Nanning, alt. 763 m, 1928-10-21, R. C. Ching 8079.

大叶竹节树 ***Carallia garciniaefolia*** How & Ho in Acta Phytotax. Sin. 2(2): 142, pl. 26. 1953. **Isotype:** China. Yunnan: Longling, alt. 2 100 m, 1934-01-09, H. T. Tsai 55023.

山红树 ***Pellacalyx yunnanensis*** Hu in Bull. Fan Mem. Inst. Biol., Bot. Ser. 10: 130. 1940. **Holotype:** China. Yunnan: Jenn-yeh (=Mengla), alt. 850 m, 1936-11-??, C. W. Wang 80597.

Alangiaceae

八角枫科

bajiaofengke

伞形八角枫 ***Alangium umbellatum*** Y. C. Yang in Contr. Biol. Lab. Sci. Soc. China, Bot. Ser. 12: 135. 1941.
Holotype: China. Fujian: Jianyang, 1935-06-19, P. G. Tsoong 381.

Combretaceae

使君子科

shijunzike

凌云风车子 ***Combretum linyenense*** Hand.-Mazz. in Sinensia. 3: 195. 1933. **Isotype:** China. Guangxi: Linyen (=Lingyun), alt. 1 000 m, 1928-08-04, R. C. Ching 6680.

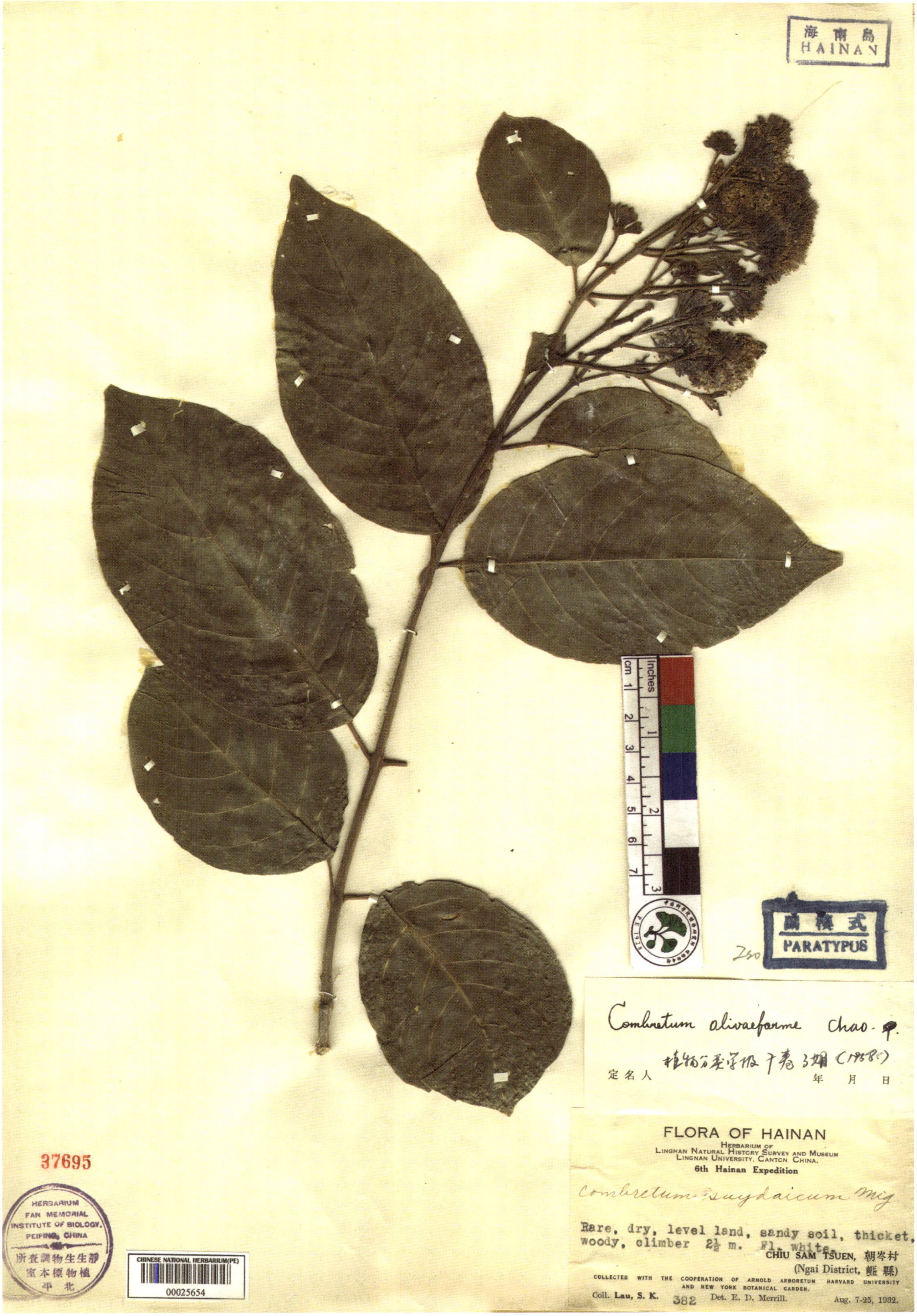

榄形风车子 ***Combretum olivaeforme*** A. C. Chao in Acta Phytotax. Sin. 7(3): 244. 1958. **Isoparatype:** China. Hainan: Sanya, 1932-08-(07~25), S. K. Lau. 382.

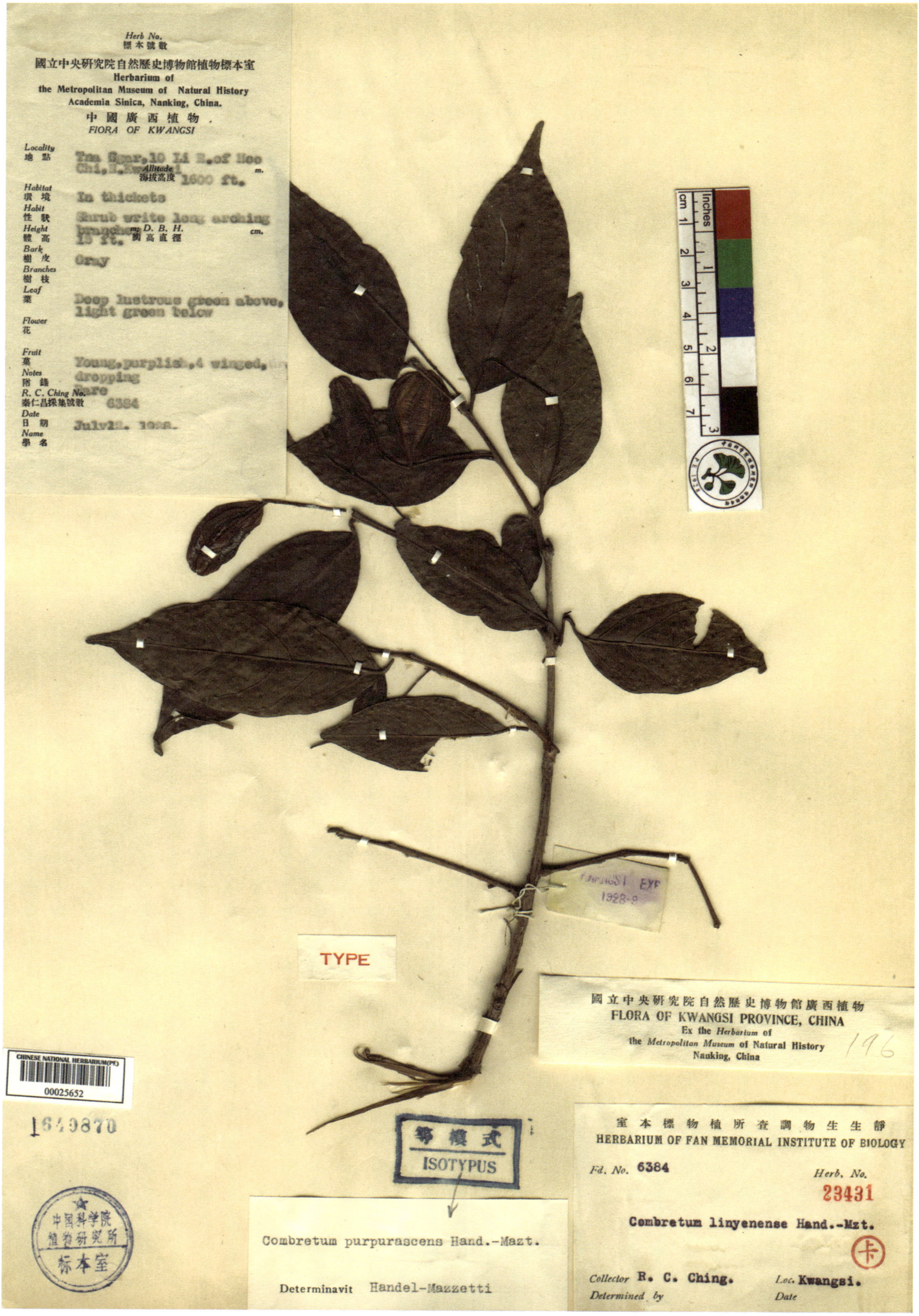

紫果风车子 ***Combretum purpurascens*** Hand.-Mazz. in Sinensia 3: 194. 1933. **Isotype:** China. Guangxi: Hechi, alt. 488 m, 1928-07-12, R. C. Ching 6384.

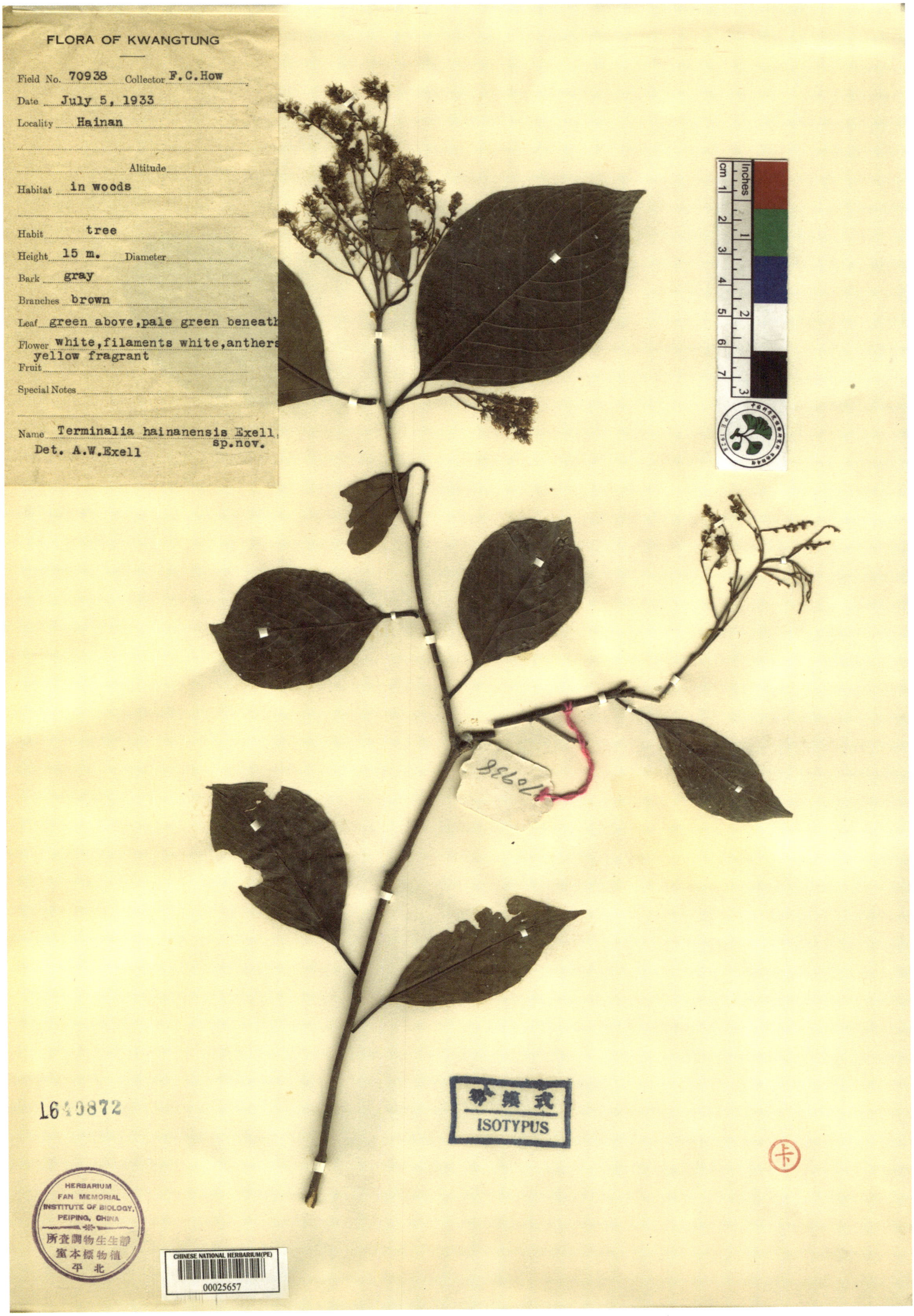

海南榄仁 ***Terminalia hainanensis*** Exell in Sunyatsenia 2(1): 1. 1934. **Isotype:** China. Hainan: Sanya, 1933-07-05, F. C. How 70938.

Myrtaceae

桃金娘科

taojinniangke

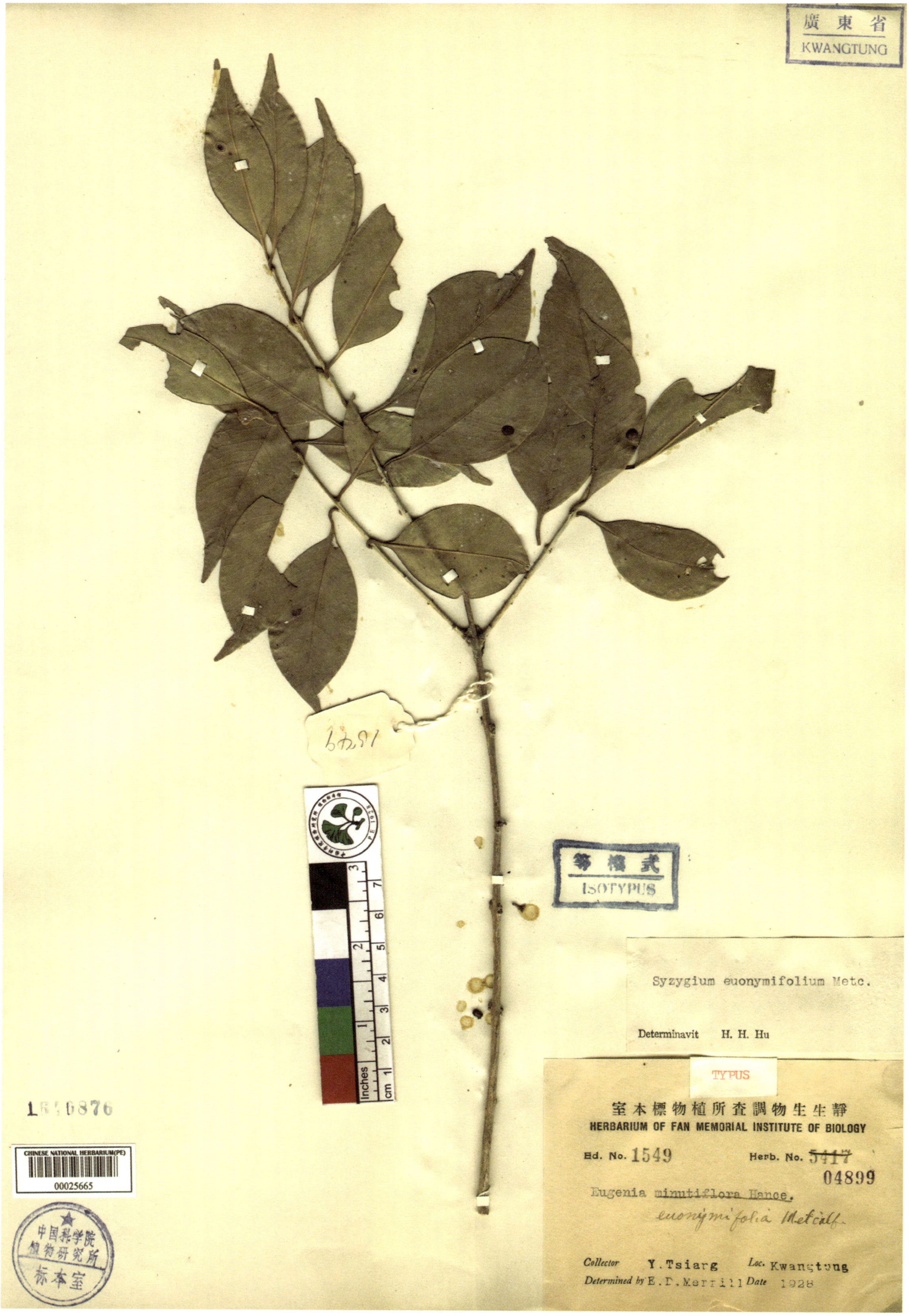

卫矛叶蒲桃 ***Eugenia euonymifolia*** Metc. in Lingnan Sci. J. 11(1): 22. 1932. **Isotype:** China. Guangdong: Zhaoqing, 1928-11-07, Y. Tsiarg 1549.

阔叶蒲桃 ***Eugenia latilimba*** Merr. in Lingnan Sci. J. 13(1): 64. 1934. **Isotype:** China. Hainan: Lingshui, 1932-05-(04~20), F. A. McClure 20098.

圆枝多核果 ***Pyrenocarpa teretis*** H. T. Chang & R. H. Miau in Acta Sci. Nat. Univ. Sunyatseni (1): 64, f. 3. 1975.
Isoparatype: China. Hainan: Sanya, 1933-08-14, C. Wang 33701.

短序蒲桃 ***Syzygium brachythyrsum*** Merr. & Perry in J. Arnold Arb. 19(3): 239. 1938. **Isotype:** China. Yunnan: Pingbian, alt. 1 100 m, 1934-08-22, H. T. Tsai 61581.

红枝蒲桃 ***Syzygium rehderianum*** Merr. & Perry in J. Arnold Arb. 19(3): 243. 1938. **Isotype:** China. Guangdong: Dapu, 1932-07-19, W. T. Tsang 21234.

石生蒲桃 ***Syzygium saxatile*** H. T. Chang & R. H. Miau in Acta Bot. Yunnan. 4(1): 22. 1982. **Isotype:** China. Yunnan: Xizhou, alt. 450 m, 1943-05-18, P. C. Tsoong & K. Y. Kuang 350.

西藏蒲桃 ***Syzygium xizangense*** H. T. Chang & R. H. Miau, Fl. Xizang. 3: 343. 1986. **Holotype:** China. Xizang: Mêdog, alt. 1 000 m, 1974-08-23, Qinghai-Xizang Exped. 74-4489.

Melastomataceae

野牡丹科

yemudanke

云南柏拉木 ***Blastus tsaii*** H. L. Li in J. Arnold Arb. 25(3): 309. 1944. **Isotype:** China. Yunnan: Pingbian, alt. 1 300 m, 1934-07-14, H. T. Tsai 60893.

云南柏拉木 ***Blastus yunnanensis*** H. L. Li in J. Arnold Arb. 25(1): 15. 1944. **Isotype:** China. Yunnan: Pingbian, alt. 1 300 m, 1934-07-14, H. T. Tsai 60893.

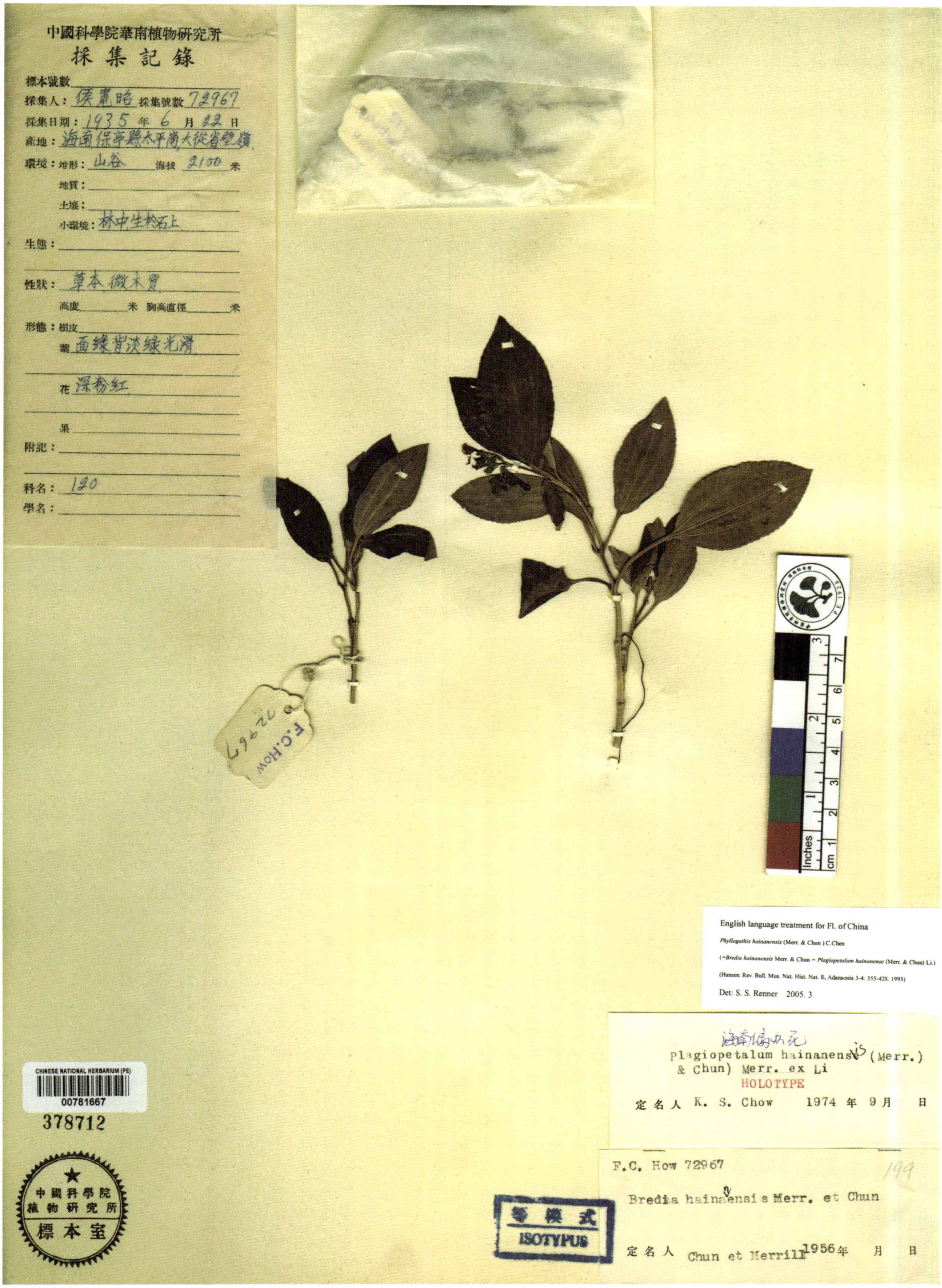

海南锦香草 ***Bredia hainanensis*** Merr. & Chun in Sunyatsenia 5(1-3): 145, pl. 22. 1940. **Isotype:** China. Hainan: Baoting, alt. 2 100 m, 1935-06-22, F. C. How 72967.

刚毛锦香草 ***Cyphotheca hispida*** S. Y. Hu in J. Arnold Arb. 33(2): 167. 1952. **Isotype:** China. Yunnan: Xichou, alt. 1 450~1 550 m, 1947-09-15, K. M. Feng 11746.

海棠叶异药花 ***Fordiophyton begoniifolium*** H. L. Li in J. Arnold Arb. 25(1): 28. 1944. **Isotype:** China. Yunnan: Zhenkang, alt. 2 350 m, 1938-08-06, T. T. Yu 17244.

心叶异药花 ***Fordiophyton cordifolium*** C. Y. Wu & C. Chen in Bull. Bot. Res., Harbin 4(3): 61. 1984. **Isotype:** China. Guangdong: Xinyi, 1932-04-27, C. Wang 32248.

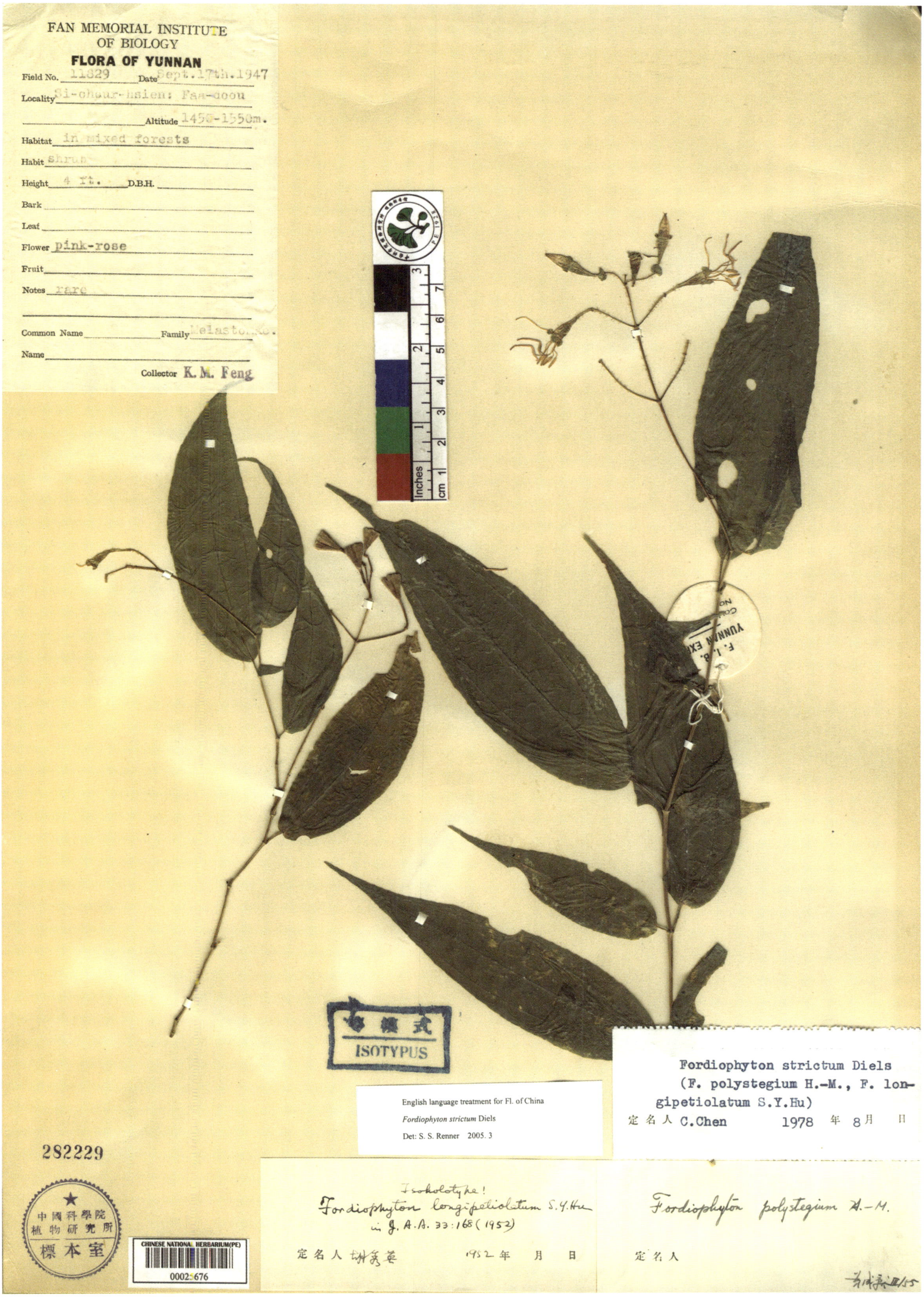

长柄异药花 ***Fordiophyton longipetiolatum*** S. Y. Hu in J. Arnold Arb. 33(2): 168. 1952. **Isotype:** China. Yunnan: Xichou, alt. 1 450 ~1 550 m, 1947-09-17, K. M. Feng 11829.

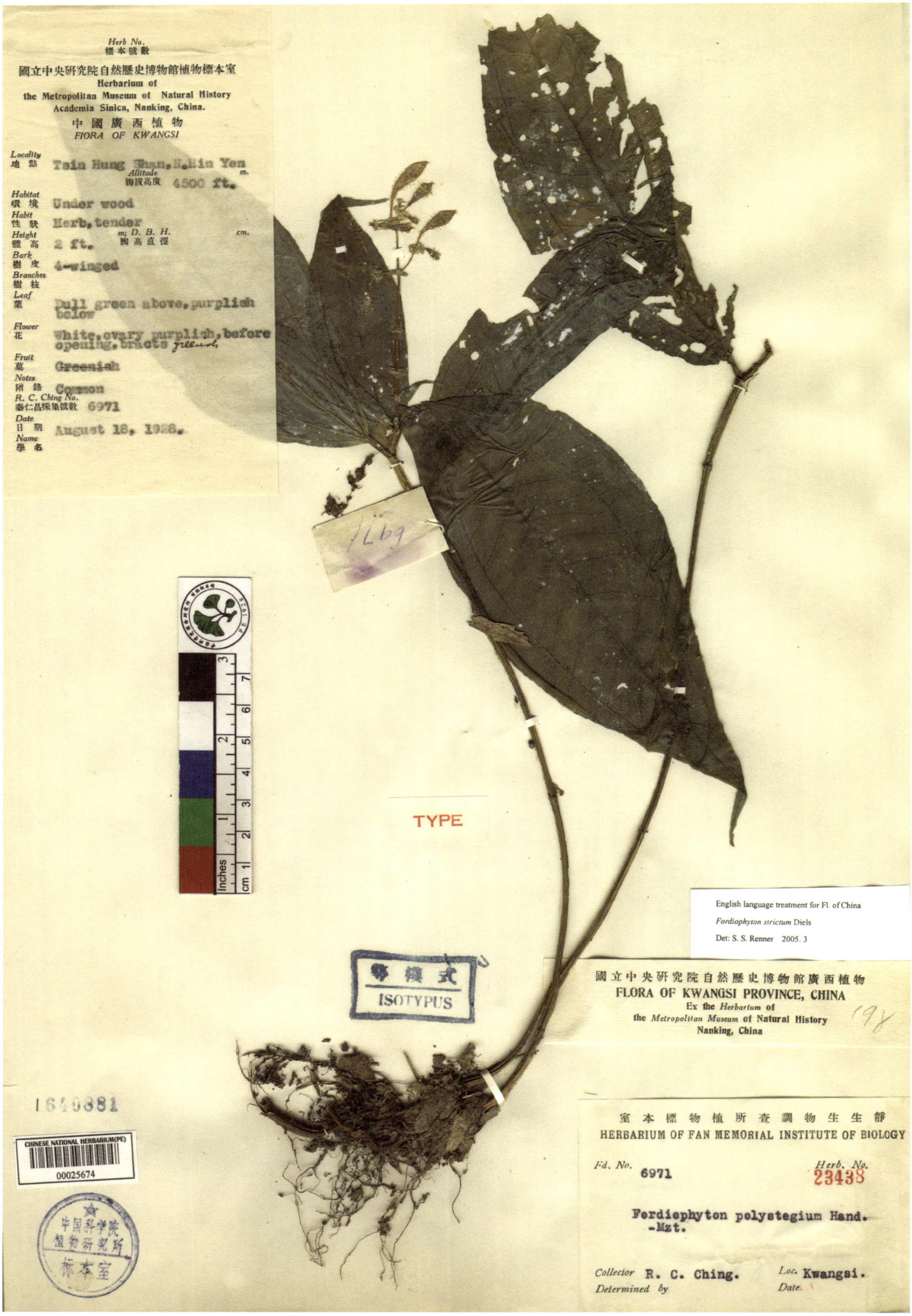

凌云异药花 ***Fordiophyton polystegium*** Hand.-Mazz. in Sinensia 3: 196. 1933. **Isotype:** China. Guangxi: Lingyun, alt. 1 373 m, 1928-08-18, R. C. Ching 6971.

矮酸脚杆 ***Medinilla nana*** S. Y. Hu in J. Arnold Arb. 33: 168. 1952. **Isotype:** China. Yunnan: Malipo, alt. 1 600 ~1 800 m, 1947-11-03, K. M. Feng 12784.

亚灌木野牡丹 ***Melastoma suffruticosum*** Merr. in Lingnan Sci. J. 14(1): 42. 1935. **Isotype:** China. Hainan: Sanya, 1932-07-12, S. K. Lau 247.

滇谷木 ***Memecylon polyanthum*** H. L. Li in J. Arnold Arb. 25(1): 42. 1944. **Isotype:** China. Yunnan: Cheli (=Jinghong), alt. 1 000 m, 1936-09-??, C. W. Wang 79634.

无毛尖子木 ***Oxyspora glabra*** H. L. Li in J. Arnold Arb. 25(1): 13. 1944. **Isotype:** China. Yunnan: Shang-pa (=Fugong), alt. 2 100 m, 1933-09-27, H. T. Tsai 56640.

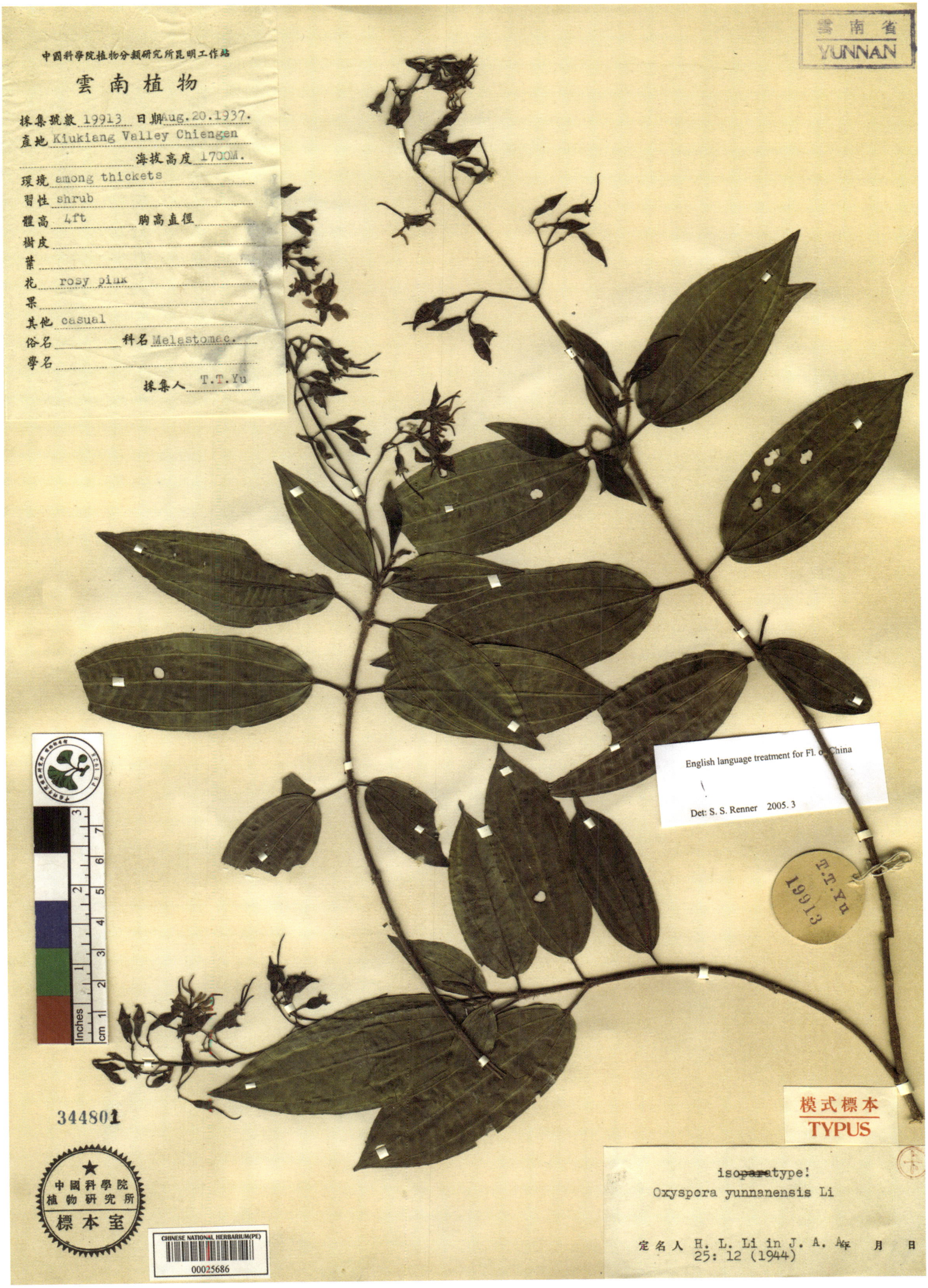

滇尖子木 ***Oxyspora yunnanensis*** H. L. Li in J. Arnold Arb. 25(1): 12. 1944. **Isotype:** China. Yunnan: Gongshan, alt. 1 700 m, 1937-08-20, T. T. Yu 19913.

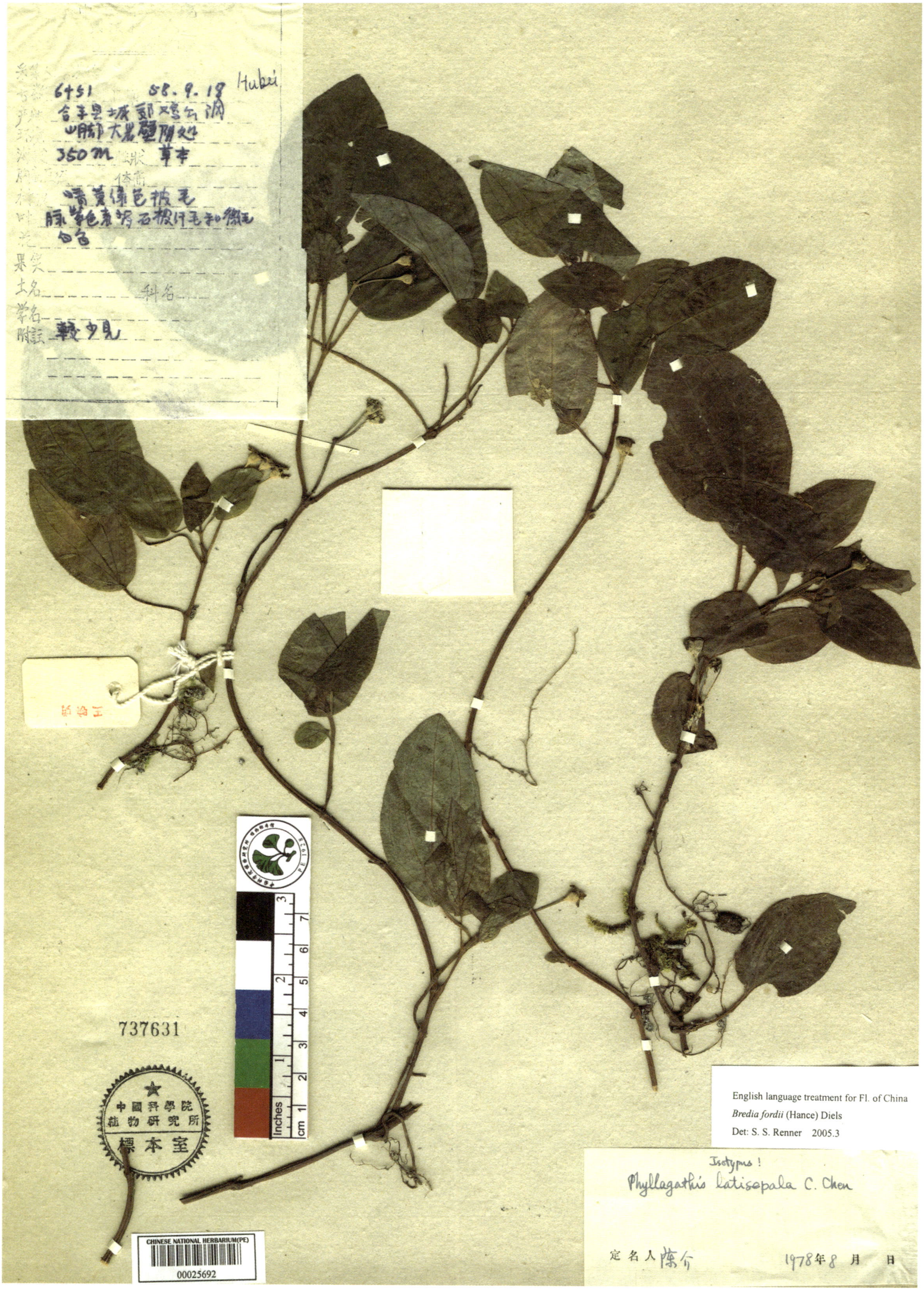

宽萼锦香草 ***Phyllagathis latisepala*** C. Chen in Bull. Bot. Res., Harbin 4(3): 53. 1984. **Isotype:** China. Hubei: Hefeng, alt. 350 m, 1958-09-18, H. J. Li 6451.

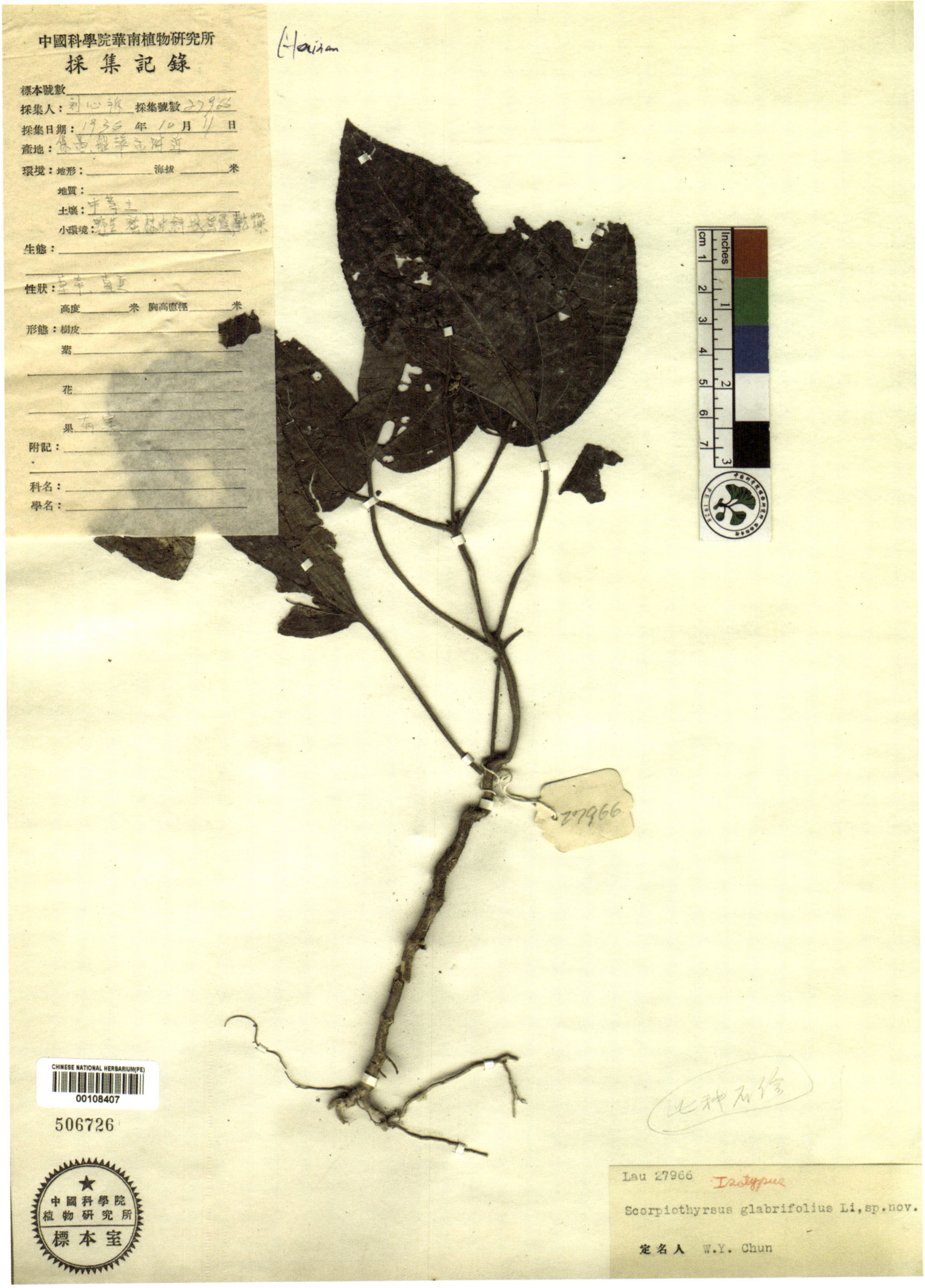

光叶卷花丹 ***Scorpiothyrsus glabrifolius*** H. L. Li in J. Arnold Arb. 25(1): 34. 1944. **Isotype:** China. Hainan: Baoting, 1936-10-11, S. K. Lau 27966.

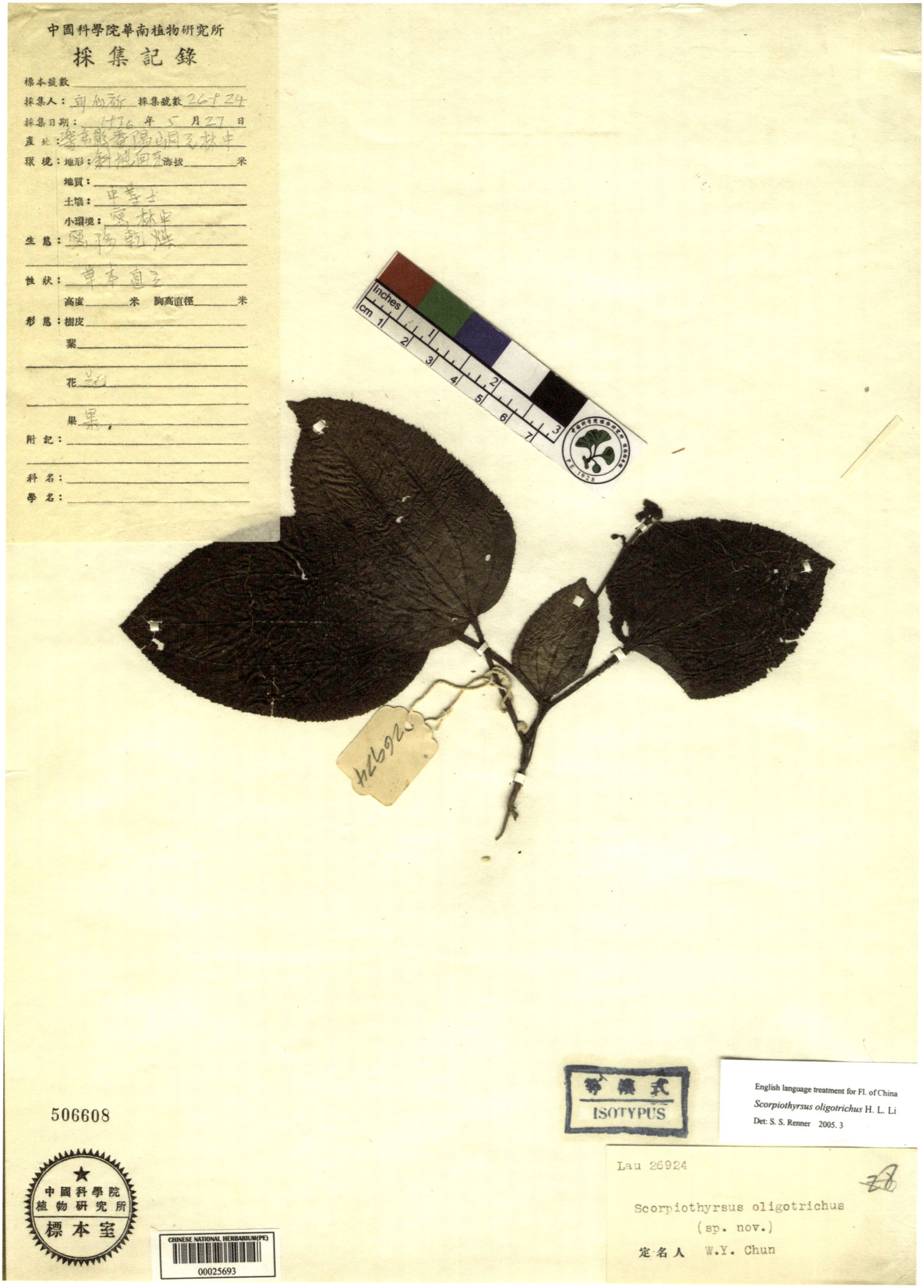

疏毛卷花丹 ***Scorpiothyrsus oligotrichus*** H. L. Li in J. Arnold Arb. 25(1): 34. 1944. **Isotype:** China. Hainan: Ledong, 1936-05-27, S. K. Lau 26924.

Onagraceae

柳叶菜科

liuyecaike

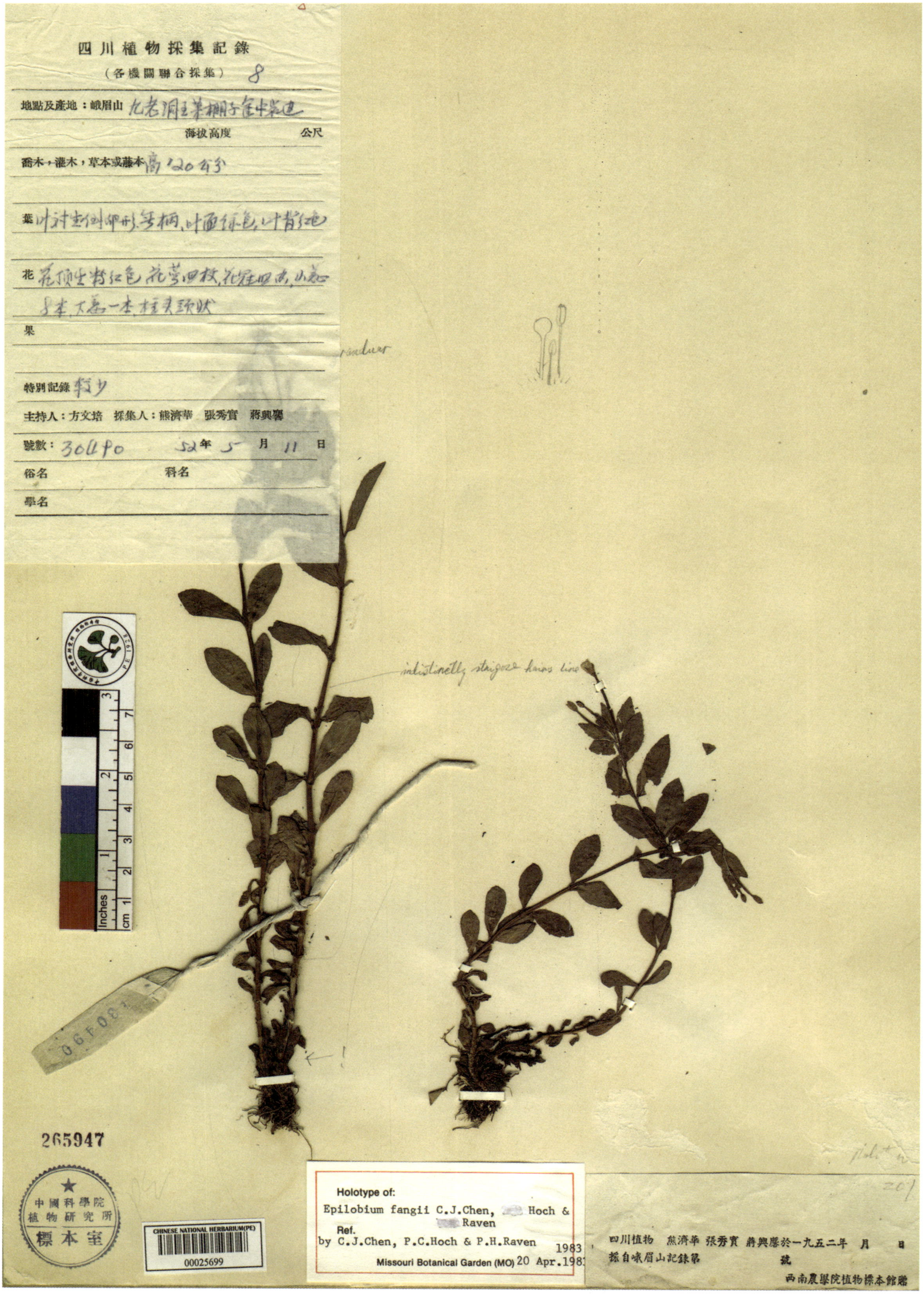

川西柳叶菜 ***Epilobium fangii*** C. J. Chen, Hoch & Raven in Syst. Bot. Monogr. 34: 151 1992. **Holotype:** China. Sichuan: Emei, Emeishan, 1952-05-11, C. H. Hsiung, S. S. Chang & H. L. Tsiang 30490.

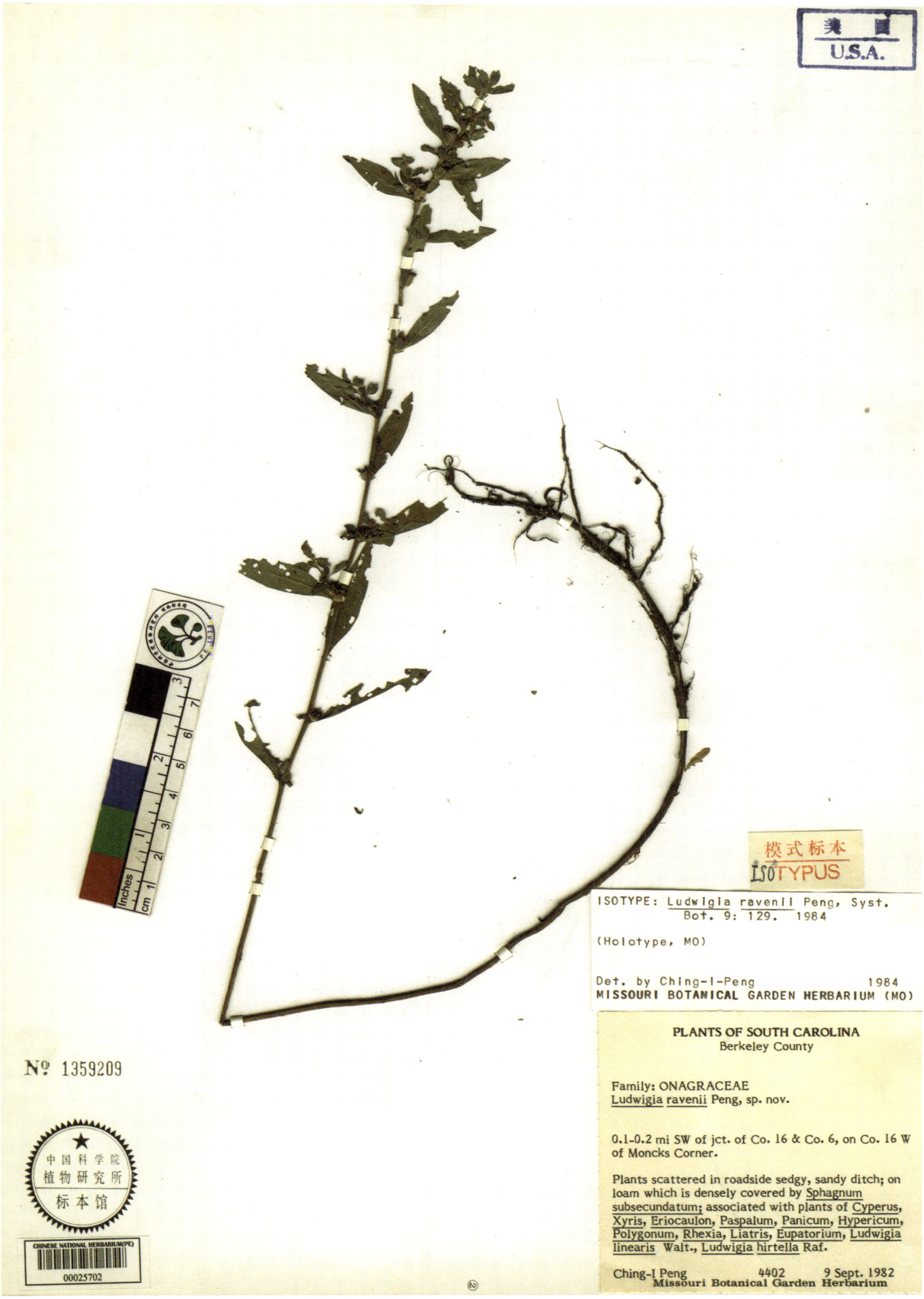

雷文丁香蓼 ***Ludwigia ravenii*** C. I Peng in Syst. Bot. 9(2): 129, f. 1. 1984. **Isotype:** U.S.A. South Carolina: Berkeley, 1982-09-09, C. I Peng 4402.

Araliaceae

五加科

wujiake

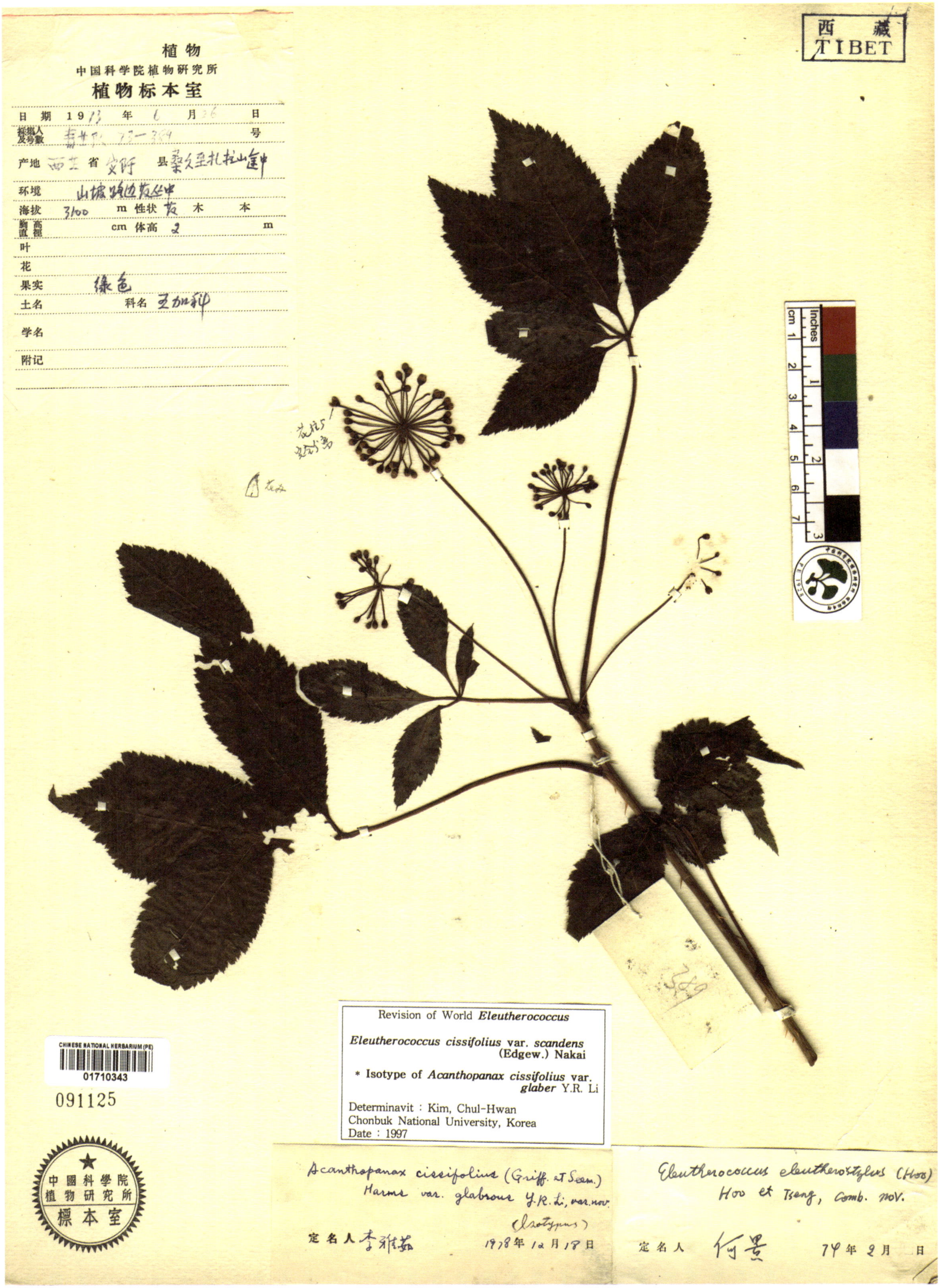

无毛乌蔹莓叶五加 ***Acanthopanax cissifolius*** (Griff. ex C. B. Clarke) Harms var. ***glaber*** Y. R. Li in Acta Bot. Yunnan. 2(1): 107, f. 2. 1980. **Isotype:** China. Xizang: Zayü, alt. 3 100 m, 1973-06-26, Qinghai-Xizang Exped. 73-389.

尾叶五加 ***Acanthopanax cuspidatus*** G. Hoo in Acta Phytotax. Sin., Add. 1: 160. 1965. **Holotype:** China. Sichuan: Hanyuan, 1939-08-09, Y. C. Yang 3578.

天全尾叶五加 ***Acanthopanax cuspidatus*** G. Hoo var. ***tienchuanensis*** G. Hoo in Acta Phytotax. Sin., Add. 1: 160. 1965. **Holotype:** China. Sichuan: Tianquan, alt. 2 400 m, 1953-12-11, H. L. Tsiang 38029.

离柱五加 ***Acanthopanax eleutheristylus*** G. Hoo in Acta Phytotax. Sin., Addit. 1: 155. 1965. **Holotype:** China. Shaanxi: Huayin, Huashan, 1939-06-11, T. N. Liou 10878.

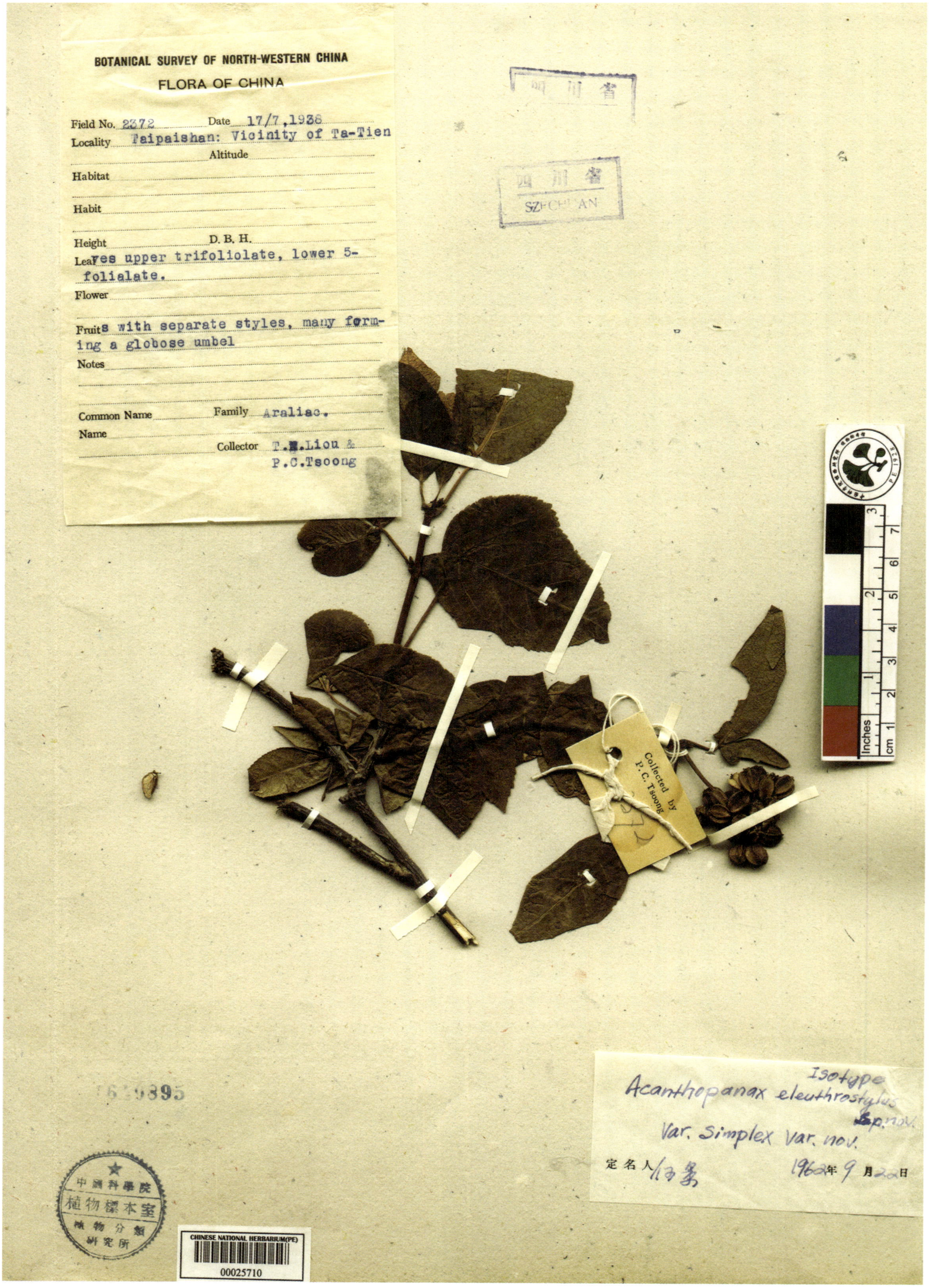

单叶离柱五加 ***Acanthopanax eleutheristylus*** G. Hoo var. ***simplex*** G. Hoo in Acta Phytotax. Sin., Add. 1: 156. 1965.
Isotype: China. Shaanxi: Taibai, Taibaishan, 1938-07-17, T. N. Liou & P. C. Tsoong 2372.

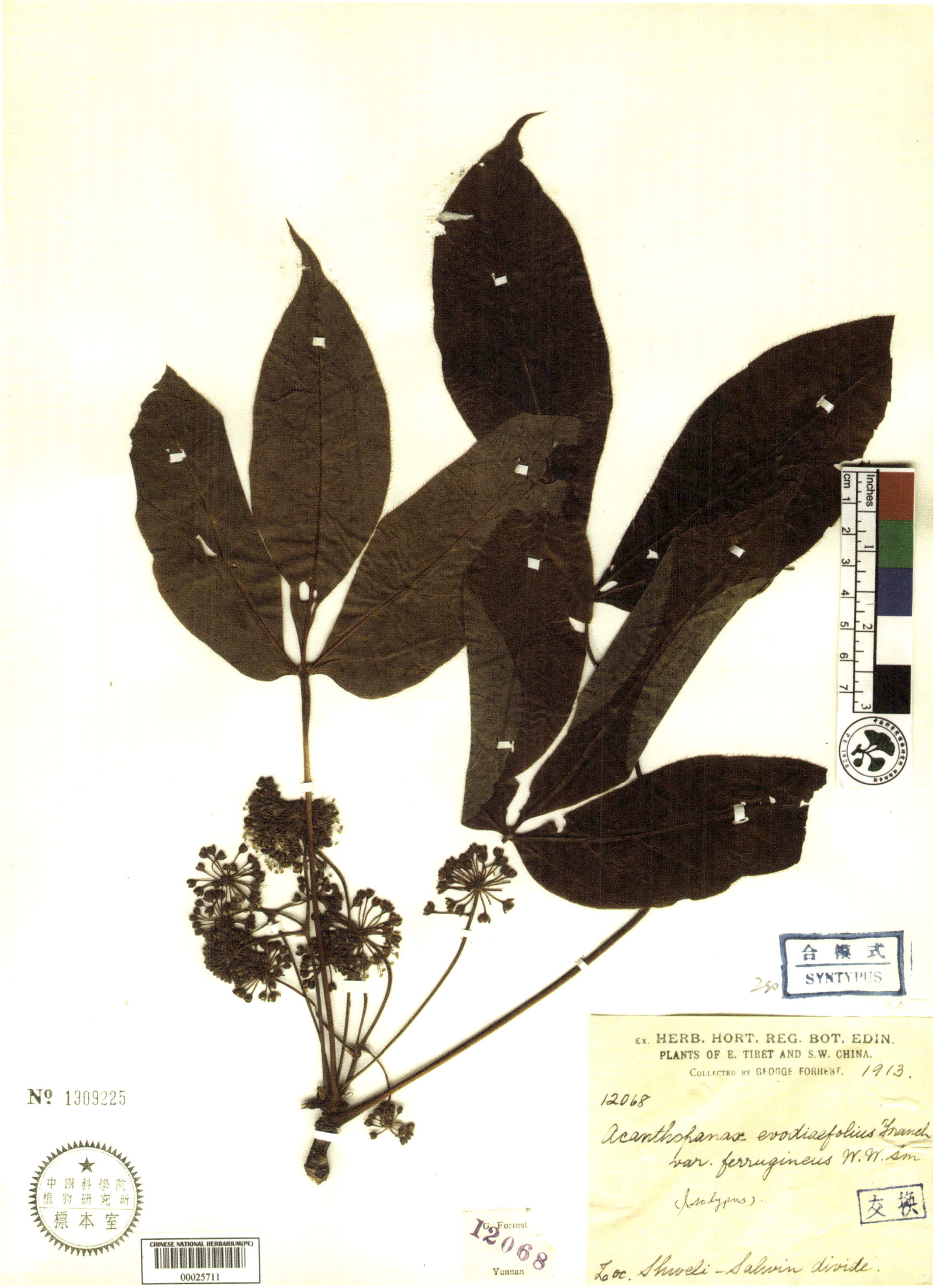

锈毛吴茱萸五加 ***Acanthopanax evodiaefolius*** Franch. var. ***ferrugineus*** W. W. Smith in Not. Roy. Bot. Gard. Edinburgh 10: 6. 1915. **Isosyntype:** China. Yunnan: Gongshan, alt. 2 440 m, 1913-08-??, G. Forrest 12068.

假吴茱萸叶五加 ***Acanthopanax evodiaefolius*** Franch. var. ***pseudo-evodiaefolius*** K. M. Feng, Fl. Yunnan. 2: 485. 1979. **Isotype:** China. Yunnan: Funing, alt. 1 000 m, 1940-04-22, C. W. Wang 88748.

五加 ***Acanthopanax gracilistylus*** W. W. Smith in Not. Roy. Bot. Gard. Edinburgh 10: 6. 1915. **Isosyntype:** China. Yunnan: Mekong-Yangtze, alt. 3 050 m, 1914-07-??, G. Forrest. 12858.

大叶五加 ***Acanthopanax gracilistylus*** W. W. Smith var. ***major*** G. Hoo in Acta Phytotax. Sin., Add. 1: 159. 1965.
Isotype: China. Anhui: Shucheng, 1951-09-30, E China Station 4531.

狭叶藤五加 ***Acanthopanax leucorrhizus*** (Oliv.) Harms f. ***angustifoliatus*** G. Hoo in Acta Phytotax. Sin. Add. 1: 161. 1965. **Paratype:** China. Chongqing: Wuxi, alt. 1 900 m, 1958-09-19, G. H. Yang 65453.

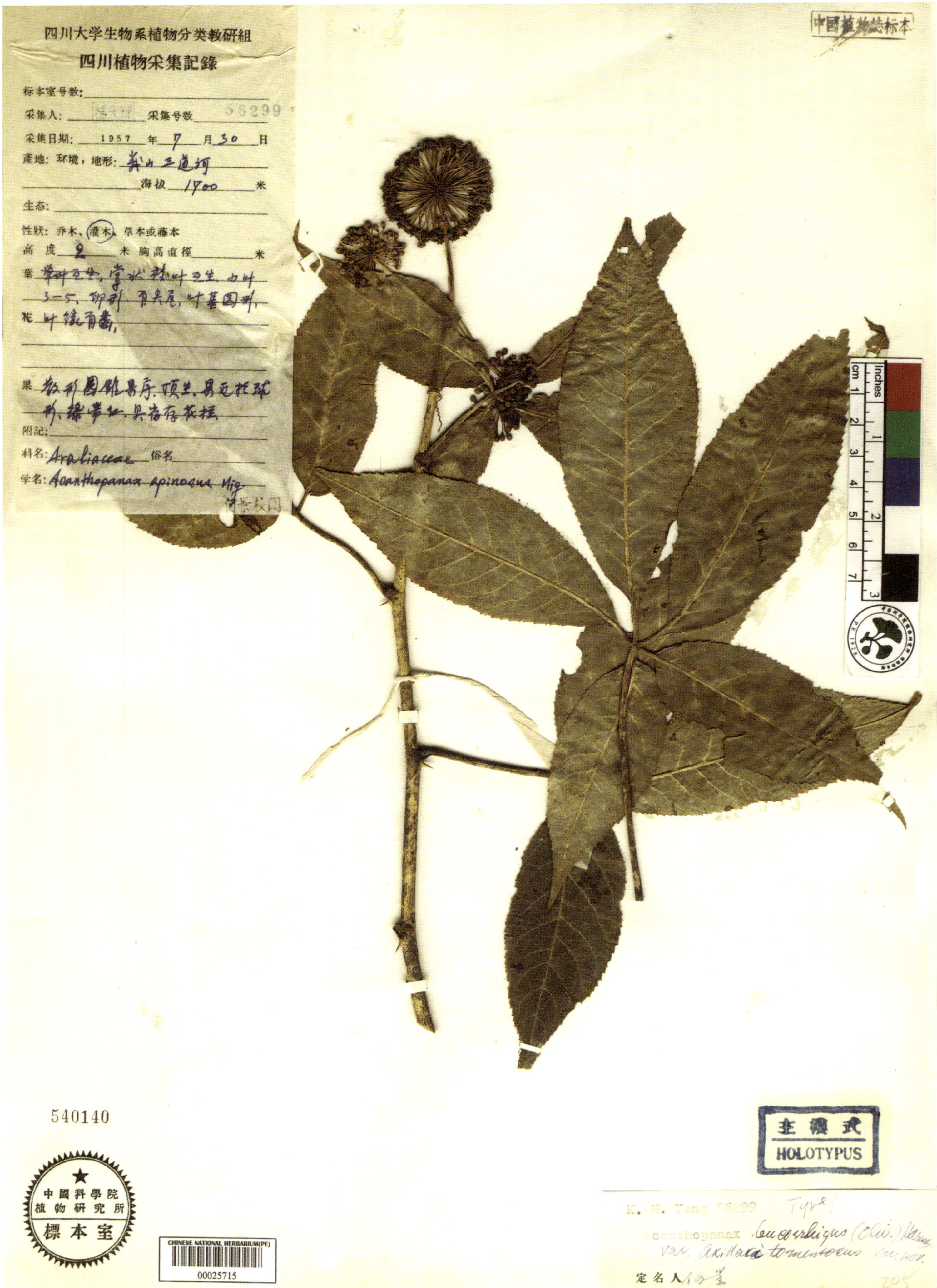

腋毛叶藤五加 ***Acanthopanax leucorrhizus*** (Oliv.) Harms var. ***axillaritomentosus*** G. Hoo in Acta Phytotax. Sin. Add. 1: 161. 1965. **Holotype:** China. Sichuan: Emei, Emeishan, alt. 1 700 m, 1957-07-30, G. H. Yang 56299.

倒卵叶五加 ***Acanthopanax obovatus*** G. Hoo in Acta Phytotax. Sin. Add. 1: 162. 1965. **Holotype:** China. Gansu: Lianhuashan, NWUB Exped. 2.

匍匐五加 ***Acanthopanax scandens*** G. Hoo in Acta Phytotax. Sin. Add. 1: 158. 1965. **Holotype:** China. Zhejiang: Simingshan, 1958-07-10, Simingshan Exped. 0833.

阔叶蜀五加 ***Acanthopanax setchuenensis*** Harms var. ***latifoliatus*** G. Hoo in Acta Phytotax. Sin . Add. 1: 161. 1965.
Holotype: China. Gansu: Wudu, alt. 2 500 m, 1930-06-21, K. S. Hao 483.

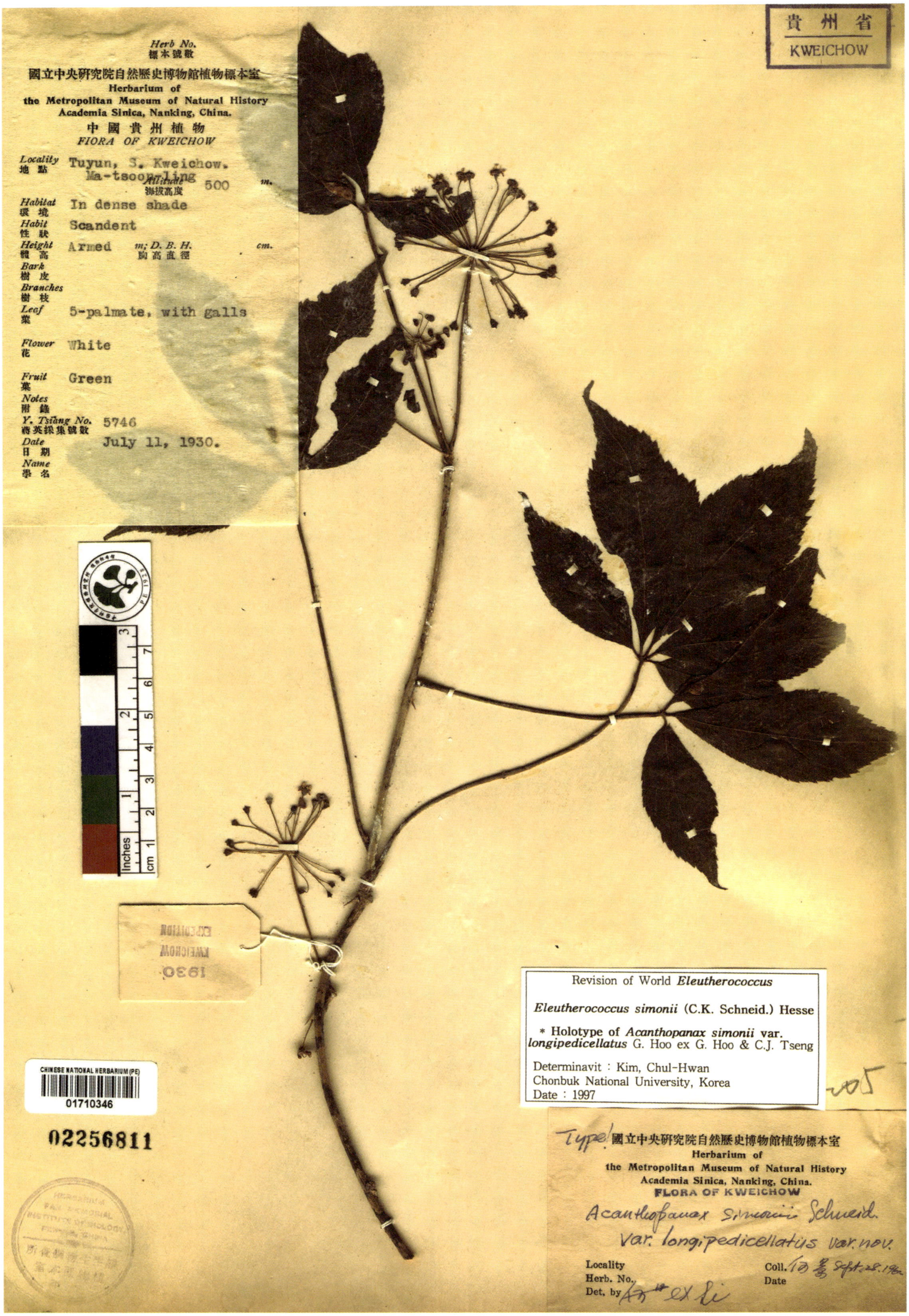

长梗西蒙五加 ***Acanthopanax simonii*** Schneid. var. ***longipediecellatus*** G. Hoo in Acta Phytotax. Sin. Add. 1: 162. 1965. **Holotype:** China. Guizhou: Duyun, alt. 500 m, 1930-07-11, Y. Tsiang 5746.

中华五加 ***Acanthopanax sinensis*** G. Hoo in Acta Phytotax. Sin. Add. 1: 163. 1965. **Holotype:** China. Chongqing: Wanzhou, 1947-09-26, C.T. Hwa 72.

轮伞五加 ***Acanthopanax verticillatus*** G. Hoo in Acta Phytotax. Sin. Add. 1: 159. 1965. **Isotype:** China. Xizang: Bomi, alt. 3 200 m, 1960-07-26, P. K. Hsiao 546.

云南五加 ***Acanthopanax yui*** H. L. Li in Sargentia 2: 79, f. 12. 1942. **Isoparatype**： China. Yunnan: Atuntaze (=Dêqên), alt. 3 240 m, 1937-08-29, T. T. Yu 9935.

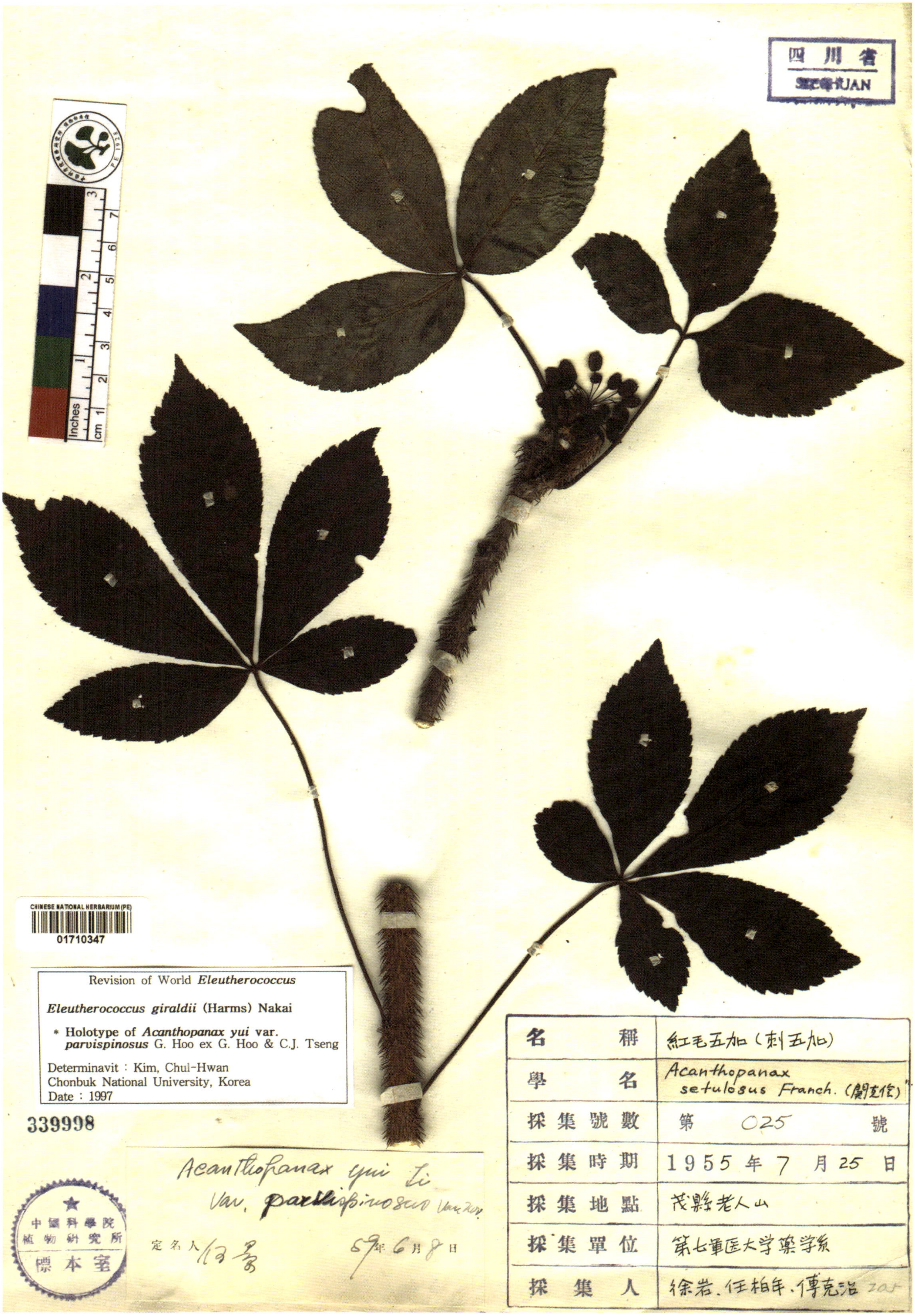

细刺俞氏五加 ***Acanthopanax yui*** H. L. Li var. ***parvispinosus*** G. Hoo in Acta Phytotax. Sin. Add. 1: 156. 1965. **Holotype:** China. Sichuan: Maowen, 1955-07-25, Y. Xu, B. N. Ren & K. Z. Fu 025.

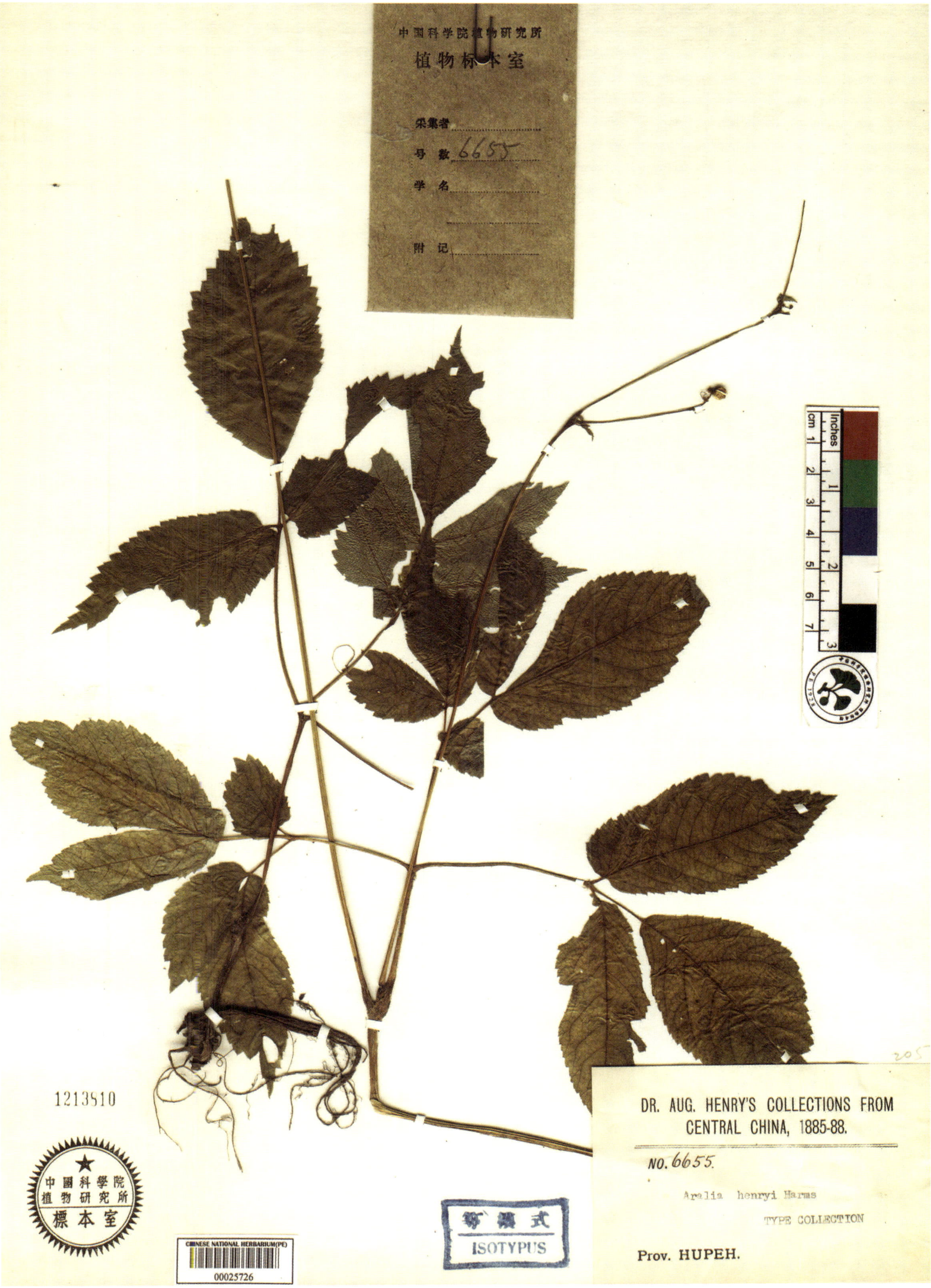

柔毛龙眼独活 ***Aralia henryi*** Harms in Bot. Jahrb. Syst. 23: 12. 1896. **Isotype:** China. Hubei: Precise locality not known, (1885~1888)-??-??, A. Henry 6655.

湖北楤木 ***Aralia hupehensis*** G. Hoo in Acta Phytotax. Sin. Add. 1: 172. 1965. **Holotype:** China. Hubei: Badong, alt. 1 200 m, 1957-07-15, G. X. Fu & Z. S. Zhang 718.

甘肃土当归 ***Aralia kansuensis*** G. Hoo in Acta Phytotax. Sin. Add. 1: 174. 1965. **Isotype:** China. Gansu: Xigu, alt. 3 100 m, 1951-07-19, T. P. Wang 14444.

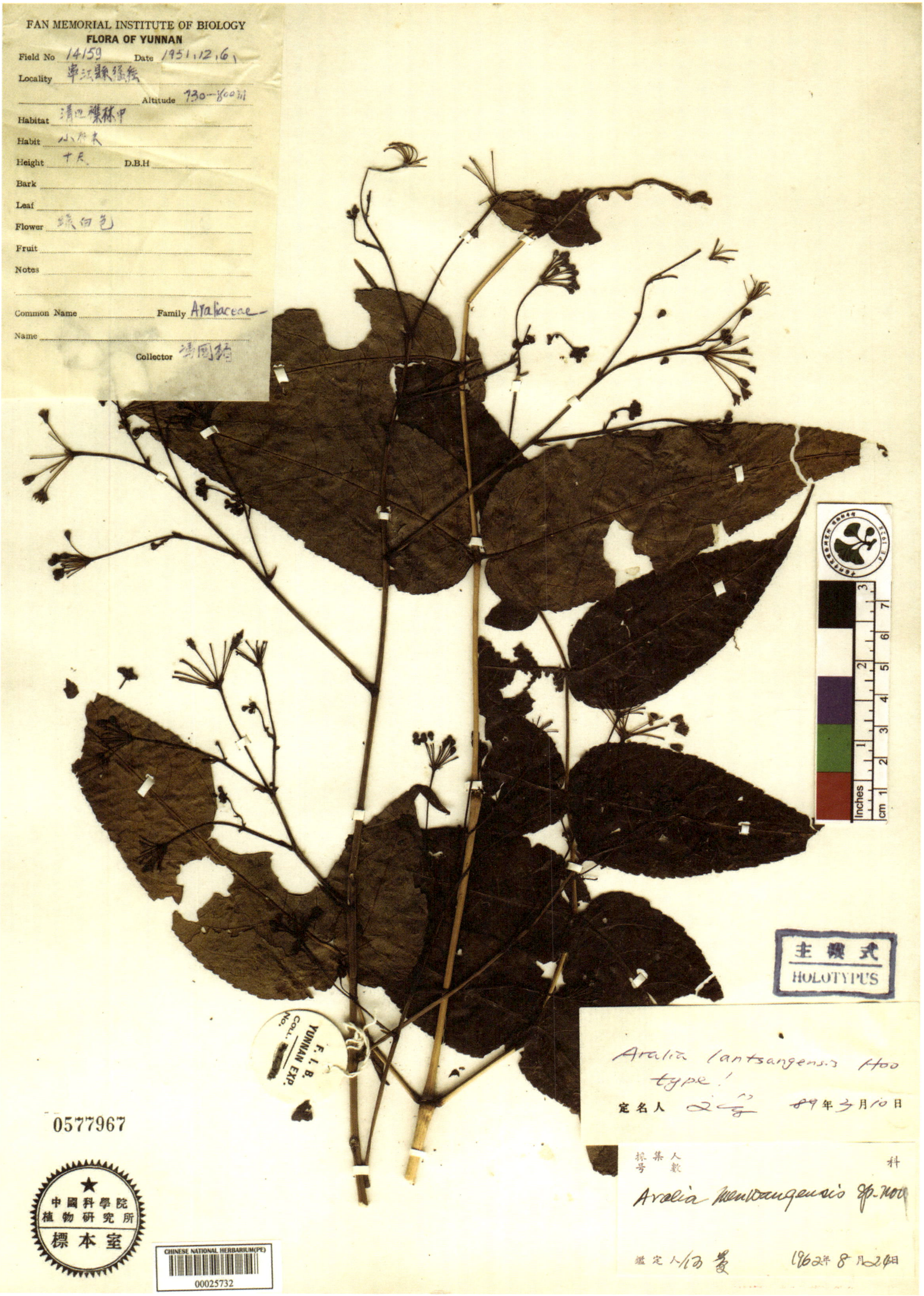

澜沧楤木 ***Aralia lantsangensis*** G. Hoo in Acta Phytotax. Sin. Add. 1: 171. 1965. **Holotype:** China. Yunnan: Ningjiang (=Menghai), alt. 730~800 m, 1951-12-06, K. M. Feng 14159.

羽叶楤木 ***Aralia plumosa*** H. L. Li in Sargentia 2: 114, f. 14. 1942. **Isotype:** China. Sichuan: Muli, alt. 2 300 m, 1937-07-22, T. T. Yu 7337.

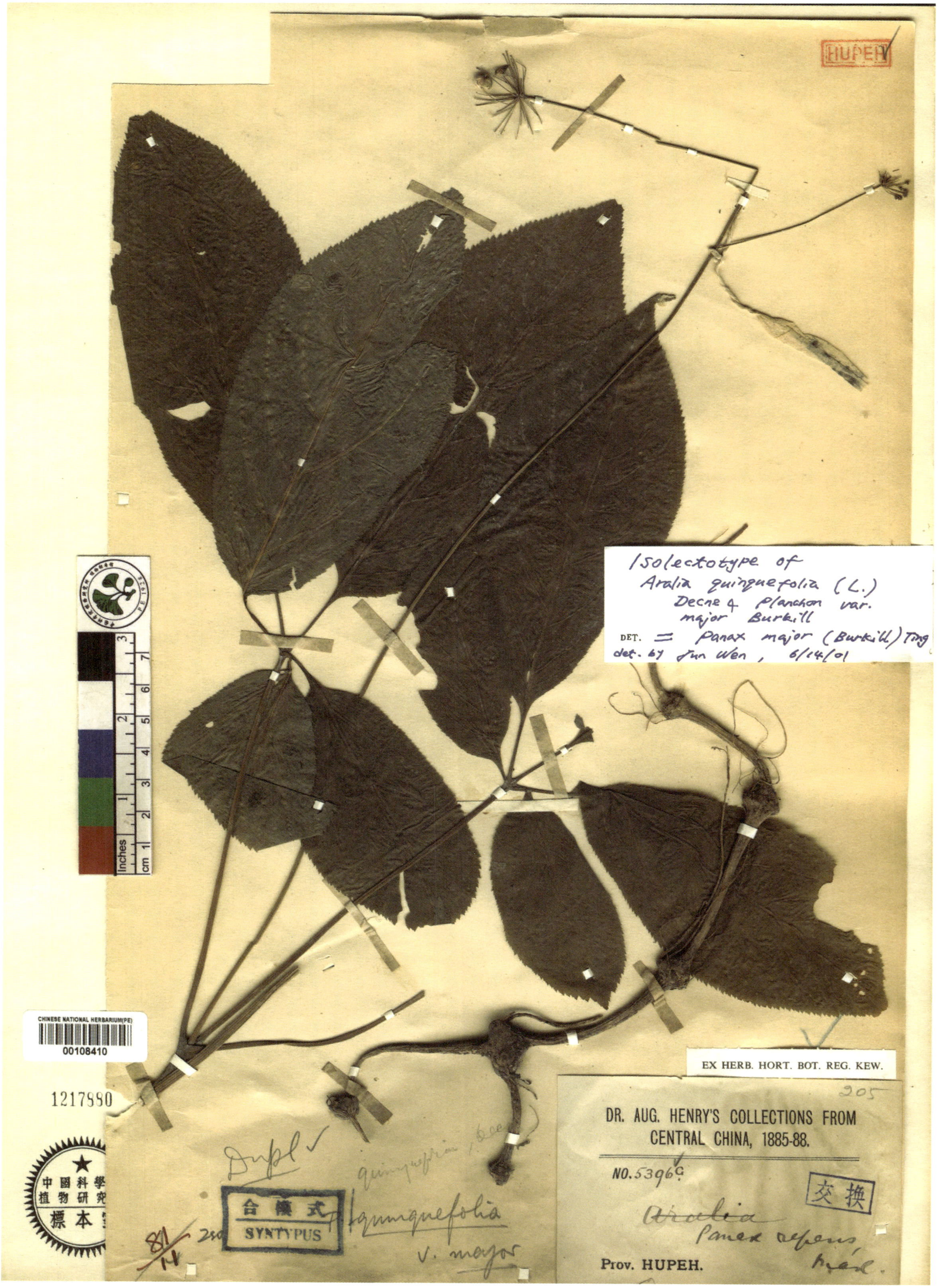

大叶三七 ***Aralia quinquefolia*** Decne. & Planch. var. ***major*** Burkill. in Bull. Misc. Inform. (1): 7. 1902. **Isosyntype:** China. Hubei: Jianshi, (1885~1888)-??-??, A. Henry 5396 c.

三七 ***Aralia quinquefolia*** Dence. & Planch. var. ***notoginseng*** Burkill. in Bull. Misc. Inform. (1): 7. 1902. **Isosyntype:** China. Yunnan: Mengzi, alt. 1 525 m, A. Henry 11407A.

糙叶楤木 ***Aralia scaberula*** G. Hoo in Acta Phytotax. Sin., Add. 1: 173. 1965. **Holotype:** China. Fujian: Precise locality not known, T. J. Liu 339.

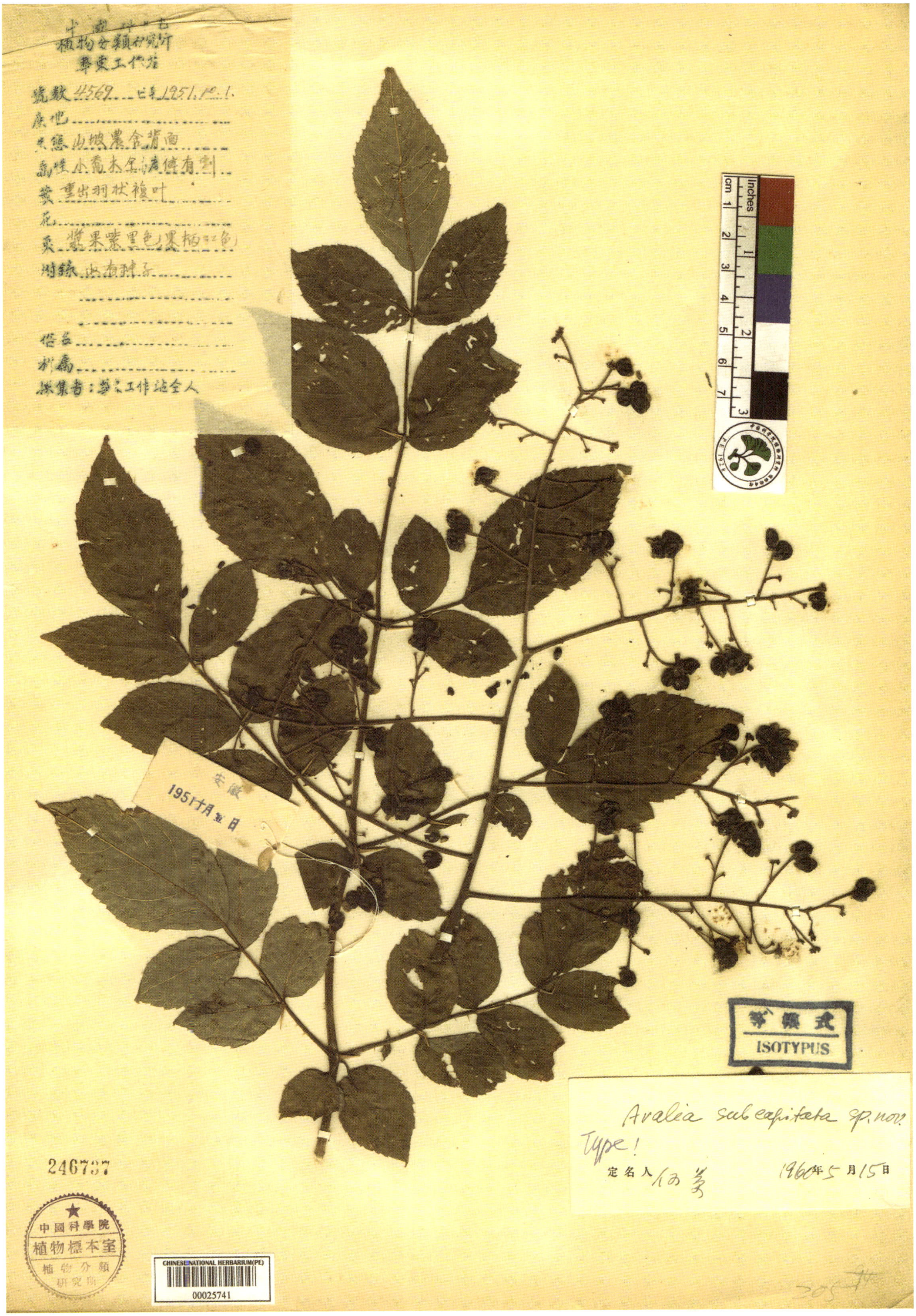

安徽楤木 ***Aralia subeapitata*** G. Hoo in Acta Phytotax. Sin., Add. 1: 174. 1956. **Isotype:** China. Anhui: Precise locality not known, 1951-10-01, E China Station 4569.

西藏土当归 ***Aralia tibetana*** G. Hoo in Acta Phytotax. Sin., Add. 1: 175. 1965. **Holotype:** China. Xizang: Rongxar, alt. 3 100 m, 1959-08-02, Qomolangma Feng Exped. 758.

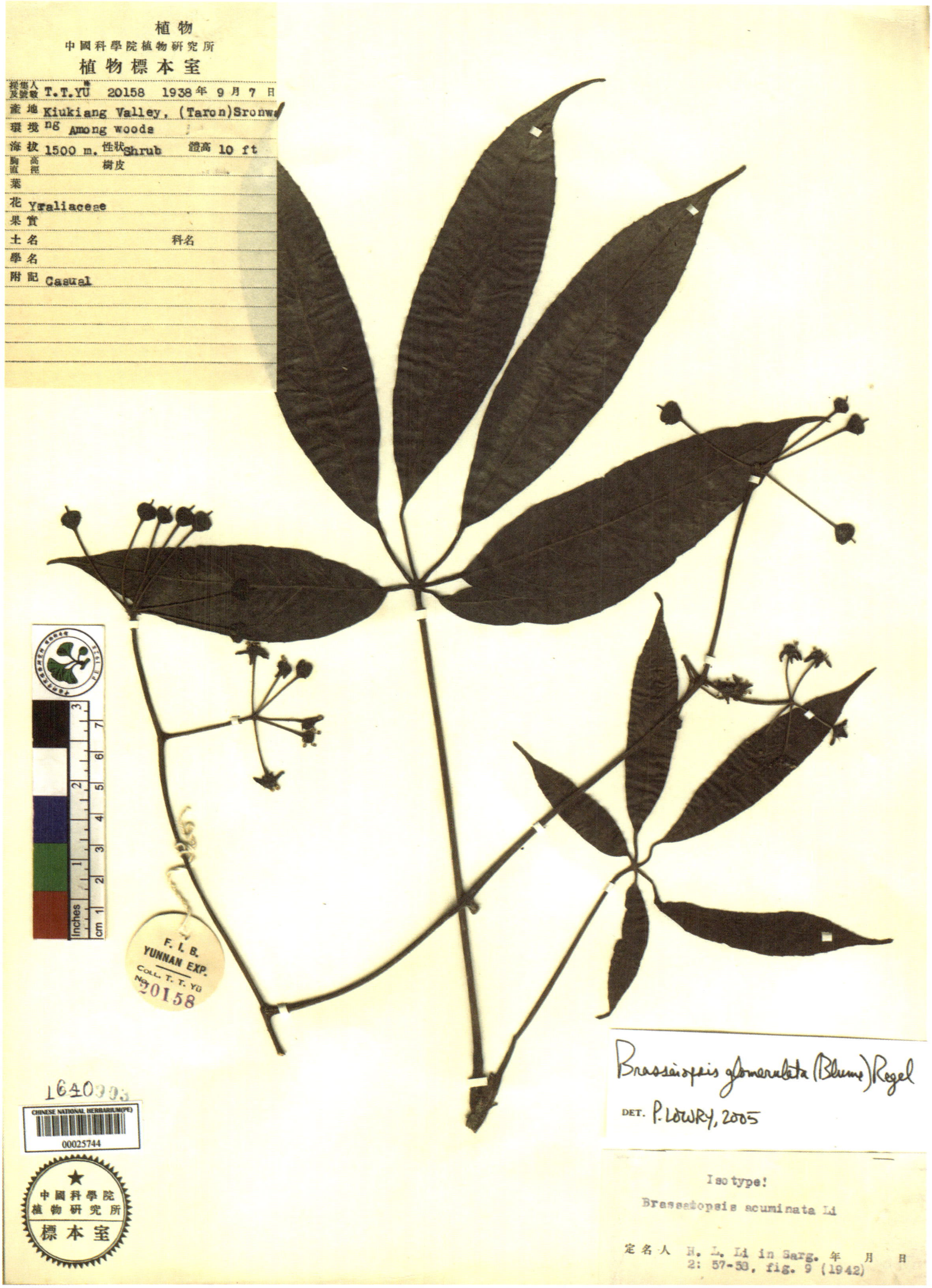

尖叶罗伞 ***Brassaiopsis acuminata*** H. L. Li in Sargentia 2: 57, f. 9. 1942. **Isotype:** China. Yunnan: Gongshan, alt. 1 500 m, 1938-09-07, T. T. Yu 20158.

多花披针叶柏那参 ***Brassaiopsis acuminata*** H. L. Li var. ***multiflora*** G. Hoo in Acta Phytotax. Sin., Add. 1: 153. 1965. **Isotype:** China. Guizhou: Tuhshan (=Dushan), alt. 500 m, 1930-09-09, Y. Tsiang 7046.

尖叶罗伞 ***Brassaiopsis acuminata*** H. L. Li in Sargentia 2: 57, f. 9. 1942. **Isoparatype:** China. Guizhou: Tuhshan (=Dushan), alt. 500 m, 1930-09-09, Y. Tsiang 7046.

镇康罗伞 ***Brassaiopsis chengkangensis*** Hu in Bull. Fan Mem. Inst. Biol., Bot. Ser. 10: 162. 1940. **Holotype:** China. Yunnan: Zhenkang, alt. 2 700 m, 1936-03-??, C. W. Wang 72309.

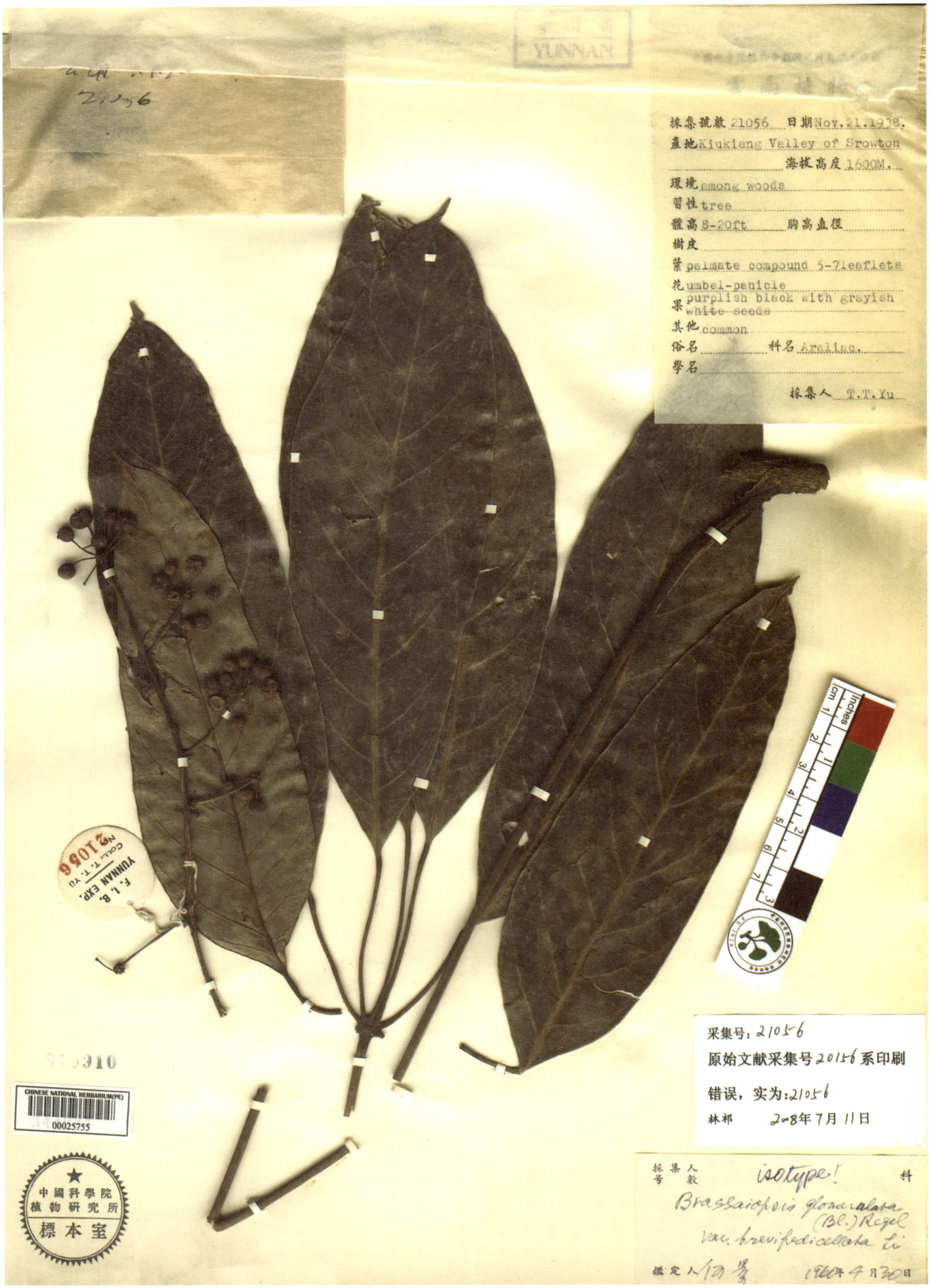

短梗罗伞 ***Brassaiopsis glomerulata*** (Bl.) Regel var. ***brevipedicellata*** H. L. Li in Sargentia 2: 59. 1942. **Isotype:** China. Yunnan: Gongshan, alt. 1 600 m, 1938-11-21, T. T. Yu 21056.

长梗罗伞 ***Brassaiopsis glomerulata*** (Bl.) Rglel var. ***longipedicellata*** H. L. Li in Sargentia 2: 60. 1942. **Isotype:** China. Guangxi: Lingyun, 1937-07-18, S. K. Lau 28695.

五室柏那参 ***Brassaiopsis pentalocula*** G. Hoo in Acta Phytotax. Sin., Add. 1: 150. 1965. **Holotype:** China. Yunnan: Xichou, alt. 1 500~1 600 m, 1947-09-23, K. M. Feng 11970.

西藏罗伞 ***Brassaiopsis tibetanus*** C. B. Shang in Acta Phytotax. Sin. 18(1): 91, f. 3. 1980. **Holotype:** China. Xizang: Nyalam, alt. 2 200 m, 1975-06-27, Qinghai-Xizang Exped. 6018.

樟木柏那参 ***Brassaiopsis zhangmuensis*** Y. R. Li in Acta Bot. Yunnan. 2(1): 108, f. 4. 1980. **Syntype:** China. Xizang: Nyalam, alt. 2 200 m, 1975-06-27, Qinghai-Xizang Exped. 6018.

双室树参 ***Dendropanax bilocularis*** C. N. Ho in Acta Phytotax. Sin. 2(1): 76, pl. 4. 1952. **Isotype:** China. Guangdong: Xinyi, alt. 2 500 m, 1934-11-17, C. Wang 37881.

短柱树参 ***Dendropanax brevistyla*** Y. Ling in Acta Phytotax. Sin. 1(2): 213, f. 6. 1951. **Holotype:** China. Fujian: Dehua, alt. 1 000 m, 1919-10-30, P. C. Tsoong 262.

锈毛掌叶树 ***Dendropanax ferrugineus*** H. L. Li in Sargentia 2: 47, f. 8. 1942. **Isotype:** China. Guangxi: Jinxiu, 1936-10-15, C. Wang 40174.

榕叶树参 ***Dendropanax ficifolius*** C. J. Tseng & G. Hoo in Acta Phytotax. Sin., Add. 1: 145. 1965. **Holotype:** China. Yunnan: Maguan, alt. 1 100~1 500 m, 1947-12-06, K. M. Feng 13648.

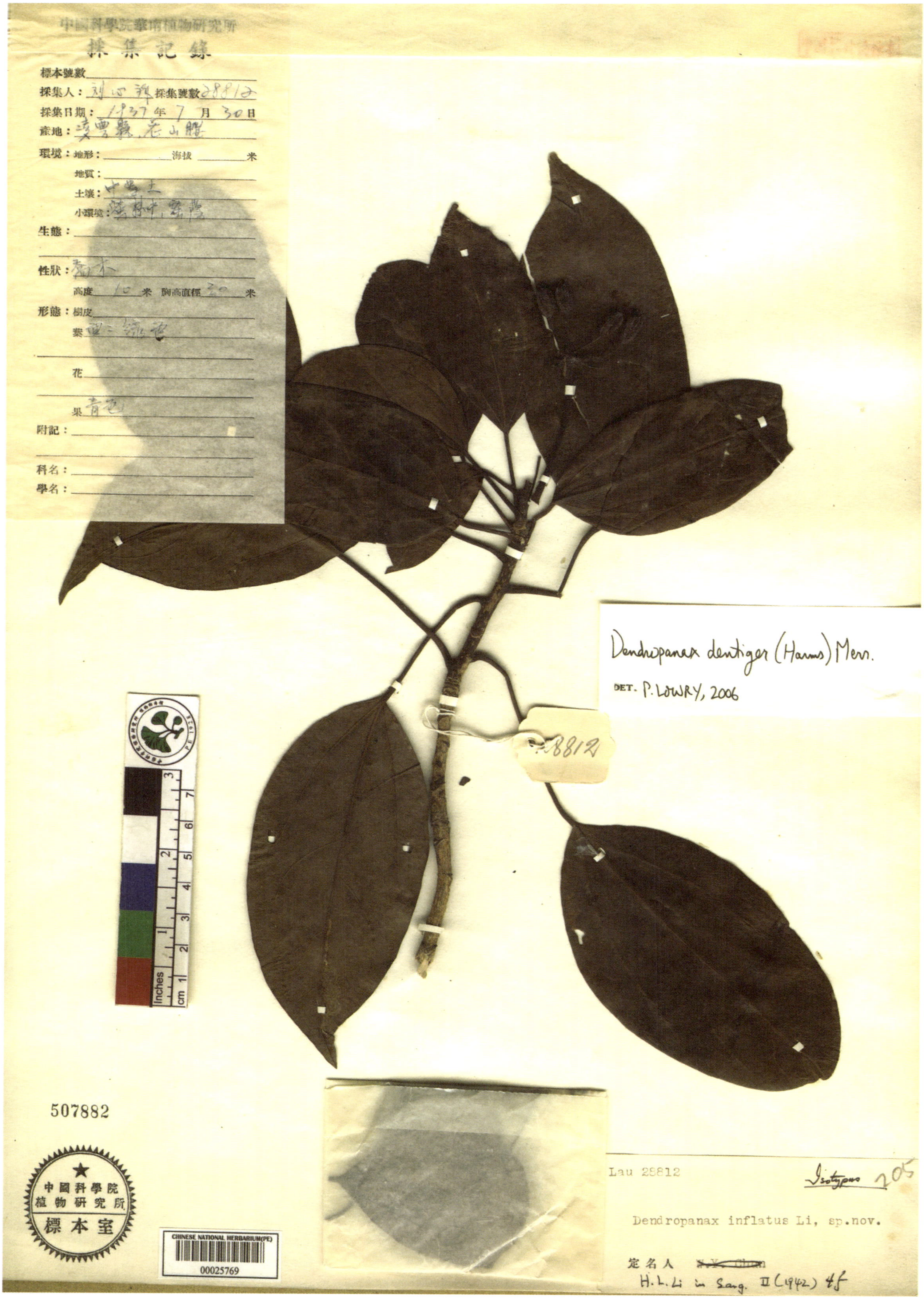

胀果树参 ***Dendropanax inflatus*** H. L. Li in Sargentia 2: 45. 1942. **Isotype:** China. Guangxi: Lingyun, 1937-07-30, S. K. Lau 28812.

多花胀果树参 ***Dendropanax inflatus*** H. L. Li f. ***multiflorus*** C. J. Tseng & G. Hoo in Acta Phytotax. Sin., Add. 1: 144. 1965. **Holotype:** China. Guizhou: Anlong, alt. 1 300 m, 1960-06-14, Z. S. Zhang & Y. T. Chang 5310.

圆锥花序胀果树参 ***Dendropanax inflatus*** H. L. Li f. ***paniculatus*** C. J. Tseng & G. Hoo in Acta Phytotax. Sin., Add. 1: 144. 1965. **Holotype:** China. Guizhou: Anlong, alt. 1 300 m, 1960-06-17, Z. S. Zhang & Y. T. Chang 5446.

显脉胀果树参 ***Dendropanax inflatus*** H. L. Li f. ***prominens*** C. J. Tseng & G. Hoo in Acta Phytotax. Sin., Add. 1: 144. 1965. **Holotype:** China. Yunnan: Xichou, alt. 1 400~1 500 m, 1947-09-24, K. M. Feng 12006.

保亭树参 ***Dendropanax oligodontus*** Merr. & Chun in Sunyatsenia 5(1-3): 151. 1940. **Isotype:** China. Hainan: Baoting, alt. 793 m, 1935-08-29, F. C. How 73528.

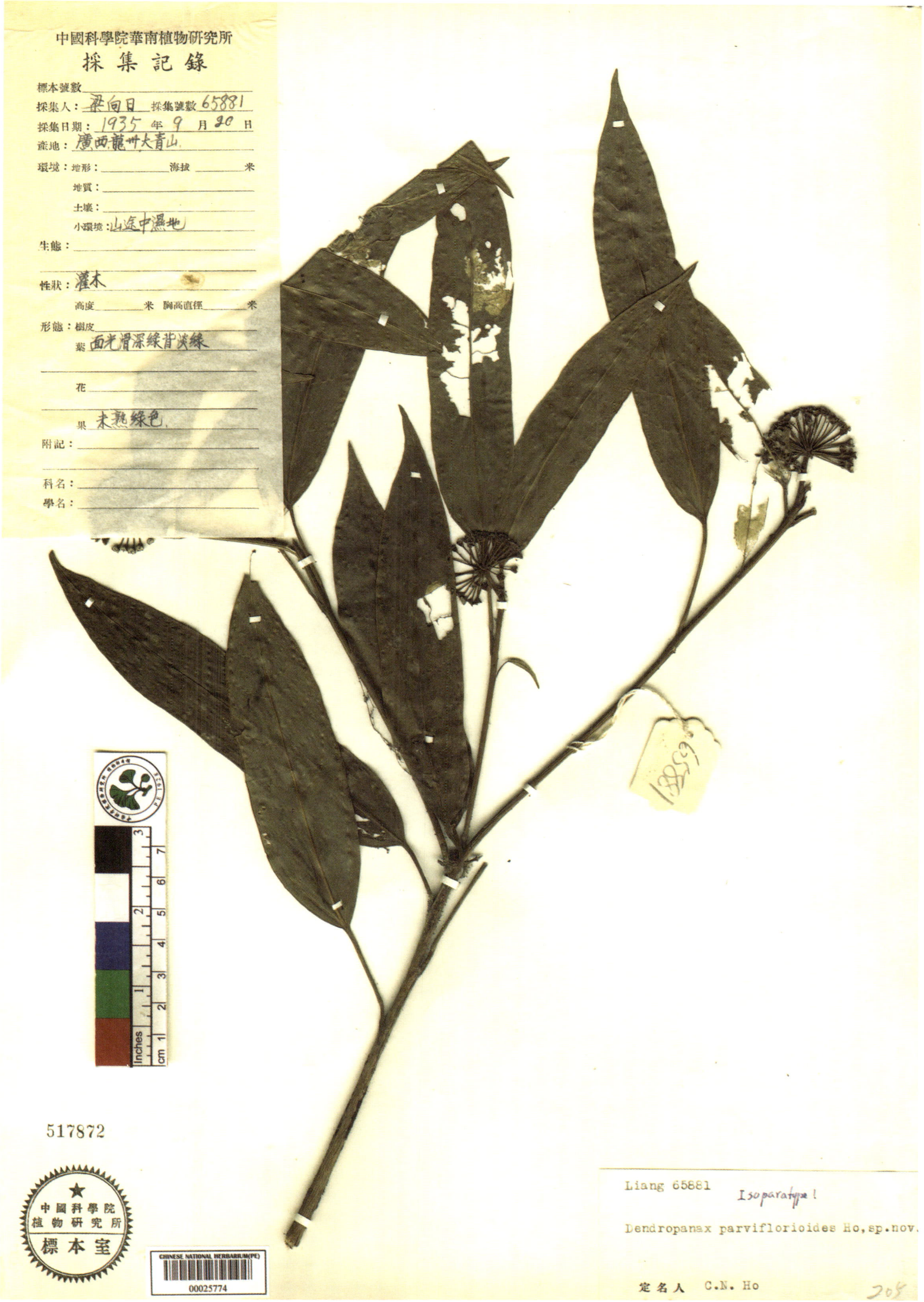

拟小花木五加 ***Dendropanax parviflorioides*** C. N. Ho in Acta Phytotax. Sin. 2(1): 77, pl. 5. 1952. **Isoparatype:** China. Guangxi: Longzhou, 1935-09-20, H. Y. Liang 65881.

云南树参 ***Dendropanax yunnanensis*** C. J. Tseng & G. Hoo in Acta Phytotax. Sin., Add. 1: 142. 1965. **Holotype:** China. Yunnan: Gongshan, alt. 1 400 m, 1938-09-21, T. T. Yu 20382.

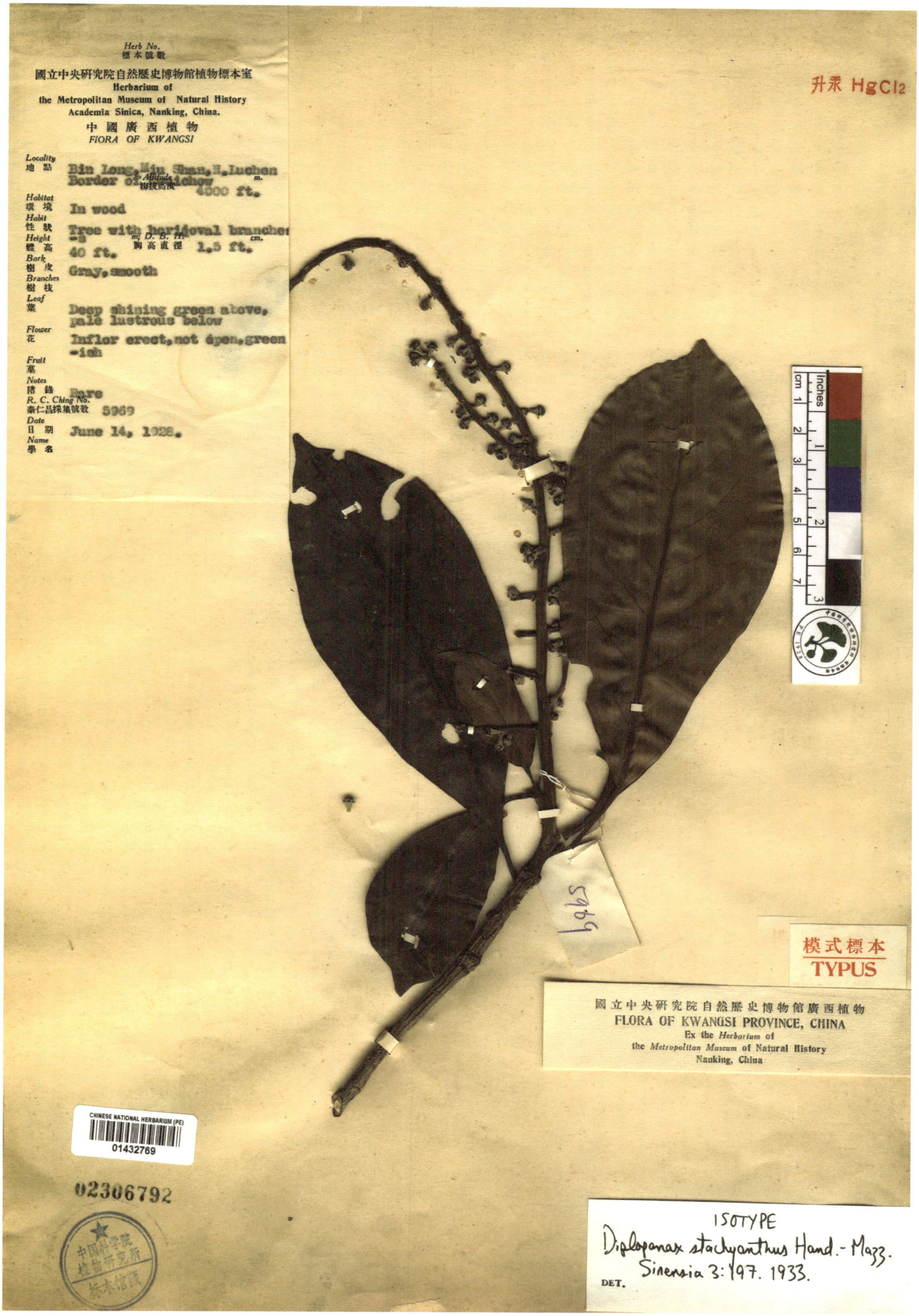

马蹄参 ***Diplopanax stachyanthus*** Hand.-Mazz. in Sinensia 3: 198. 1933. **Isotype:** China. Guangxi: Luocheng, alt. 1 220 m, 1928-06-14, R. C.Ching 5969.

狭叶树参 ***Gilibertia angustiloba*** Hu in J. Arnold Arb. 11: 226. 1930. **Isotype:** China. Guangxi: Nanning, alt. 915 m, 1928-10-19, R. C. Ching 8019.

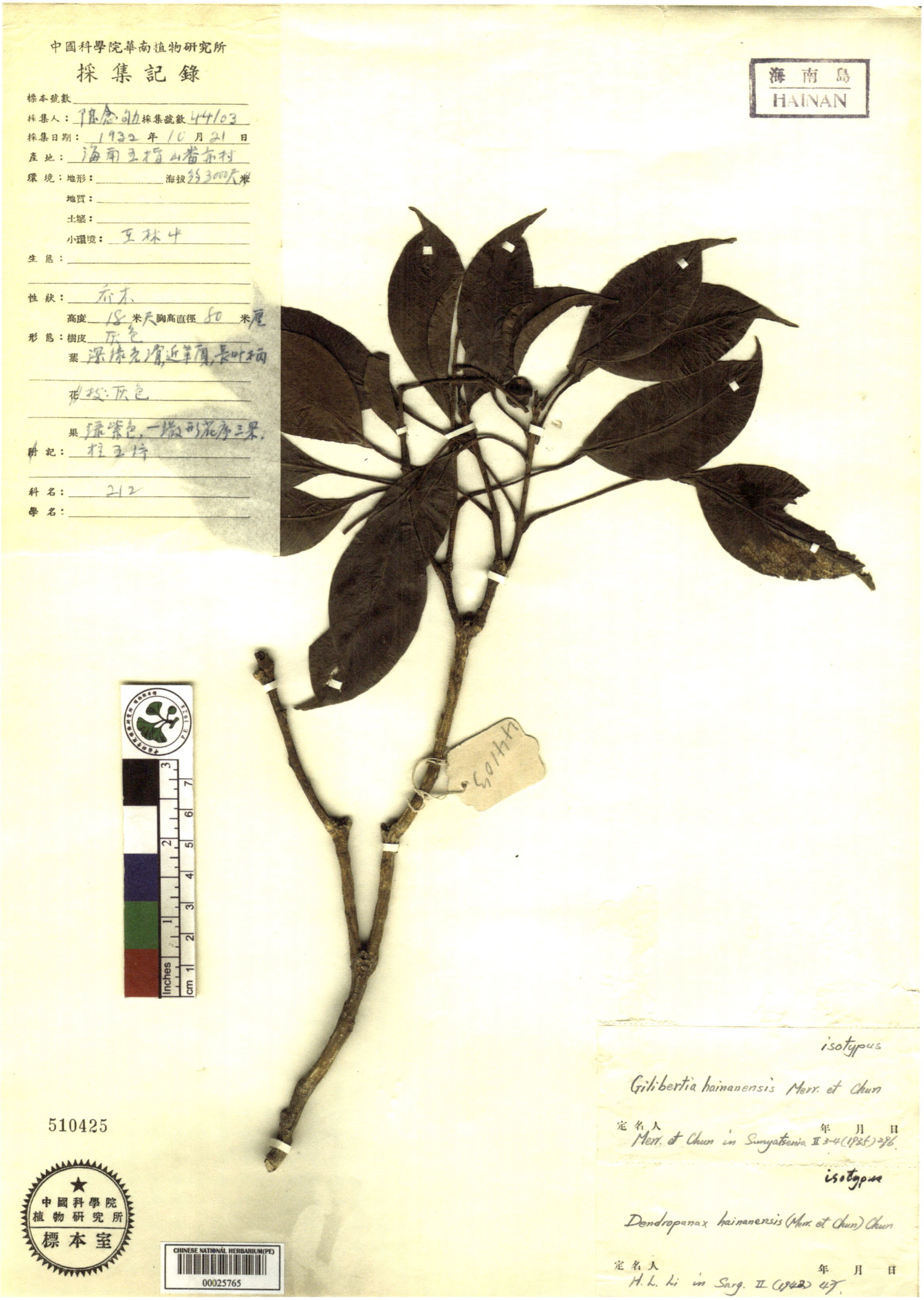

海南树参 ***Gilibertia hainanensis*** Merr. & Chun in Sunyatsenia 2(3-4): 296, f. 37. 1935. **Isotype:** China. Hainan: Qiongzhong, Wuzhishan, alt. 1 000 m, 1932-10-21, N. K. Chun & C. L. Tso 44103.

海南幌伞枫 ***Heteropanax hainanensis*** C. B. Shang in Adansonia, sér. 3, 19(1): 80, f. 1: I-L. 1997. **Isotype:** China. Hainan: Chengmai, 1932-12-11, C. I. Lei 284.

亮叶幌伞枫 ***Heteropanax nitentifolius*** G. Hoo in Acta Phytotax. Sin., Add. 1: 166. 1965. **Isotype:** China. Yunnan: Hekou, alt. 120~140 m, 1954-11-08, P. I Mao 5375.

云南幌伞枫 ***Heteropanax yunnanensis*** G. Hoo in Acta Phytotax. Sin., Add. 1: 167. 1965. **Isotype:** China. Yunnan: Lanchang, alt. 1 500 m, 1936-05-??, C. W. Wang 73375.

钱氏大参 ***Macropanax chienii*** G. Hoo in Acta Phytotax. Sin., Add. 1: 165. 1965. **Holotype:** China. Yunnan: Zhanyue (=Mengla), alt. 850 m, 1936-11-??, C. W. Wang 80512.

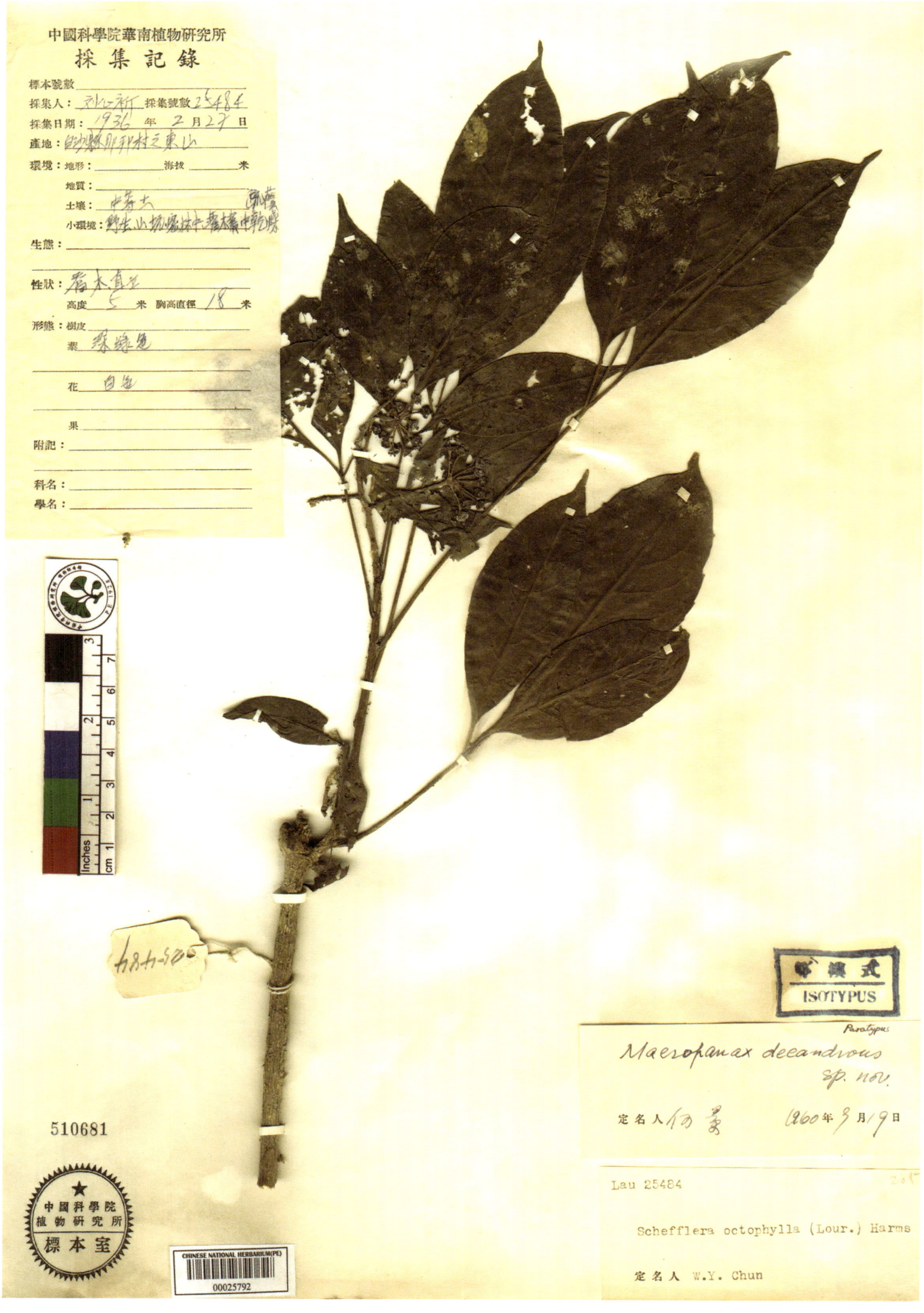

十蕊大参 ***Macropanax decandrus*** G. Hoo in Acta Phytotax. Sin., Add. 1: 164. 1965. **Isotype:** China. Hainan: Baisha, 1936-02-27, S. K.Lau 25484.

小花大参 ***Macropanax parviflorus*** G. Hoo in Acta Phytotax. Sin., Add. 1: 165. 1965. **Holotype:** China. Yunnan: Gongshan, alt. 1 150 m, 1938-09-27, T. T. Yu 20489.

粗齿大参 ***Macropanax serratifolius*** K. M. Feng & Y. R. Li, Fl. Yunnan. 2: 473, pl. 140: 1-4. 1979. **Isotype:** China. Yunnan: Jinping, alt. 350 m, 1956-04-19, Sino-Russia Yunnan Exped. 388.

常春木 ***Merrilliopanax chinensis*** H. L. Li in Sargentia 2: 65, f.11. 1942. **Isotype:** China. Yunnan: Gongshan, alt. 1 450 m, 1938-09-07, T. T. Yu 20174.

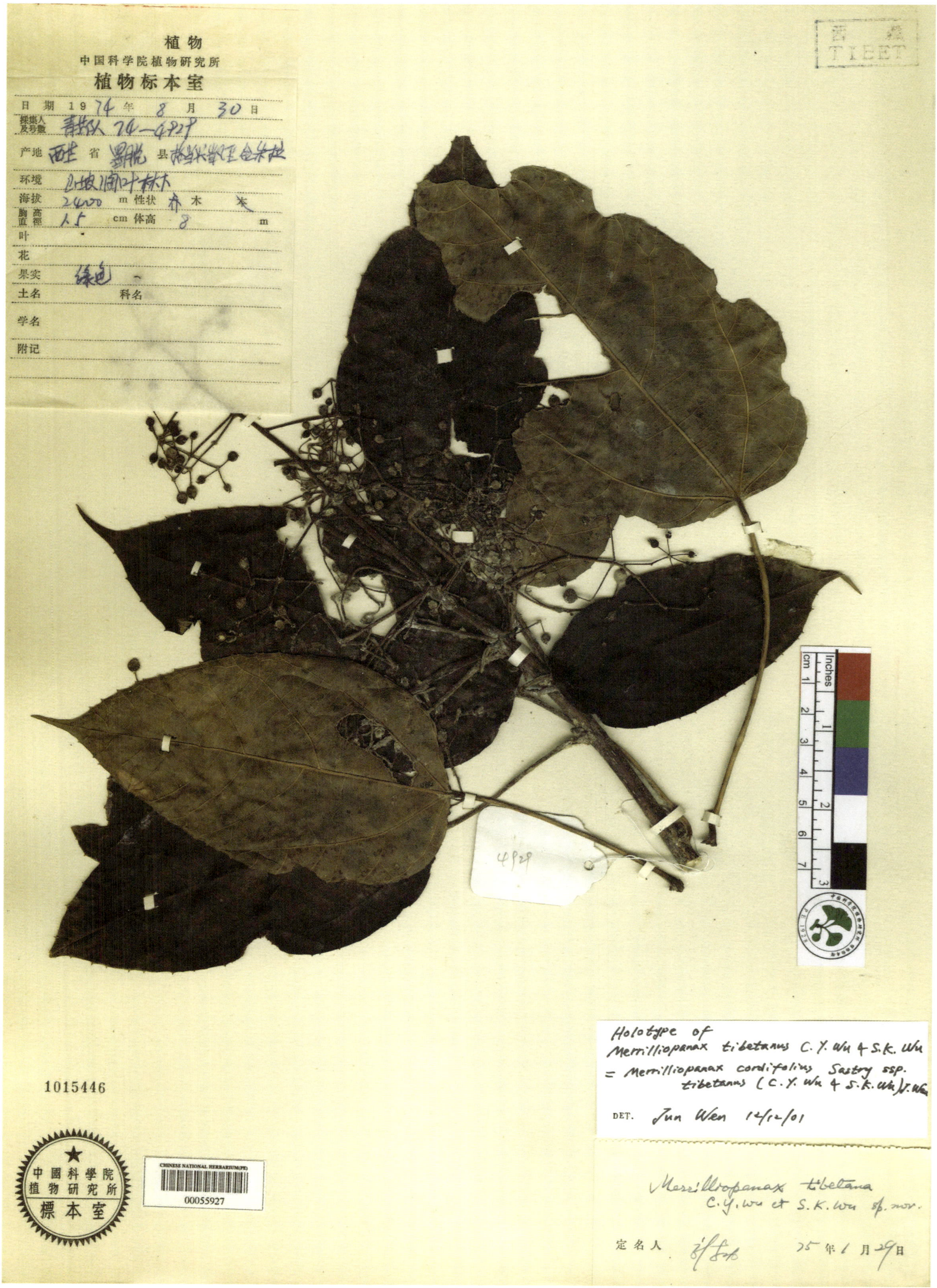

西藏常春木 ***Merrilliopanax tibetanus*** C. Y. Wu & S. K. Wu in Acta Phytotax. Sin. 16(4): 122, f. 2. 1978. **Holotype:** China. Xizang: Mêdog, alt. 2 400 m, 1974-08-30, Qinghai-Xizang Exped. 74-4929.

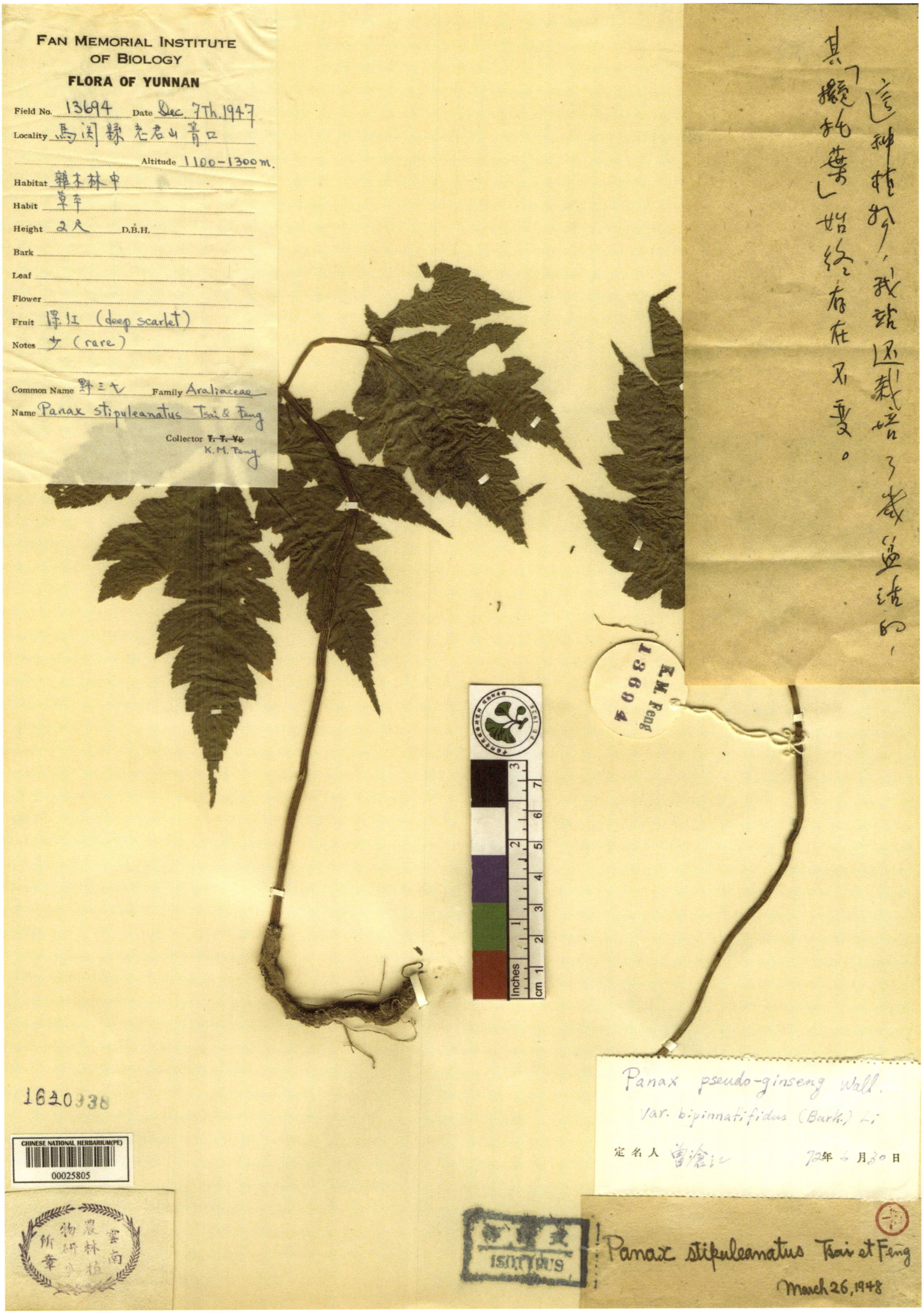

屏边三七 ***Panax stipuleanatus*** H. T. Tsai & K. M. Feng in Acta Phytotax. Sin. 13(2): 44. 1975. **Isotype:** China. Yunnan: Maguan, alt. 1 100~1 300 m, 1947-12-07, K. M. Feng 13694.

光羽叶参 ***Pentapanax glabrifoliolatus*** C. B. Shang in Acta Phytotax. Sin. 18(1): 94, f. 6. 1980. **Holotype:** China. Yunnan: Malipo, alt. 1 800~2 100 m, 1947-11-03, K. M. Feng 12840.

方氏锈毛五叶参 ***Pentapanax henryi*** Harms var. ***fangii*** G. Hoo in Acta Phytotax. Sin., Add. 1: 168. 1965. **Holotype:** China. Sichuan: Kangding, 1951-10-07, W. K. Hu & G. Hoo 11381.

绒毛叶锈毛五叶参 ***Pentapanax henryi*** Harms var. ***tomentosus*** G. Hoo in Acta Phytotax. Sin., Add. 1: 168. 1965.

Holotype: China. Yunnan: Mengzi, alt. 1 750 m, 1939-10-19, C. W. Wang 83485.

黄山锈毛五叶参 ***Pentapanax henryi*** Harms var. ***wangshanensis*** W. C. Cheng in Contr. Biol. Lab. Sci. Soc. China, Bot. Ser. 9: 205. 1934. **Holotype:** China. Anhui: Huangshan, 1933-10-03, M. Chen 1215.

披针五叶参 ***Pentapanax lanceolatus*** G. Hoo in Acta Phytotax. Sin., Add. 1: 169. 1965. **Holotype:** China. Sichuan: Tianquan, alt. 1 600 m, 1953-10-17, H. L. Tsiang 37577.

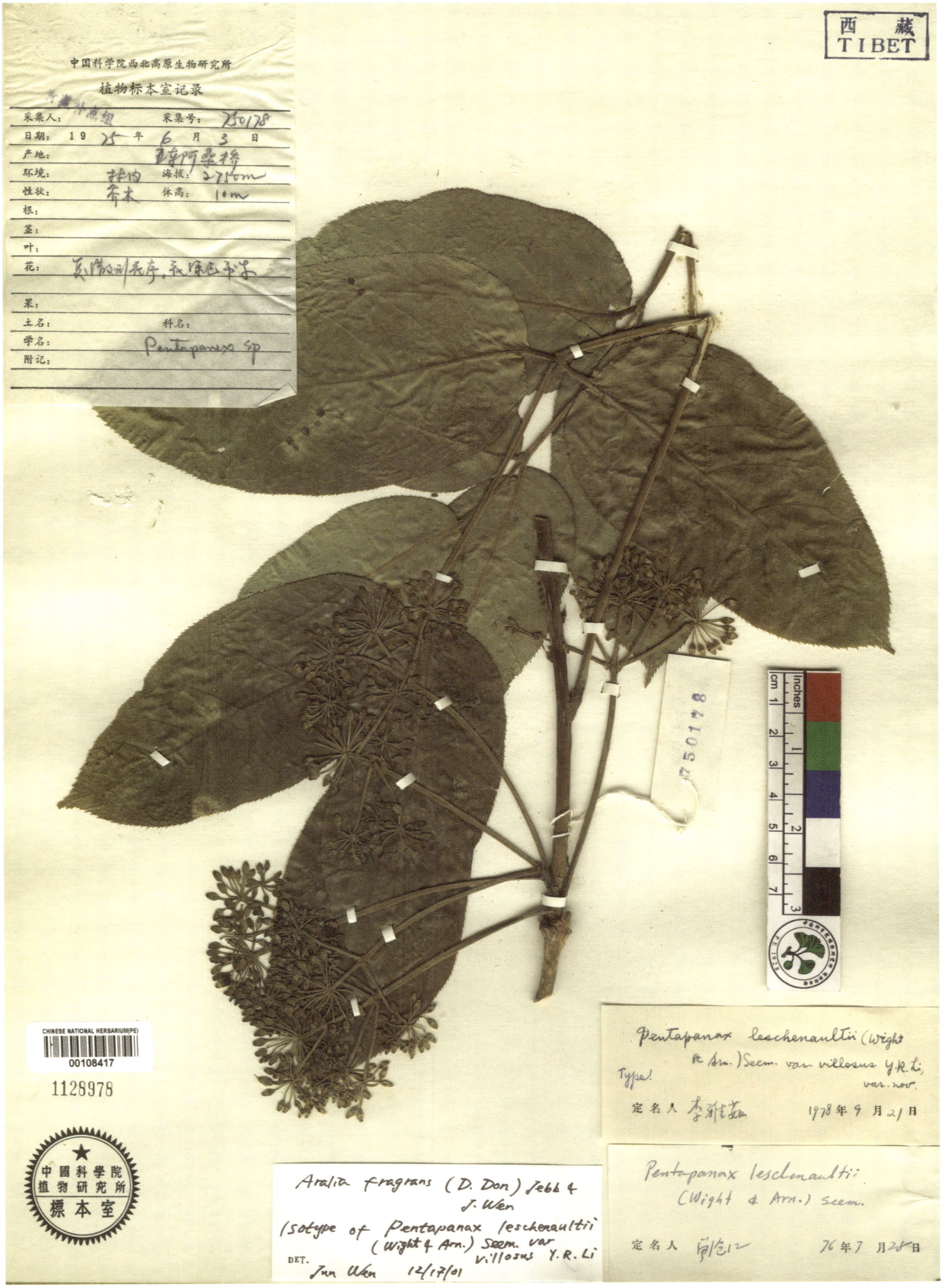

毛背叶五叶参 ***Pentapanax leschenaultii*** (Wight & Arn.) Seem. var. ***villosus*** Y. R. Li in Acta Bot. Yunnan. 2(1): 109, f. 6. 1980. **Isotype:** China. Xizang: Yadong, alt. 2 750 m, 1975-06-03, Qinghai-Xizang Exped. (supplement) 750178.

离柱马肠子树 ***Pentapanax tomentellus*** (Franch.) C. B. Shang var. ***distinctus*** C. P. Shang in J. Nanjing Inst. Forest. 1985(2): 25. 1985. **Holotype:** China. Yunnan: Gongshan, alt. 1 700 m, 1935-10-??, C. W. Wang 67470.

金平鹅掌柴 ***Schefflera chinpingensis*** C. J. Tseng & G. Hoo in Acta Phytotax. Sin., Add. 1: 135. 1965. **Holotype:** China. Yunnan: Jinping, 1956-04-20, Sino-Russia Yunnan Exped. 1857.

异叶鹅掌柴 ***Schefflera diversifoliolata*** H. L. Li in Sargentia 2: 26, f. 3. 1942. **Isotype:** China. Yunnan: Tsing-pian (=Pingbian), alt. 1 650 m, 1932-12-21, H. T. Tsai 52450.

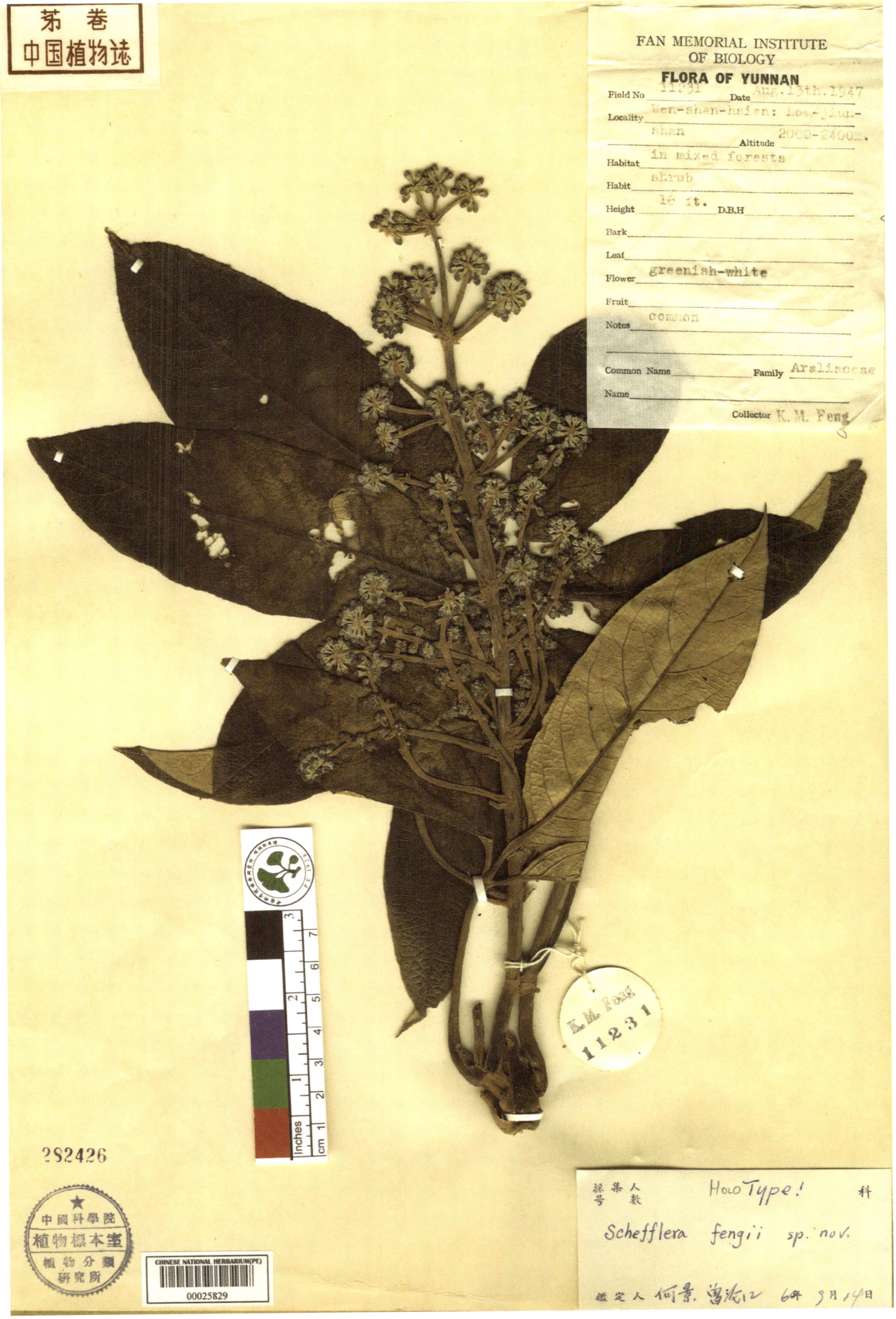

国楣鹅掌柴 ***Schefflera fengii*** C. J. Tseng & G. Hoo in Acta Phytotax. Sin., Add. 1: 137. 1965. **Holotype:** China. Yunnan: Wenshan, alt. 2 000~2 400 m, 1947-08-13, K. M. Feng 11231.

球序鹅掌柴 ***Schefflera glomerulata*** H. L. Li in Sargentia 2: 32, f. 4. 1942. **Isotype:** China. Yunnan:Ping -pien (=Pingbian), alt. 1 400 m, 1934-06-01, H. T. Tsai 60037.

海南鹅掌柴 ***Schefflera hainanensis*** Merr. & Chun in Sunyatsenia 2(3-4): 295, pl. 67. 1935. **Isotype:** China. Hainan: Qiongzhong, Wuzhishan, alt. 1 667 m, 1932-10-30, N. K. Chun & C. L. Tso 44227.

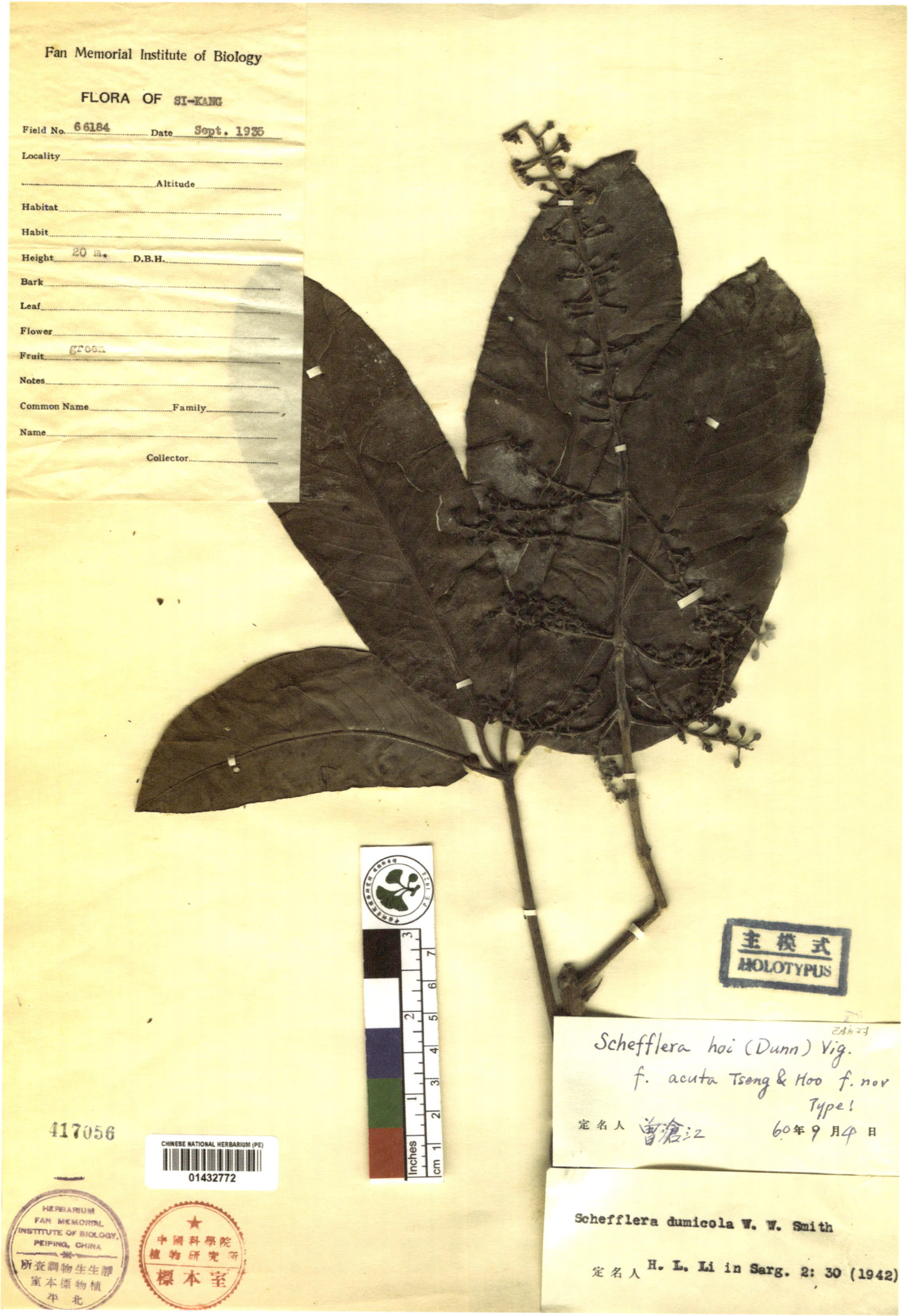

急尖叶何氏鹅掌柴 ***Schefflera hoi*** (Dunn) Vig. f. ***acuta*** C. J. Tseng & G. Hoo in Acta Phytotax. Sin., Add. 1: 135. 1965. **Holotype:** China. Sichuan: Xikang, 1935-09-??, C. W. Wang 66184.

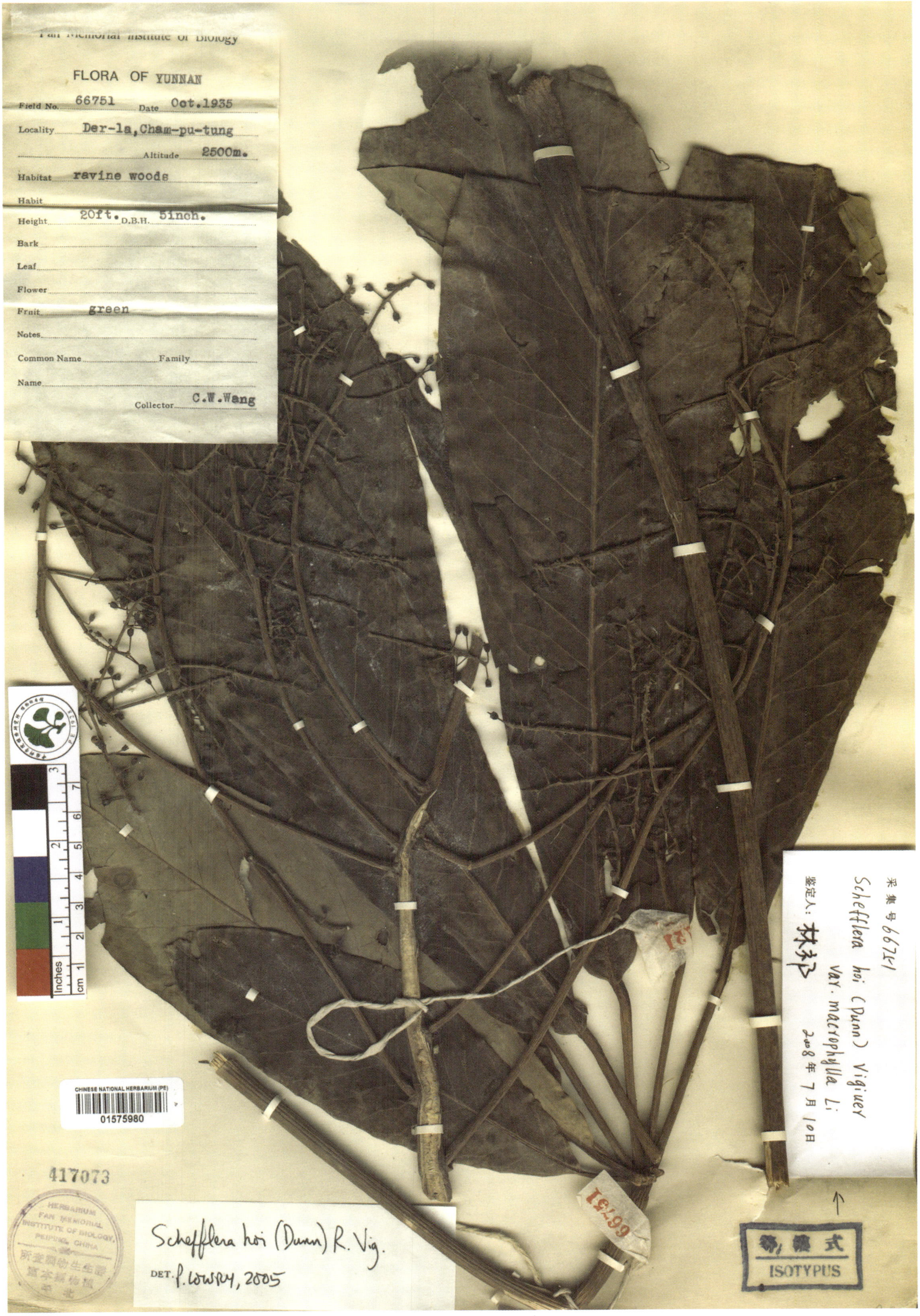

大叶红河鹅掌柴 ***Schefflera hoi*** (Dunn) Vig. var. ***macrophylla*** H. L. Li in Sargentia 2: 31. 1942. **Isotype:** China. Yunnan: Cham-pu-tung (=Gongshan), alt. 2 500 m, 1935-10-??, C. W. Wang 66751.

光叶凹脉鹅掌柴 ***Schefflera impressa*** (C. B. Clarke) Harms var. ***glabrescens*** C. J. Tseng & G. Hoo in Acta Phytotax. Sin., Add. 1: 138. 1965. **Holotype:** China. Yunnan: Gongshan, alt. 2 600 m, 1937-09-03, T. T. Yu 20118.

麻栗坡鹅掌柴 ***Schefflera marlipoensis*** C. J. Tseng & G. Hoo in Acta Phytotax. Sin., Add. 1: 137. 1965. **Holotype:** China. Yunnan: Malipo, alt. 1 000 m, 1940-02-01, C. W. Wang 86474.

多叶鹅掌柴 ***Schefflera metcalfiana*** Merr. ex H. L. Li in Sargentia 2: 25, f. 2. 1942. **Isoparatype:** China. Guangxi: Nanning, 1928-11-03, R. C. Ching 8350.

星毛鸭脚木 ***Schefflera minutistellata*** Merr. ex H. L. Li in Sargentia 2: 24. 1942. **Isoparatype:** China. Yunnan: Chiu-pei (=Qiubei), alt. 1 500 m, 1932-12-23, H. T. Tsai 51443.

多脉鸭脚木 ***Schefflera multinervia*** H. L. Li in Sargentia 2: 29. 1942. **Isotype:** China. Yunnan: Che-tse-lo (=Bijiang), alt. 3 200 m, 1934-09-09, H. T. Tsai 58437.

小叶鹅掌柴 ***Schefflera parvifoliolata*** C. J. Tseng & G. Hoo in Acta Phytotax. Sin., Add. 1: 136. 1965. **Holotype:** China. Yunnan: Malipo, alt. 1 300 ~1 500 m, 1947-11-21, K. M. Feng 13487.

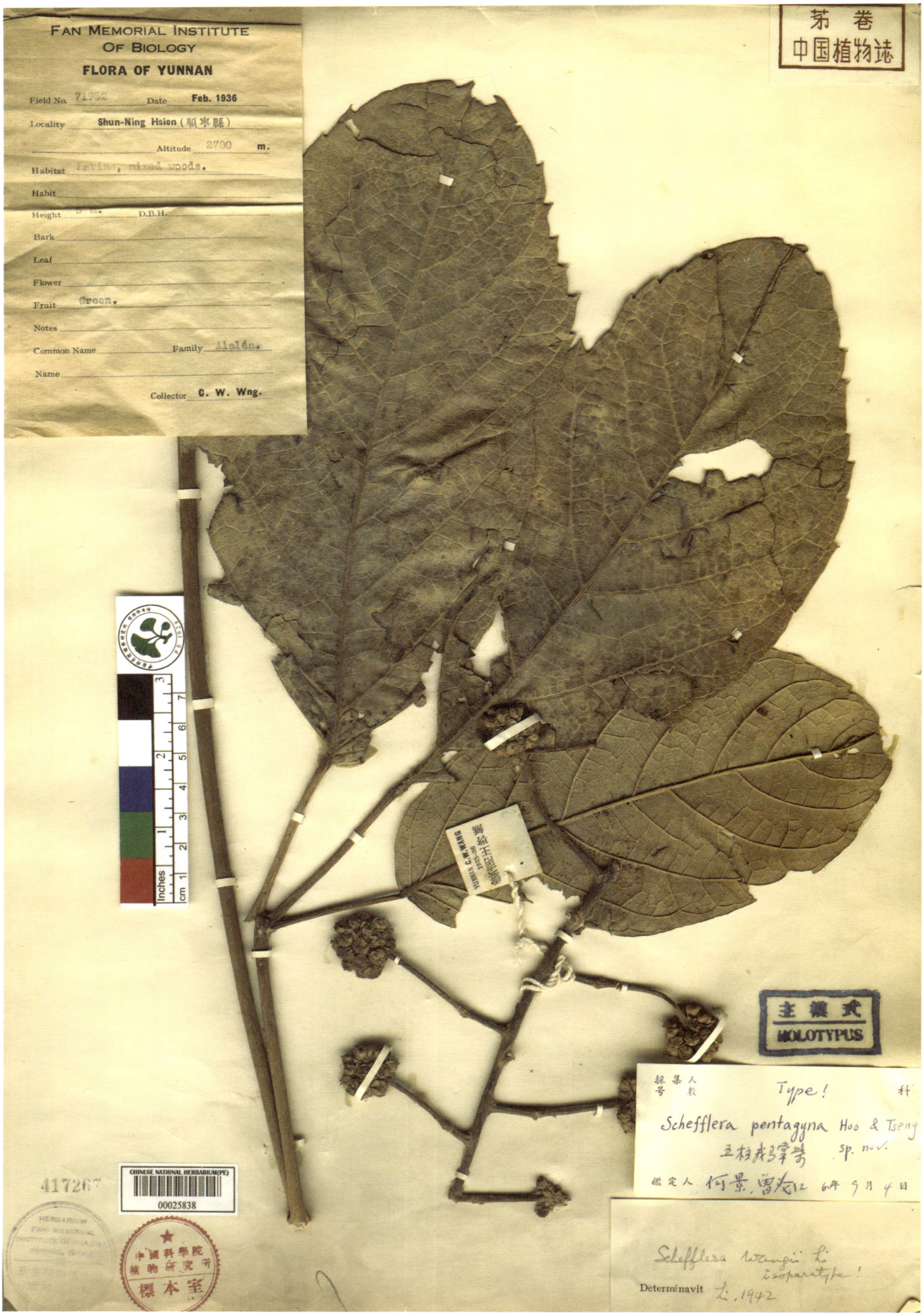

五柱鹅掌柴 ***Schefflera pentagyra*** C. J. Tseng & G. Hoo in Acta Phytotax. Sin., Add. 1: 140. 1965. **Holotype:** China. Yunnan: Shunning (=Fengqing), alt. 2 700 m, 1936-02-??, C. W. Wang 71952.

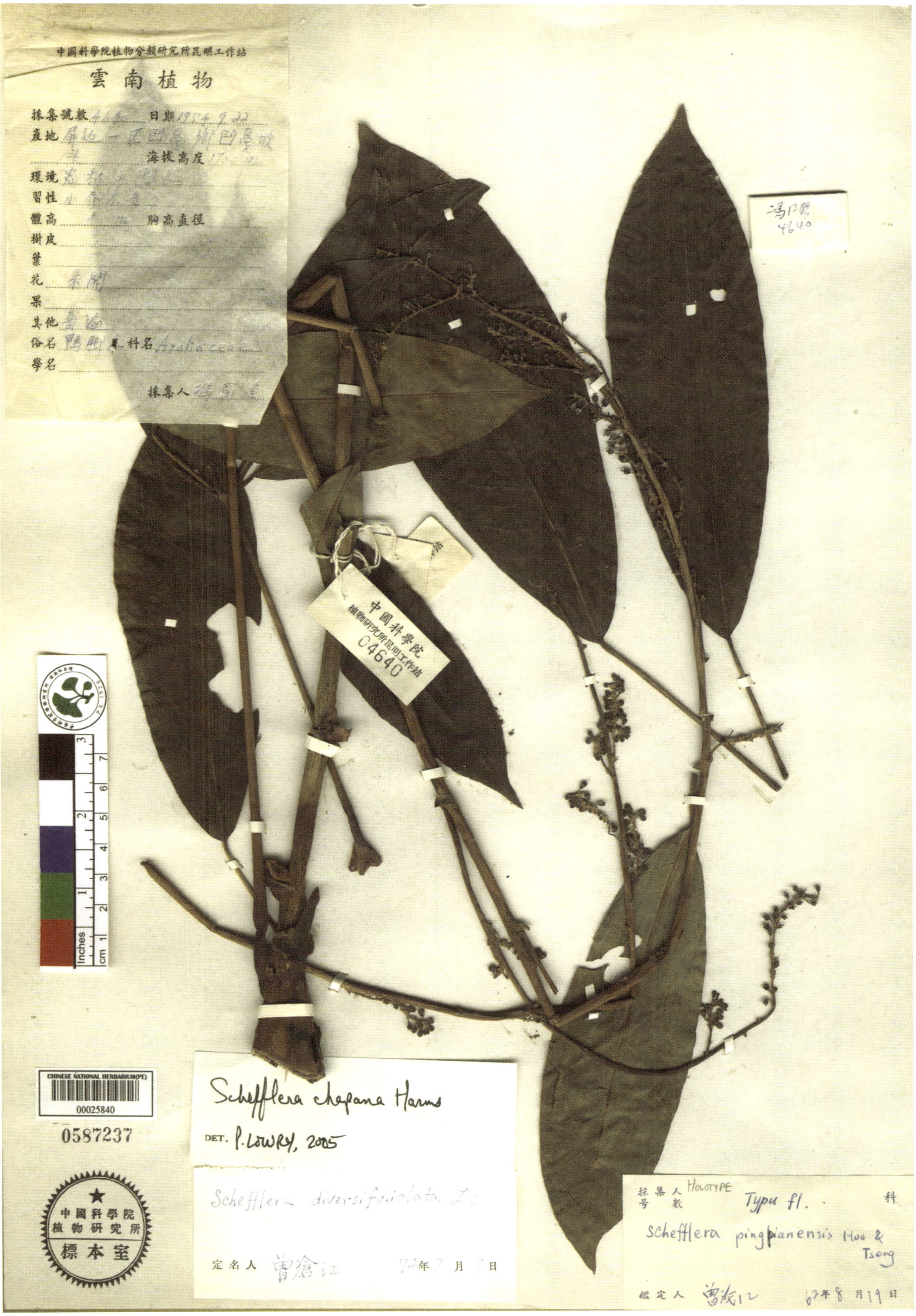

屏边鹅掌柴 ***Schefflera pingbianensis*** C. J. Tseng & G. Hoo in Acta Phytotax. Sin., Add. 1: 134. 1965. **Holotype:** China. Yunnan: Pingbian, alt. 1 700 m, 1954-09-22, K. M. Feng 4640.

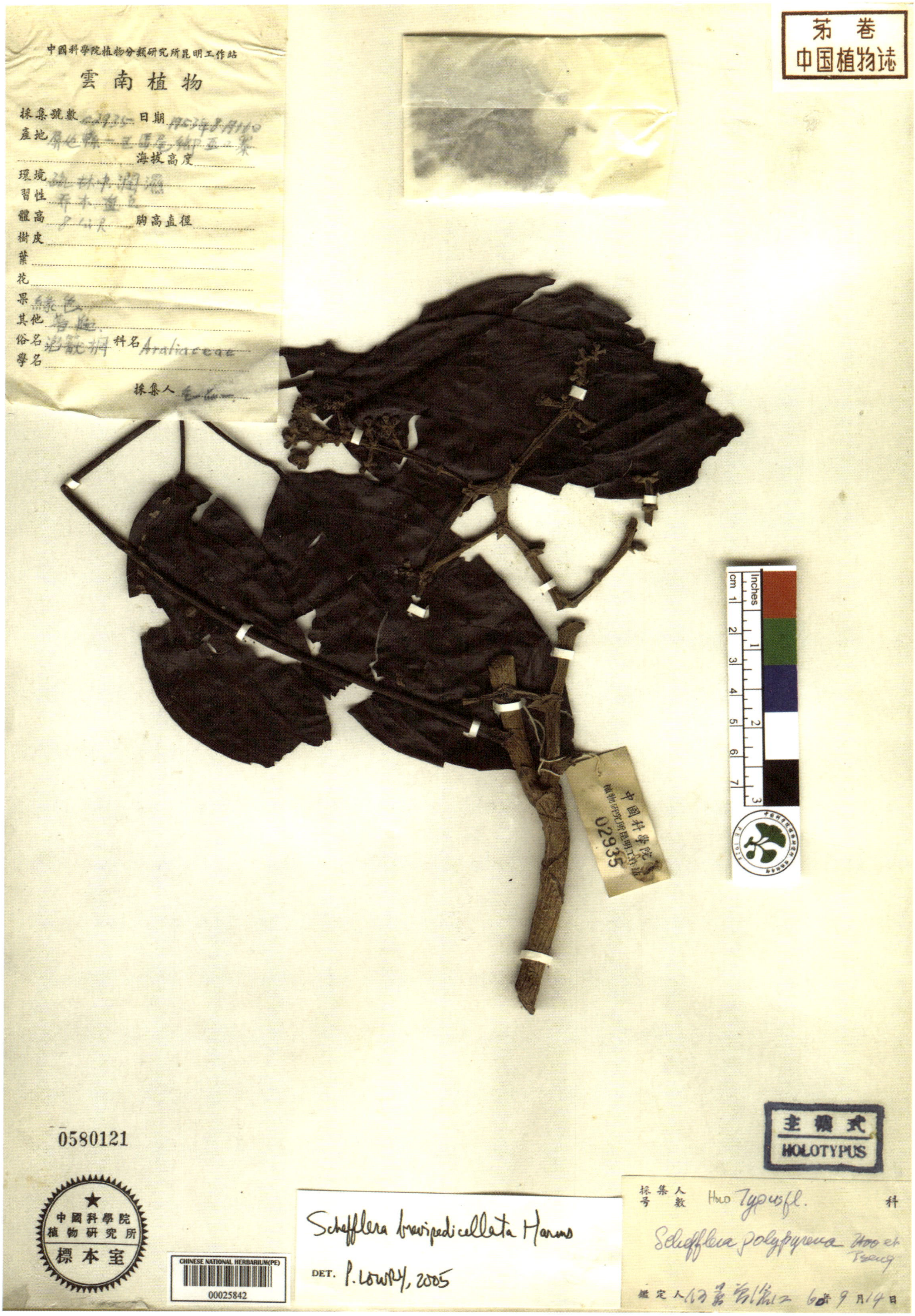

多核鹅掌柴 ***Schefflera polypyrena*** C. J. Tseng & G. Hoo in Acta Phytotax. Sin., Add. 1: 139. 1965. **Holotype:** China. Yunnan: Pingbian, 1953-08-16, P. I Mao 02935.

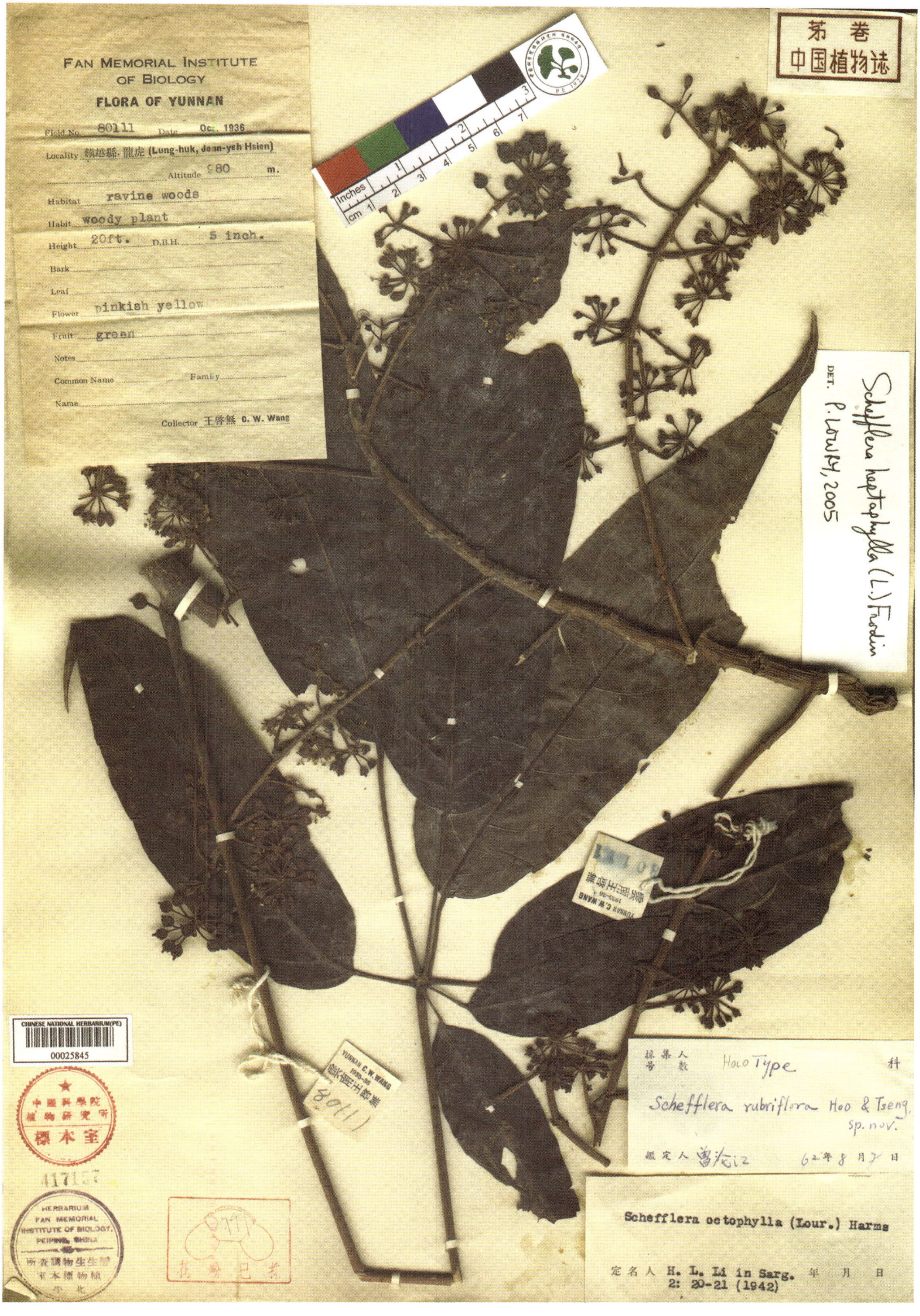

红花鹅掌柴 ***Schefflera rubriflora*** C. J. Tseng & G. Hoo in Acta Phytotax. Sin., Add. 1: 139. 1965. **Holotype:** China. Yunnan: Jenn-yeh (=Mengla), alt. 980 m, 1936-10-??, C. W. Wang 80111.

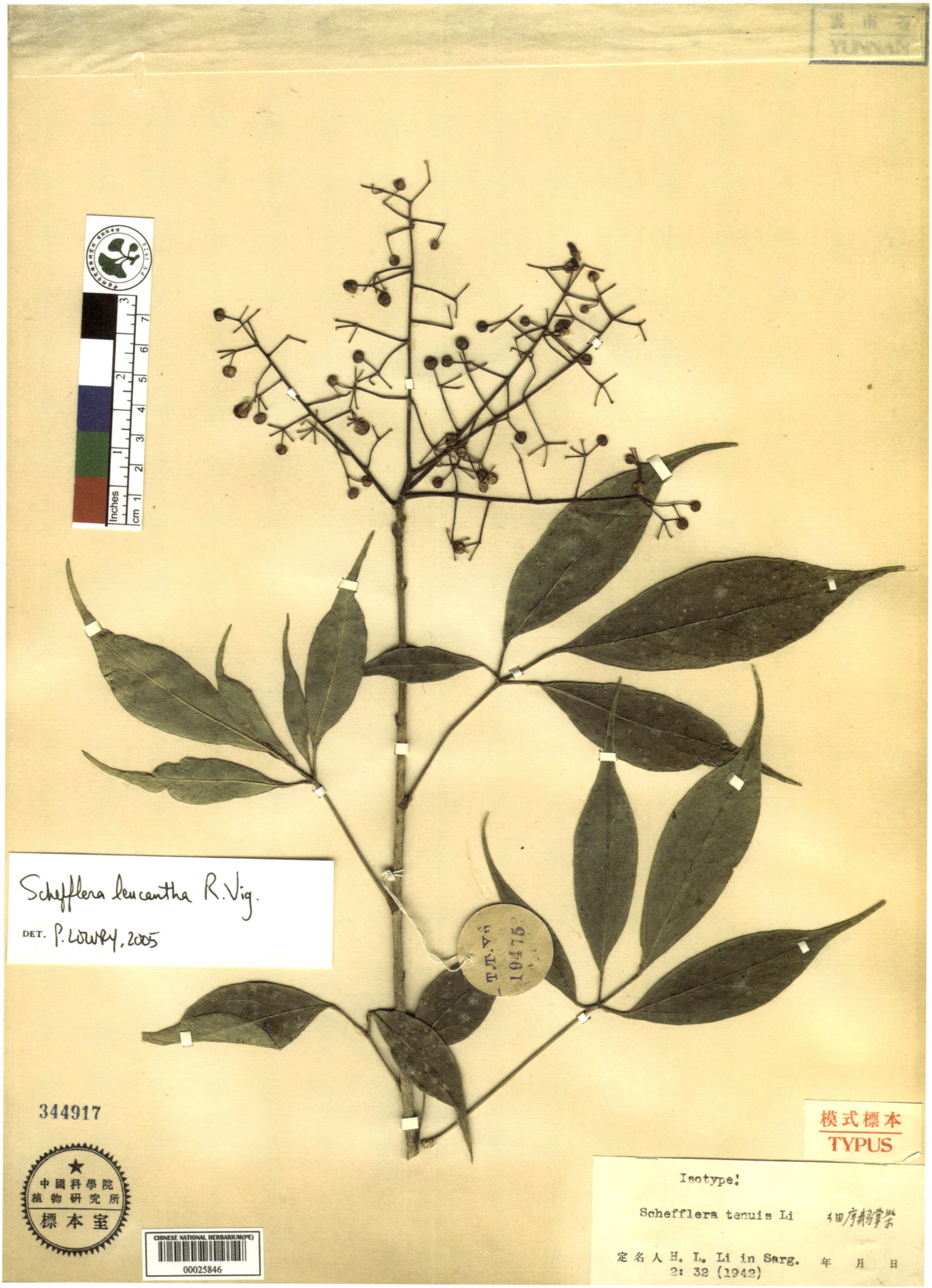

细序鹅掌柴 ***Schefflera tenuis*** H. L. Li in Sargentia 2: 32. 1942. **Isotype:** China. Yunnan: Dulong (=Gongshan), 1938-07-27, T. T. Yu 19475.

启无鹅掌柴 ***Schefflera wangii*** H. L. Li in Sargentia 2: 18. 1942. **Isotype:** China. Yunnan: Zhenkang, alt. 2 450 m, 1936-03-??, C .W. Wang 72364.

季川鹅掌柴 ***Schefflera yui*** C. J. Tseng & G. Hoo in Acta Phytotax. Sin., Add. 1: 135. 1965. **Holotype:** China. Yunnan: Dulong (=Gongshan), alt. 1 700 m, 1938-07-27, T. T. Yu 19477.

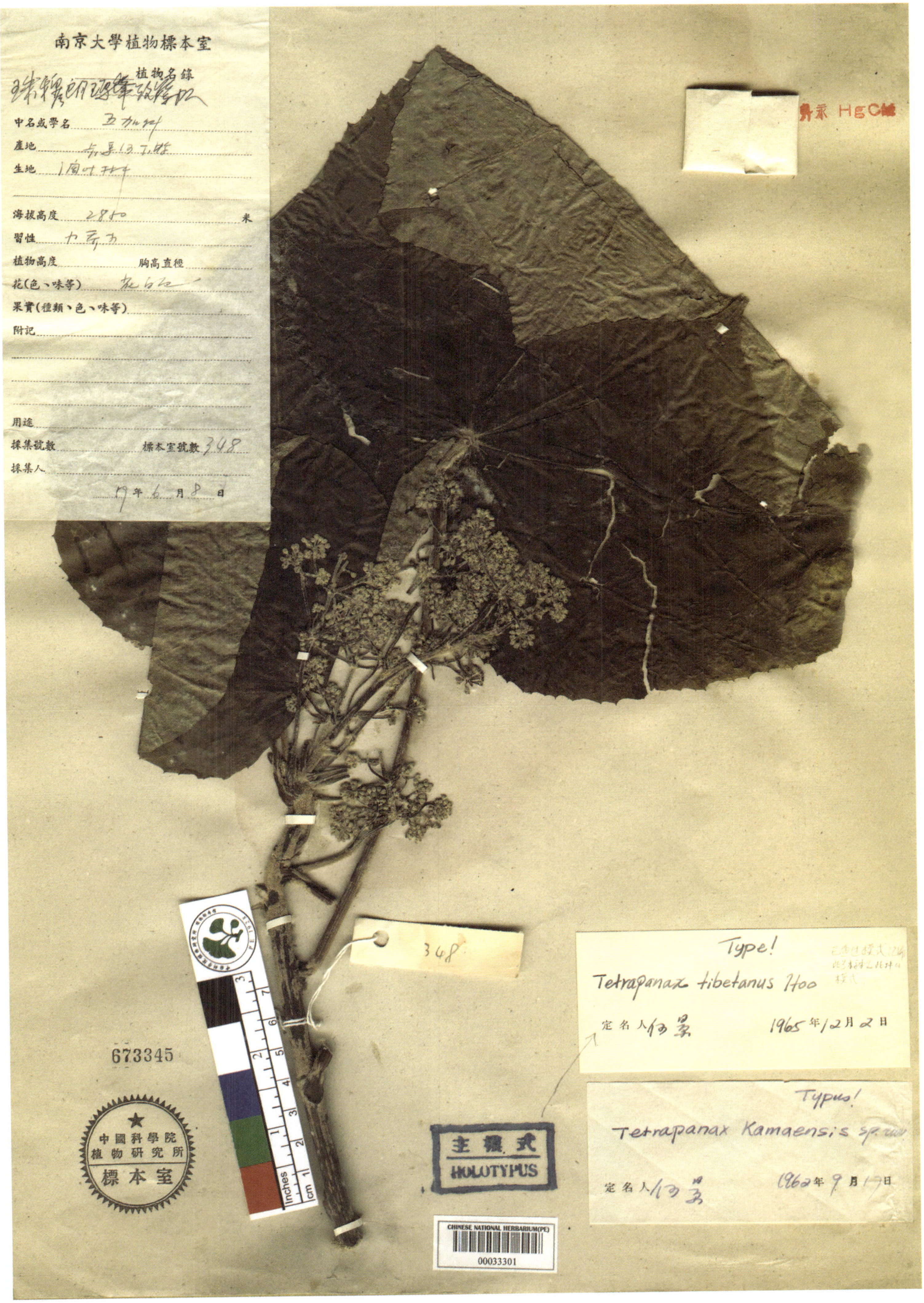

西藏通脱木 ***Tetrapanax tibetanus*** G. Hoo in Acta Phytotax. Sin., Add. 1: 129. 1965. **Holotype:** China. Xizang: Kama River, alt. 2 850 m, 1959-06-08, Qomolangma Feng Exped. 348.

棱果刺通草 ***Trevesia palmata*** (Roxb.) Vis. var. ***costata*** H. L. Li in Sargentia 2: 14. 1942. **Isotype:** China. Yunnan: Fohai (=Menghai), alt. 1 200 m, 1936-07-??, C. W. Wang 76004.

Umbelliferae (Apiaceae)

伞形科

sanxingke

南部当归 ***Angelica florenti*** Franch. & Sav. ex Maxim. in Bull. Acad. Imp. Sci. St.-Pétersb. 19: 274. 1874. **Isosyntype:** Japan. Nambu, 1864-??-??, Tschonoski s. n.

箱根当归 ***Angelica hakonensis*** Maxim. in Bull. Acad. Imp. Sci. St.-Pétersb. 19: 277. 1873. **Isotype:** Japan. Yokohama, 1862-10-(04~16), Maximowicz s. n.

不等叶当归 ***Angelica inaequalis*** Maxim. in Bull. Acad. Imp. Sci. St.-Pétersb. 19: 184. 1873. **Isotype:** Japan. Yokohama, 1862-10-(18~30), Maximowicz s. n.

山芹当归 ***Angelica miquelana*** Maxim. in Bull. Acad. Imp. Sci. St. -Pétersb. 19: 276. 1874. **Isosyntype:** Japan. Yokohama, 1862-10-(08~20), Maximowicz s. n.

青海当归 ***Angelica nitida*** Wolff in Acta Horti Gothob. 2: 317. 1926. **Isotype:** China. Sichuan: Huang-ch'en-kuan (=Huangshengguan), alt. 3 300 m, 1922-06-19, H. Smith 4069.

牡丹叶当归 ***Angelica paeoniifolia*** R. H. Shan & C. C. Yuan in Acta Phytotax. Sin. 18(3): 378. 1980. **Holotype:** China. Xizang: Biru, alt. 3 800~4 000 m, 1976-09-12, Qinghai-Xizang Exped. 11320.

拐芹 ***Angelica polymorpha*** Maxim. in Bull. Acad. Imp. Sci. St.-Pétersb. 19: 185. 1874. **Isosyntype:** Japan. Nagasaki, 1863-09-29, Maximowicz s. n.

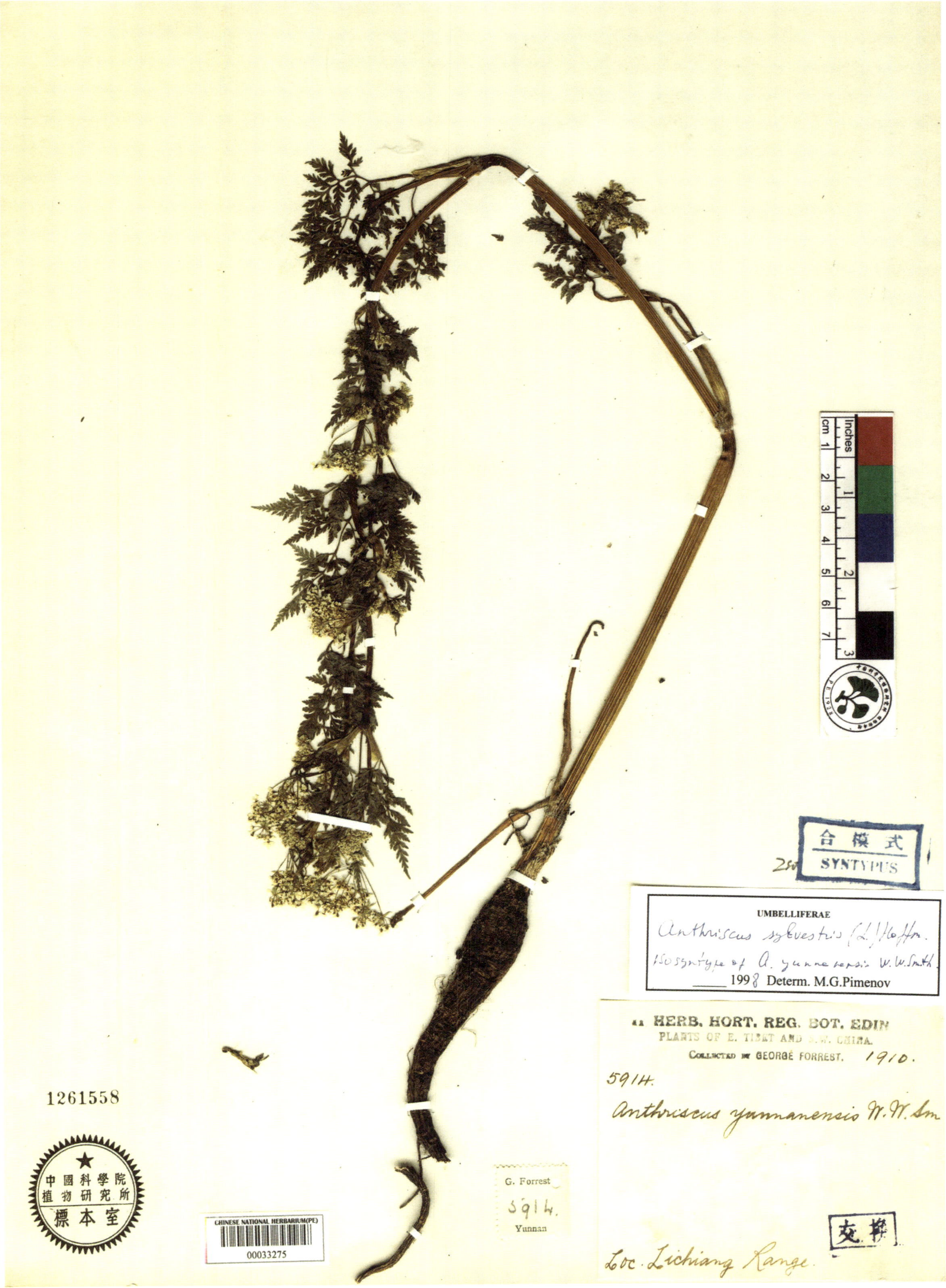

云南峨参 ***Anthriscus yunnanensis*** W. W. Smith in Not. Roy. Bot. Gard. Edinburgh 8: 331. 1915. **Isosyntype:** China. Yunnan: Lijiang, alt. 3 355 m, 1910-06-??, G. Forrest 5914.

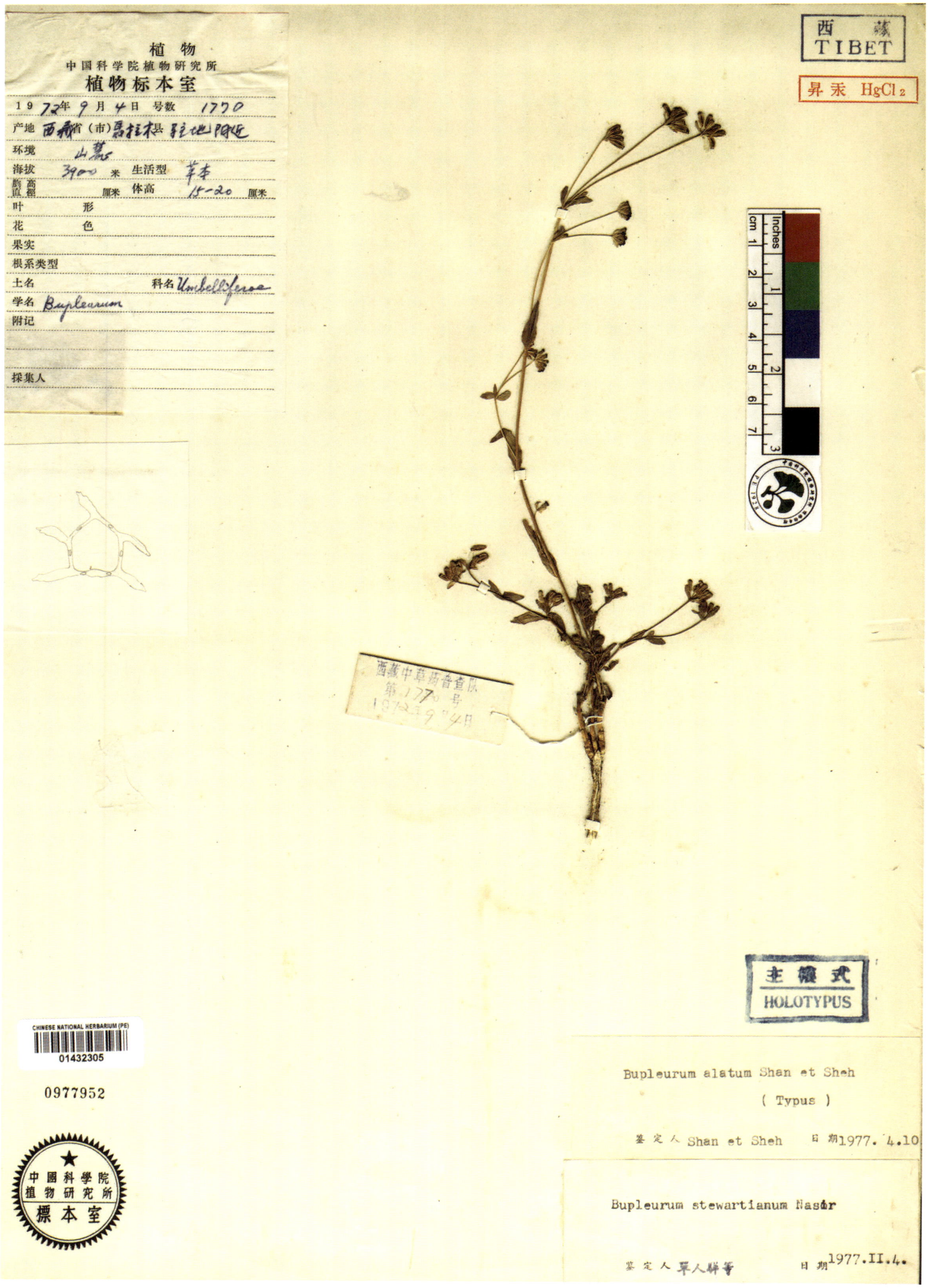

翅果柴胡 ***Bupleurum alatum*** R. H. Shan & M. L. Sheh, Fl. Reip. Pop. Sin. 55(1): 256, 299, pl. 138. 1979. **Holotype:** China. Xizang: Nyalam, alt. 3 900 m, 1972-09-04, Xizang Chin. Herb. Medic. Exped. 1770.

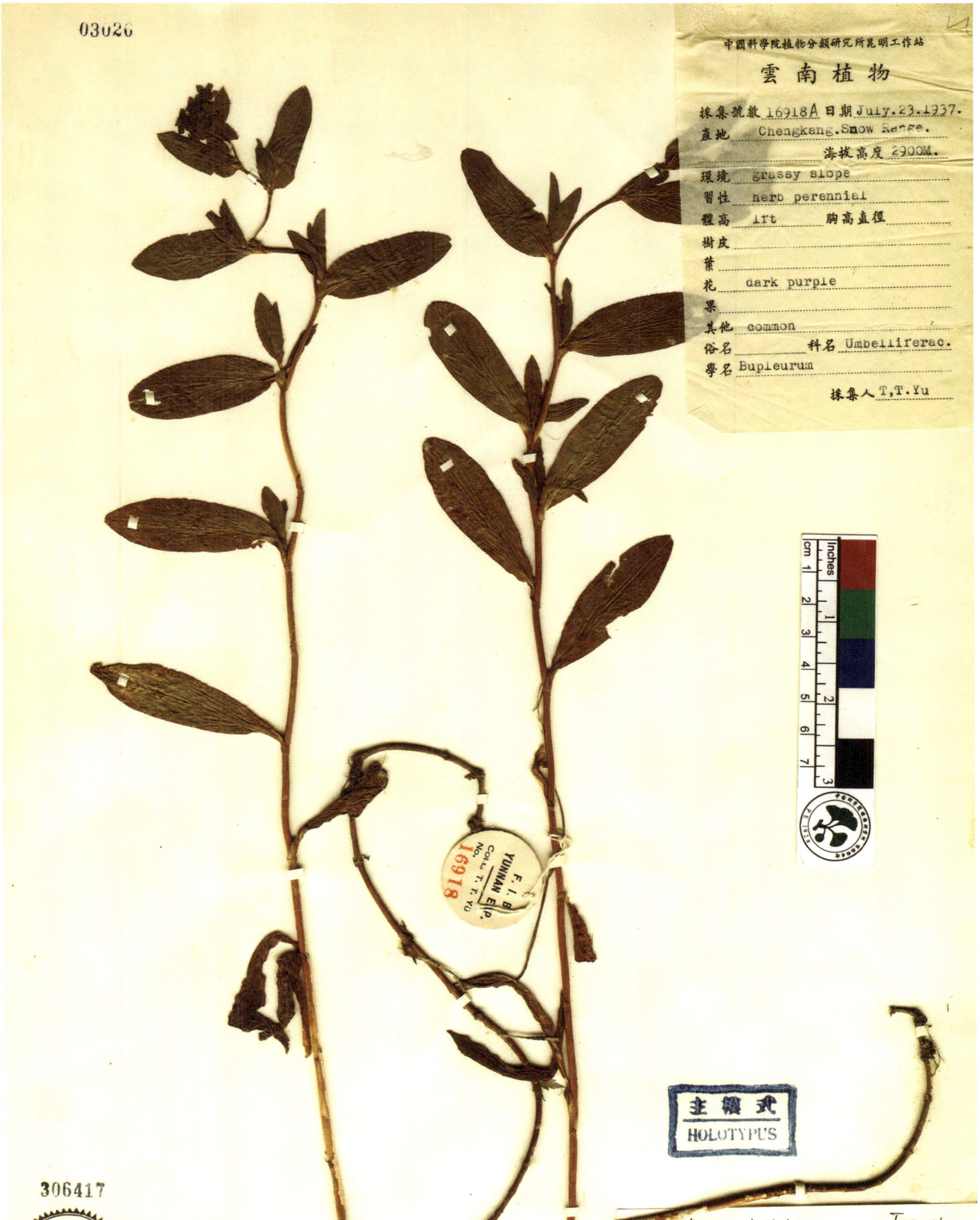

紫红川滇柴胡 ***Bupleurum candollei*** Wall. & DC. var. ***atropurpureum*** C. Y. Wu ex R. H. Shan & Yin Li in Acta Phytotax. Sin. 12(3): 275. 1974. **Holotype:** China. Yunnan: Zhenkang, alt. 2 900 m, 1937-07-23, T. T. Yu 16918.

黄花鸭跖柴胡 ***Bupleurum commelynoideum*** H. de Boiss. var. ***flaviflorum*** R. H. Shan & Yin Li in Acta Phytotax. Sin. 12(3): 276. 1974. **Holotype:** China. Gansu: Min Xian, alt. 3 500 m, 1937-08-19, T. P. Wang 7535.

多伞北柴胡 ***Bupleurum falcatum*** L. var. ***chiliosciadium*** Wolff in Acta Horti Gothob. 2: 303. 1926. **Isotype:** China. Hebei: Yu Xian, Xiaowutaishan, alt. 1 600 m, 1921-09-21, H. Smith 176.

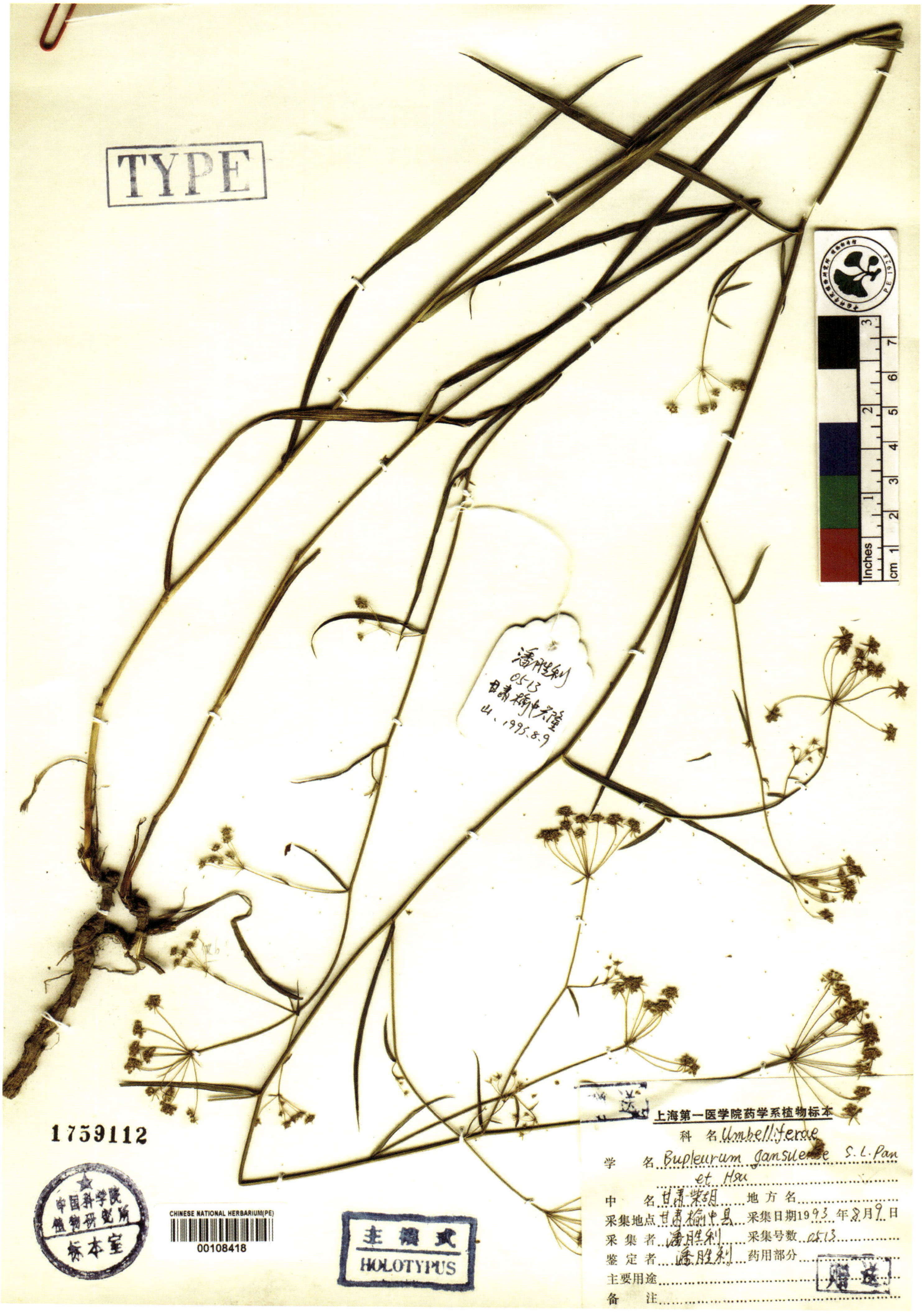

甘肃柴胡 ***Bupleurum gansuense*** S. L. Pan & P. S. Hsu in Rheedea. 5(2): 145, f. 1. 1995. **Holotype:** China. Gansu: Yuzhong, alt. 1 900 m, 1993-08-09, S. L. Pan 0513.

贵州柴胡 ***Bupleurum kweichowense*** R. H. Shan in Sinensia. 11(1-2): 148, pl. 1. 1940. **Holotype:** China. Guizhou: Fanjingshan, alt. 2 100 m, 1931-10-05, A. N. Steward, C. Y. Chiao & H. C. Cheo 645.

抱茎柴胡 ***Bupleurum longicaule*** Wall. ex DC. var. ***amplexicaule*** C. Y. Wu ex R. H. Shan & Yin Li in Acta Phytotax. Sin. 12(3): 277. 1974. **Holotype:** China. Yunnan: Dêqên, alt. 2 700 m, 1935-09-??, C. W. Wang 70007.

黑柴胡 ***Bupleurum smithii*** Wolff in Acta Horti Gothob. 2: 304. 1926. **Isosyntype:** China. Hebei: Yu Xian, Xiaowutaishan, alt. 2 200 m, 1921-09-01. H. Smith 119.

耳叶黑柴胡 ***Bupleurum smithii*** Wolff var. ***auriculatum*** R. H. Shan & Y. Li in Acta Phytotax. Sin. 12(3): 273. 1974. **Holotype:** China. Shanxi: Ningwu, alt. 2 100~2 400 m, 1953-09-11, Shanxi Exped. 174.

宽叶栓果芹 ***Cortiella caespitosa*** R. H. Shan & M. L. Sheh in Acta Phytotax. Sin. 18(3): 376. 1980. **Holotype:** China. Xizang: Nyemo, alt. 5 000~5 200 m, 1972-10-09, Xizang Chin. Herb. Medic. Exped. 4609.

南竹叶环根芹 ***Cyclorhiza waltonii*** (Wolff) M. L. Sheh & R. H. Shan var. ***major*** M. L. Sheh & R. H. Shan in Acta Phytotax. Sin. 18(1): 46. 1980. **Holotype:** China. Yunnan: Dengchuan, alt. 2 800 m, 1940-09-??, R. C. Ching 24750.

河西阿魏 ***Ferula hexiensis*** K. M. Shen in Acta Phytotax. Sin. 24(4): 314, f. 10. 1986. **Isotype:** China. Gansu: Sunan, 1967-08-07, Hexi Exped. 101.

城口独活 ***Heracleum fargesii*** H. de Boiss. in Bull. Herb. Boiss., Sér. 2. 3: 853. 1903. **Isotype:** China. Chongqing: Chengkou, R. P. Farges s. n.

聂拉木独活 ***Heracleum nyalamense*** R. H. Shan & T. S. Wang in Acta Phytotax. Sin. 18(3): 378. 1980. **Isotype:** China. Xizang: Nyalam, alt. 2 300 m, 1972-08-13, Xizang Chin. Herb. Medic. Exped. 1055.

微绒毛独活 ***Heracleum subtomentellum*** C. Y. Wu & M. L. Sheh in Acta Bot. Yunnan. 13(3): 274, f. 1. 1991. **Isotype:** China. Xizang: Ruton, alt. 4 400 m, 1976-09-05, Qinghai-Xizang Exped. 76-9163.

怒江天胡荽 ***Hydrocotyle salwinica*** R. H. Shan & S. L. Liou in Acta Phytotax. Sin. 9(2): 131, pl. 8. 1964. **Isotype:** China. Yunnan: Gongshan, alt. 1 850 m, 1938-06-24, T. T. Yu 19142.

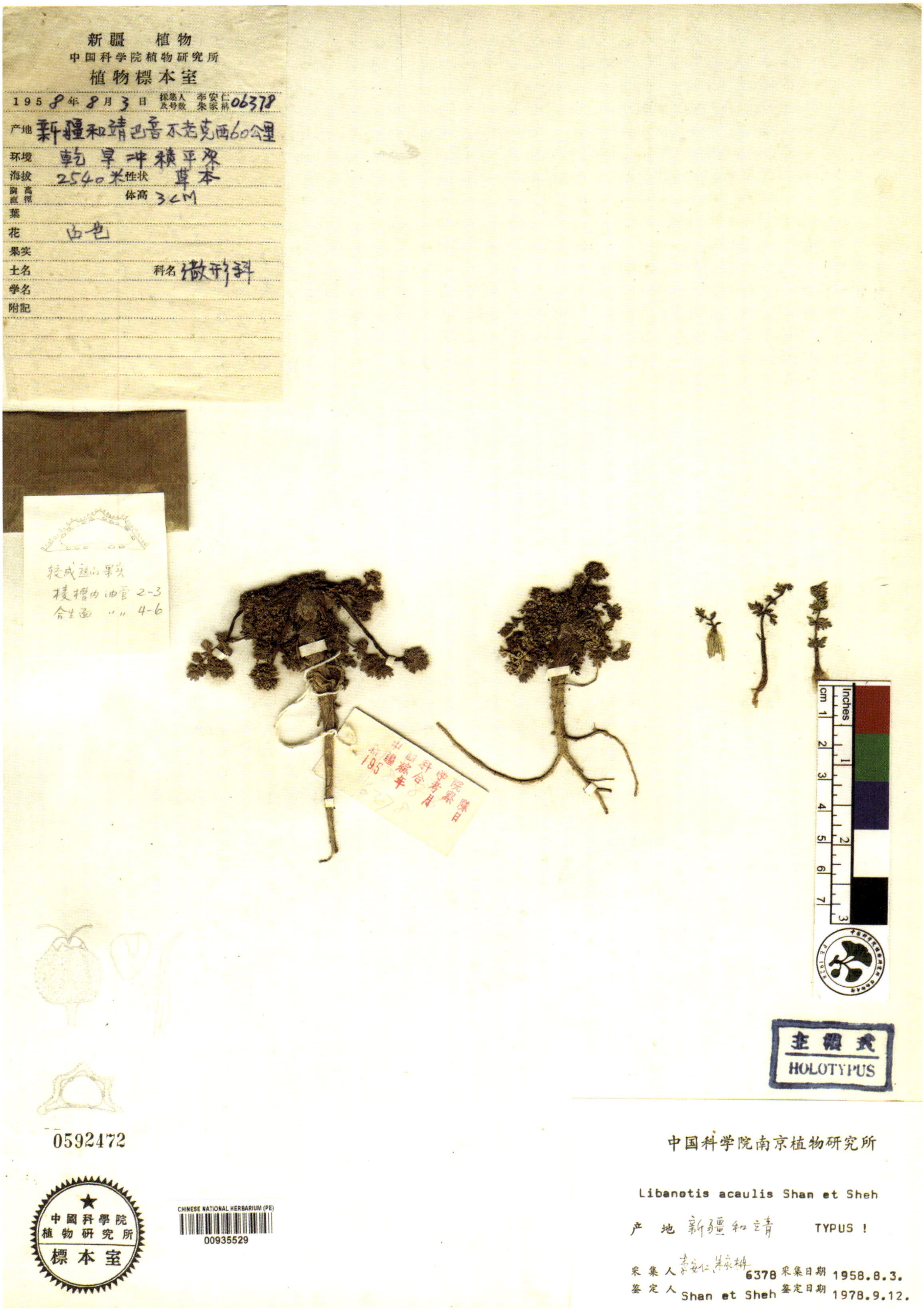

阔鞘岩风 ***Libanotis acaulis*** R. H. Shan & M. L. Sheh in Acta Phytotax. Sin. 21(1): 84, f. 3: 6-10. 1983. **Holotype:** China. Xinjiang: Hejing, alt. 2 540 m, 1958-08-03, A. J. Li & J. N. Zhu 06378.

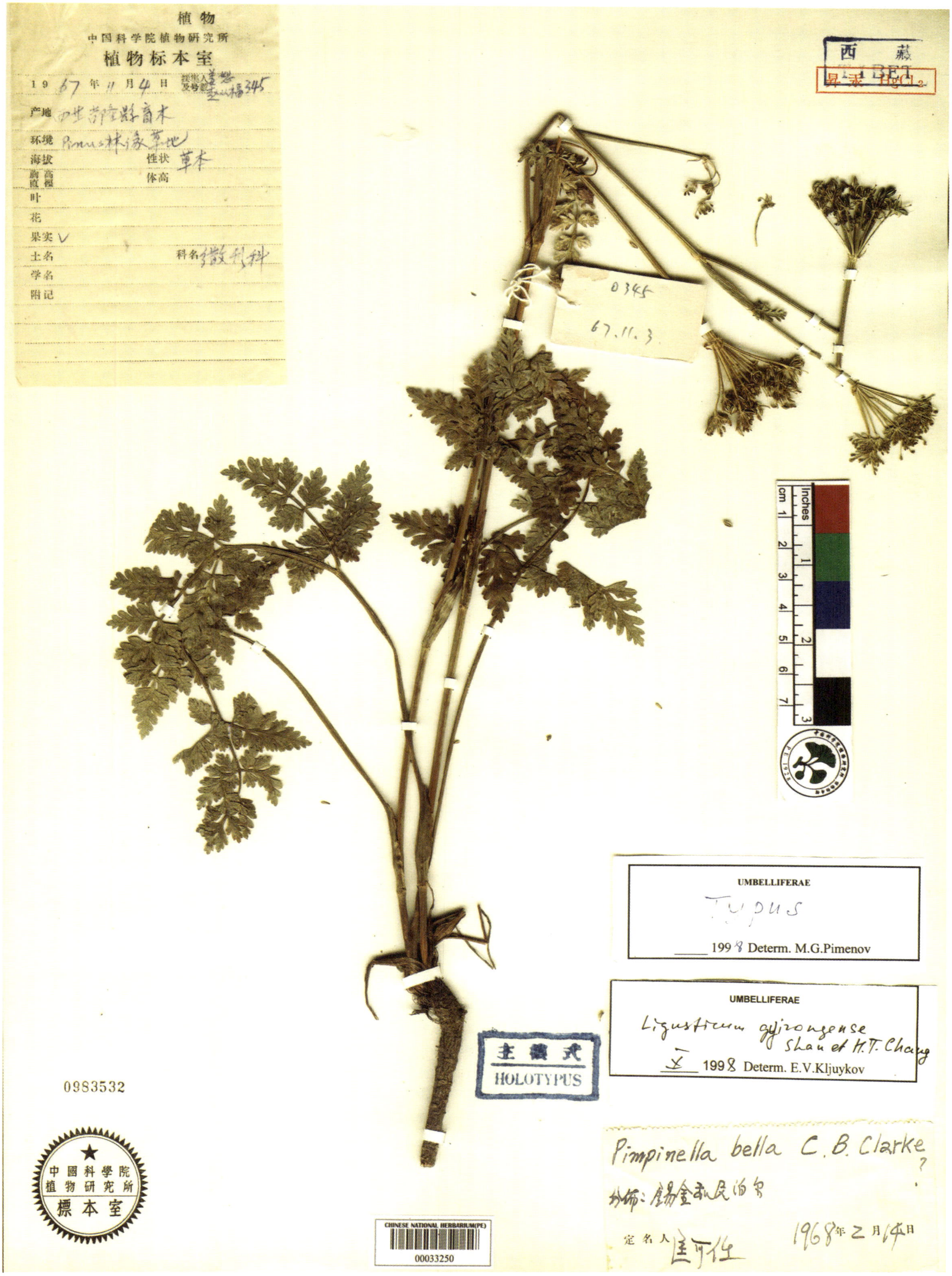

吉隆藁本 ***Ligusticum gyirongense*** R. H. Shan & Ho T. Chang in Acta Phytotax. Sin. 24(4): 315, f. 11. 1986. **Holotype:** China. Xizang: Gyirong, 1967-11-03, S. Jiang & C. F. Zhao 345.

藁本 ***Ligusticum sinense*** Oliv. in Hook. Icon. Pl. 20(3): pl. 1958. 1891. **Isotype:** China. Hubei: Wushan, (1885~1888)-??-??, A. Henry 6759 A.

紫伞芹 ***Melanosciadium pimpinelloideum*** H. de Boiss. in Bull. Herb. Boiss., Sér. 2. 2: 804. 1902. **Isotype:** China. Chongqing: Chengkou, R. P. Farges. s. n.

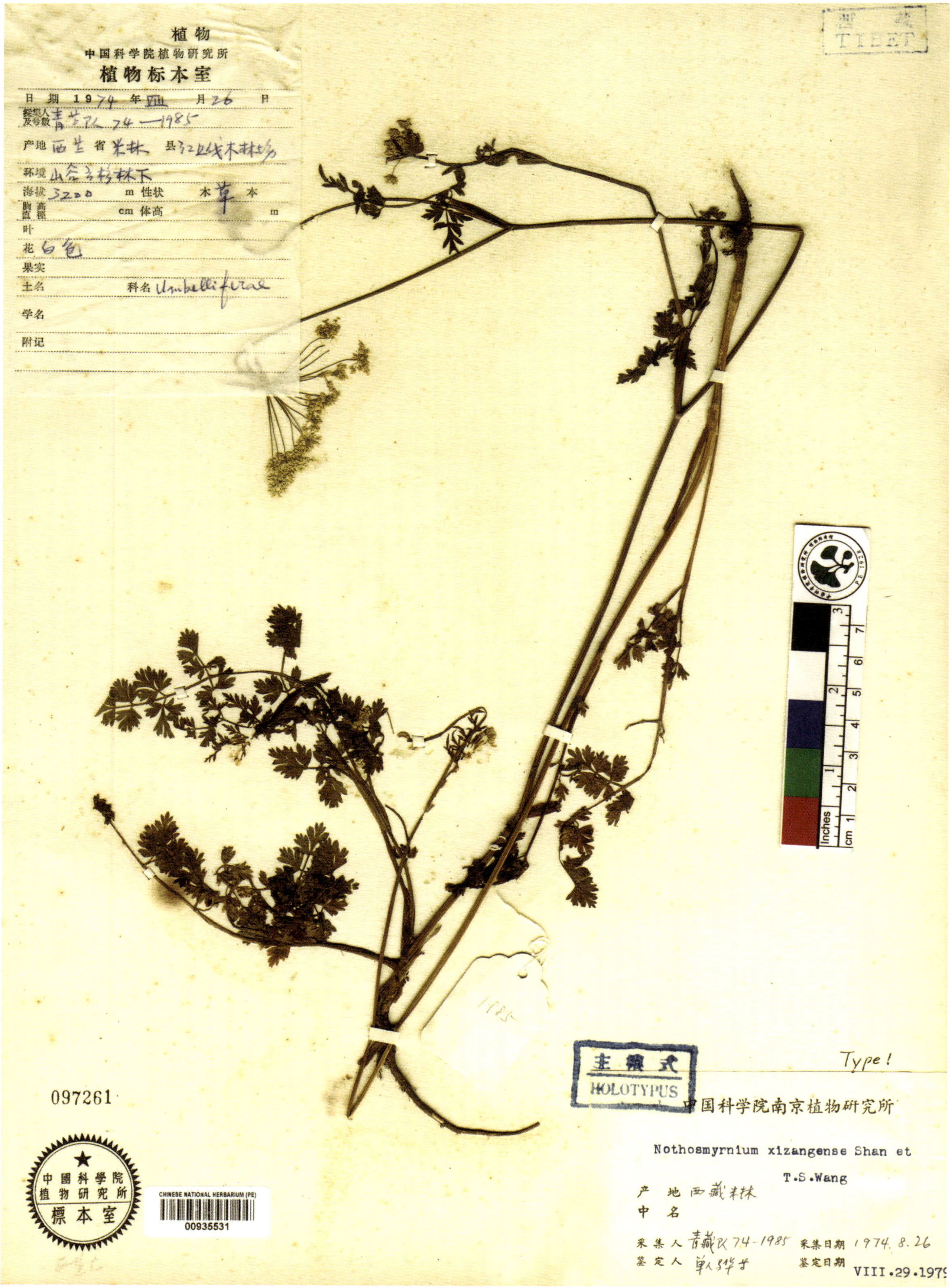

西藏白苞芹 ***Nothosmyrnium xizangense*** R. H. Shan & T. S. Wang in Acta Phytotax. Sin. 18(3): 375. 1980. **Holotype:** China. Xizang: Mainling, alt. 3 200 m, 1974-08-26, Qinghai-Xizang Exped. 74-1985.

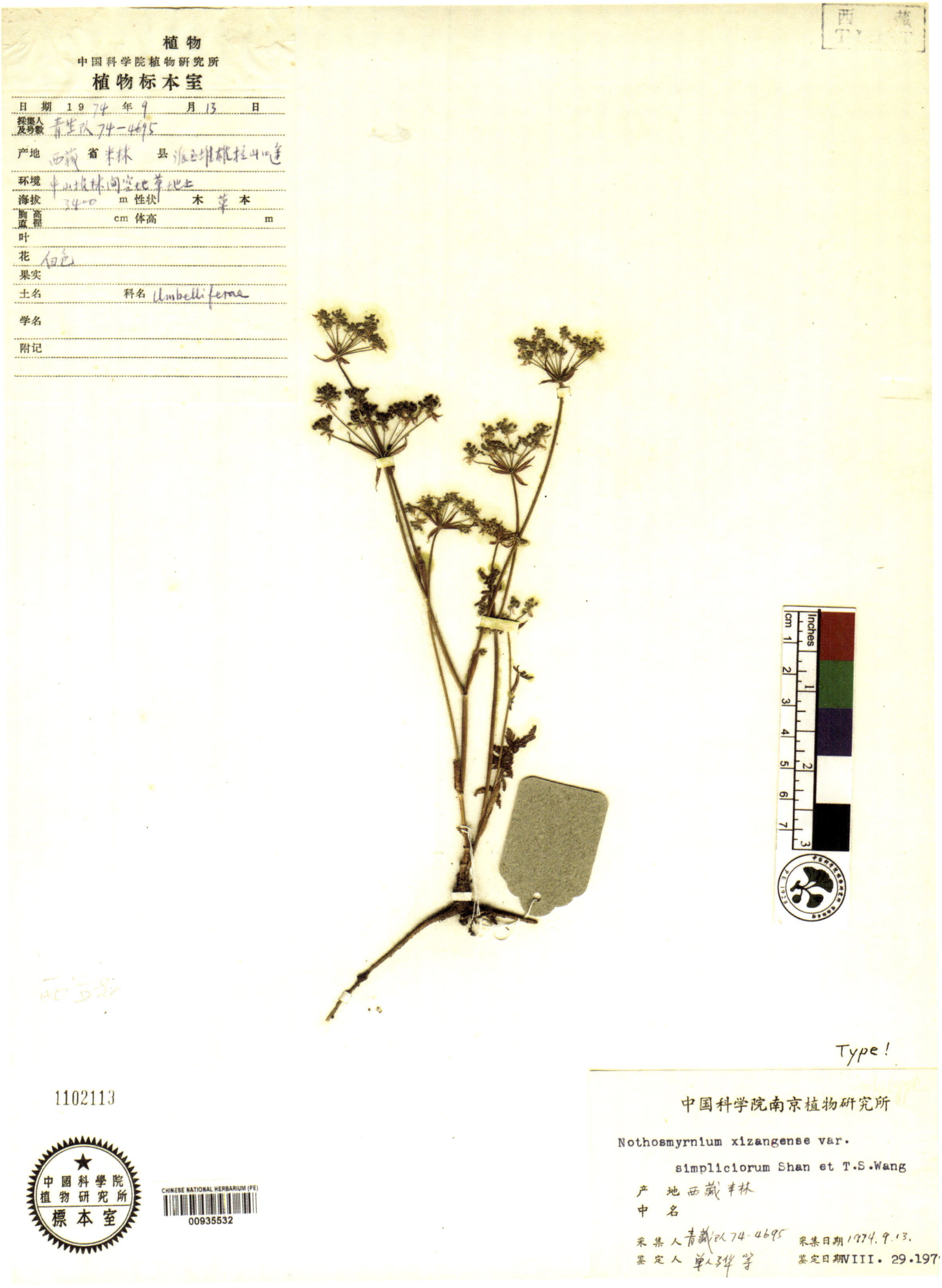

少裂西藏白苞芹 ***Nothosmyrnium xizangense*** R. H. Shan & T. S. Wang var. ***simpliciorum*** R. H. Shan & T. S. Wang in Acta Phytotax. Sin. 18(3): 376. 1980. **Holotype:** China. Xizang: Mainling, alt. 3 400 m, 1974-09-13, Qinghai-Xizang Exped. 74-4695.

蒙自水芹 *Oenanthe rivularis* Dunn in J. Linn. Soc., Bot. 35: 496. 1903. **Isotype:** China. Yunnan: Mengzi, alt. 1 525 m, A. Henry 10822.

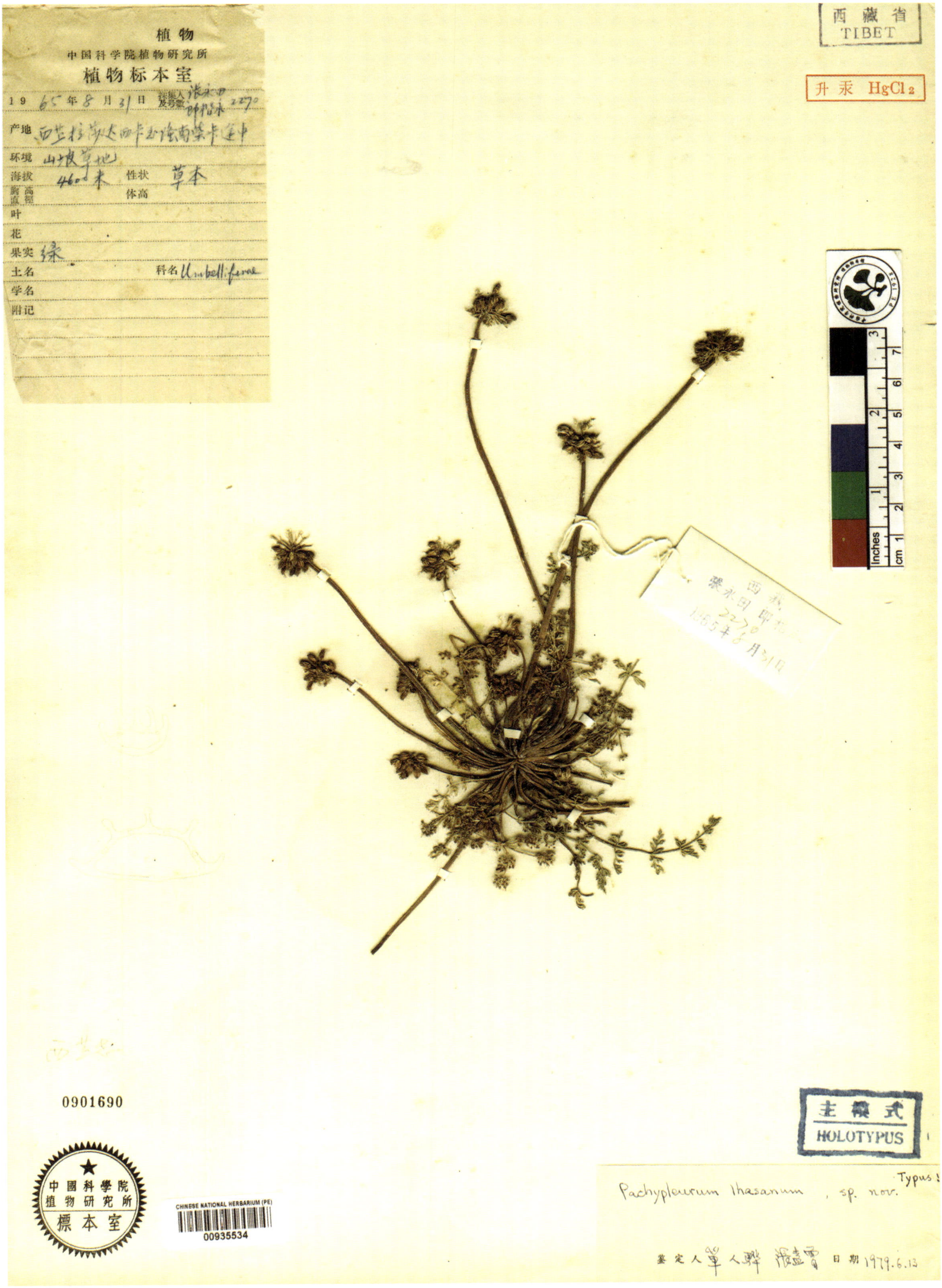

拉萨厚棱芹 ***Pachypleurum lhasanum*** Ho T. Chang & R. H. Shan in Acta Phytotax. Sin. 18(3): 377. 1980. **Holotype:** China. Xizang: Lhasa, alt. 4 600 m, 1965-08-31, Y. T. Chang & K. Y. Lang 2270.

聂拉木厚棱芹 ***Pachypleurum nyalamense*** Ho T. Chang & R. H. Shan in Acta Phytotax. Sin. 18(3): 376. 1980. **Isotype:** China. Xizang: Nyalam, alt. 3 500~3 600 m, 1972-08-31, Xizang Chin. Herb. Medic. Exped. 1692.

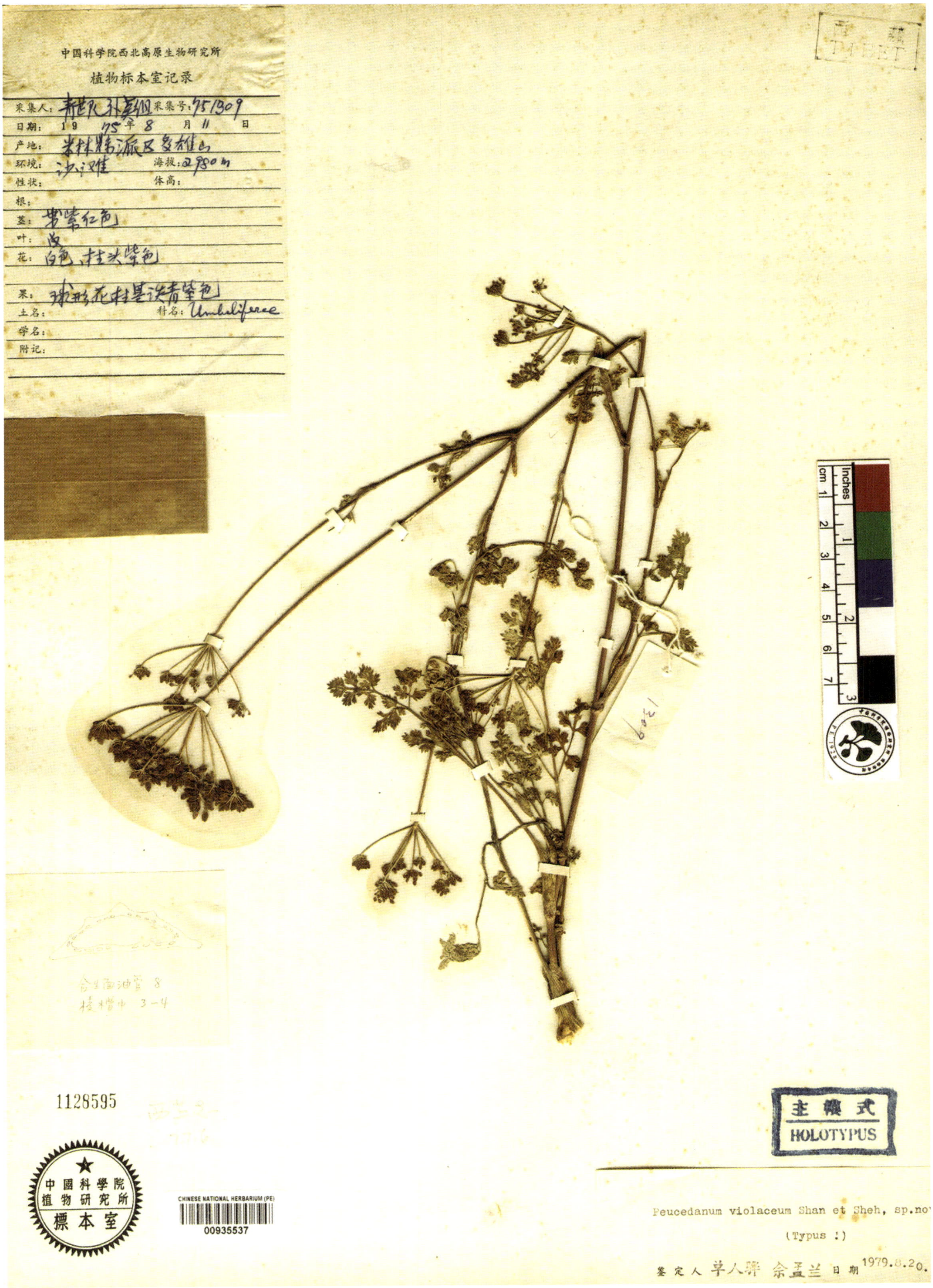

紫茎前胡 ***Peucedanum violaceum*** R. H. Shan & M. L. Sheh in Acta Phytotax. Sin. 18(3): 378. 1980. **Holotype:** China. Xizang: Mainling, alt. 2 980 m, 1975-08-11, Qinghai-Xizang Exped. 75-1309.

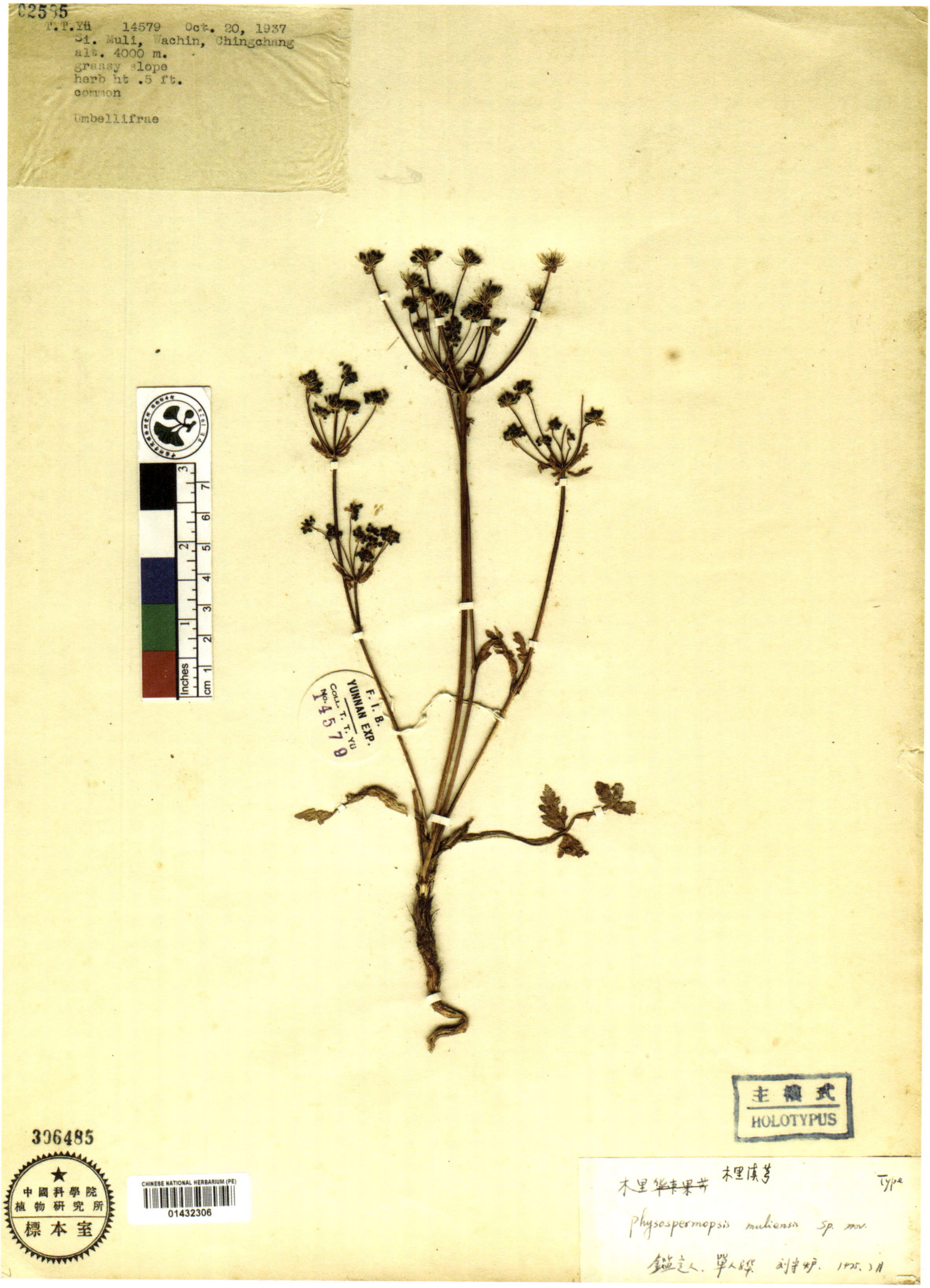

木里滇芎 ***Physospermopsis muliensis*** R. H. Shan & S. L. Liou, Fl. Reip. Pop. Sin. 55(1): 105, 297, pl. 48. 1979. **Holotype:** China. Sichuan: Muli, alt. 4 000 m, 1937-10-20, T. T. Yu 14579.

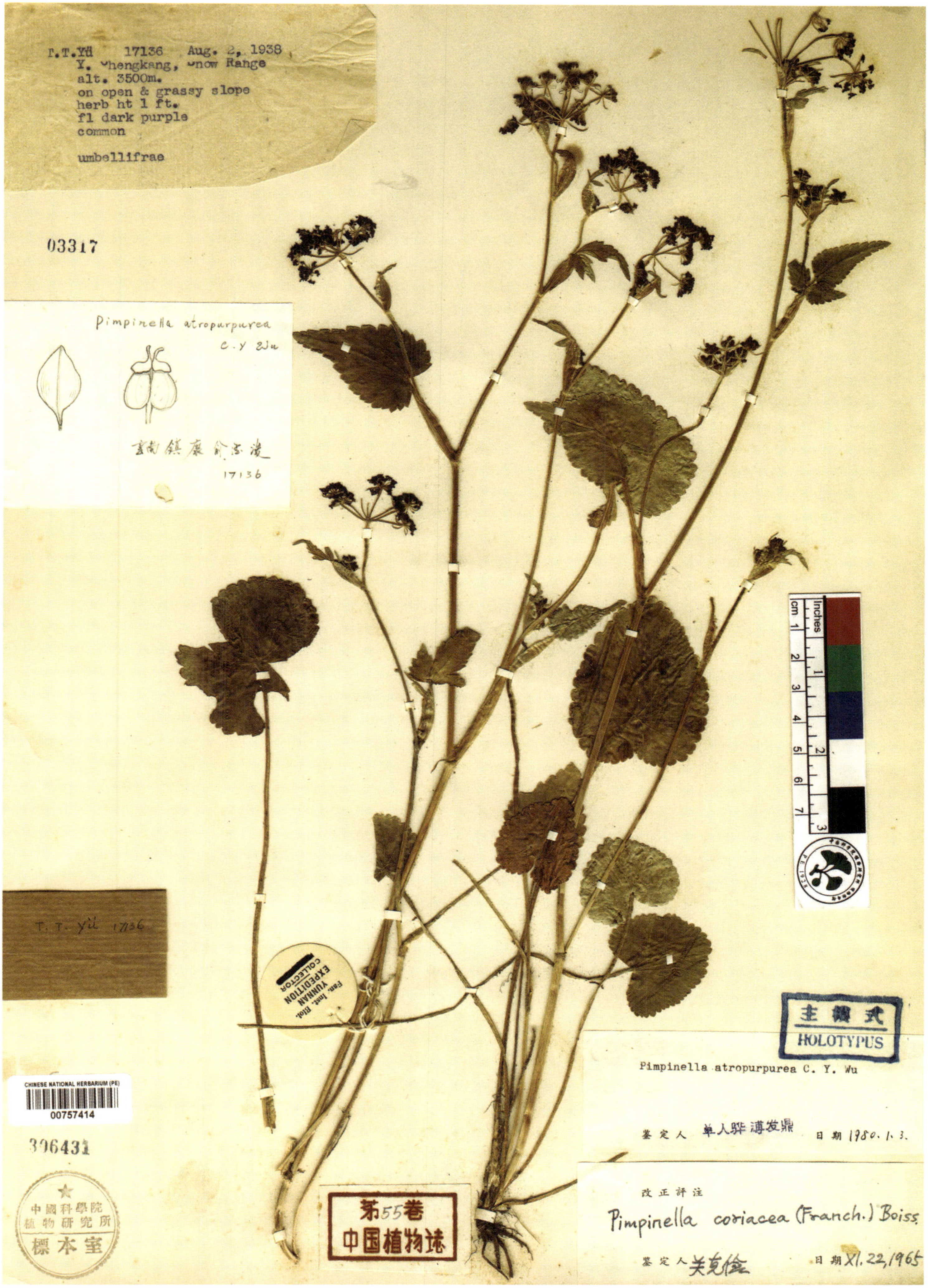

深紫茴芹 ***Pimpinella atropurpurea*** C. Y. Wu ex R. H. Shan & F. T. Pu in Acta Phytotax. Sin. 21(1): 81, f. 1: 1-5. 1983. **Holotype:** China. Yunnan: Zhenkang, alt. 3 500 m, 1938-08-02, T. T. Yu 17136.

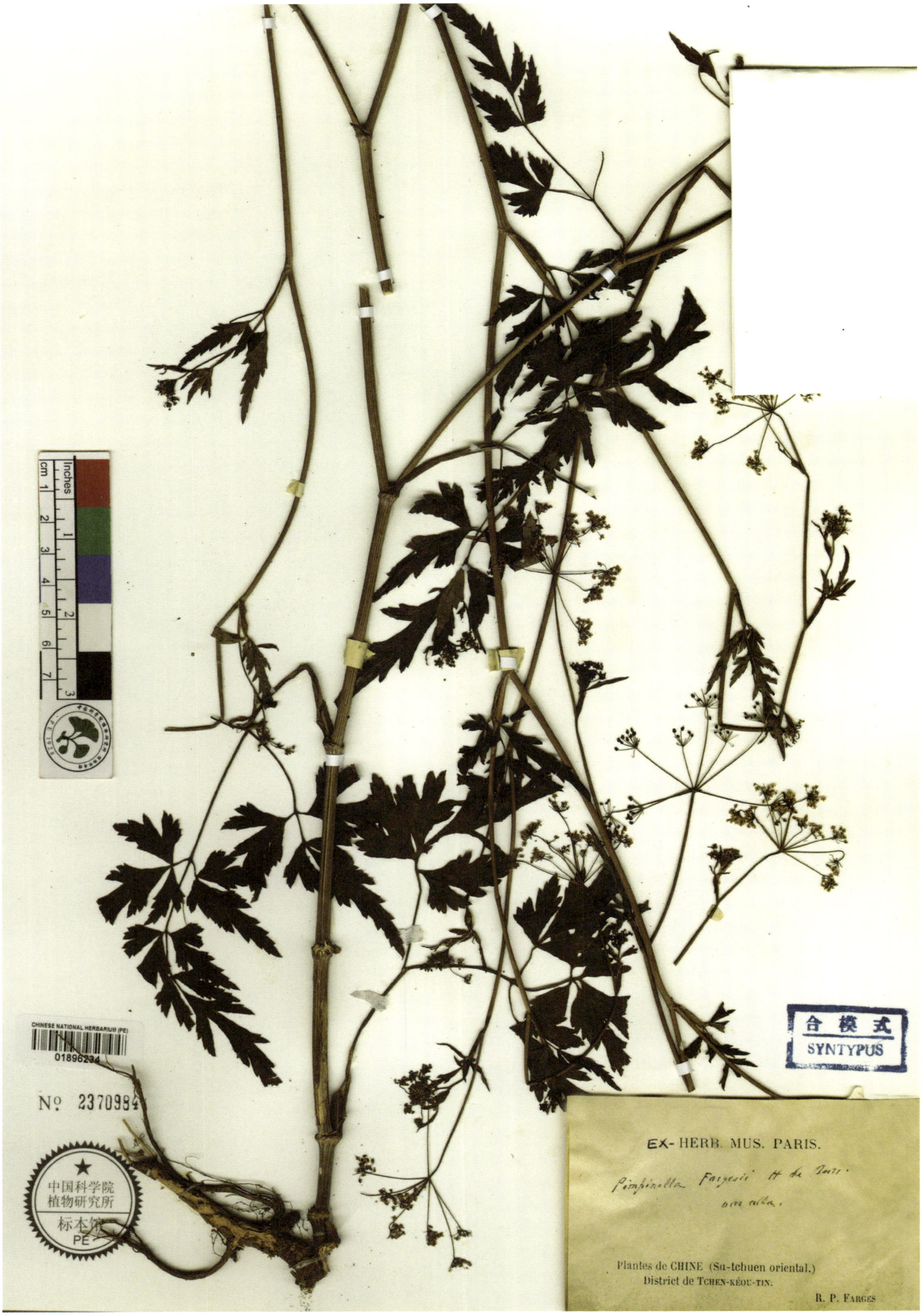

城口茴芹 ***Pimpinella fargesii*** H. de Boiss. in Bull. Herb. Boiss., Sér. 2, 2: 808. 1902. **Syntype:** China. Chongqing: Chengkou, R. P. Farges. s. n.

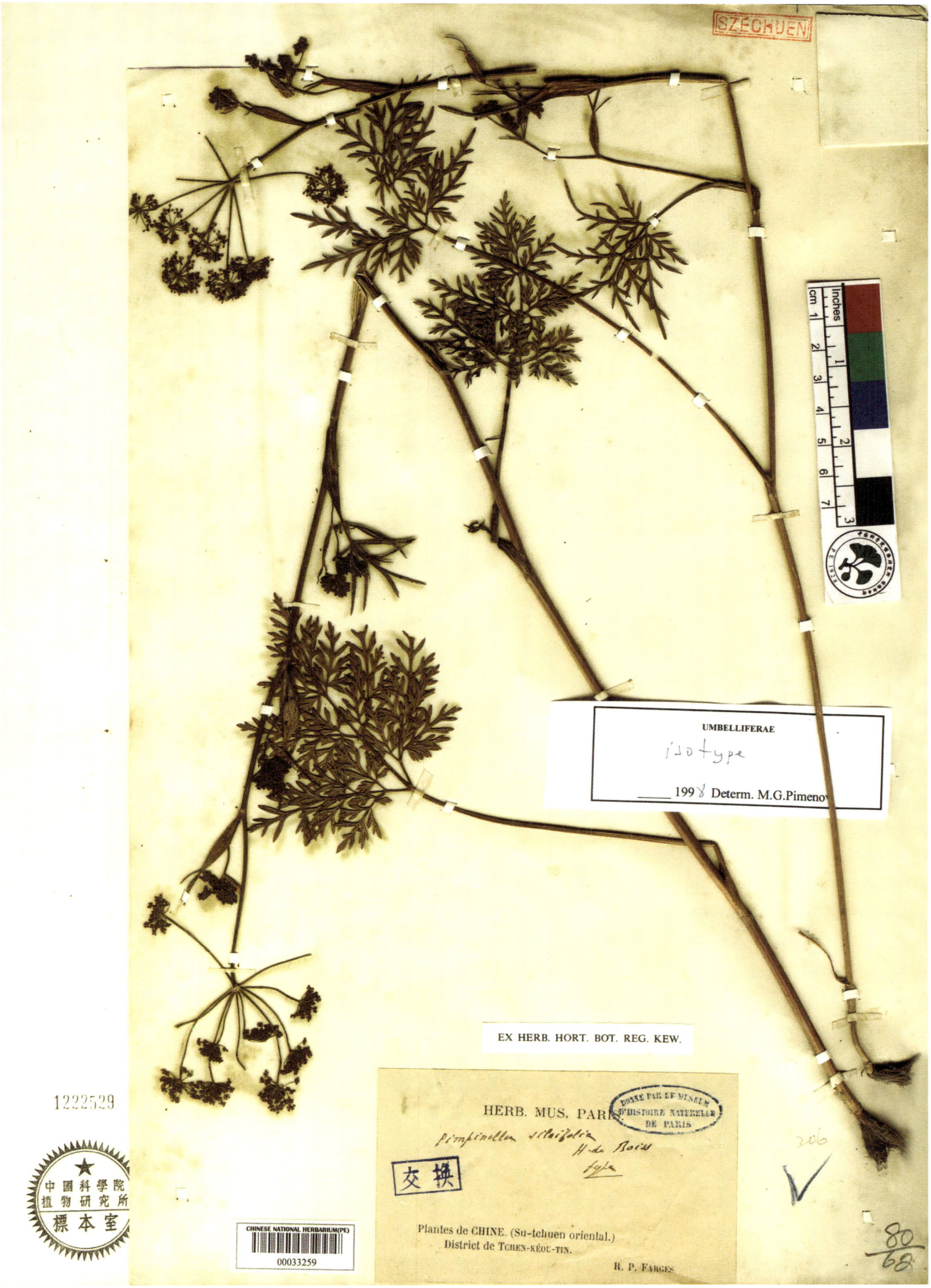

城口东俄芹 ***Pimpinella silaifolia*** H. de Boiss. in Bull. Herb. Boiss., Sér. 2, 2: 809. 1902. **Isotype:** China. Chongqing: Chengkou, R. P. Farges. s. n.

相似棱子芹 ***Pleurospermum affine*** Wolff in Acta Horti Gothob. 2: 295. 1925. **Isotype:** China. Sichuan: Barkam, alt. 4 800 m, 1922-09-15, H. Smith 4454.

芳香棱子芹 ***Pleurospermum aromaticum*** W. W. Smith in Not. Roy. Bot. Gard., Edinburgh. 8: 341. 1915. **Isotype:** China. Yunnan: Lijiang, alt. 3 660~3 965 m, 1910-07-??, G. Forrest 6188.

蛇床叶棱子芹 ***Pleurospermum cnidiifolium*** Wolff in Acta Horti Gothob. 2: 292. 1926, **Isosyntype:** China. Sichuan: Huang-ch'en-kuan (=Huangshengguan), alt. 3 300 m, 1922-08-19, H. Smith 4068.

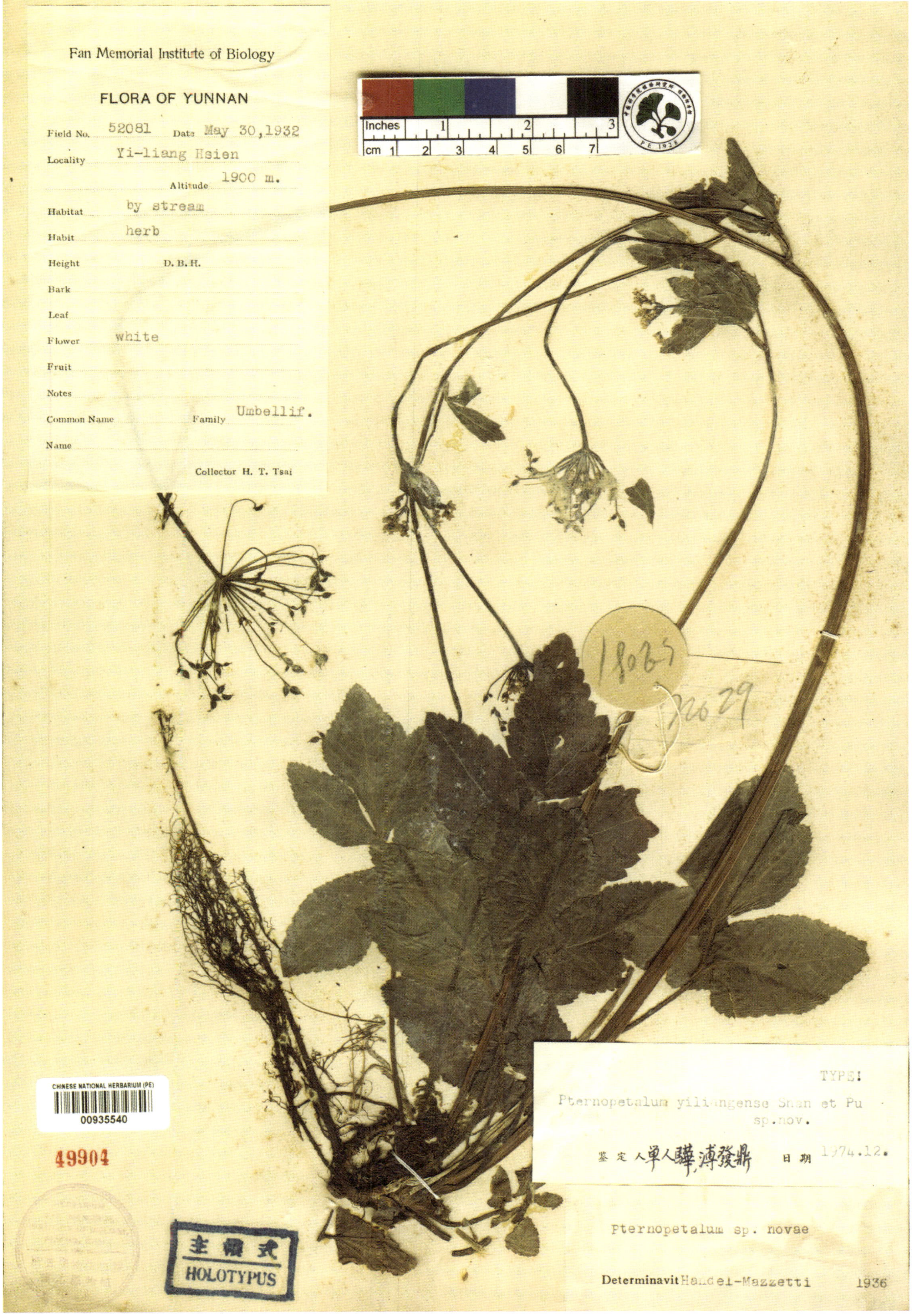

宜良囊瓣芹 ***Pternopetalum yiliangense*** R. H. Shan & F. T. Pu in Acta Phytotax. Sin. 16(3): 72, f. 4. 1978. **Holotype:** China. Yunnan: Yiliang, alt. 1 900 m, 1932-05-30, H. T. Tsai 52081.

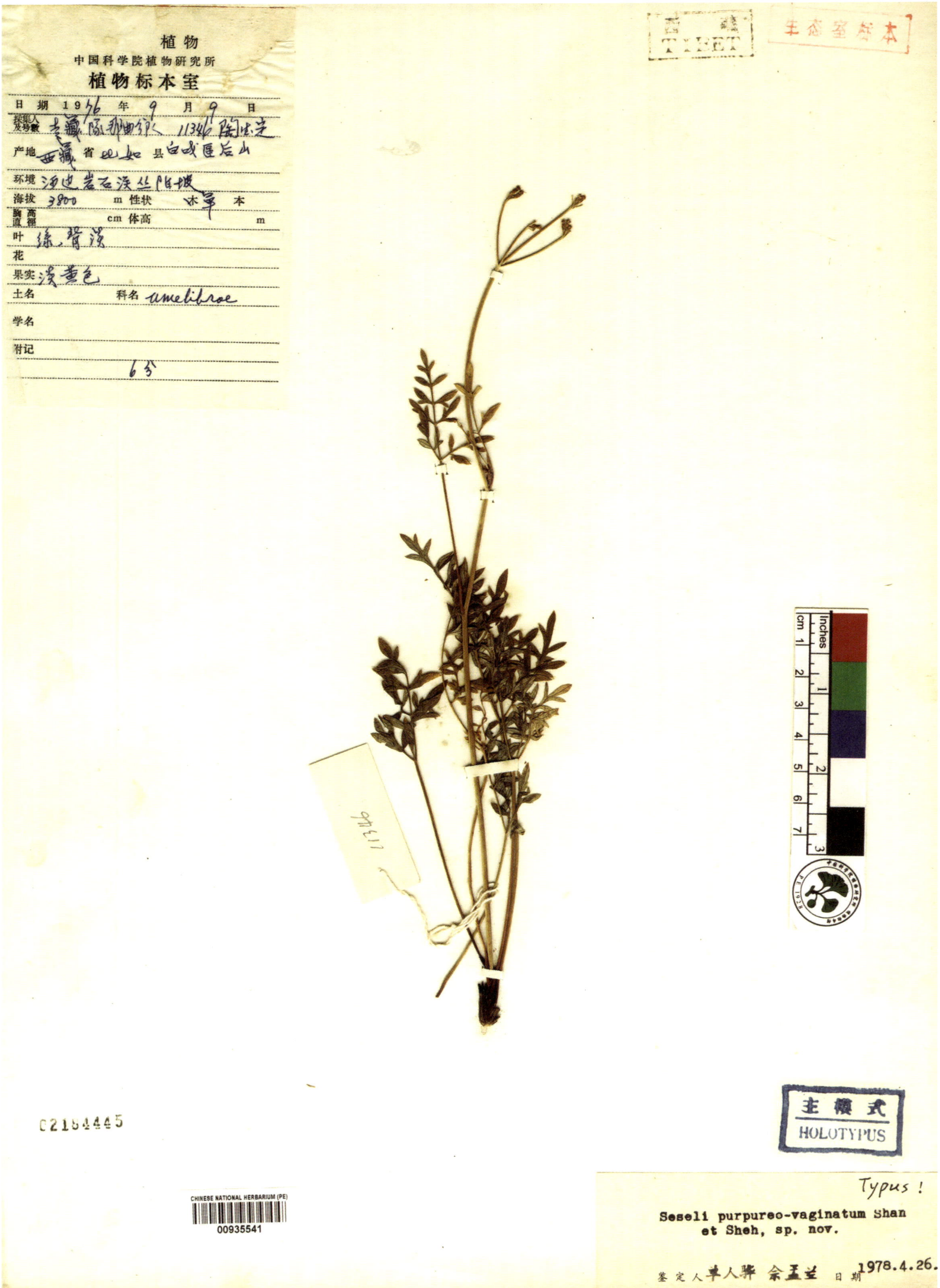

紫鞘西风芹 ***Seseli purpureo-vaginatum*** R. H. Shan & M. L. Sheh in Acta Phytotax. Sin. 18(3): 377. 1980. **Holotype:** China. Xizang: Biru, alt. 3 800 m, 1976-09-09, Qinghai-Xizang Exped. 11346.

裂苞舟瓣芹 ***Sinolimprichtia alpina*** Wolff var. ***dissecta*** R. H. Shan & S. L. Liou, Fl. Reip. Pop. Sin. 55(1): 192, 300, pl. 101: 9. 1979. **Holotype:** China. Yunnan: Dêqên, alt. 3 600 m, 1935-08-(03~05), C. W. Wang 64924.

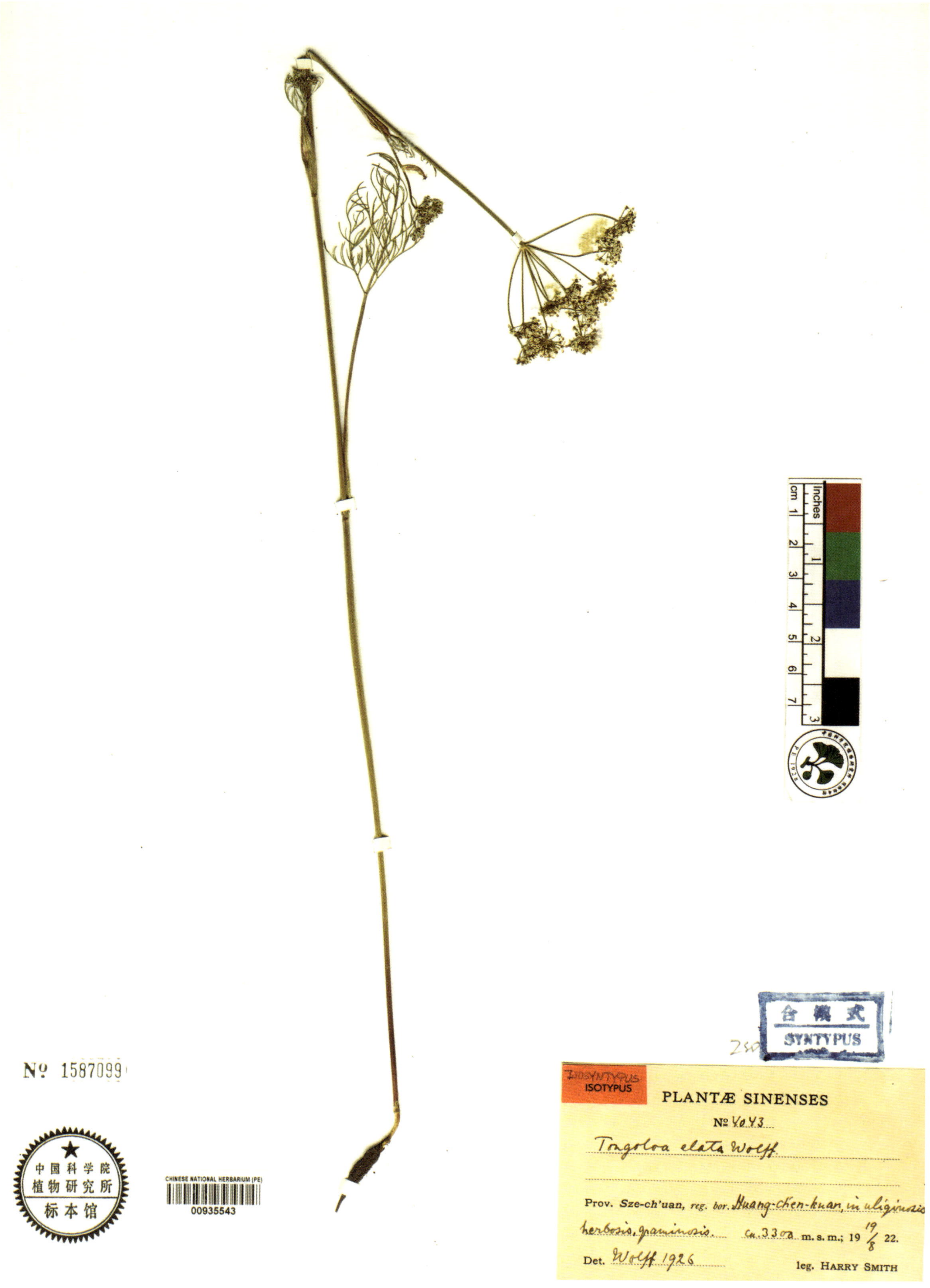

大东俄芹 ***Tongoloa elata*** Wolff in Acta Horti Gothob. 2: 291. 1926. **Syntype:** China. Sichuan: Huang-ch'en-kuan (=Huangshengguan), alt. 3 300 m, 1922-08-19, H. Smith 4043.

裂苞东俄芹 ***Trachydium napiferum*** Wolff in Acta Horti Gothob. 2: 300. 1926. **Syntype:** China. Sichuan: NW Sichuan, Precise locality not known, Sanchatzu, alt. 4 000 m, 1922-08-10, H. Smith 3222.

Cornaceae

山茱萸科

shanzhuyuke

白点桃叶珊瑚 ***Aucuba albo-punctifolia*** F. T. Wang in Contr. Inst. Bot. Nat. Acad. Peiping 6(4): 203. 1949. **Holotype:** China. Chongqing: Nanchuan, Jinfoshan, alt. 1 800 m, 1945-11-??, F. T. Wang 10590.

窄斑叶珊瑚 ***Aucuba albo-punctifolia*** F. T. Wang var. ***angustula*** W. P. Fang & T. P. Soong, Fl. Sichuan. 1: 475, pl. 151: 5. 1981. **Isotype:** China. Chongqing: Nanchuan, Jinfoshan alt. 2050 m, 1957-05-18, C. H. Hsiung & Z. L. Zhou 90855.

凹脉桃叶珊瑚 ***Aucuba cavinervis*** C. Y. Wu ex T. P. Soong in J. Sichuan Univ. 1982(1): 69, pl. 2: 2. 1982. **Holotype:** China. Yunnan: Malipo, alt. 1 200 m, 1940-02-20, C. W. Wang 87041.

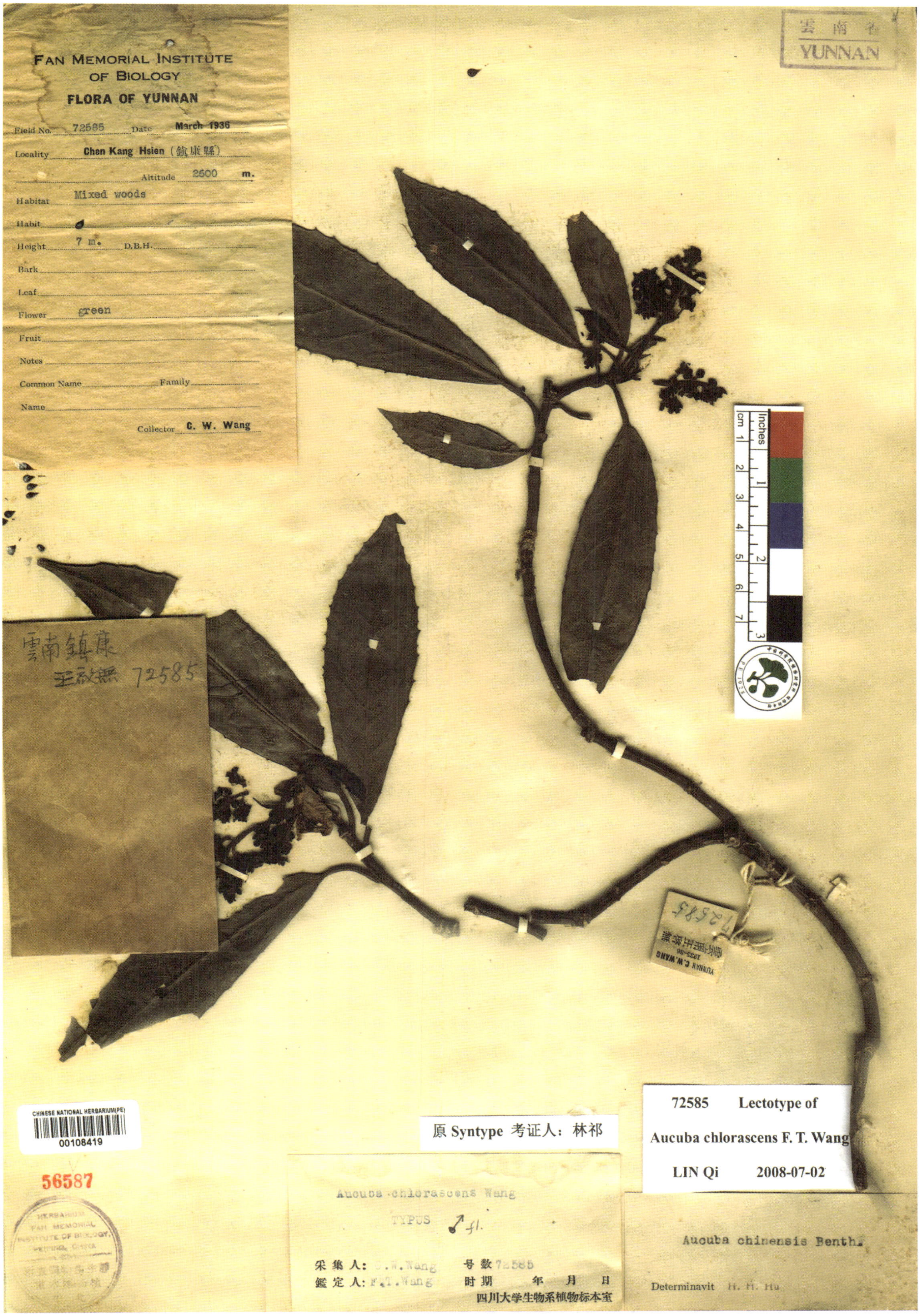

细齿桃叶珊瑚 ***Aucuba chlorascens*** F. T. Wang in Contr. Inst. Bot. Nat. Acad. Peiping 6(4): 201. 1949. **Lectotype** (designated by Q. Lin & al. in Acta Bot. Boreal.-Occident. Sin. 29: 178. 2009.)**:** China. Yunnan: Zhenkang, alt. 2 600 m, 1936-03-??, C. W. Wang 72585.

密花桃叶珊瑚***Aucuba confertiflora*** W. P. Fang & T. P. Soong ex T. P. Soong in J. Sichuan Univ. 1982(1): 68, pl. 3: 1-2. 1982. **Holotype:** China. Yunnan: Malipo, alt. 1 000 m, 1940-02-14, C. W. Wang 86797.

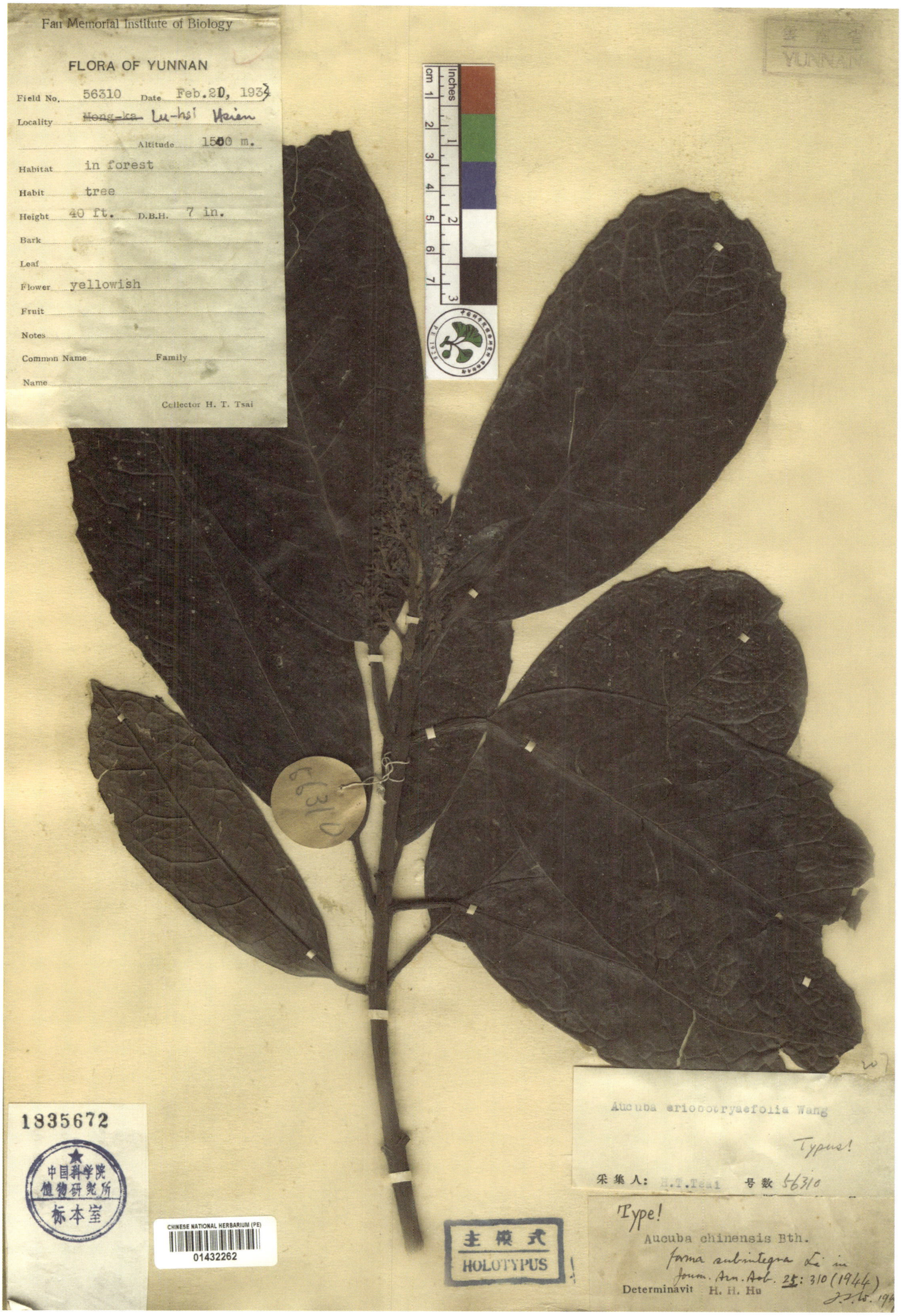

枇杷叶珊瑚 ***Aucuba eriobotryaefolia*** F. T. Wang in Contr. Inst. Bot. Nat. Acad. Peiping, 6(4): 206. 1949. **Holotype:** China. Yunnan: Luxi, alt. 1 500 m, 1933-02-20, H. T. Tsai 56310.

纤尾桃叶珊瑚 ***Aucuba filicauda*** Chun & How in Acta Phytotax. Sin. 7(1): 70, pl. 21. 1958. **Isotype:** China. Guangxi: Longsheng, 1955-04-10, Guangfu For. Exped. 36.

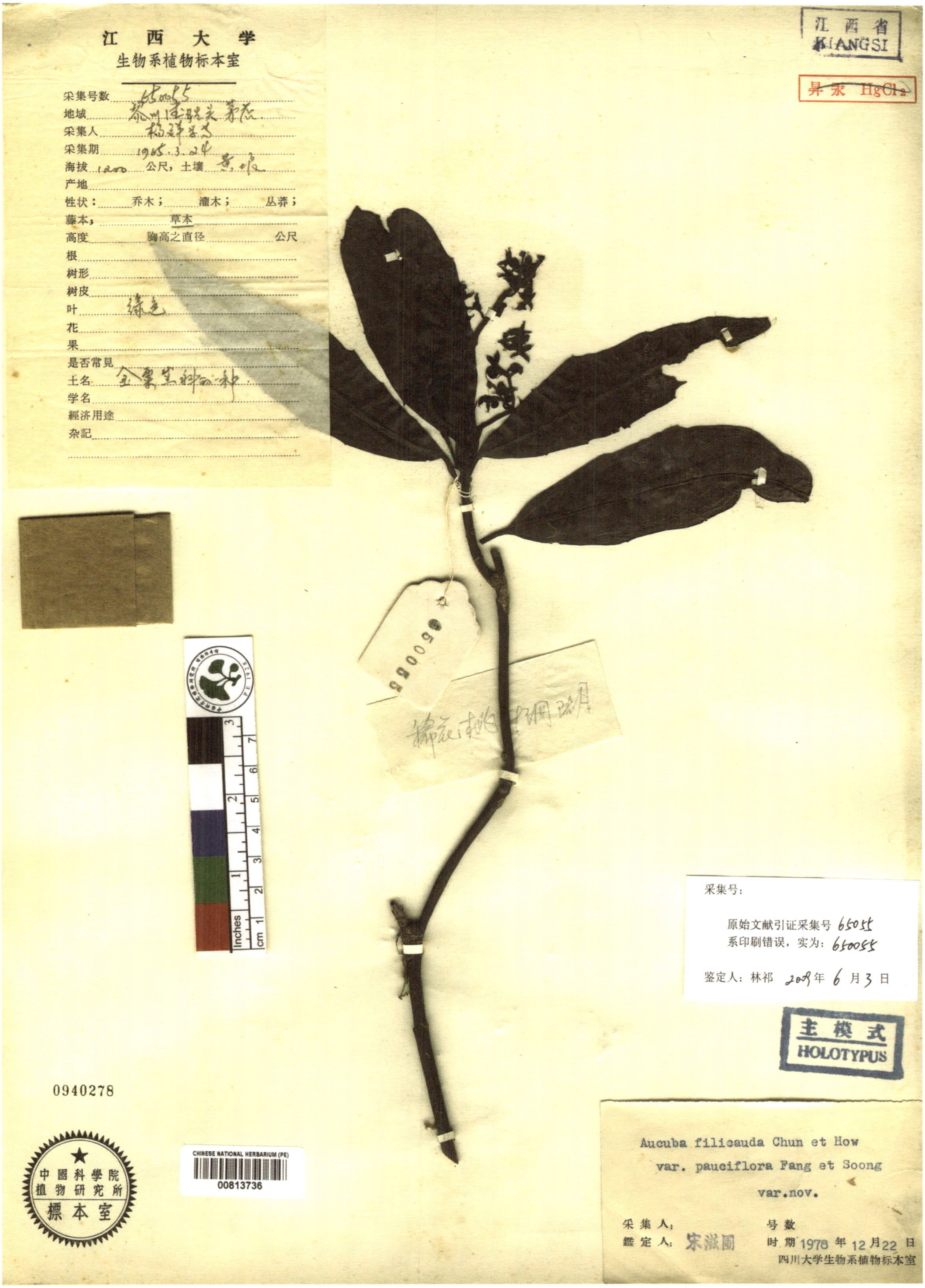

少花桃叶珊瑚 ***Aucuba filicauda*** Chun & How var. ***pauciflora*** W. P. Fang & T. P. Soong ex T. P. Soong in J. Sichuan Univ. 1982(1): 69, pl. 6: 1-2. 1982. **Holotype:** China. Jiangxi: Lichuan, alt. 1 200 m, 1965-03-24, X. X. Yang & al. 650055.

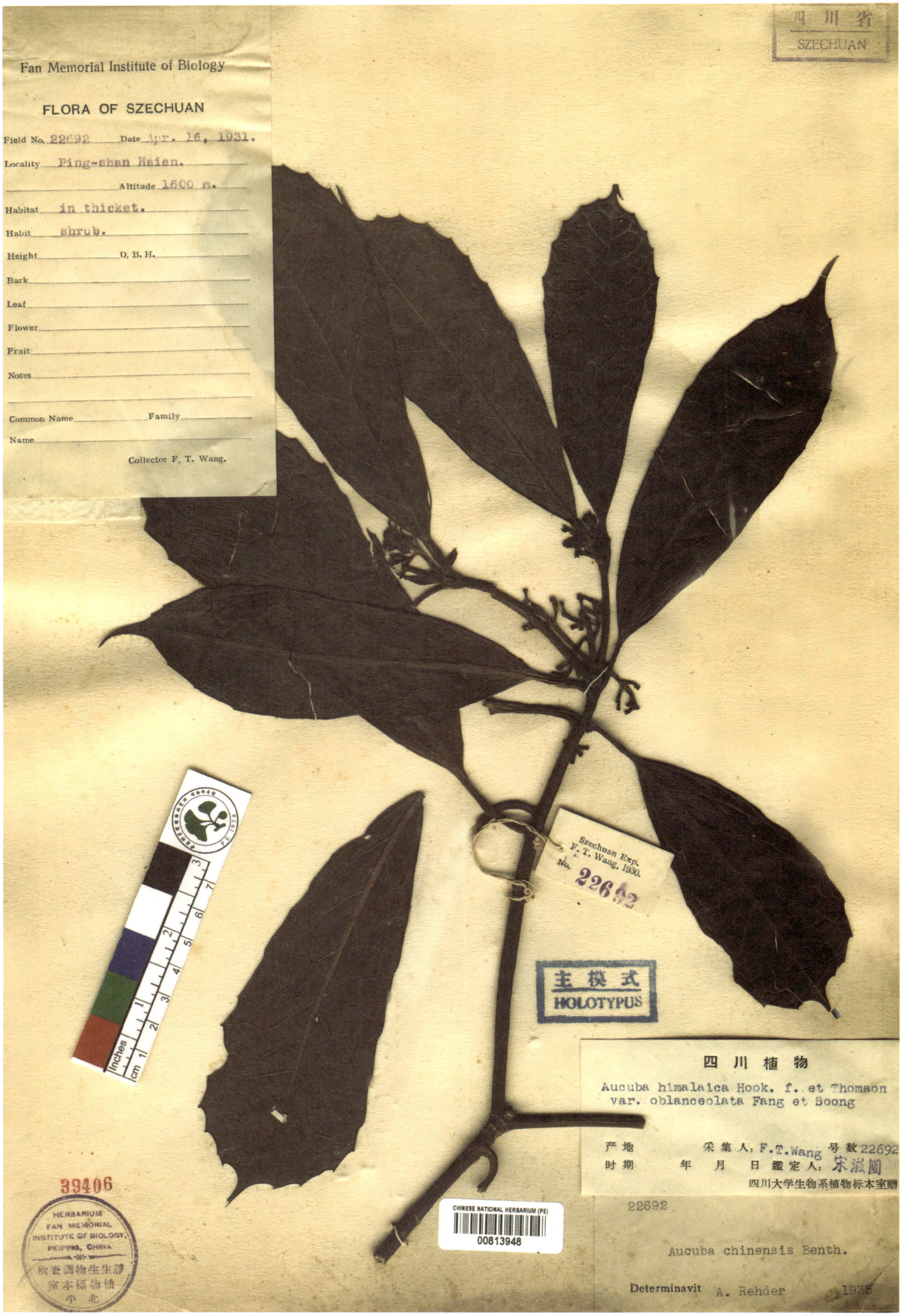

倒披针叶珊瑚 ***Aucuba himalaica*** Hook. f. & Thoms. var. ***oblanceolata*** W. P. Fang & T. P. Soong, Fl. Sichuan. 1: 391, 474, pl. 150: 11-12. 1981. **Holotype:** China. Sichuan: Pingshan, alt. 1 600 m, 1931-04-16, F. T. Wang 22692.

长花柱红椋子 ***Cornus hemsleyi*** Schneid. & Wanger var. ***longistyla*** W. P. Fang & W. K. Hu in J. Sichuan Univ., Nat. Sci. Ed. 1980(3): 158, pl. 4: 1. 1980. **Isotype:** China. Xizang: Bomi, alt. 2 900 m, 1965-07-12, Y. T. Chang & K. Y. Lang 593.

狭叶四照花 ***Cornus kousa*** Buerger var. ***angustata*** Chun in Sunyatsenia 1(4): 285. 1934. **Isotype:** China. Guangdong: Ruyuan, 1933-06-18, S. P. Ko 52942.

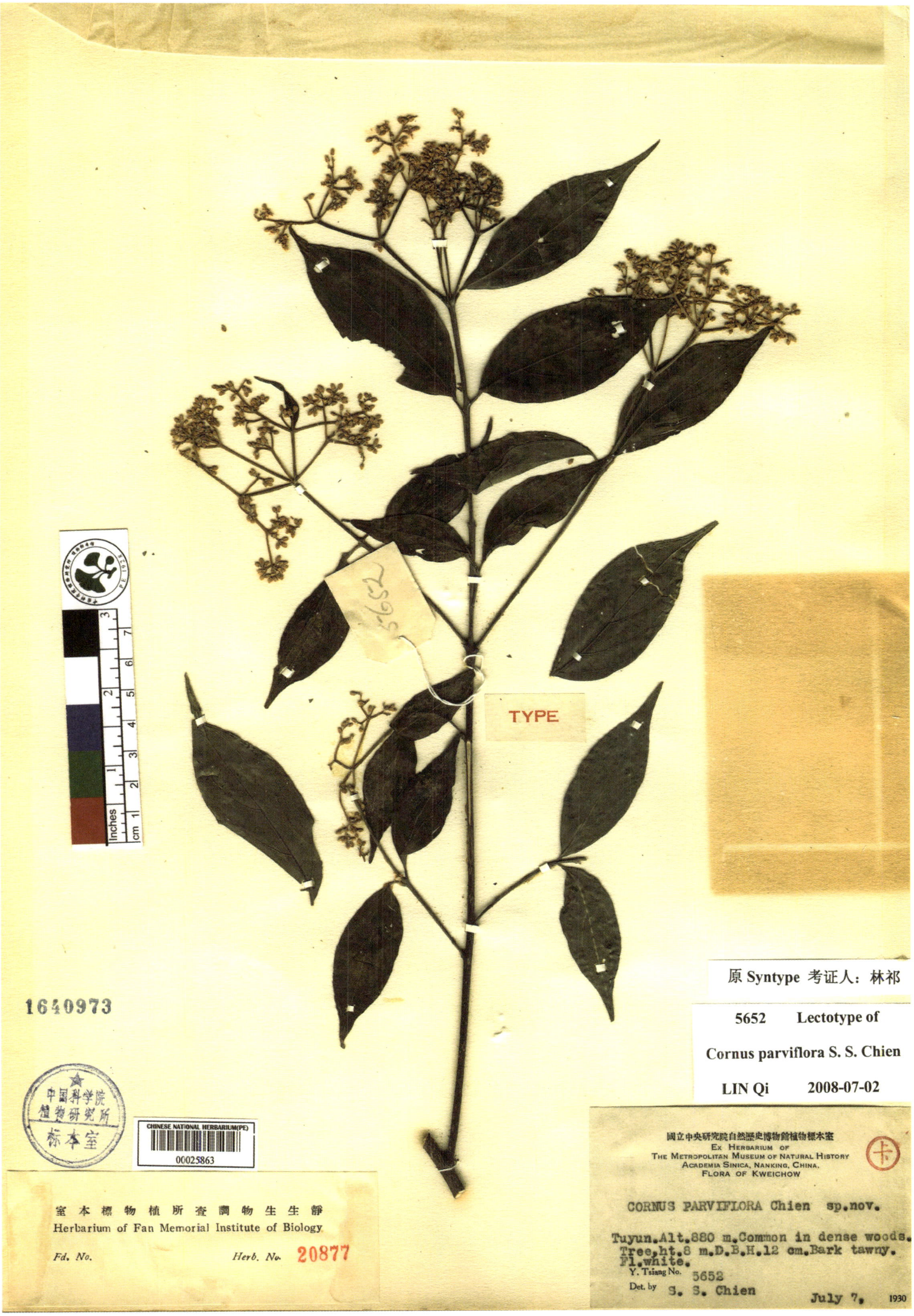

小花梾木 ***Cornus parviflora*** Chien in Sinensia 2: 99, f. 1. 1932. **Lectotype** (designated by Q. Lin & al. in Acta Bot. Boreal.-Occident. Sin. 29: 178. 2009.)**:** China. Guizhou: Duyun, alt. 880 m, 1930-07-07, Y. Tsiang 5652.

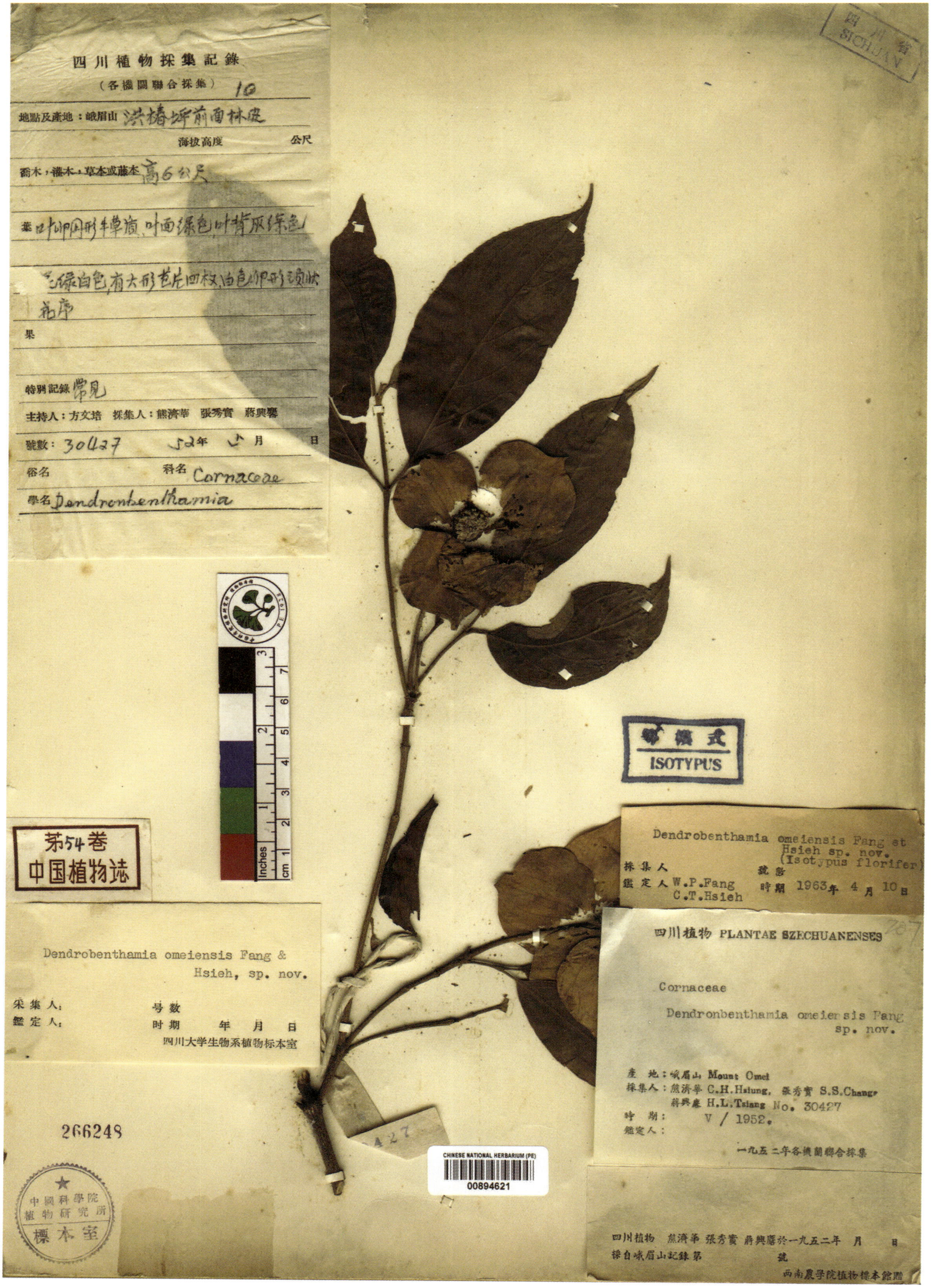

峨眉四照花 ***Dendrobenthamia emeiensis*** W. P. Fang & Y. T. Hsieh, Fl. Sichuan. 1: 368, 471, pl. 141: 1-6. 1981. **Isotype:** China. Sichuan: Emei, Emeishan, 1952-05-??, C. H. Hsiung, S. S. Chang & H. L. Tsiang 30427.

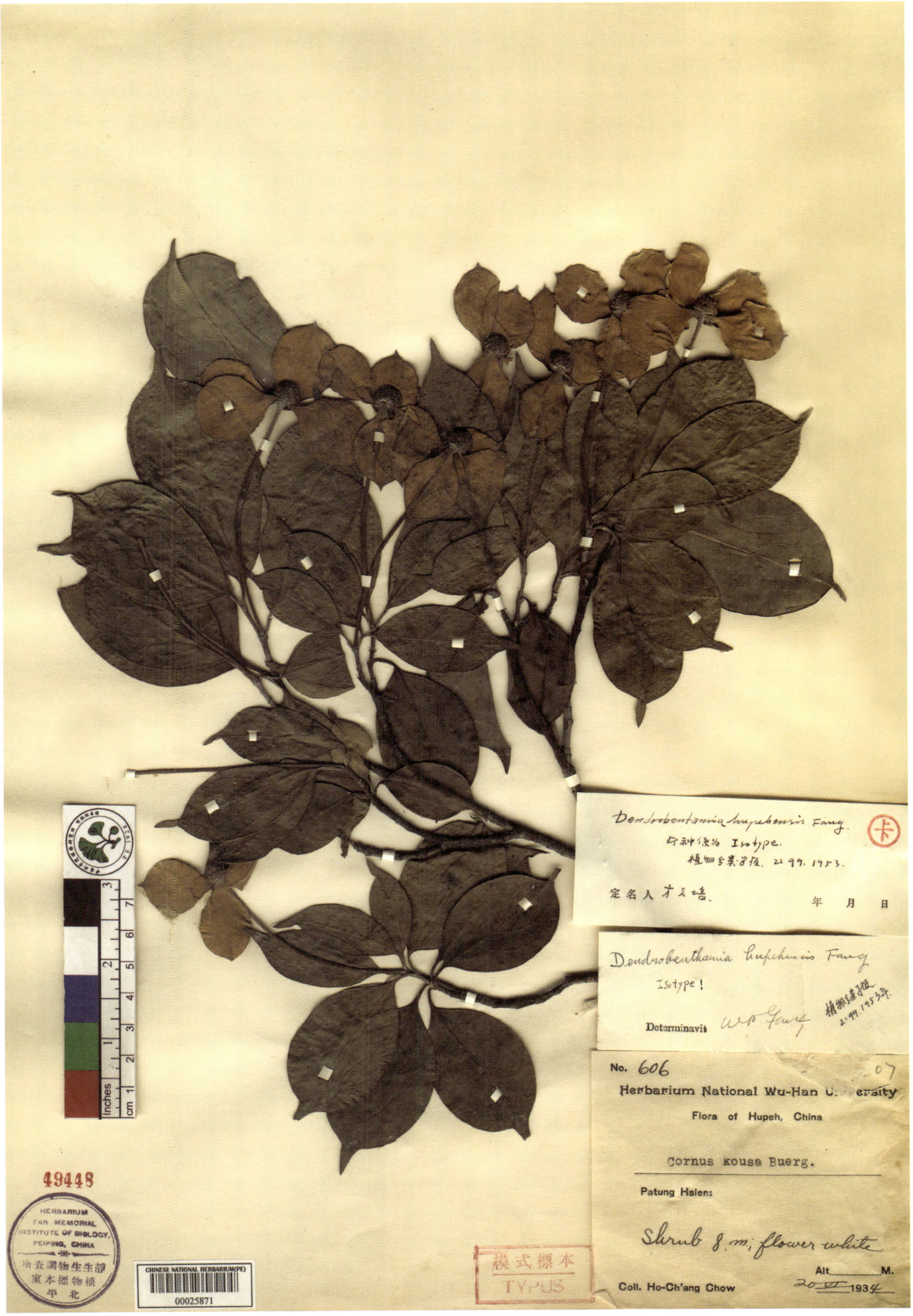

湖北四照花 ***Dendrobenthamia hupehensis*** W. P. Fang in Acta Phytotax. Sin. 2(2): 98, pl. 12. 1953. **Isotype:** China. Hubei: Badong, 1934-06-20, H. C. Chow 606.

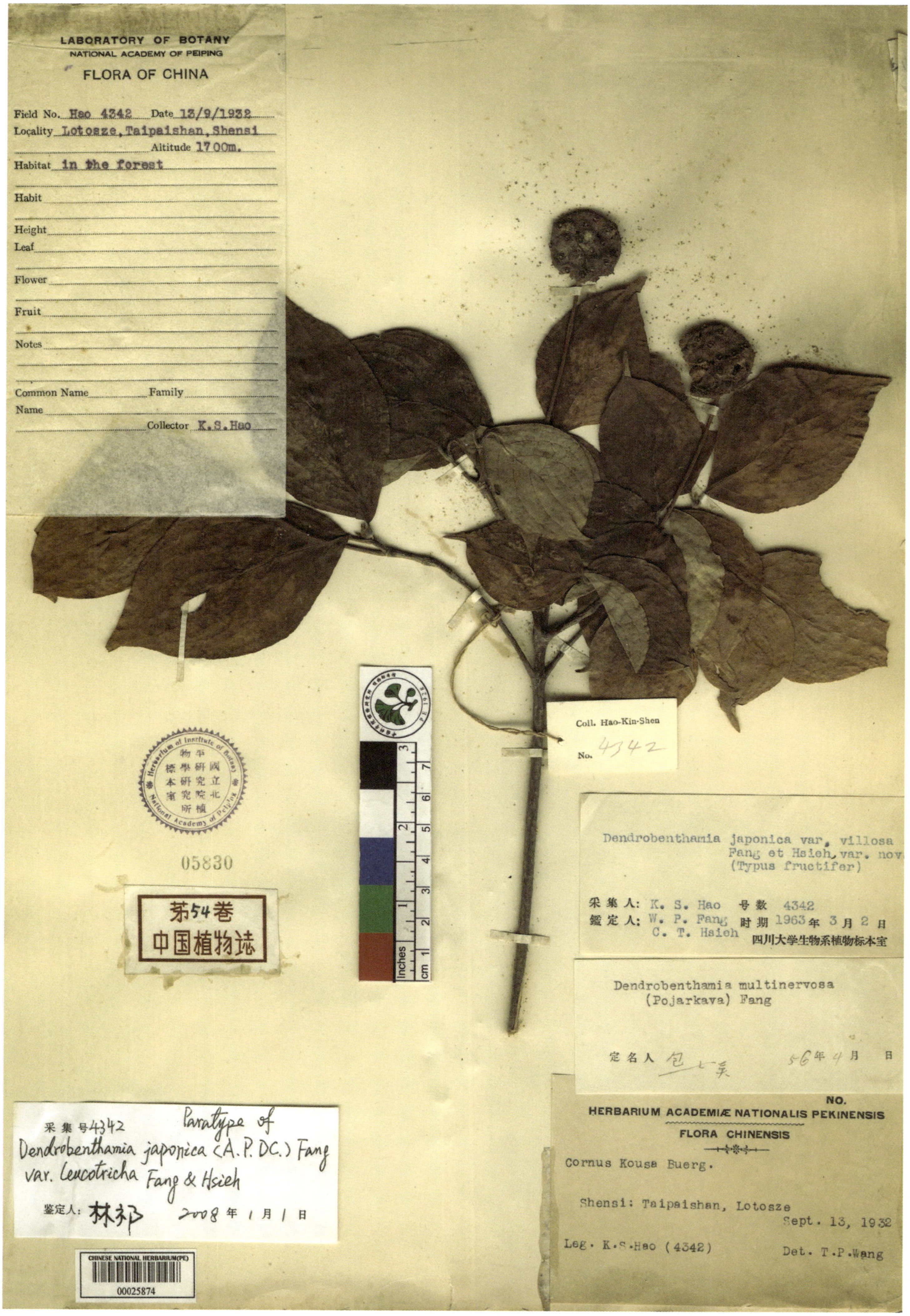

白毛四照花 ***Dendrobenthamia japonica*** (A. P. DC.) W. P. Fang var. ***leucotricha*** W. P. Fang & Y. T. Hsieh, Fl. Sichuan. 1: 371, 472, pl. 142: 7-11, 1981. **Paratype:** China. Shaanxi: Taibai, Taibaishan, alt. 1 700 m, 1932-09-13, K. S. Hao 4342.

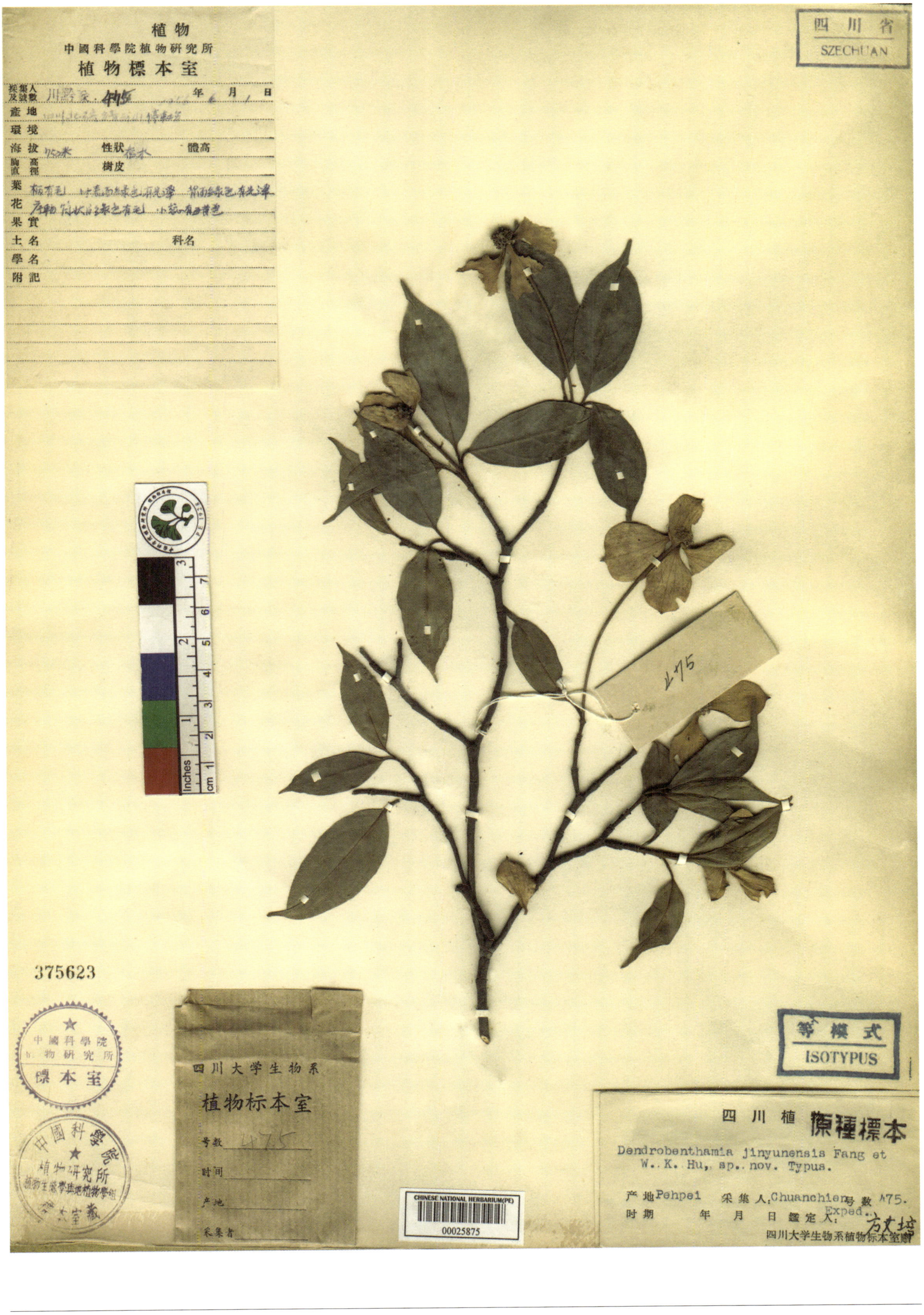

缙云四照花 ***Dendrobenthamia jinyunensis*** W. P. Fang & W. K. Hu, Fl. Sichuan. 1: 362, 471, pl. 137: 1-6. 1981. **Isotype:** China. Chongqing: Beibei, Jinyunshan, alt. 750 m, 1956-06-01, Sichuan-Guizhou Exped. 475.

Diapensiaceae

岩梅科

yanmeike

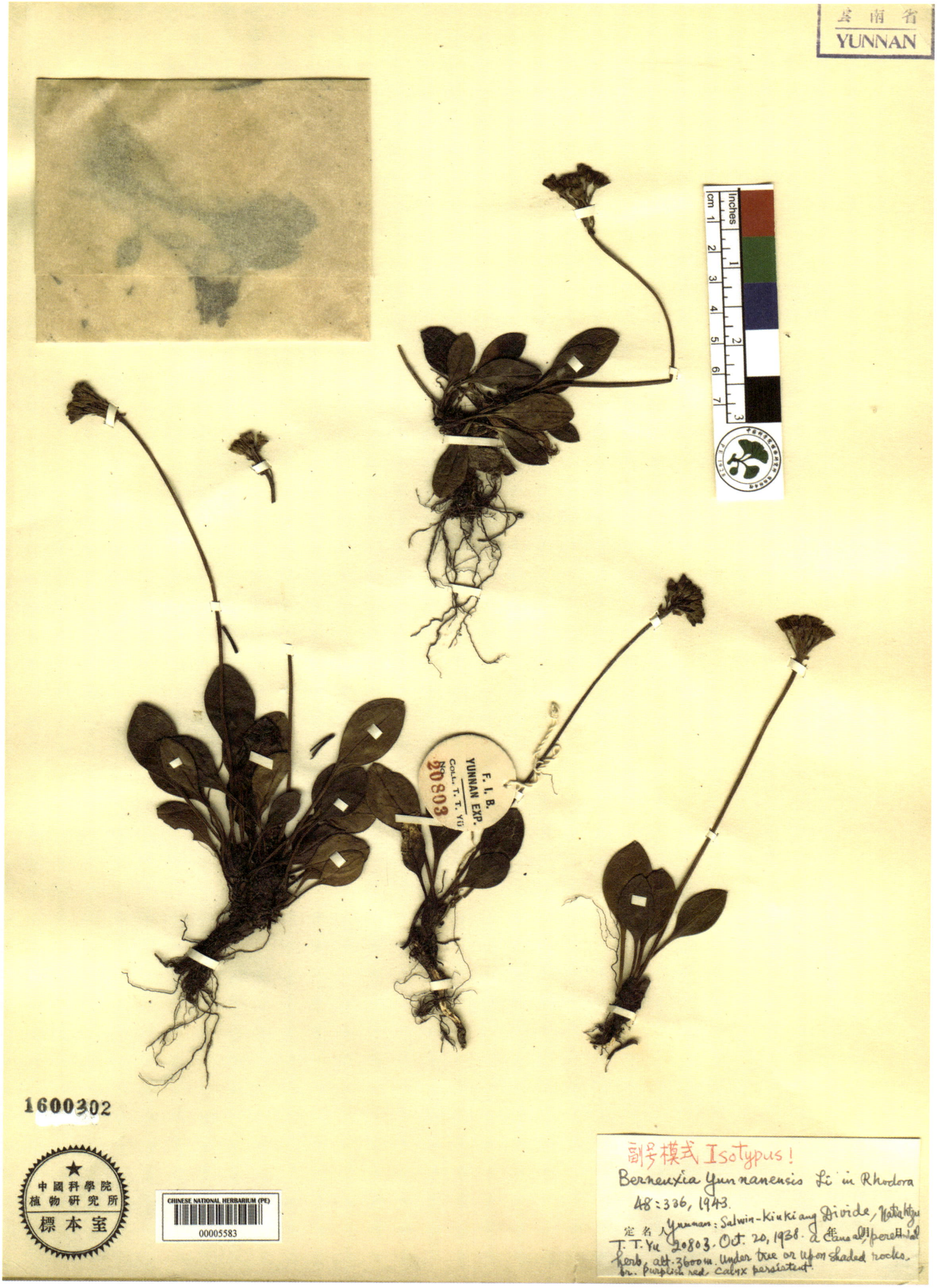

云南岩匙 ***Berneuxia yunnanensis*** H. L. Li in Rhodora 45: 336. 1943. **Isotype:** China. Yunnan: Gongshan Salwin-Kiukiang Divide, alt. 3 600 m, 1938-10-20, T. T. Yu 20803.

Clethraceae

桤叶树科

qiyeshuke

革叶桤叶树 ***Clethra bodinieri*** Lévl. var. ***coriacea*** L. C. Hu in Acta Sci. Nat. Univ. Szechuan. 1979(3): 107, pl. 1: 2. 1979. **Isotype:** China. Guangdong: Conghua, alt. 150 m, 1958-12-01, L. Teng 8761.

宽叶单毛桤叶树 ***Clethra bodinieri*** Lévl. var. ***latifolia*** S. Y. Hu in J. Arnold. Arb. 41(2): 179. 1960. **Isotype:** China. Hainan: Ledong, 1936-06-27, S. K. Lau 27312.

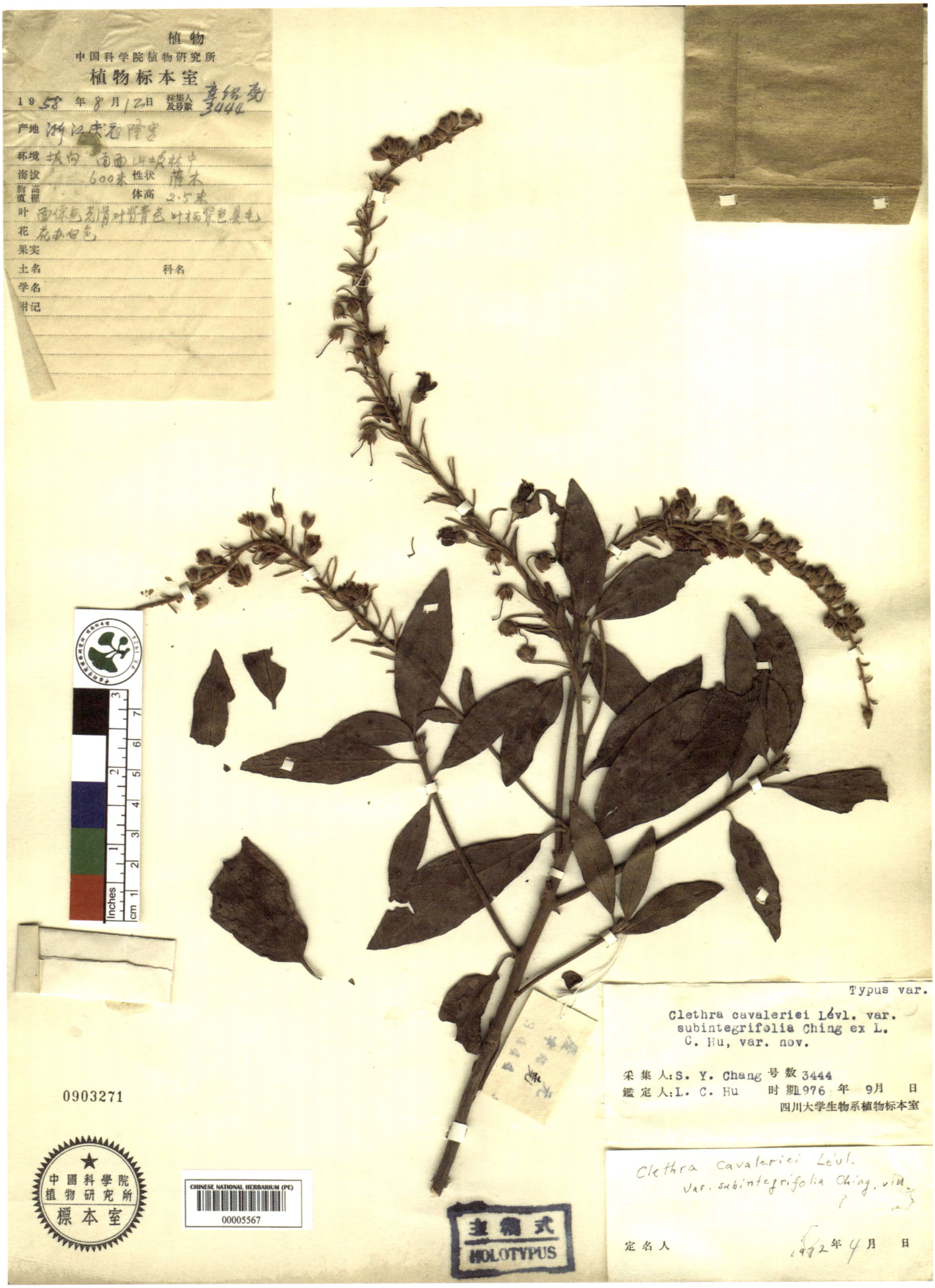

全缘桤叶树 ***Clethra cavaleriei*** Lévl. var. ***subintegrifolia*** Ching ex L. C. Hu in Acta Sci. Nat. Univ. Szechuan. 1979(3): 114, pl. 4: 2. 1979. **Holotype:** China. Zhejiang: Qingyuan, alt. 600 m, 1958-08-12, S. Y. Chang 3444.

毛叶云南桤叶树 ***Clethra delavayi*** Franch. var. ***lanata*** S. Y. Hu in J. Arnold. Arb. 41(2): 182. 1960. **Isotype:** China. Yunnan: Che-tse-lo (=Bijiang), alt. 4 000 m, 1934-08-27, H. T. Tsai 58263.

腺叶桤叶树 ***Clethra glandulosa*** W. P. Fang & L. C. Hu in Acta Sci. Nat. Univ. Szechuan. 1979(3): 107, pl. 2: 1. 1979.
Isotype: China. Guangxi: Yangshuo, 1938-06-09, R. H. Shan 1077.

稀脉桤叶树 ***Clethra kaipoensis*** Lévl. var. ***paucinervis*** L. C. Hu in Acta Sci. Nat. Univ. Szechuan. 1979(3): 123, pl. 10: 2. 1979. **Holotype:** China. Hunan: Qianyang, 1953-04-18, Anjiang Agr. School Exped. 961.

南川桤叶树 ***Clethra nanchuanensis*** W. P. Fang & L. C. Hu in Acta Sci. Nat. Univ. Szechuan. 1979(3): 111, pl. 3: 2. 1979.
Isotype: China. Chongqing: Nanchuan, Jinfoshan, alt. 1 980 m, 1957-07-21, C. H. Hsiung & Z. L. Zhou 92205.

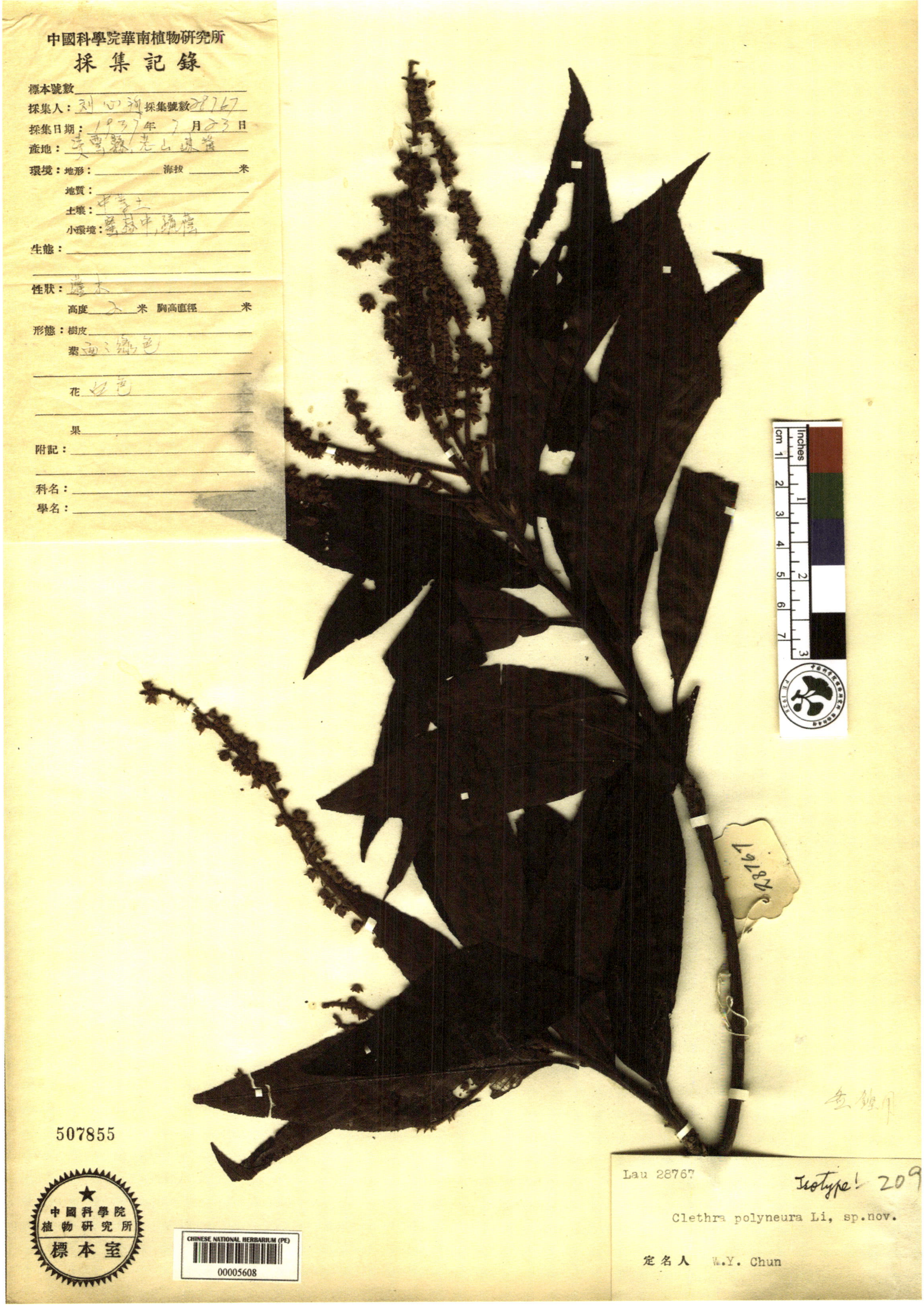

多肋桤叶树 ***Clethra polyneura*** Li in J. Arnold. Arb. 24(4): 449. 1943. **Isotype:** China. Guangxi: Lingyun, 1937-07-23, S. K. Lau 28767.

小果桤叶树 ***Clethra purpurea*** W. P. Fang & L. C. Hu var. ***microcarpa*** W. P. Fang & L. C. Hu in Acta Sci. Nat. Univ. Szechuan. 1979(3): 115, pl. 6: 1. 1979. **Holotype:** China. Fujian: Wuyishan, 1958-08-08, P. S. Chiu 1741.

邱北桤叶树 ***Clethra smithiana*** W. P. Fang in Contr. Biol. Lab. Sci. Soc. China, Bot. Ser. 12(2): 121. 1939. **Isotype:** China. Yunnan: Chiu-pei (=Qiubei), alt. 1 500 m, 1932-12-24, H. T. Tsai 51447.

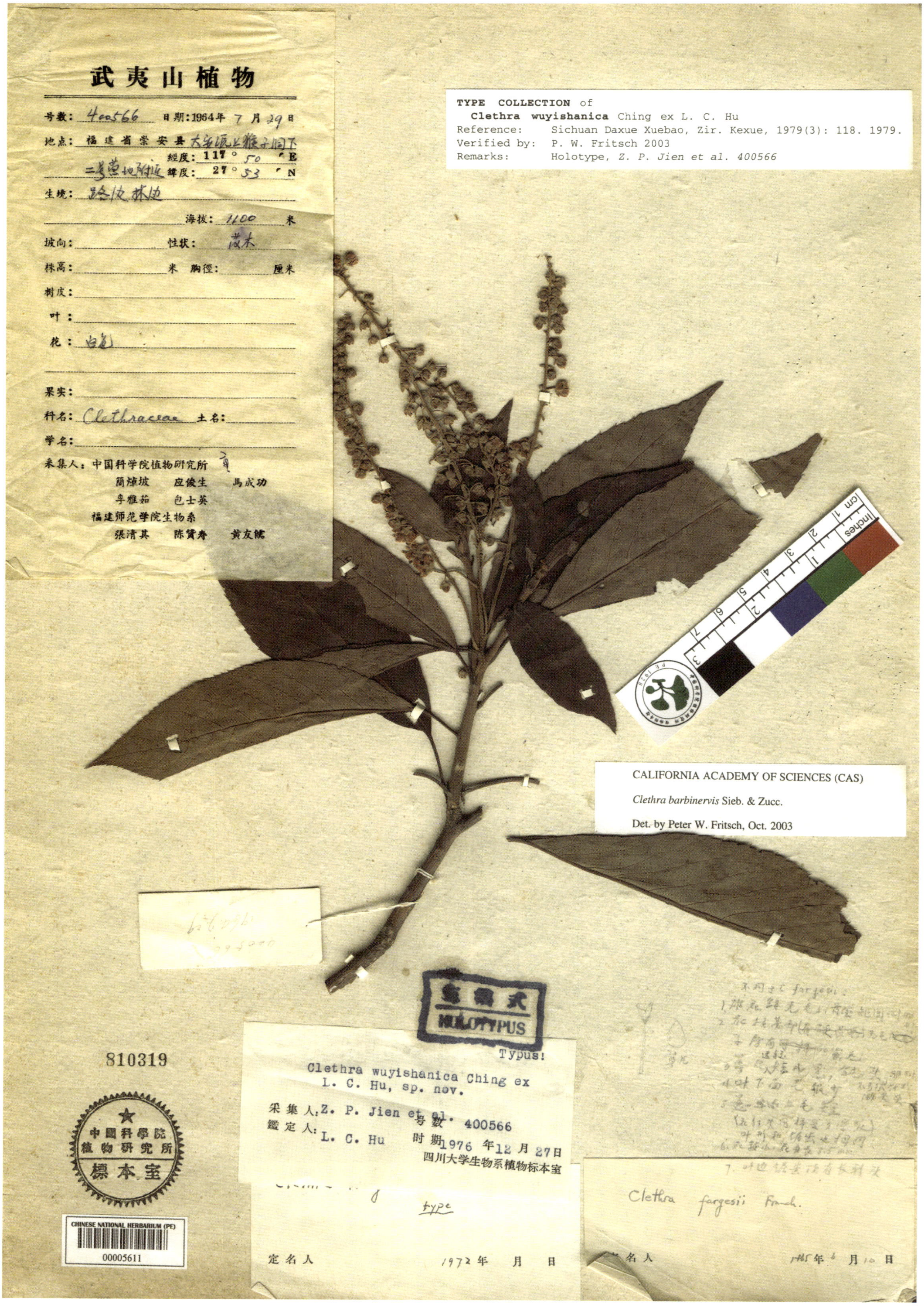

武夷桤叶树 ***Clethra wuyishanica*** Ching ex L. C. Hu in Acta Sci. Nat. Univ. Szechuan. (3): 118, pl. 7: 1. 1979. **Holotype:** China. Fujian: Chongan, alt. 1 100 m, 1964-07-29, C. P. Tsien & al. 400566.

蚀瓣桤叶树 ***Clethra wuyishanica*** Ching ex L. C. Hu var. ***erosa*** L. C. Hu in Acta Sci. Nat. Univ. Szechuan. 1979(3): 118, pl. 7: 2. 1979. **Holotype:** China. Jiangxi: Wuning, alt. 400 m, 1963-06-29, S. K. Lai 2842.

大花云南桤叶树 ***Clethra yuiana*** S. Y. Hu in J. Arnold. Arb. 41(2): 182. 1960. **Isotype:** China. Yunnan: Shunning (=Fengqing), alt. 2 650 m, 1938-07-13, T. T. Yu 16720.

Pyrolaceae

鹿蹄草科

luticaoke

川西喜冬草 ***Chimaphila monticola*** H. Andr. in Acta Hort. Gothob. 1: 174, f. 2. 1924. **Isotype:** China. Sichuan: Dungo & Mao-niu, alt. 3 500 m, 1922-11-04, H. Smith 4824.

Eriaceae

杜鹃花科

dujuanhuake

美叶吊钟花 ***Enkianthus calophyllus*** T. Z. Hsu in Acta Bot. Yunnan. 7(2): 151, f. 1. 1985. **Holotype:** China. Zhejiang: Jinning, 1959-05-16, S. Y. Chang 5286.

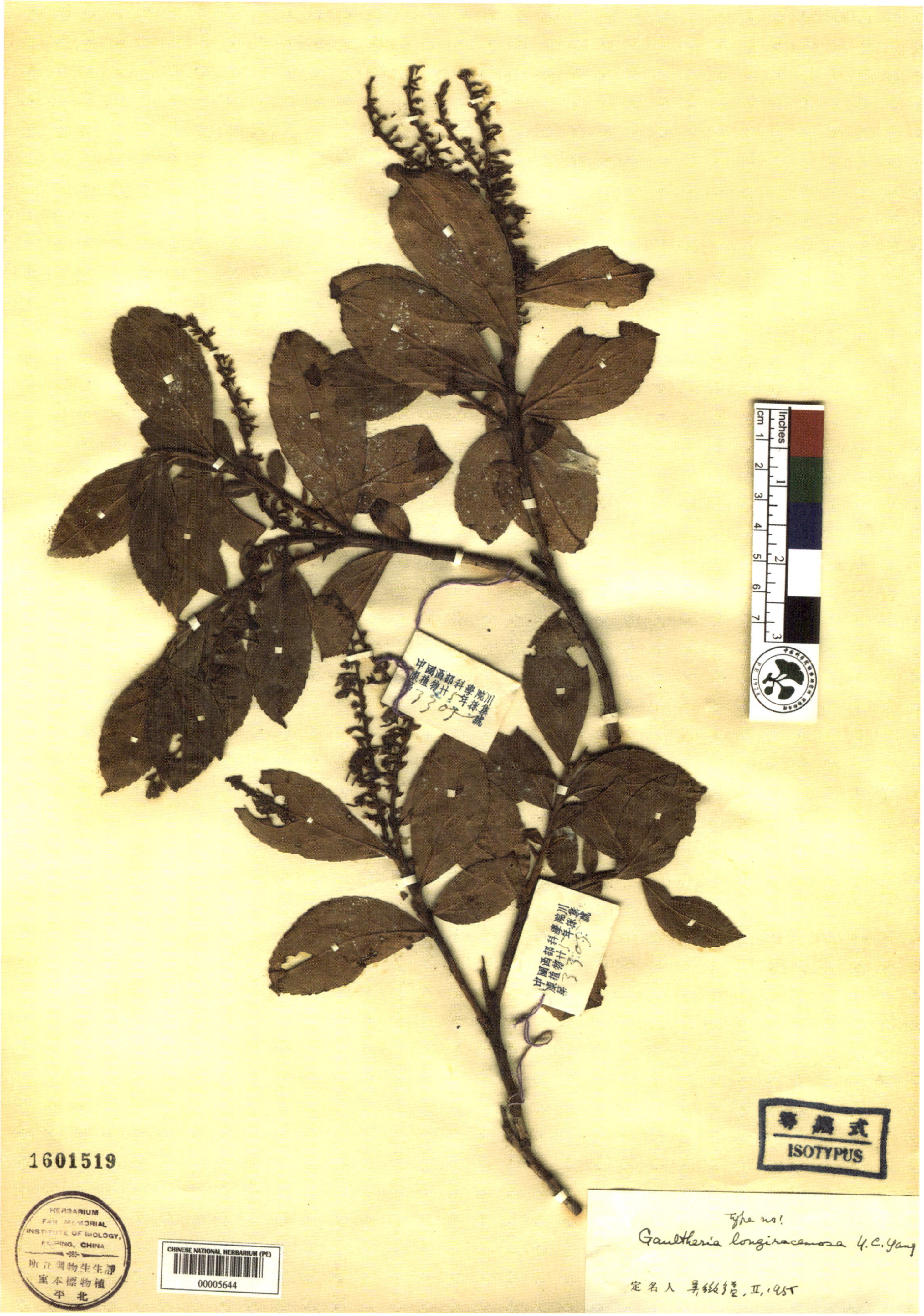

长序白珠 ***Gaultheria longiracemosa*** C. Y. Yang in Contr. Biol. Lab. Sci. Soc. China, Bot. Ser. 12(3): 142. 1941. **Isotype:** China. Sichuan: Baoxing, 1936-07-26, K. L. Chu 3305.

毛枝白珠 ***Gaultheria trichoclada*** C. Y. Wu & T. Z. Hsu in Acta Bot. Yunnan. 3(4): 424, f. 2. 1981. **Holotype:** China. Xizang: Gyirong, alt. 1 730 m, 1953-12-23, P. C. Tsoong 6185.

硬毛滇白珠 ***Gaultheria yunnanensis*** (Franch.) Rehd. var. ***hirsuta*** D. Feng & N. K. Liang in Acta Phytotax. Sin. 15(2): 112. 1977. **Isotype:** China. Guangxi: Guiping, 1964-07-09, D. Fang & N. K. Liang 10748.

缅甸杜鹃 ***Rhododendron aiolosalpinx*** I. B. Balf. & Farrer in Notes Roy. Bot. Gard. Edinburgh 13: 227. 1920-1922. **Syntype:** Myanmar, Chawchi Pass, Nyitadi, alt. 3 500 m, 1920-05-15, Farrer 1547.

烈香杜鹃 ***Rhododendron anthopogonoides*** Maxim. in Bull.Acad. Imp. Sci. St.-Pétersbourg 23: 350. 1877. **Isotype:** China. Gansu: Jetung, 1872-06-??, N. M. Przewalski 201.

德浚杜鹃 ***Rhododendron augustinii*** Hemsl. var. ***yui*** W. P. Fang in Contr. Biol. Lab. Sci. Soc. China, Bot. Ser. 12(1): 78. 1939. **Holotype:** China. Sichuan: Baoxing, alt. 2 300 m, 1933-06-11, T. T. Yu 1976.

头花杜鹃 ***Rhododendron capitatum*** Maxim. in Bull. Acad. Imp. Sci. St.-Pétersbourg 23: 351. 1877. **Isotype:** China. Gansu: Jetung, 1872-06-??, N. M. Przewalski 147.

腺背长粗毛杜鹃 ***Rhododendron crinigerum*** Franch. var. ***euadenium*** Tagg & Forrest in Notes Roy. Bot. Gard. Edinburgh 16: 190. 1931. **Syntype:** China. Yunnan: Gongshan, 1924-10-??, G. Forrest 25794.

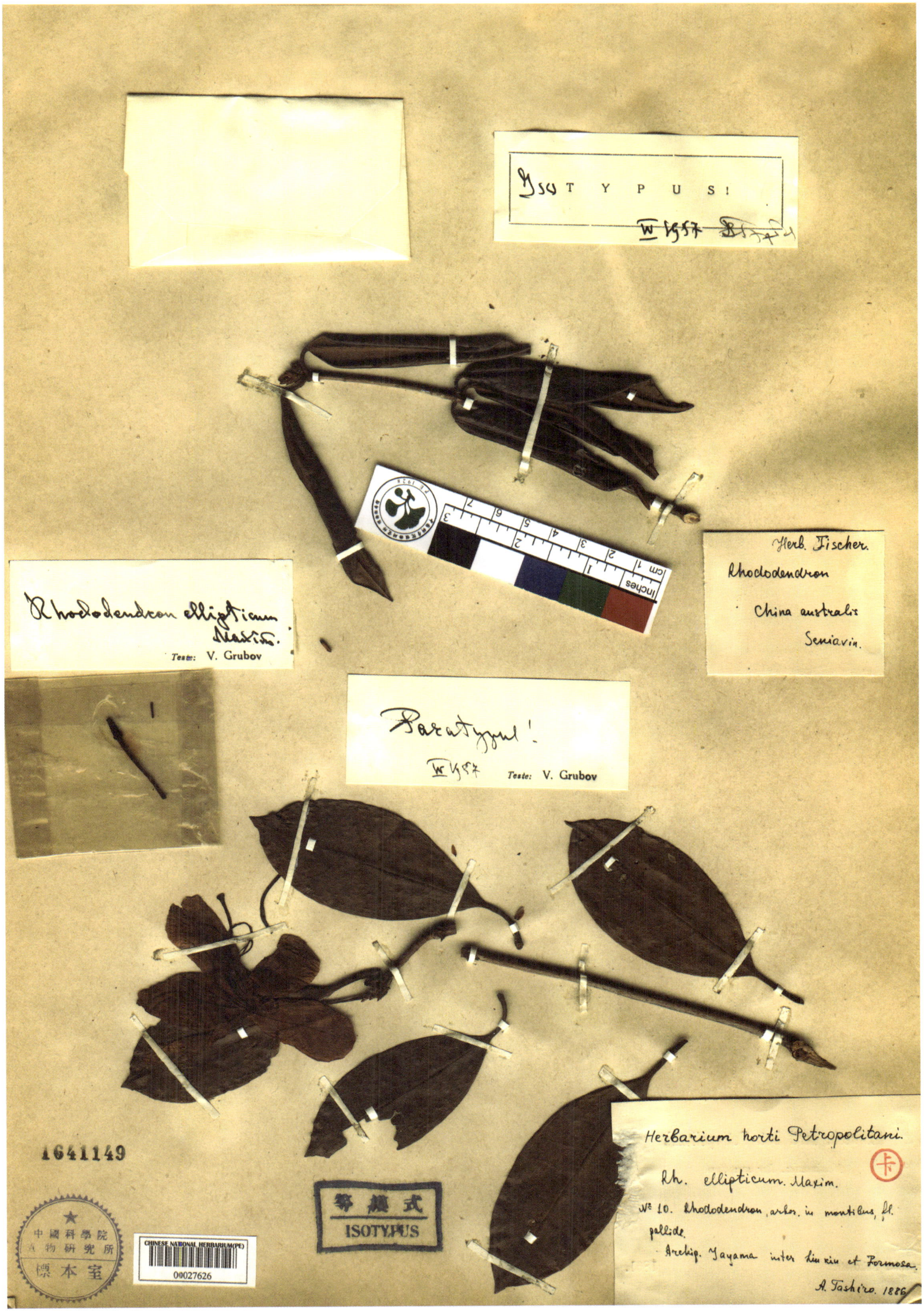

西施花 ***Rhododendron ellipticum*** Maxim. in Bull. Acad. Imp. Sci. St.-Pétersbourg. 32: 497. 1888. **Isotype:** China. Taiwan: Yayama, 1886-??-??, A. Tashiro s. n.

拟黏毛杜鹃 ***Rhododendron glischroides*** Tagg & Forrest in Notes Roy. Bot. Gard. Edinburgh 16: 194. 1931. **Syntype:** Myanmar. Western flank of the N' Maaikha-Salween divide, alt. 3 050 ~3 355 m, 1925-04-??, G. Forrest 26426.

长梗杜鹃 ***Rhododendron gracilipes*** Franch. in J. Bot. 9: 391. 1895. **Isotype:** China. Chongqing: Chengkou, R. P. Farges 52.

灏富杜鹃 ***Rhododendron haofui*** Chun & W. P. Fang in Acta Phytotax. Sin. 6(2): 169, pl. 41: 1. 1957. **Isotype:** China. Guangxi: Longsheng, alt. 1 430 m, 1955-05-13, Guangfu For. Exped. 165.

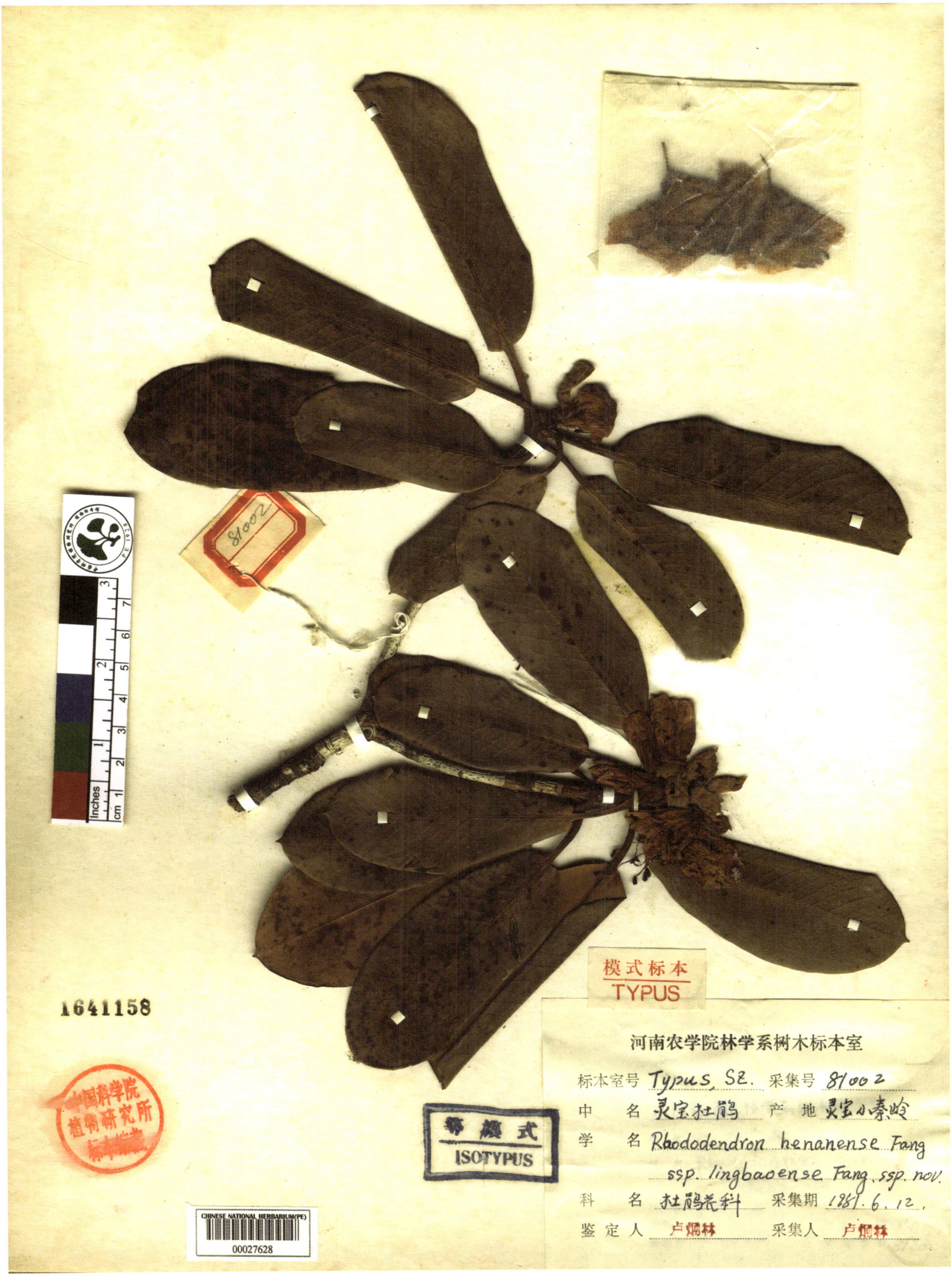

灵宝杜鹃 ***Rhododendron henanense*** W. P. Fang subsp. ***lingbaoense*** W. P. Feng in Acta Phytotax. Sin. 21(4): 459, f. 3. 1983. **Isotype:** China. Henan: Lingbao, Laoyashan, 1981-06-12, J. L. Lu 81002.

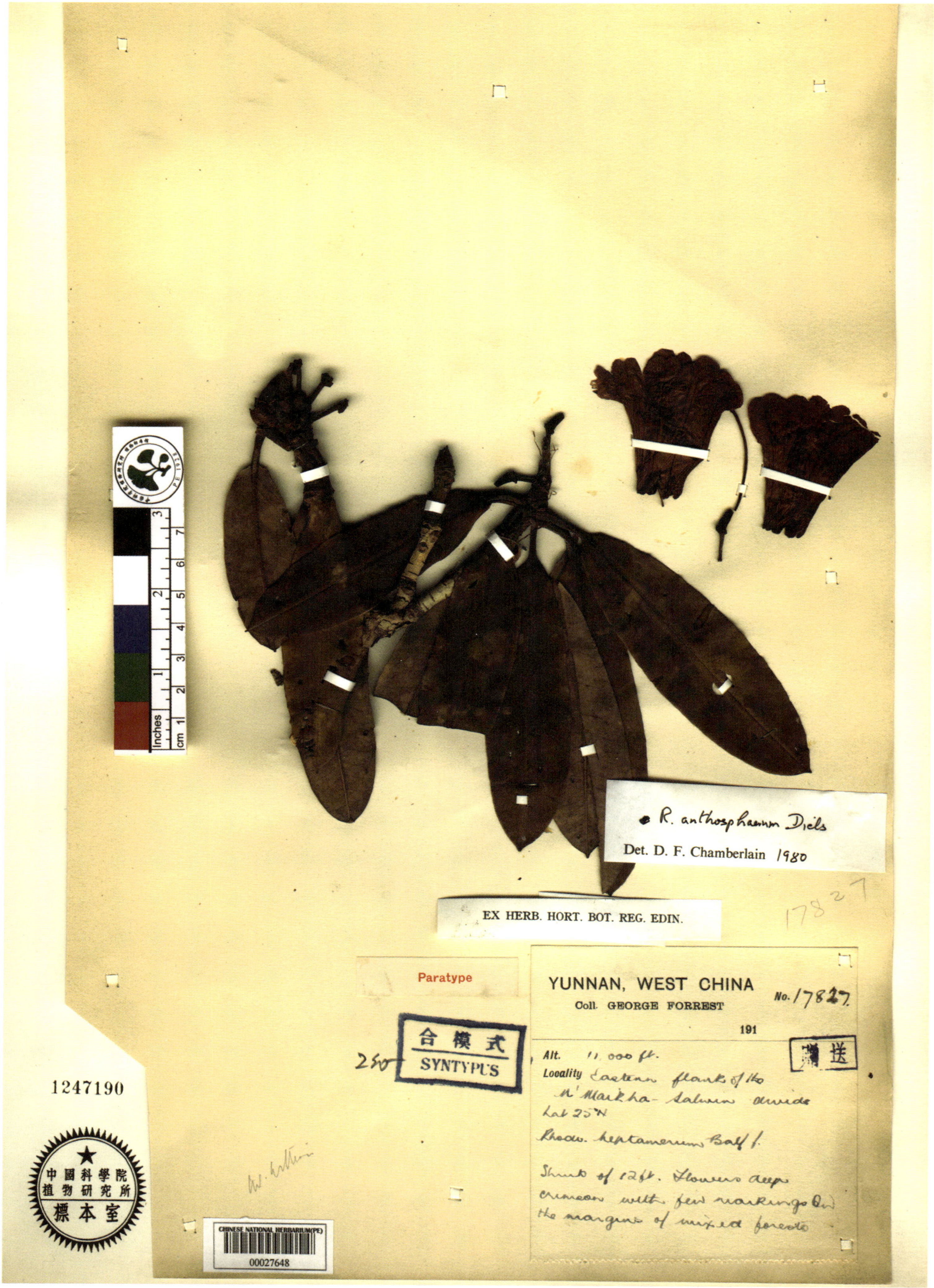

七烈杜鹃 ***Rhododendron heptamerum*** I. B. Balf. in Notes Roy. Bot. Gard. Edinburgh 13: 48. 1920. **Syntype:** Myanmar. Hpimaw, alt. 3 355 m, 1919-04-11, G. Forrest 17827.

凉山杜鹃 ***Rhododendron huianum*** W. P. Fang in Contr. Lab. Sci. Soc. China, Bot. Ser. 12: 38. 1939. **Isosyntype:** China. Sichuan: Mabian, alt. 2 400~2 700 m, 1930-06-20, T. Tang 22900.

惠阳杜鹃 ***Rhododendron huiyangense*** W. P. Fang & M. Y. He in Bull. Bot. Res., Harbin 3(1): 4, Photo. 4. 1981. **Isotype:** China. Guangdong: Huiyang, alt. 830 m, 1932-03-??, T. M. Tsui 129.

湖南杜鹃 ***Rhododendron hunanense*** Chun ex P. C. Tam in Bull. Bot. Res., Harbin 2(1): 92. 1982. **Isotype:** China. Hunan: Yizhang, Mangshan, alt. 1 700 m, 1934-05-02, S. P. Ko 54218.

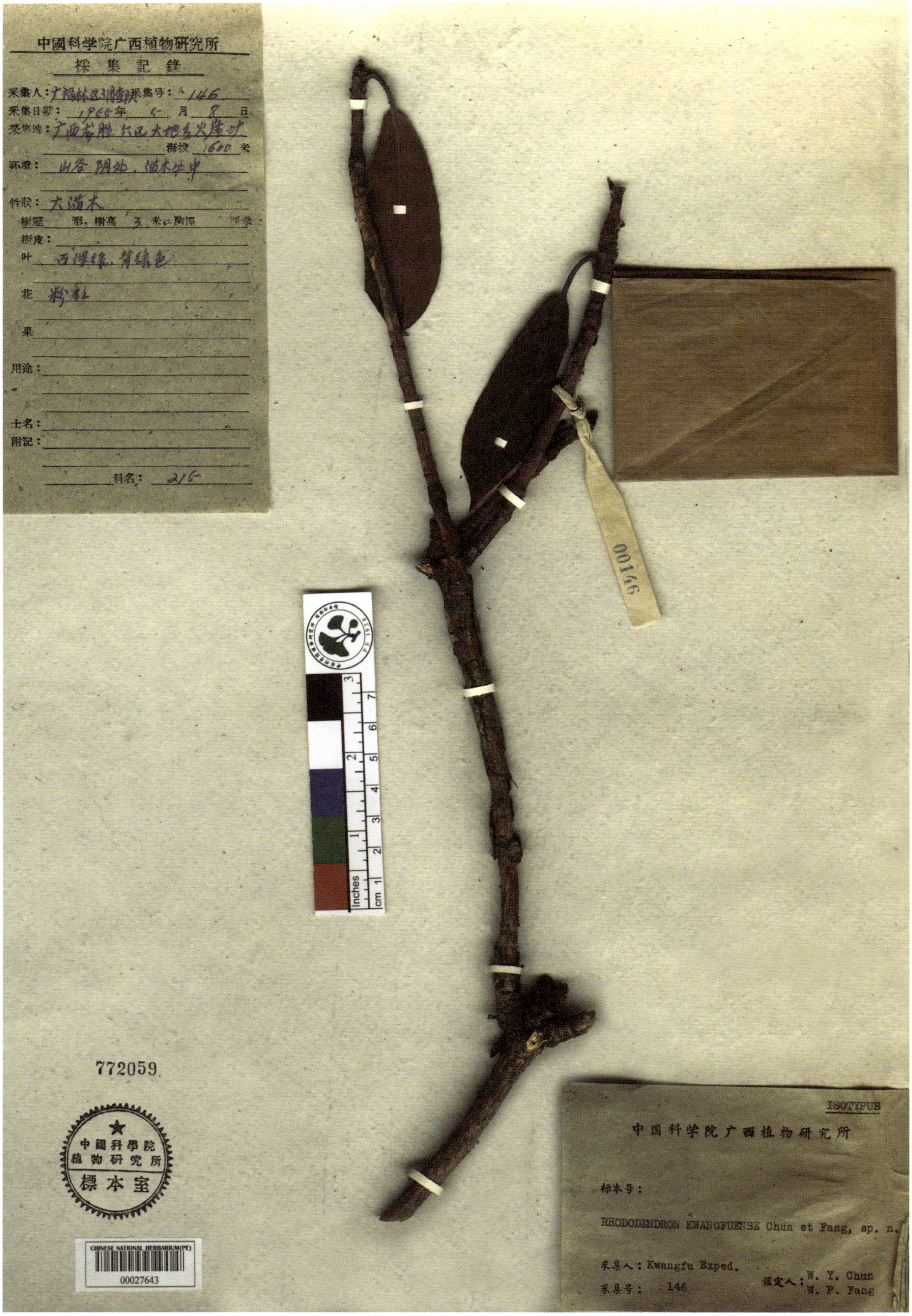

广福杜鹃 ***Rhododendron kwangfuense*** Chun & W. P. Fang in Acta Phytotax. Sin. 6(2): 170, pl. 41: 2. 1957. **Isotype:** China. Guangxi: Longsheng, alt. 1 600 m, 1955-05-08, Guangfu For. Exped. 146.

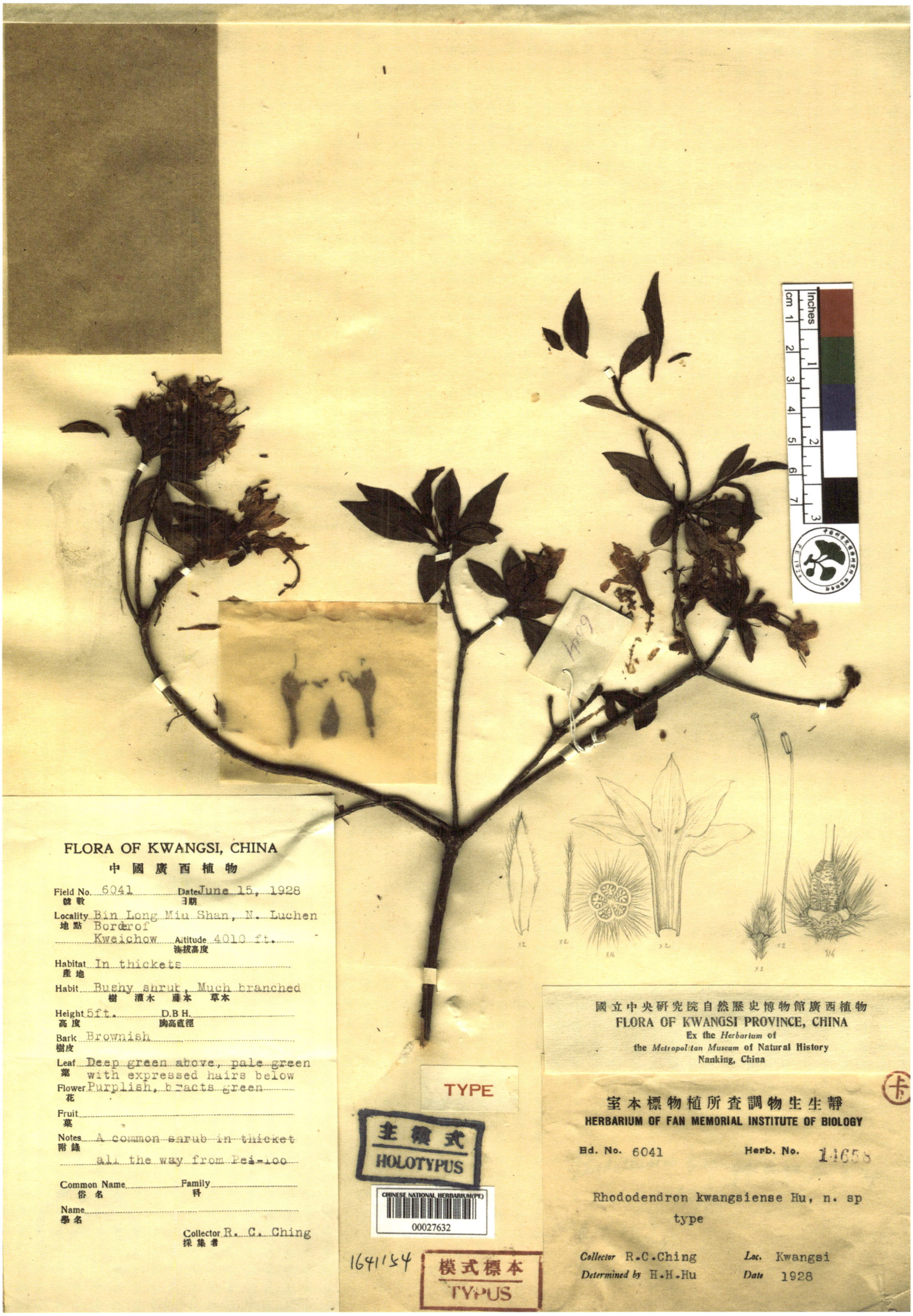

广西杜鹃 ***Rhododendron kwangsiense*** Hu ex P. C. Tam in Surv. Gen. Rhododendron S. China 56, 105, f. 7. 1983.

Holotype: China. Guangxi: Luocheng, alt. 1 230 m, 1928-06-15, R. C. Ching 6041.

炉霍杜鹃 ***Rhododendron luhuoense*** H. P. Yang in Acta Bot. Yunnan 10(3): 368, f. 1: 6-10. 1988. **Holotype:** China. Sichuan: Luhuo, alt. 4 000 m, 1974-07-05, Z. S. Qin 06443.

南边杜鹃 ***Rhododendron meridionalis*** P. C. Tam in Guihaia 2(2): 71, f. 4. 1982. **Isoparatype:** China. Guangxi: Nanning, Shiwandashan, alt. 702 m, 1928-10-21, R. C. Ching 8088.

烈毛杜鹃 ***Rhododendron mimetes*** Tagg & Forrest var. ***simulans*** Tagg & Forrest in Notes Bot. Gard. Edinburgh 15: 316. 1927. **Isosyntype:** China. Sichuan: Muli, alt. 3 660 m, 1921-06-??, G. Forrest 20428.

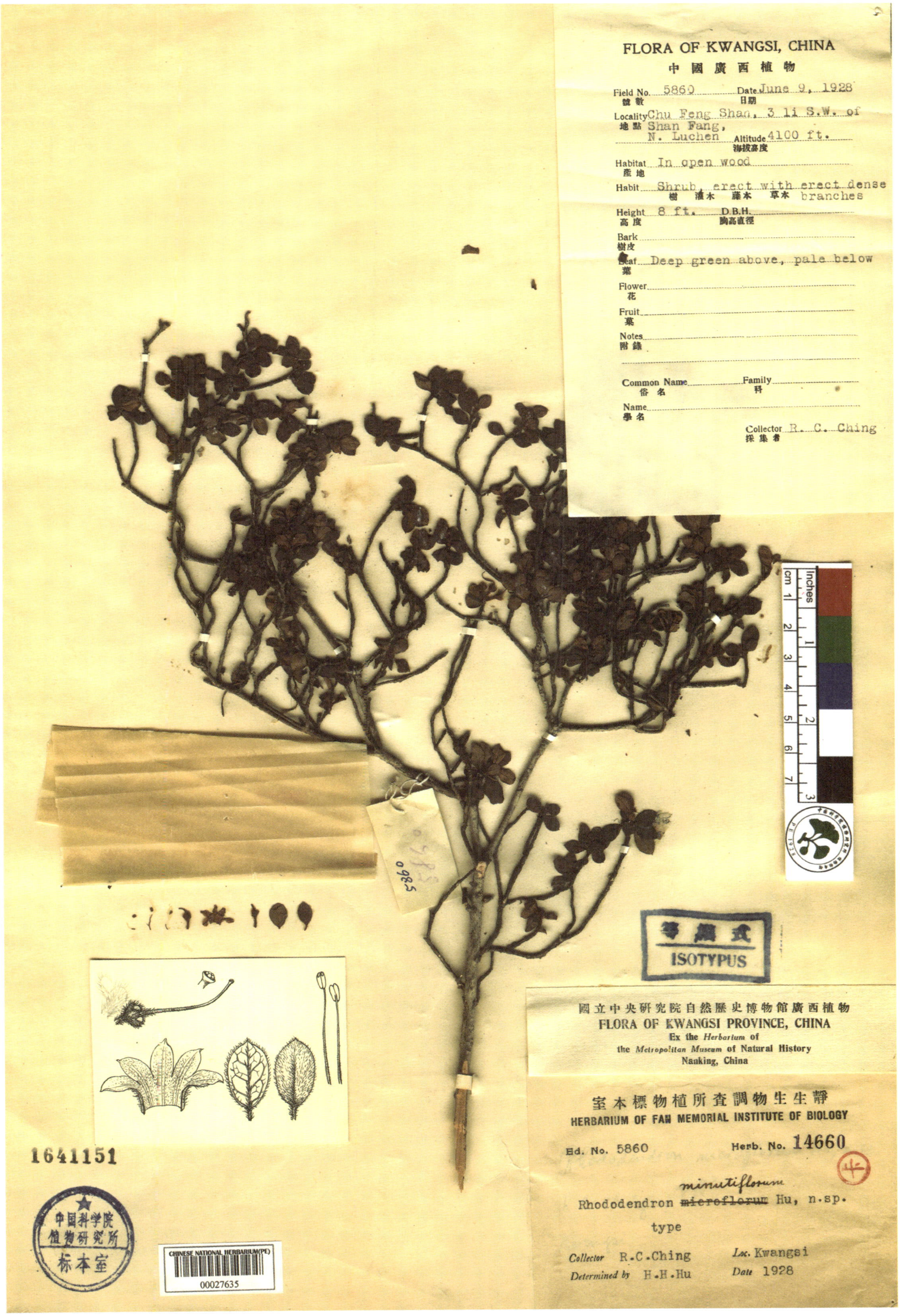

小花杜鹃 ***Rhododendron minutiflorum*** Hu in J. Arnold. Arb. 12: 155. 1931. **Isotype:** China. Guangxi: Luocheng, alt.1 250 m, 1928-06-09, R. C. Ching 5860.

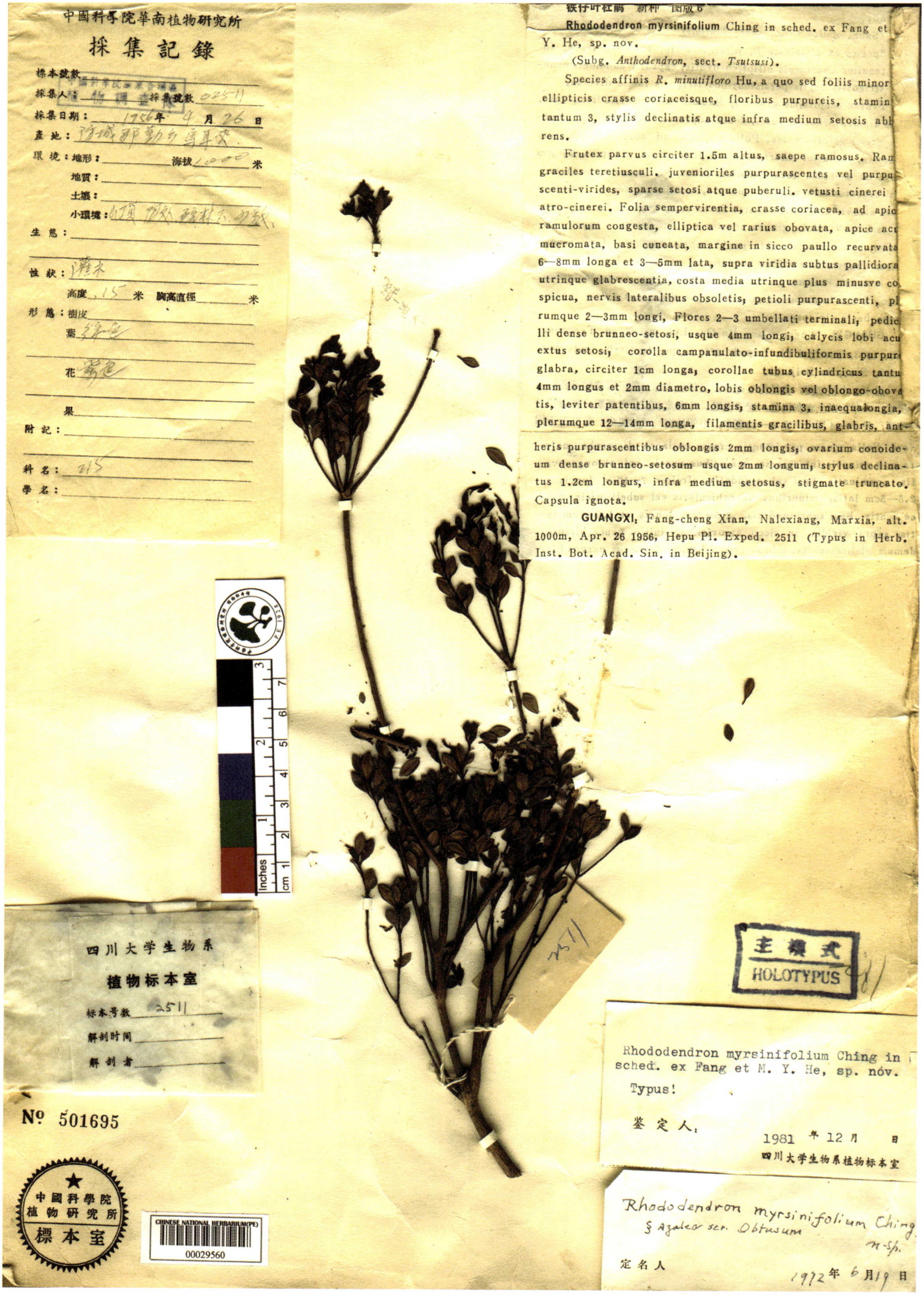

铁仔叶杜鹃 ***Rhododendron myrsinifolium*** Ching ex W. P. Feng & M. Y. He in Bull. Bot. Res., Harbin 2(2): 88, pl. 6. 1982.
Holotype: China. Guangxi: Fangcheng, alt. 1 000 m, 1956-04-26, Hepu Pl. Exped. 2511.

南昆杜鹃 ***Rhododendron naamkwanense*** Merr in Lingnan Sci. Journ. 13(1): 42. 1934. **Isotype:** China. Guangdong: Zengcheng, Nankunshan, 1932-04-30, W. T. Tsang 20392.

砖红杜鹃 ***Rhododendron oldhamii*** Maxim. in Mém. Acad. Imp. Sci. St-Pétersbourg, Ser. 7, 16(9): 34. 1870. **Isotype:** China. Taiwan: Precise locality not known, 1864-??-??, Oldham 212.

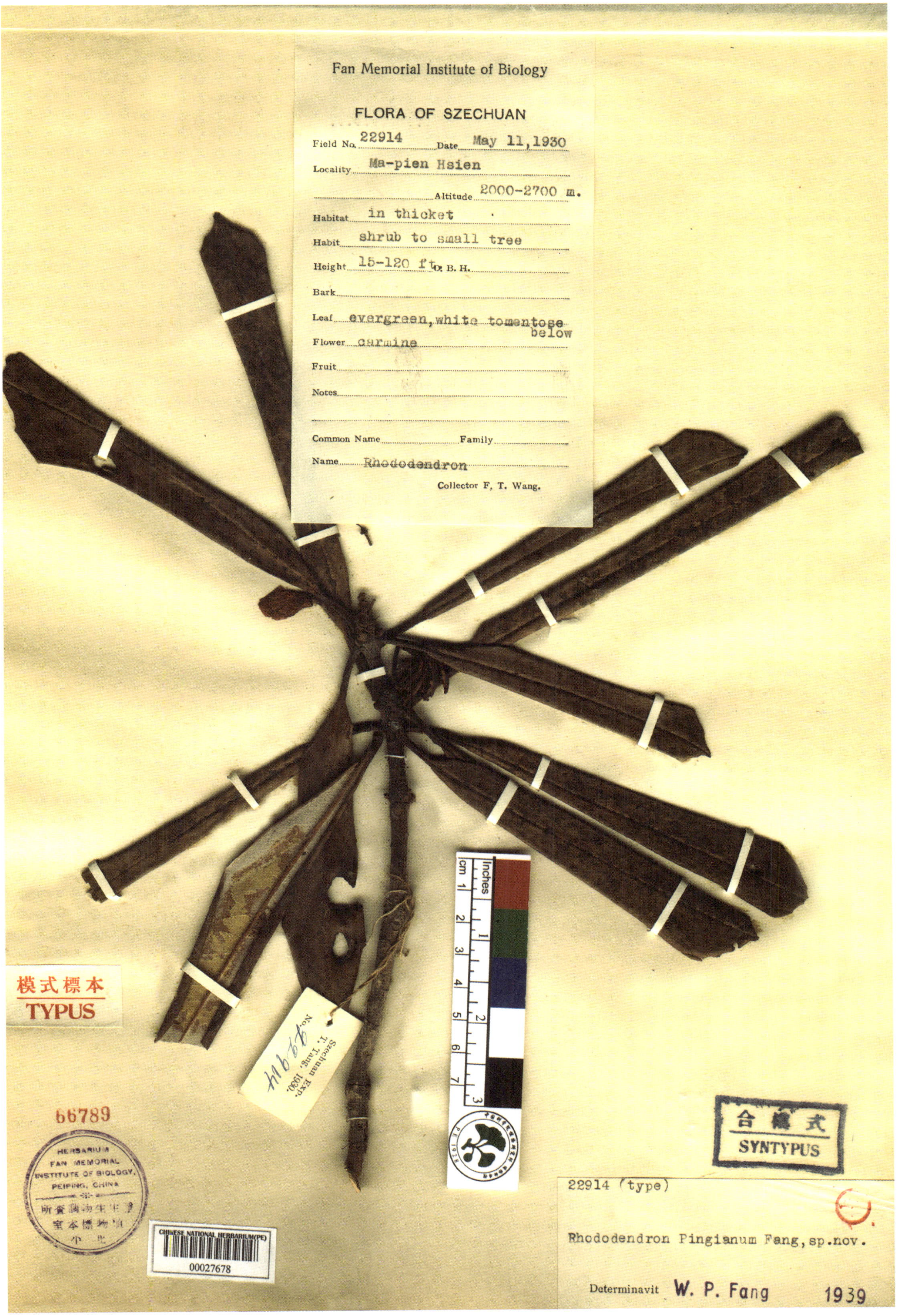

海绵杜鹃 ***Rhododendron pingianum*** W. P. Fang in Contr. Biol. Lab. Sci. Soc. China, Bot. Ser. 12: 20. 1939. **Syntype:** China. Sichuan: Mabian, alt. 2 000~2 700 m, 1930-05-11, F. T. Wang 22914.

千针叶杜鹃 ***Rhododendron polyraphidoideum*** P. C. Tam in Bull. Bot. Res., Harbin 2(4): 84, photo. 4. 1982. **Isotype:** China. Fujian: Chongan, alt. 480 m, 1975-04-03, L. K. Lee 75103.

多变杜鹃 ***Rhododendron probum*** I. B. Balf. & Forrest in Notes Roy. Bot. Gard. Edinburgh 13: 288. 1922. **Isotype:** China. Yunnan: Mekong-Salween divide, alt. 3 660 m, 1917-07-??, G. Forrest 14227.

翘首杜鹃 ***Rhododendron protistum*** I. B. Balf. & Forrest in Notes Roy. Bot. Gard. Edinburgh 12: 151. 1920. **Isotype:** China. Yunnan: Gongshan, alt. 3 965 m, 1918-05-??, G. Forrest 16351.

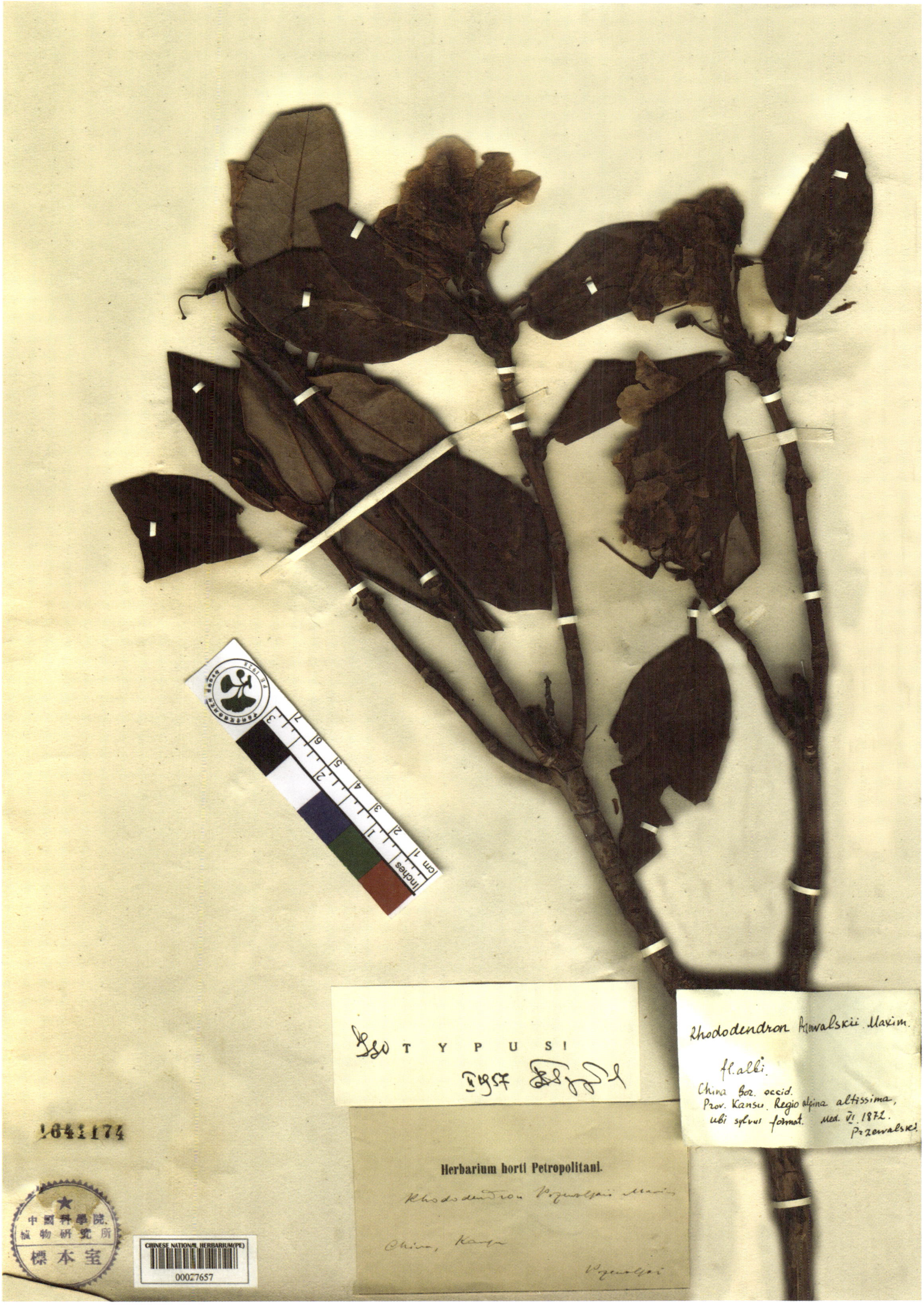

陇蜀杜鹃 ***Rhododendron przewalskii*** Maxim. in Bull. Acad. Imp. Sci. St.-Pétersbourg 23: 350. 1877. **Isotype:** China. Gansu: Precise locality not known, 1872-06-??, N. M. Przewalski s. n.

甘南杜鹃 ***Rhododendron reginaldii*** I. B. Balf. in Notes Roy. Bot. Gard. Edinburgh 11: 114. 1919. **Isotype:** China. Gansu: S Gansu, Precise locality not known, alt. 3 050 m, 1914-05-12, Farrer 63.

乳源杜鹃 ***Rhododendron rhuyuenense*** Chun ex P. C. Tam in Surv. Gen. Rhododendron S. China 32, 96, f. 2. 1983.
Isoparatype: China. Guangdong: Ruyuan, 1957-12-05, C. Wang 44368.

毛果杜鹃 ***Rhododendron seniavinii*** Maxim. in Mém. Acad. Imp. Sci. St-Pétersbourg, Ser. 7, 16(9): 33, t. 3, f. 21-24. 1870.
Isotype: China. Precise locality not known. Seniavin s. n.

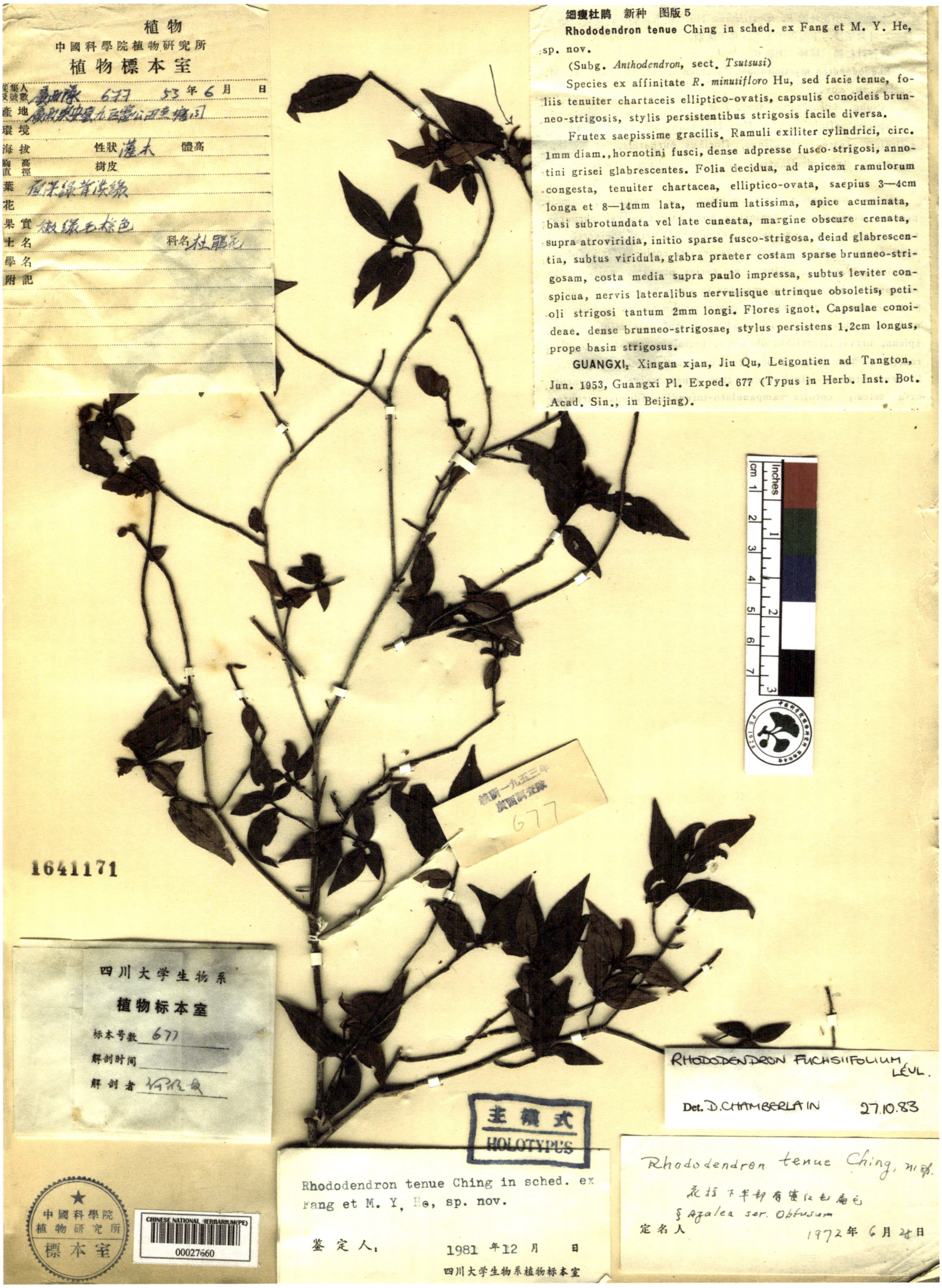

细瘦杜鹃 ***Rhododendron tenue*** Ching ex W. P. Fang & M. Y. He in Bull. Bot. Res., Harbin 2(2): 87, pl. 5. 1982. **Holotype:** China. Guangxi: Xingan, 1953-06-??, Guangxi Exped. 677.

千里香杜鹃 ***Rhododendron thymifolium*** Maxim. in Bull. Acad. Imp. Sci. St.-Pétersbourg 23: 531. 1877. **Isotype:** China. Qinghai: Tangutorum (=Qilianshan), 1873-05-(10~22), N. M. Przewalski s. n.

昭通杜鹃 ***Rhododendron tsaii*** W. P. Fang in Contr. Biol. Lab. Sci. Soc. China, Bot. Ser. 12(1): 66. 1939. **Holotype:** China. Yunnan: Zhaotong, alt. 2 900 m, 1932-05-19, H. T. Tsai 50928.

两广杜鹃 ***Rhododendron tsoi*** Merr in Lingnan Sci. Journ. 13(1): 42. 1934. **Isotype:** China. Guangdong: Zengcheng, Nankunshan, 1932-04-25, W. T. Tsang 20332.

变色杜鹃 ***Rhododendron varsicolor*** Chun & W. P. Fang in Acta Phytotax. Sin. 6(2): 172, pl. 43. 1957. **Isoparatype:** China. Guangxi: Longsheng, alt. 850 m, 1955-04-13, Guangfu For. Exped. 57.

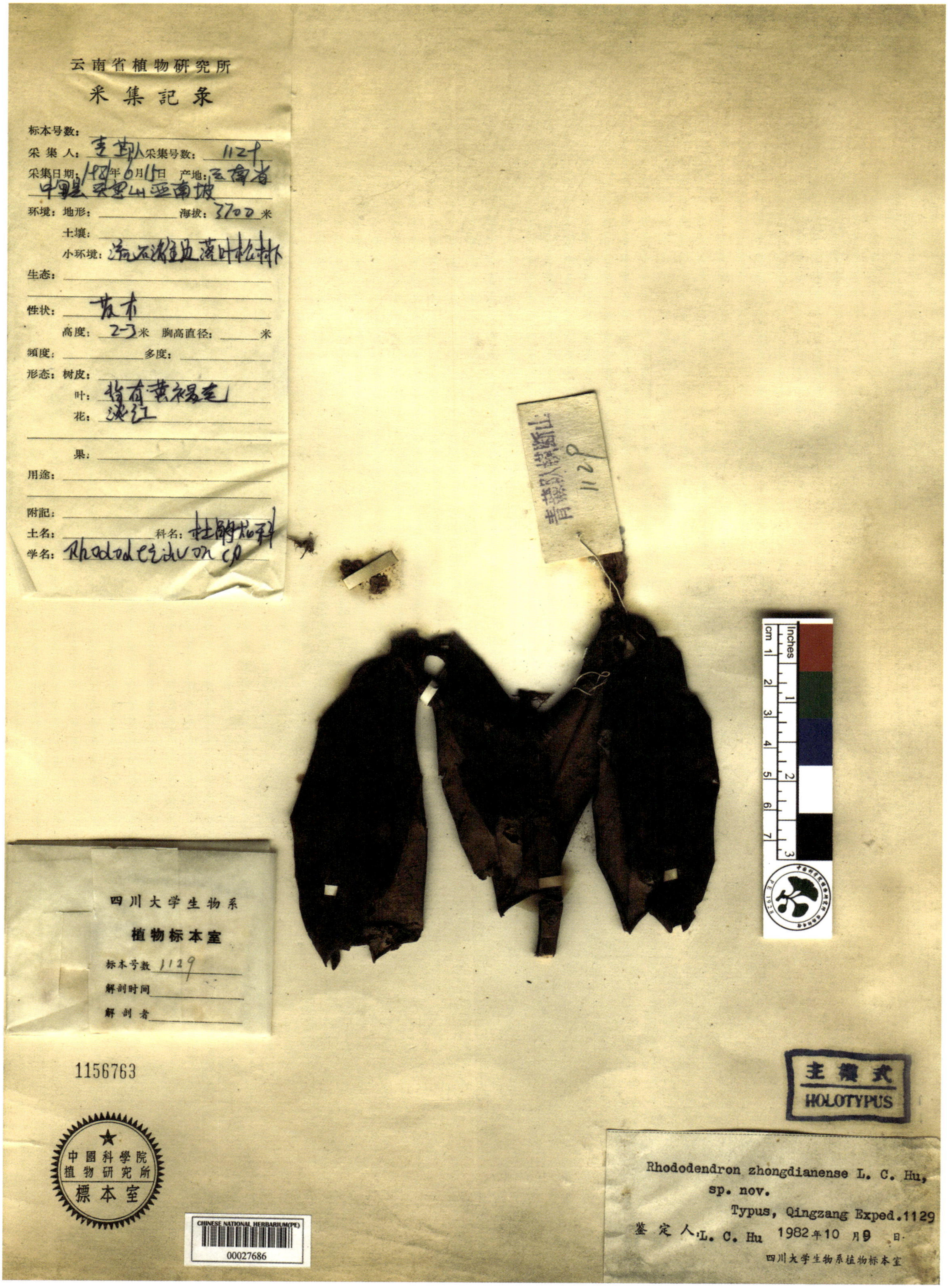

中甸杜鹃 ***Rhododendron zhongdianense*** L. C. Hu in Acta Phytotax. Sin. 22(4): 317, f. 2. 1984. **Holotype:** China. Yunnan: Zhongdian(=Shangri-La), alt. 3 700 m, 1981-06-15, Qinghai-Xizang Exped. 1129.

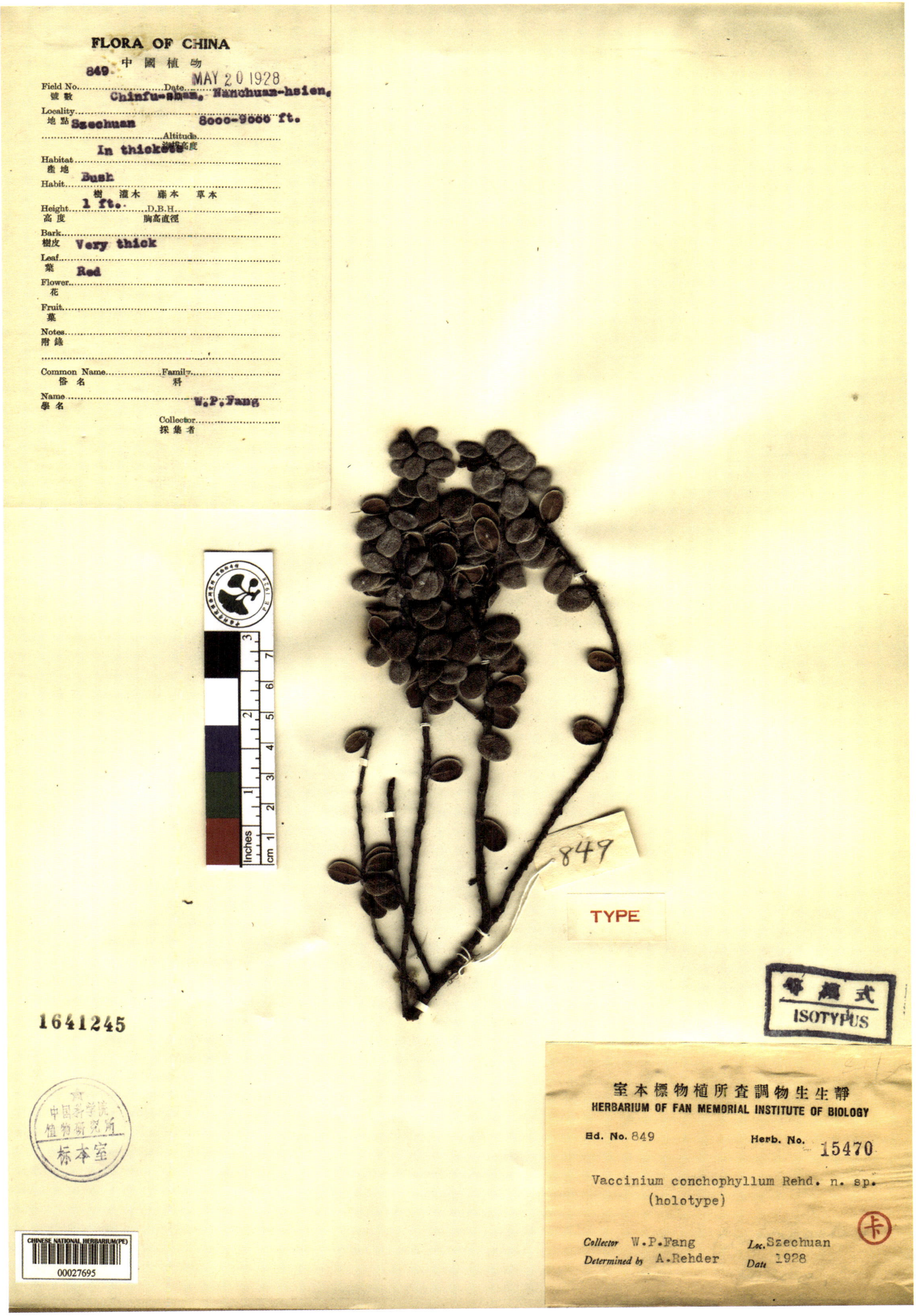

贝叶越橘 ***Vaccinium conchophyllum*** Rehd. in J. Arnold. Arb. 11(3): 167. 1930. **Isotype:** China. Chongqing: Nanchuan, alt. 2 440 ~2 745 m, 1928-05-20, W. P. Fang 849.

长萼越橘 ***Vaccinium craspedotum*** Sleum. in Bot. Jahrb. 71(4): 439. 1941. **Isotype:** China. Yunnan: Pingbian, 1934-06-03, H. T. Tsai 62216.

大樟叶越橘 ***Vaccinium dunalianum*** Wight var. ***megaphyllum*** Sleum. in Bot. Jahrb. 71(4): 448. 1941. **Isotype:** China. Yunnan: Pingbian, alt. 1 500 m, 1934-07-21, H. T. Tsai 61076.

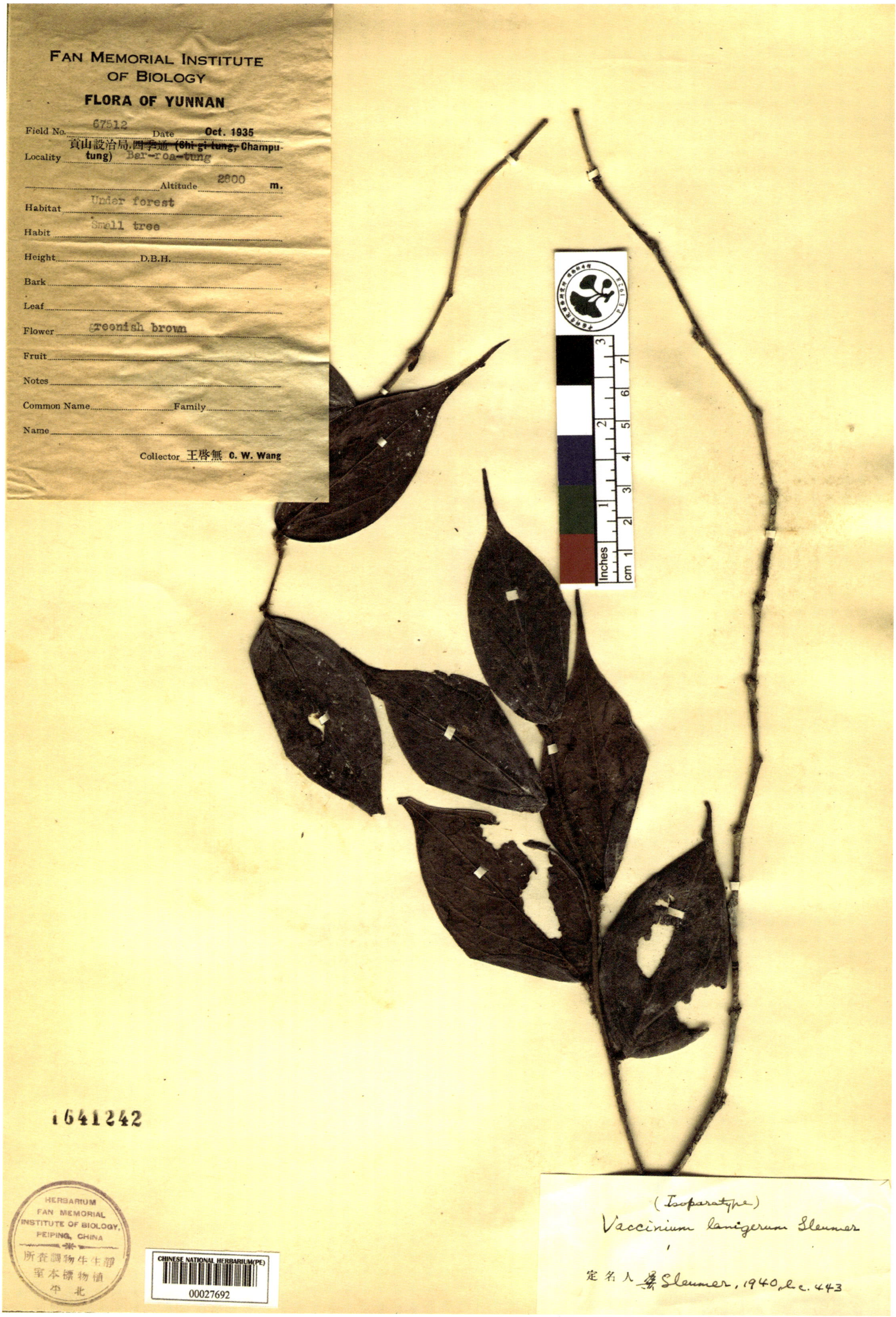

羽毛越橘 ***Vaccinium lanigerum*** Sleum. in Bot. Jahrb. 71(4): 443. 1941. **Isoparatype:** China. Yunnan: Gongshan, alt. 2 800 m, 1935-10-??, C. W. Wang 67512.

凸脉越橘 ***Vaccinium supracostatum*** Hand.-Mazz. in Sinensia 5: 3. 1934. **Isotype:** China. Guangxi: Luocheng, alt. 1 220 m, 1928-06-18, R. C. Ching 6137.

刺毛越橘 ***Vaccinium trichocladum*** Merr. & Metc. in Lingnan Sci. Journ. 16(2): 174, f. 11. 1937. **Isosyntype:** China. Guangdong: Dapu, 1932-07-09, W. T. Tsang 21122.

Myrsinaceae

紫金牛科

zijinniuke

弯梗紫金牛 ***Ardisia curvula*** C. Y. Wu & C. Chen, Fl. Yunnan. 1: 340, pl. 79: 4-5. 1977. **Isotype:** China. Yunnan: Hekou, 1953-04-24, K. H. Cai 528.

密鳞紫金牛 ***Ardisia densilepidotula*** Merr. in Lingnan Sci. Journ. 6(3): 284. 1930. **Isotype:** China. Hainan: Danzhou, 1927-09-03, W. T. Tsang 761.

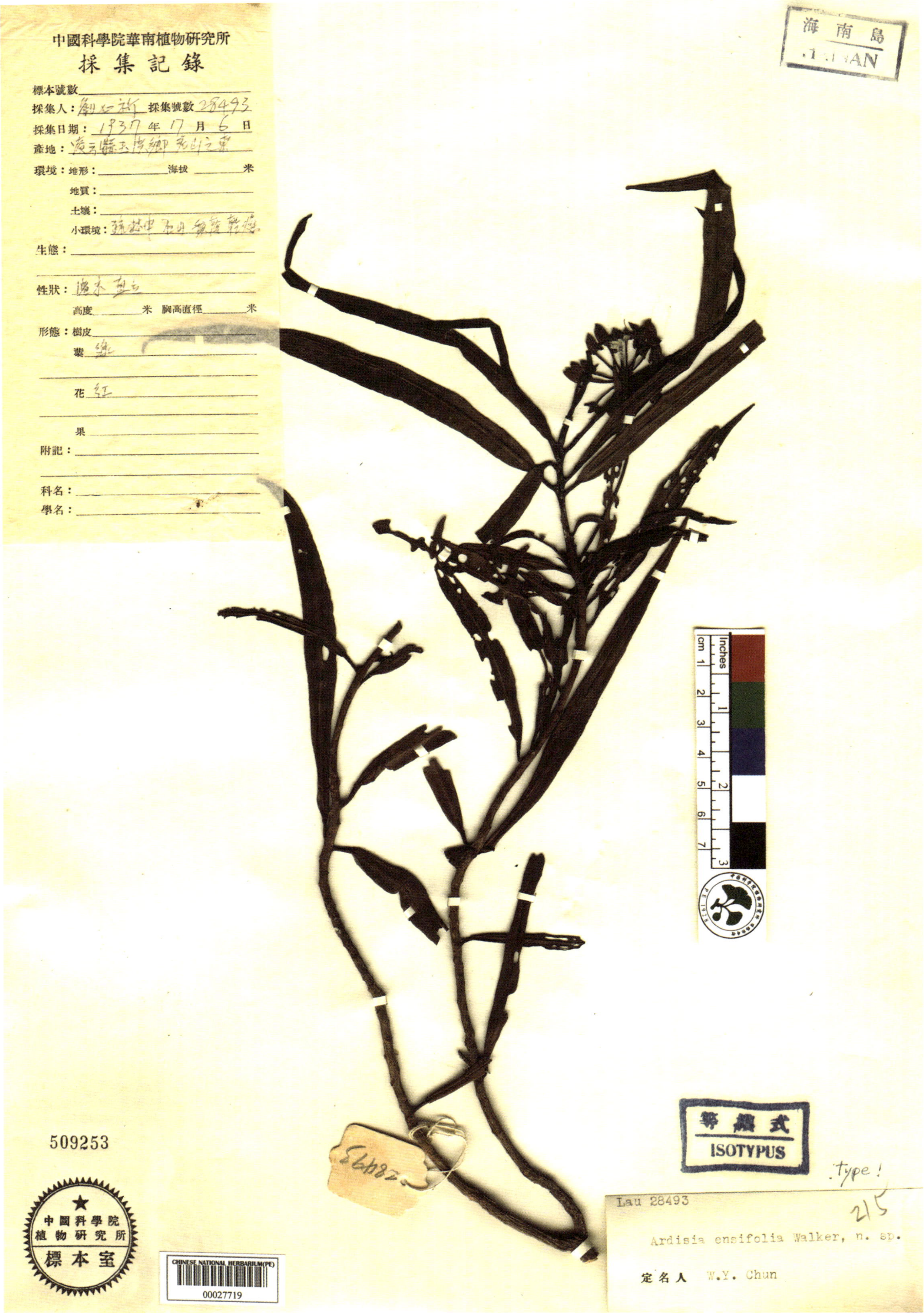

剑叶紫金牛 ***Ardisia ensifolia*** Walker in Philipp. Journ. Sci. 73: 124, f. 23. 1940. **Isotype:** China. Guangxi: Lingyun, 1937-07-06, S. K. Lau 28493.

卷边紫金牛 ***Ardisia replicata*** Walker in Bull. Fan Mem. Inst. Biol., Bot. Ser. 9(3): 169, pl. 21. 1939. **Isoparatype:** China. Yunnan: Pingbian, alt. 1 400 m, 1934-07-15, H. T. Tsai 60906.

细柄罗伞 ***Ardisia tenera*** Mez in Engl., Pflanzenreich 9(VI. 236): 104. 1902. **Lectotype** (designated by Yun Lin & al. in Bull. Bot. Res., Harbin 35: 809. 2015.)**:** China. Yunnan: Simao, alt. 1 500 m, A. Henry 12123A.

毛果紫金牛 ***Ardisia trichocarpa*** Merr. in Lingnan Sci. Journ. 7: 319. 1929. **Isotype:** China. Guangdong: Gaozhou, 1928-08-18, Y. Tsiang 998.

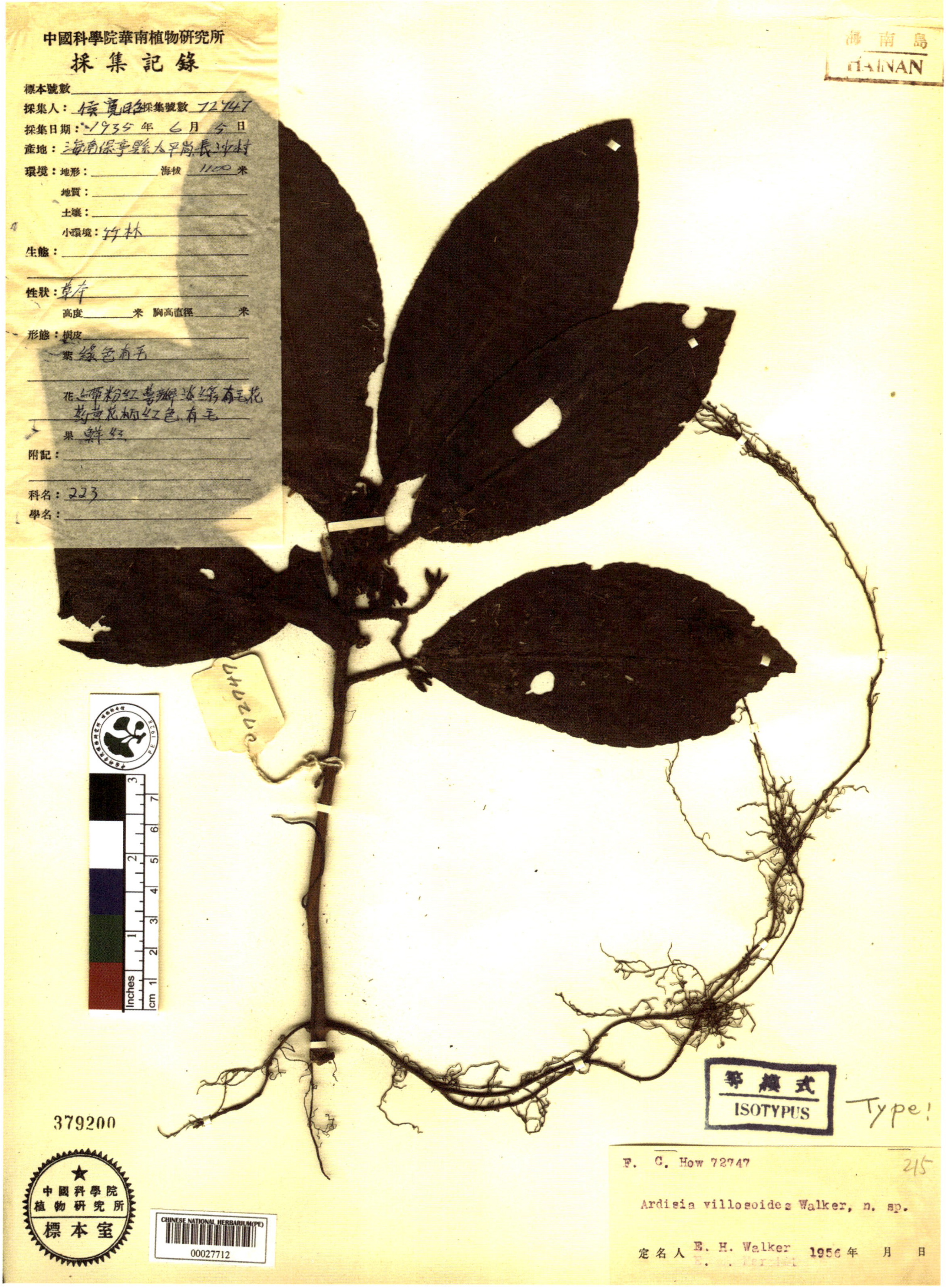

长毛紫金牛 ***Ardisia villosoides*** Walker in Philipp. Journ. Sci. 73: 93, 96. 1940. **Isotype:** China. Hainan: Baoting, alt. 1 100 m, 1935-06-05, F. C. How 72747.

堇叶紫金牛 ***Bladhia violacea*** Suzuki in Trans. Nat. Hist. Soc. Formos. 25: 41. 1935. **Isotype:** China. Taiwan: Taibei, 1934-09-04, Suzuki-Tokioi 11697

墨绿酸藤子 ***Embelia nigrovirdis*** C. Chen in Acta Phytotax. Sin. 16(3): 81, f. 1: 8-9. 1978. **Holotype:** China. Xizang: Zayü, alt. 2 300 m, 1973-07-14, Qinghai-Xizang Exped. 73-678.

匍匐酸藤子 ***Embelia procumbens*** Hemsl. in Hook., Icon. Pl. 28: pl. 2724. 1901. **Isotype:** China. Yunnan: Mengzi, alt. 2 830 m, A. Henry 11160.

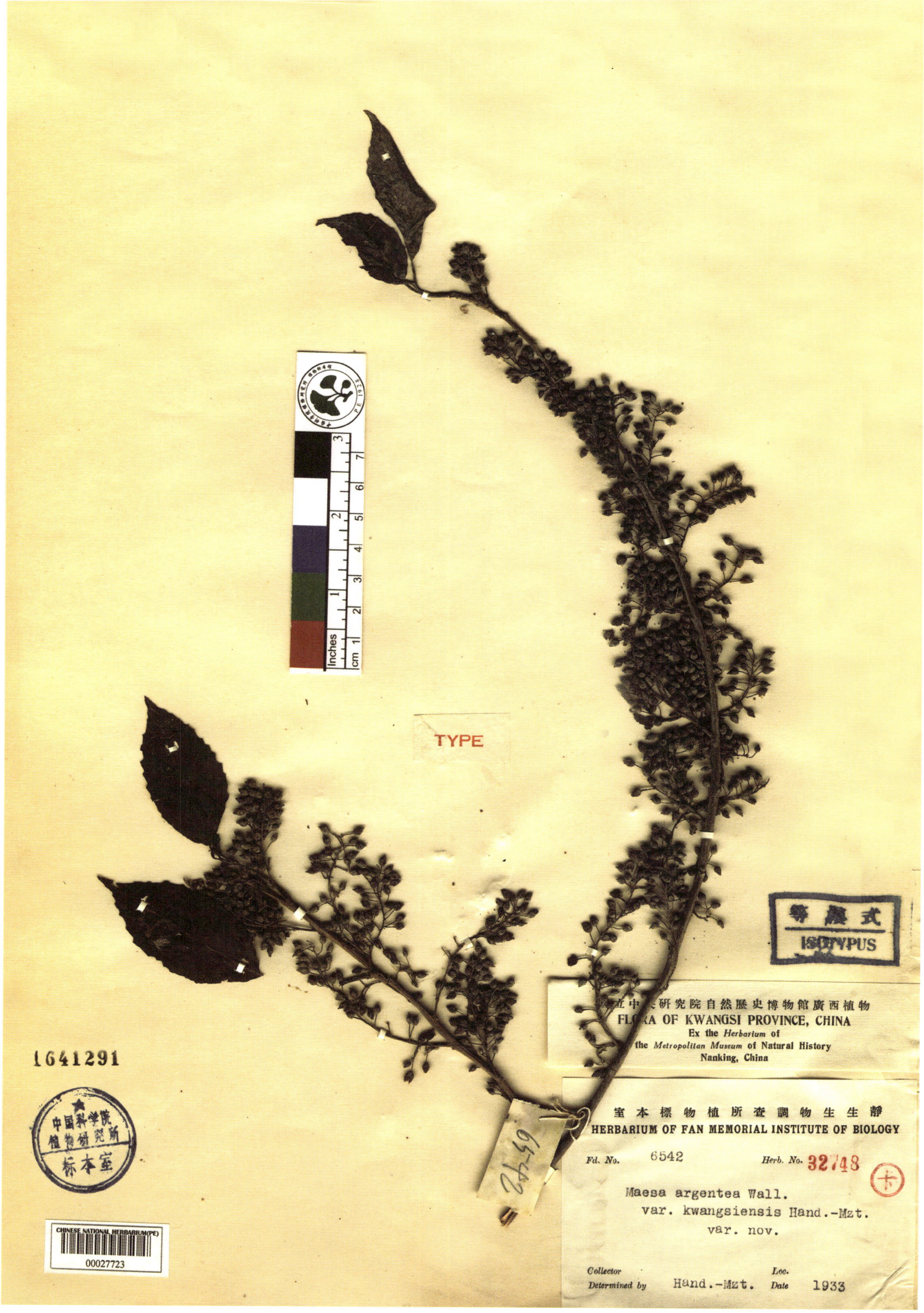

广西杜茎山 ***Maesa argentea*** Wall. var. ***kwangsiensis*** Hand.-Mazz. in Sinensia 5: 4. 1934. **Isotype:** China. Guangxi: Precise locality not known, Tang-lan, alt. 550 m, 1928-08-23, R. C. Ching 6542.

短序小叶杜茎山 ***Maesa parvifolia*** A. DC. var. ***brevipaniculata*** C. Y. Wu & C. Chen, Fl. Yunnan. 1: 324, pl. 76: 5-8. 1977.

Isoparatype: China. Yunnan: Malipo, alt. 1 600～1 800 m, 1947-12-10, K. M. Feng 13764.

密腺杜茎山 ***Maesa prodigiosa*** C. Chen in Acta Phytotax. Sin. 16(3): 79, f. 1: 1-3. 1978. **Holotype:** China. Xizang: Nyalam, alt. 1 800 m, 1966-05-03, Y. T. Chang & K. Y. Lang 3073.

广西铁仔 ***Myrsine elliptica*** Walker in Philipp. Journ. Sci. 73: 189, f. 35. 1940. **Isotype:** China. Guangxi: Xiangzhou, Wuzhishan, 1936-06-19, C. Wang 39429.

广西密花树 ***Rapanea kwangsiensis*** Walker in Journ. Washington Acad. Sci. 21: 479, f. 4. 1931. **Isotype:** China. Guangxi: Lingyun, alt. 920 m, 1928-08-02, R. C. Ching 6657.

瘤枝密花树 ***Rapanea verruculosa*** C. Y. Wu, Fl. Yunnan. 1: 380, pl. 90: 3. 1977. **Isotype:** China. Yunnan: Xichou, alt. 1 500 m, 1947-09-26, K. M. Feng 12062.

Primulaceae

报春花科

baochunhuake

直立点地梅 ***Androsace erecta*** Maxim. in Bull. Acad. Imp. Sci. St.-Pétersbourg. 27: 499. 1881. **Isotype:** China. Qinghai: Tangut (=Qilianshan), alt. 2 700~3 000 m, 1880-07-(14~16), N. M. Przewalski s. n..

南疆点地梅 ***Androsace flavescens*** Maxim. in Bull. Acad. Imp. Sci. St.-Pétersbourg 32: 506. 1888. **Isotype:** China. Xinjiang: Keria, 1885-06-24, N. M. Przewalski s. n.

鳞叶点地梅 ***Androsace squarrosula*** Maxim. in Bull. Acad. Imp. Sci. St.-Pétersbourg 32: 504. 1888. **Syntype:** China. Xinjiang: Keria, alt. 3 650~4 580, 1885-06-24, N. M. Przewalski s. n.

遂瓣珍珠菜 ***Lysimachia glanduliflora*** Hanelt. in Fedde, Repert. Spec. Nov. Regni Veg. 64: 231. 1962. **Holotype:** China. Henan: Xinyang, Jigongshan, 1956-05-23, Sino-Germany Exped. 398.

三叶香草 ***Lysimachia insignis*** Hemsl. in Hook., Icon. Pl. 27: pl. 2634. 1900. **Isotype:** China. Yunnan: Mengzi, alt. 1 700 m, A. Henry 10406.

单茎过路黄 ***Lysimachia longipes*** Hemsl. f. ***simplicicaulis*** Chien. in Contr. Biol. Lab. Sci. Soc. China, Bot. Ser. 6: 71. 1931. **Holotype:** China. Zhejiang: W Tianmushan, 1929-05-20, K. K Tsoong 426.

时雅报春花 ***Primula cheniana*** W. P. Fang in Acta Sci. Nat. Univ. Szechuan. 1956(1): 80, f. 8. 1956. **Isotype:** China. Sichuan: Tianquan, alt. 2 000 m, 1953-04-07, H. L. Tsiang 33755.

黄花粉叶报春 ***Primula flava*** Maxim. in Bull. Acad. Imp. Sci. St.-Pétersbourg 27: 497. 1881. **Isotype:** China. Qinghai: Tangut (=Qilianshan), alt. 4 000 m, 1880-04-(17~29), N. M. Przewalski s. n.

何氏报春花 ***Primula hoii*** W. P. Fang in Acta Sci. Nat. Univ. Szechuan. 1956(1): 101, f. 18. 1956. **Isotype:** China. Sichuan: Li Xian, 1952-??-??, C. Ho & Z. L. Zhou 12824.

济华报春花 ***Primula hsiungiana*** W. P. Fang in Acta Sci. Nat. Univ. Szechuan. 1956(1): 92, f. 13. 1956. **Isotype:** China. Sichuan: Li Xian,1952-06-16, C. Ho & Z. L. Zhou 12856.

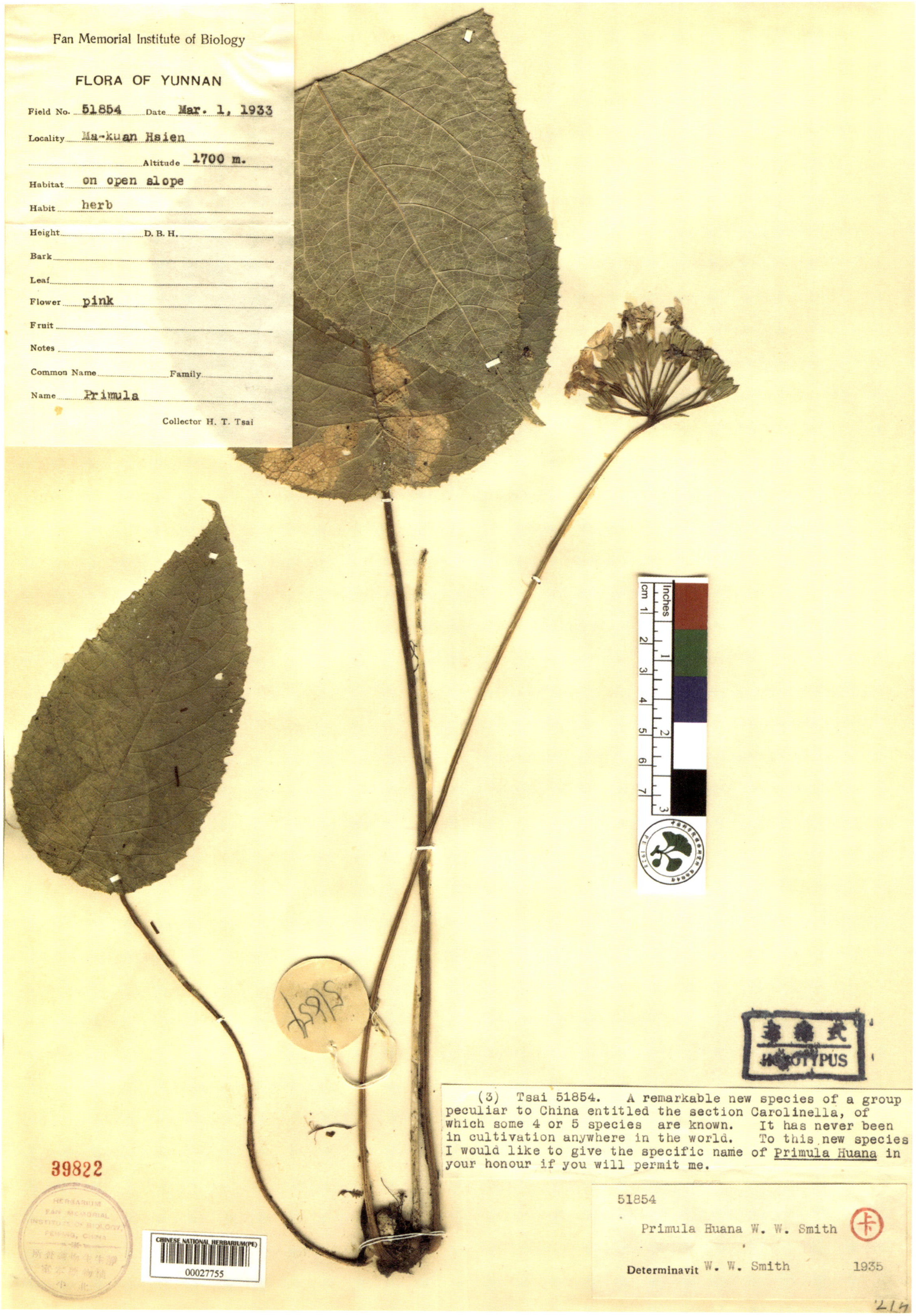

马关报春 ***Primula huana*** W. W. Smith in Notes Roy. Bot. Gard. Edinburgh 19: 170. 1936. **Holotype:** China. Yunnan: Maguan, alt. 1 700 m, 1933-03-01, H. T. Tsai 51854.

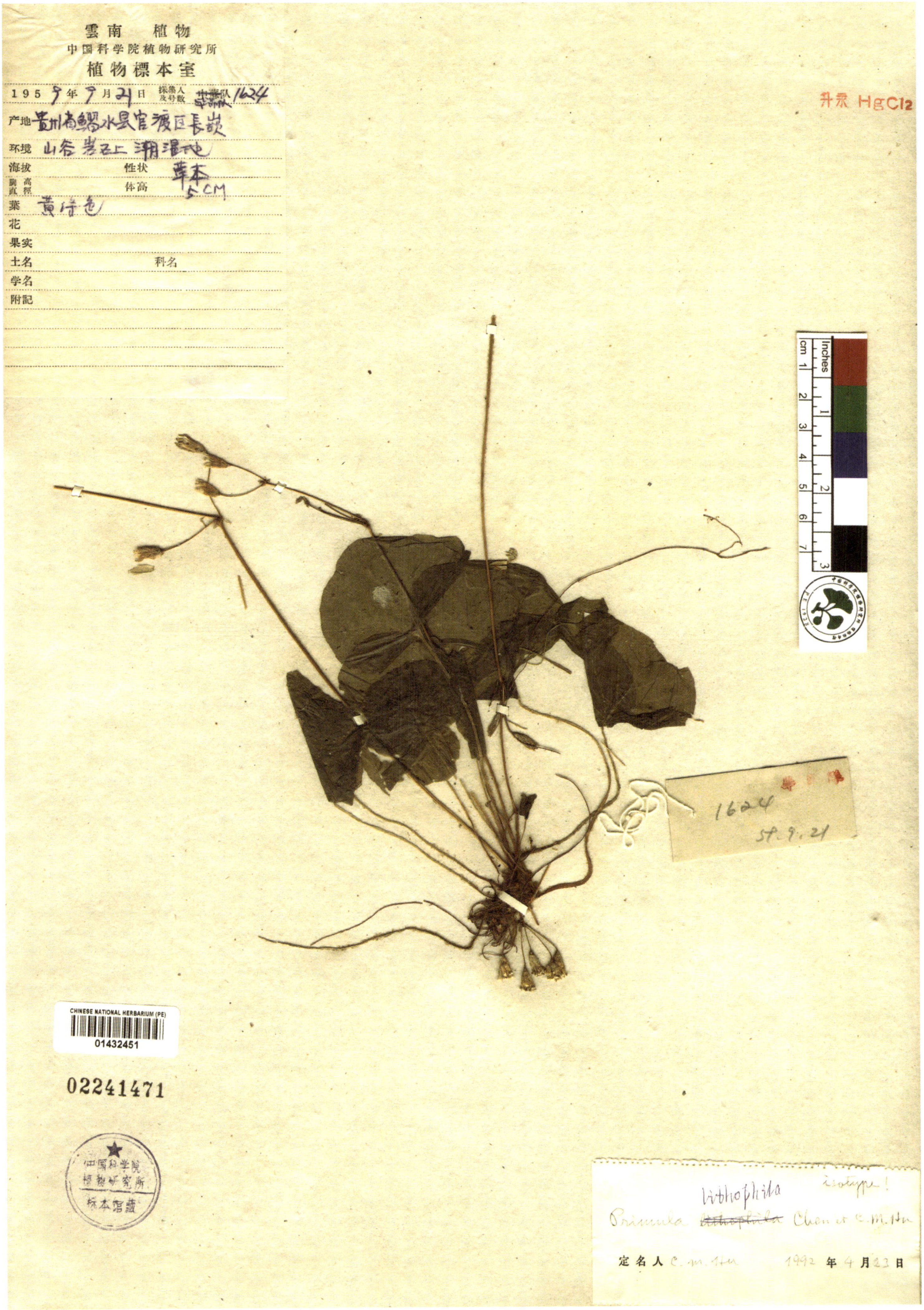

习水报春 ***Primula lithophila*** Chen & C. M. Hu, Fl. Reip. Pop. Sin. 59(2): 290, pl. 2: 7-8. 1990. **Isotype:** China. Guizhou: Xishui, 1959-09-21, Bijie Exped. 1624.

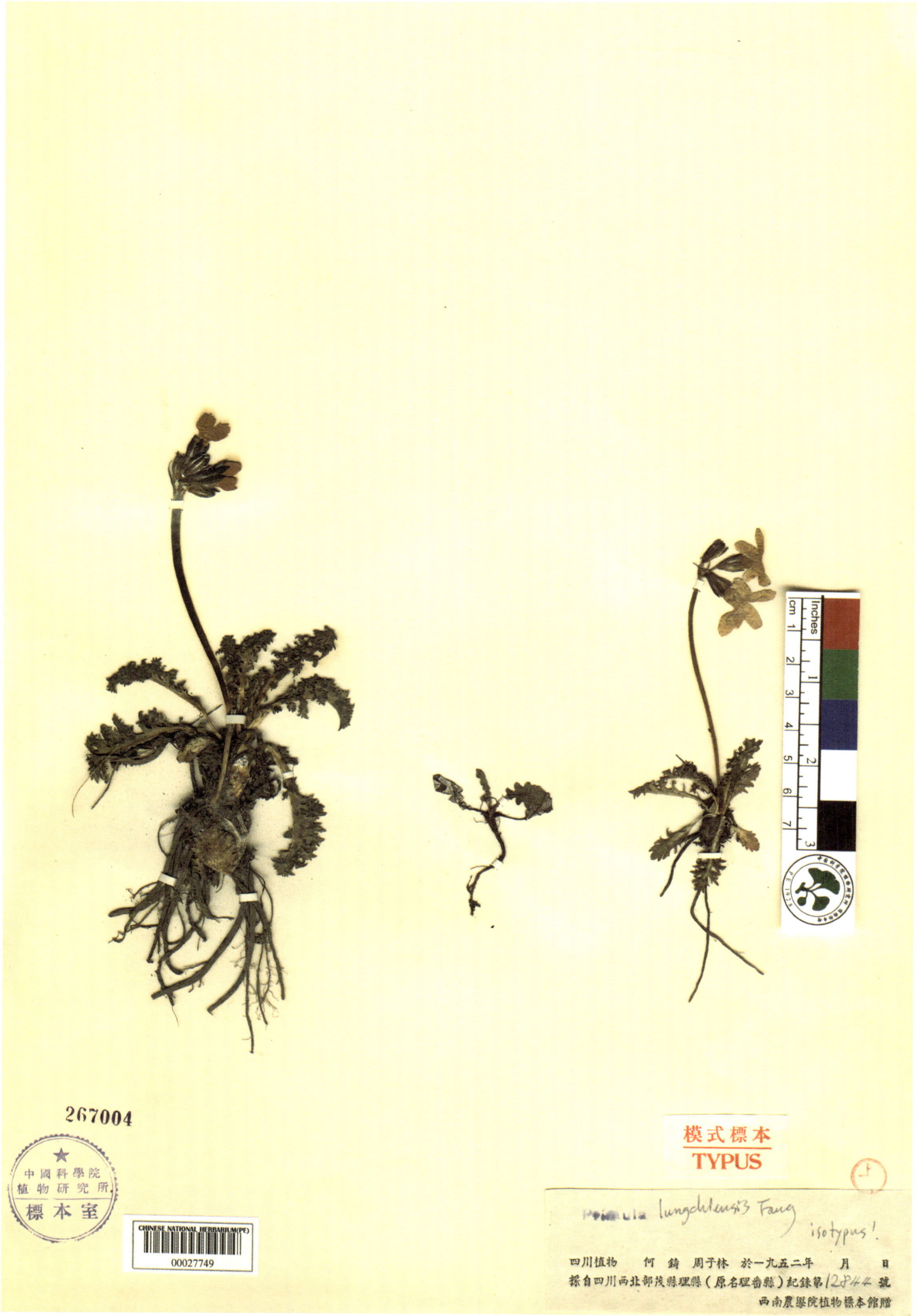

龙溪报春花 ***Primula lungchiensis*** W. P. Fang in Acta Sci. Nat. Univ. Szechuan. 1956(1): 89, f. 12. 1956. **Isotype:** China. Sichuan: Li Xian, 1952-??-?? C. Ho & Z. L. Zhou 12844.

石棉报春花 ***Primula shihmienensis*** W. P. Fang in Acta Sci. Nat. Univ. Szechuan. 1956(1): 103, f. 20. 1956. **Isoparatype:** China. Sichuan: Shimian, alt. 2 200 m, 1955-05-04, C. C. Hsieh 40320.

兴麐报春花 ***Primula tsiangiae*** W. P. Fang in Acta Sci. Nat. Univ. Szechuan. 1956(1): 100, f. 17. 1956. **Isotype:** China. Sichuan: Kangding, alt. 4 200 m, 1953-07-11, H. L. Tsiang 36285.

绒毛报春 ***Primula tsiangii*** W. W. Smith in Notes Roy. Bot. Gard. Edinburgh 18: 63. 1933. **Isotype:** China. Guizhou: Tung-tze (=Tongzi), 1930-05-26, Y. Tsiang 5071.

荨麻叶报春 ***Primula urticifolia*** Maxim. in Bull. Acad. Imp. Sci. St.-Pétersbourg 27: 497. 1881. **Isotype:** China. Qinghai: Tangut (=Qilianshan), 1880-07-(19-31), N. M. Przewalski s. n.

Plumbaginaceae

白花丹科

baihuadanke

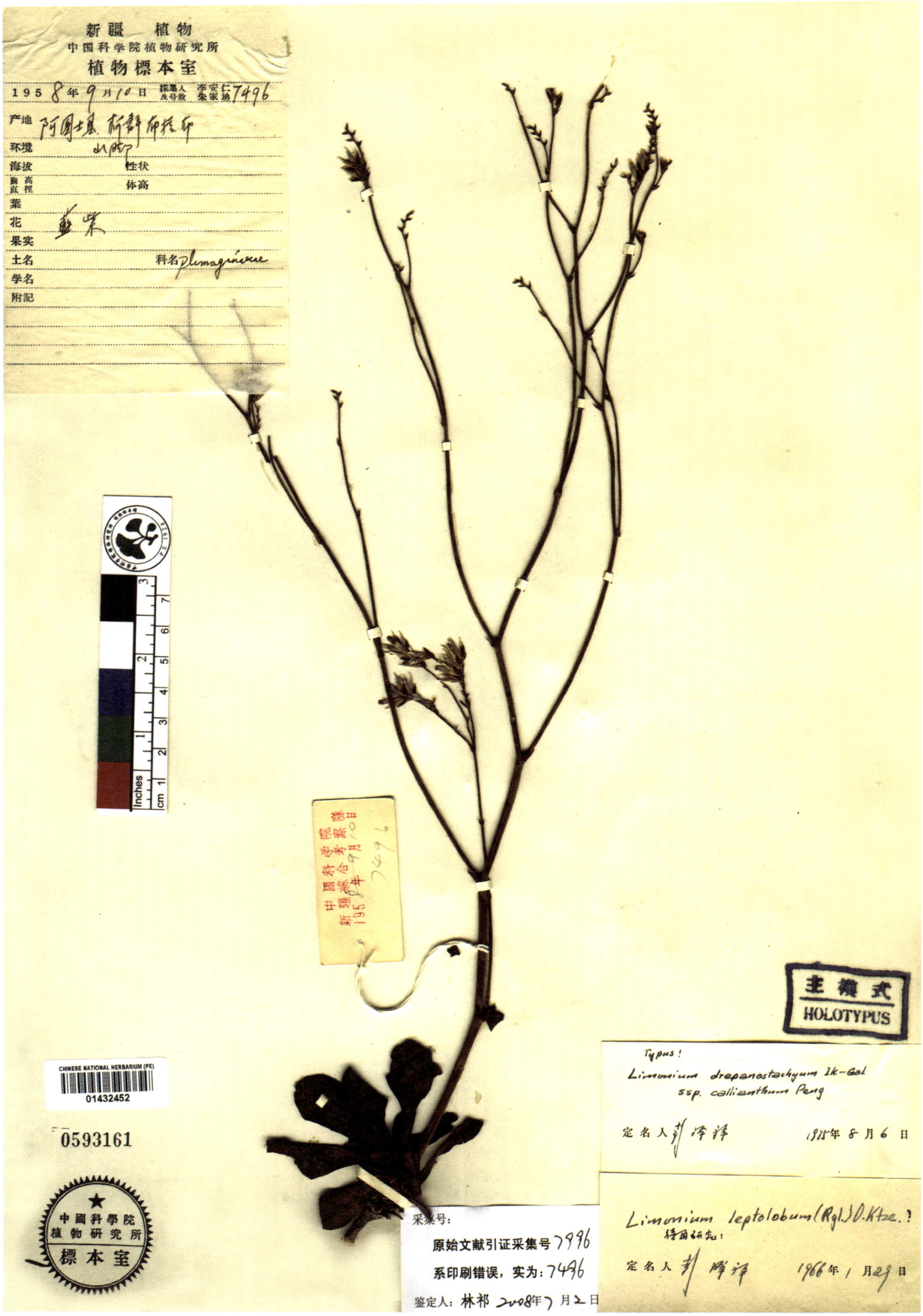

美花补血草 ***Limonium drepanostachyum*** Ik.-Gal. subsp. ***callianthum*** T. X. Peng in Guihaia 3(4): 292. 1983. **Holotype:** China. Xinjiang: Artux, 1958-09-10, A. J. Li & J. N. Zhu 7496.

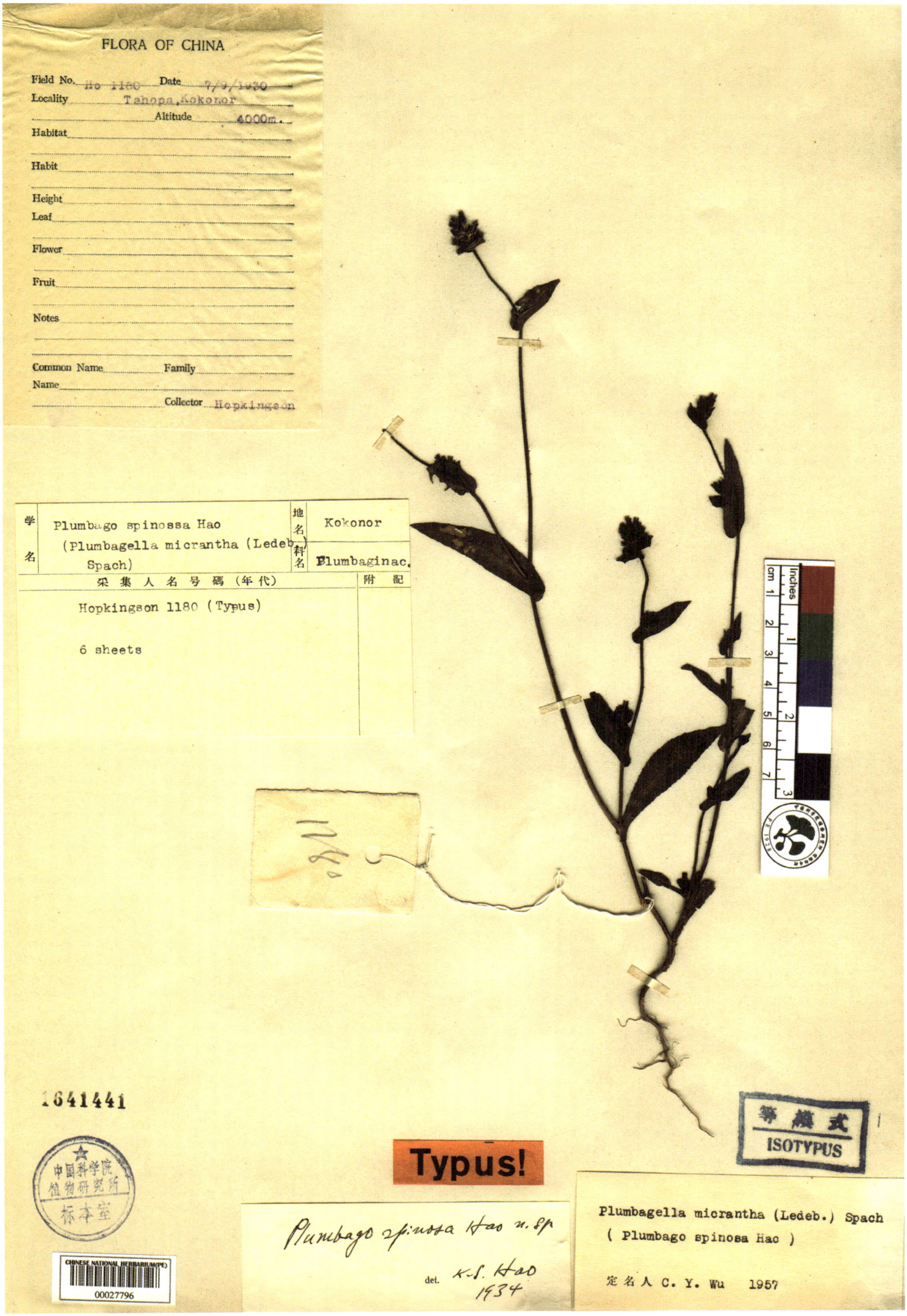

多刺鸡娃草 ***Plumbago spinosa*** Hao in Fedde, Repert. Spec. Nov. Regni Veg. 36: 222. 1934. **Isotype:** China. Sichuan: Tahopa, alt. 4 000 m, 1930-09-07, K. S. Hao 1180.

Sapotaceae

山榄科

shanlanke

近梅花点紫荆木 ***Madhuca subquincuncialis*** H. J. Lam & D. A. Kerpel in Blumea 3: 255, f. 1. 1939. **Isoparatype:** China. Guangdong: Yangchun, 1935-10-28, C. Wang 38520.

酸藤子叶刺榄 ***Sideroxylon embeliaefolium*** Merr. in Lingnan Sci. Journ. 14: 45, f. 14. 1935. **Isotype:** China. Hainan: Ngai (=Sanya), 1932-10-14, S. K. Lau 567.

海南桃榄 ***Sideroxylon hainanense*** Merr. in Lingnan Sci. Journ. 9: 41. 1930. **Isotype:** China. Hainan: Danzhou, 1928-05-25, W. T. Tsang 496.

Ebenaceae

柿树科

shishuke

崖柿 ***Diospyros chunii*** Metc. & L. Chen in Lingnan Sci. Journ. 14: 618, pl. 42. 1935. **Isotype:** China. Hainan: Ngai (=Sanya), 1932-06-12, S. K. Lau 67.

光叶柿 ***Diospyros cordifolia*** Roxb. var. ***glabrifolia*** Merr. in Lingnan Sci. Journ. 14: 47. 1935. **Isotype:** China. Hainan: Ngai (= Sanya), 1932-07-19, S. K. Lau 288.

异片柿 ***Diospyros diversilimba*** Merr. & Chun in Sunyatsenia 2: 300, f. 38. 1935. **Isoparatype:** China. Hainan: Ngai (= Sanya), 1932-07-19, S. K. Lau 288.

光叶柿 ***Diospyros diversilimba*** Merr. & Chun in Sunyatsenia 2: 300, f. 38. 1935. **Isotype:** China. Hainan: Ngai (= Sanya), alt. 700 m, 1933-04-24, F. C. How 70583.

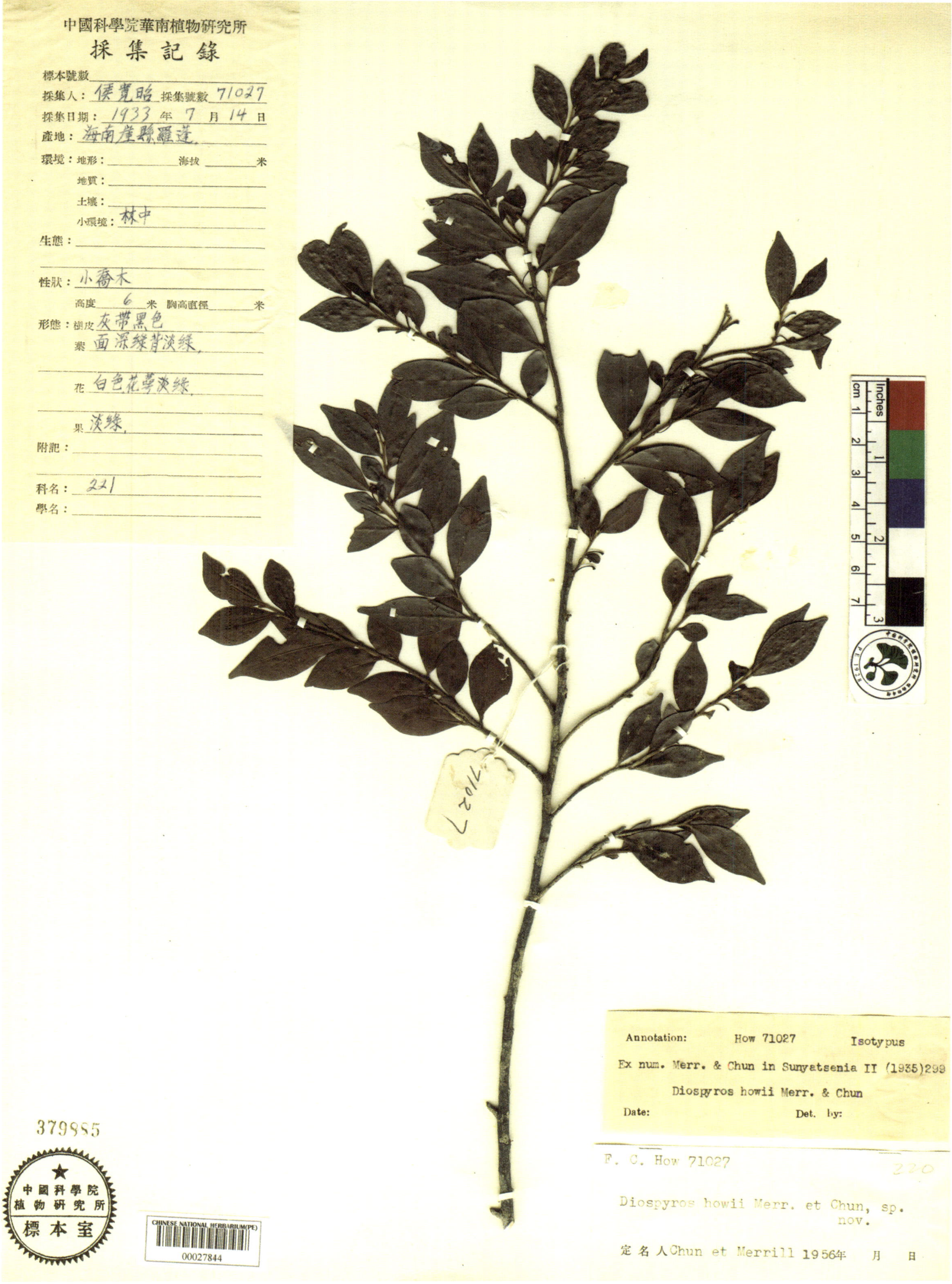

琼南柿 ***Diospyros howii*** Merr. & Chun in Sunyatsenia 2: 299, pl. 68. 1935. **Isotype:** China. Hainan: Ngai (= Sanya), 1933-07-14, F. C. How 71027.

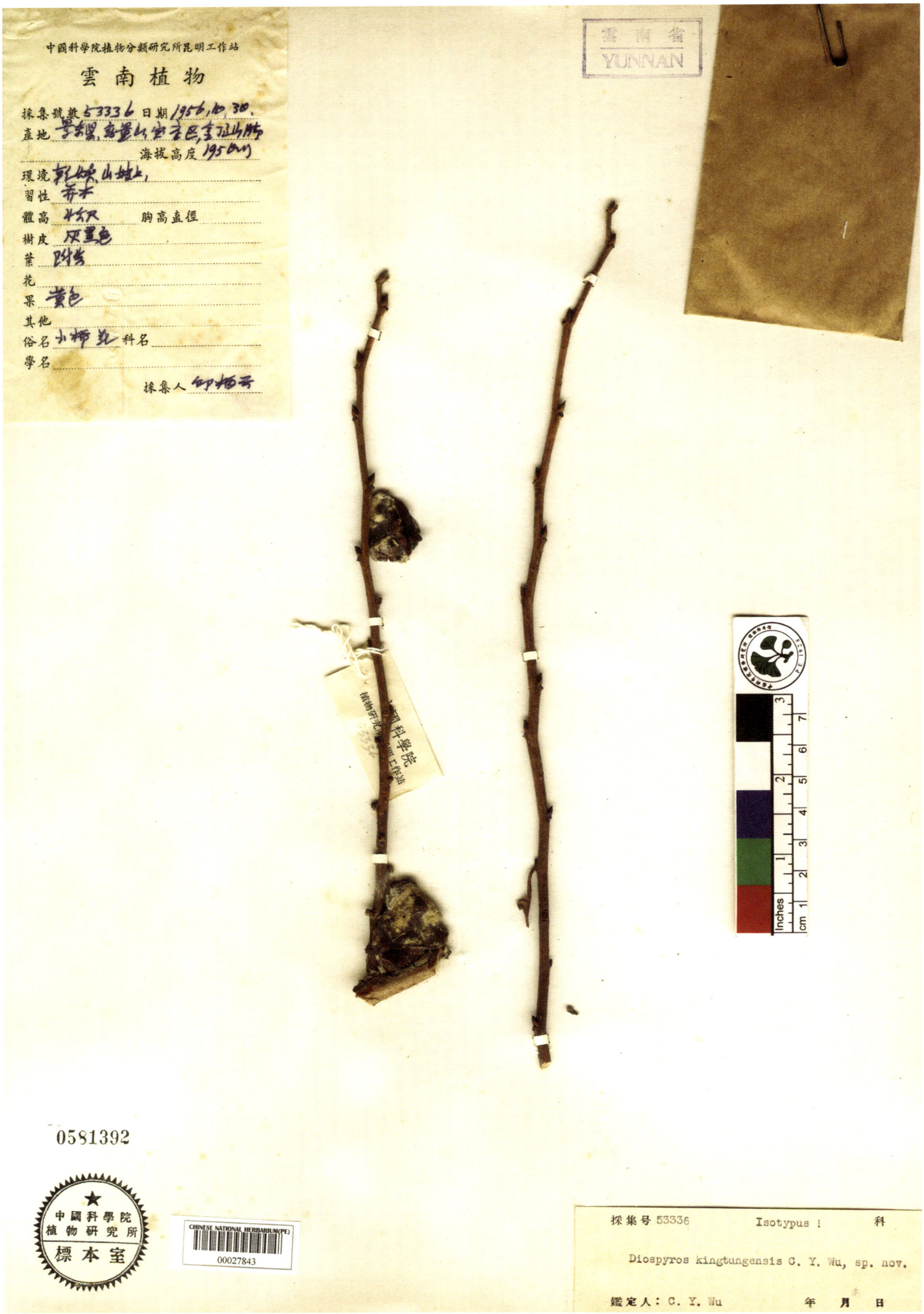

景东君迁子 ***Diospyros kintungensis*** C. Y. Wu in C. Y. Wu & H. W. Li, Report. Stud. Pl. Trop. Subtrop. Reg. Yunnan 1: 22, pl. 23: 3. 1965. **Isotype:** China. Yunnan: Jingdong, alt. 1 950 m, 1956-10-30, P. Y. Chu 53336.

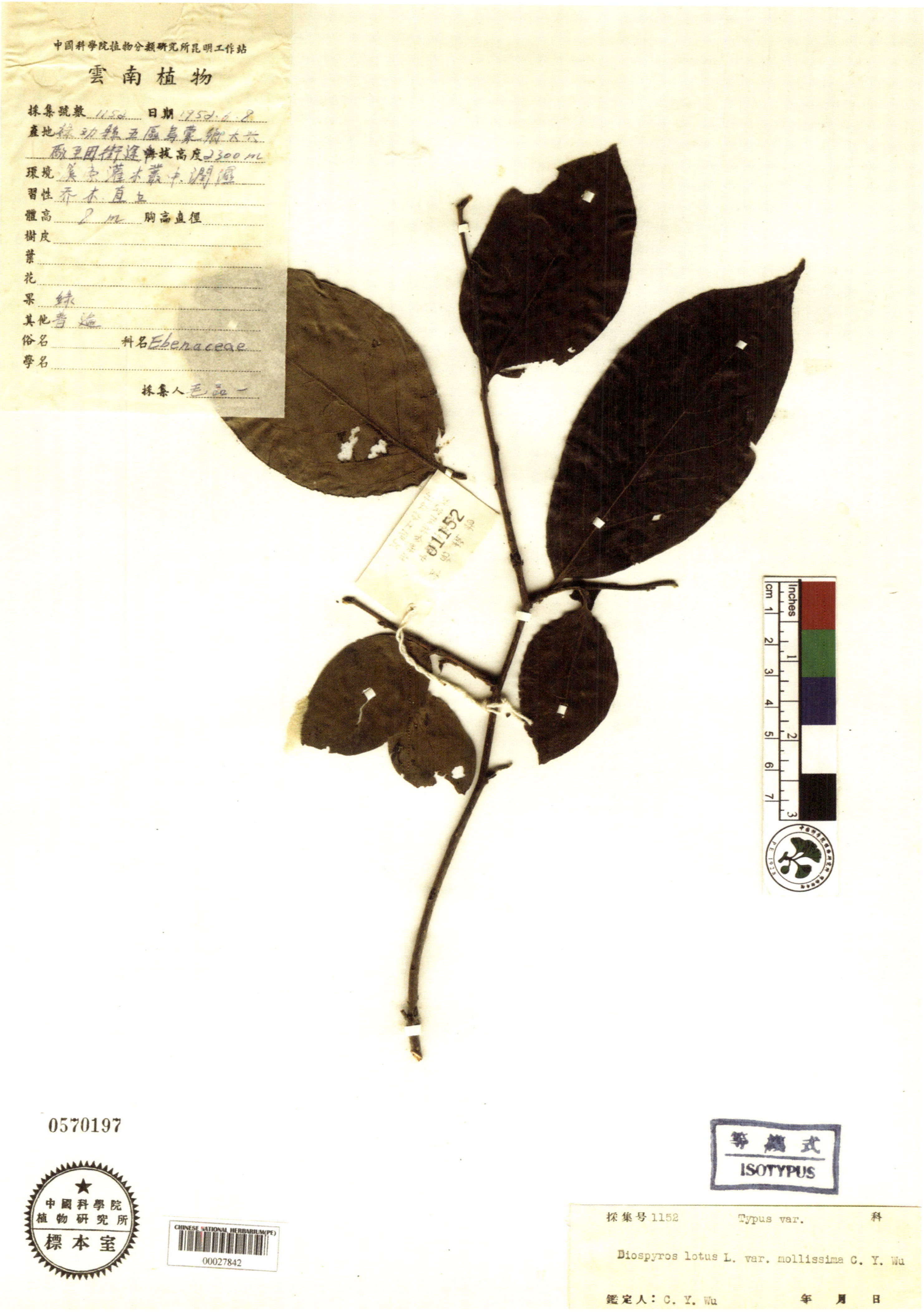

多毛君迁子 ***Diospyros lotus*** Linn. var. ***mollissima*** C. Y. Wu in C. Y. Wu & H. W. Li, Report. Stud. Pl. Trop. Subtrop. Reg. Yunnan 1: 21. 1965. **Isotype:** China. Yunnan: Luquan, 1952-06-08, P. I Mao 1152.

油柿 ***Diospyros oleifera*** W. C. Cheng in Contr. Biol. Lab. Sci. Soc. China, Bot. Ser. 10: 80. 1935. **Isotype:** China. Zhejiang: Chuchi (= Zhuji), 1932-07-13, W. C. Cheng 2474.

延平柿 ***Diospyros tsangii*** Merr. in Lingnan Sci. Journ. 13: 43. 1934. **Isotype:** China. Guangdong: Conghua, 1932-05-31, W. T. Tsang 20624.

Symplocaceae

山矾科

shanfanke

厚叶山矾 ***Symplocos crassilimba*** Merr. in Lingnan Sci. Journ. 14: 47, f. 15. 1935. **Isotype:** China. Hainan: Ngai (=Sanya), 1932-07-14, S. K. Lau 260.

长毛山矾 ***Symplocos dolichotricha*** Merr. in Lingnan Sci. Journ. 7: 320. 1929. **Isotype:** China. Guangdong: Luoding, 1928-09-15, Y. Tsiang 1196.

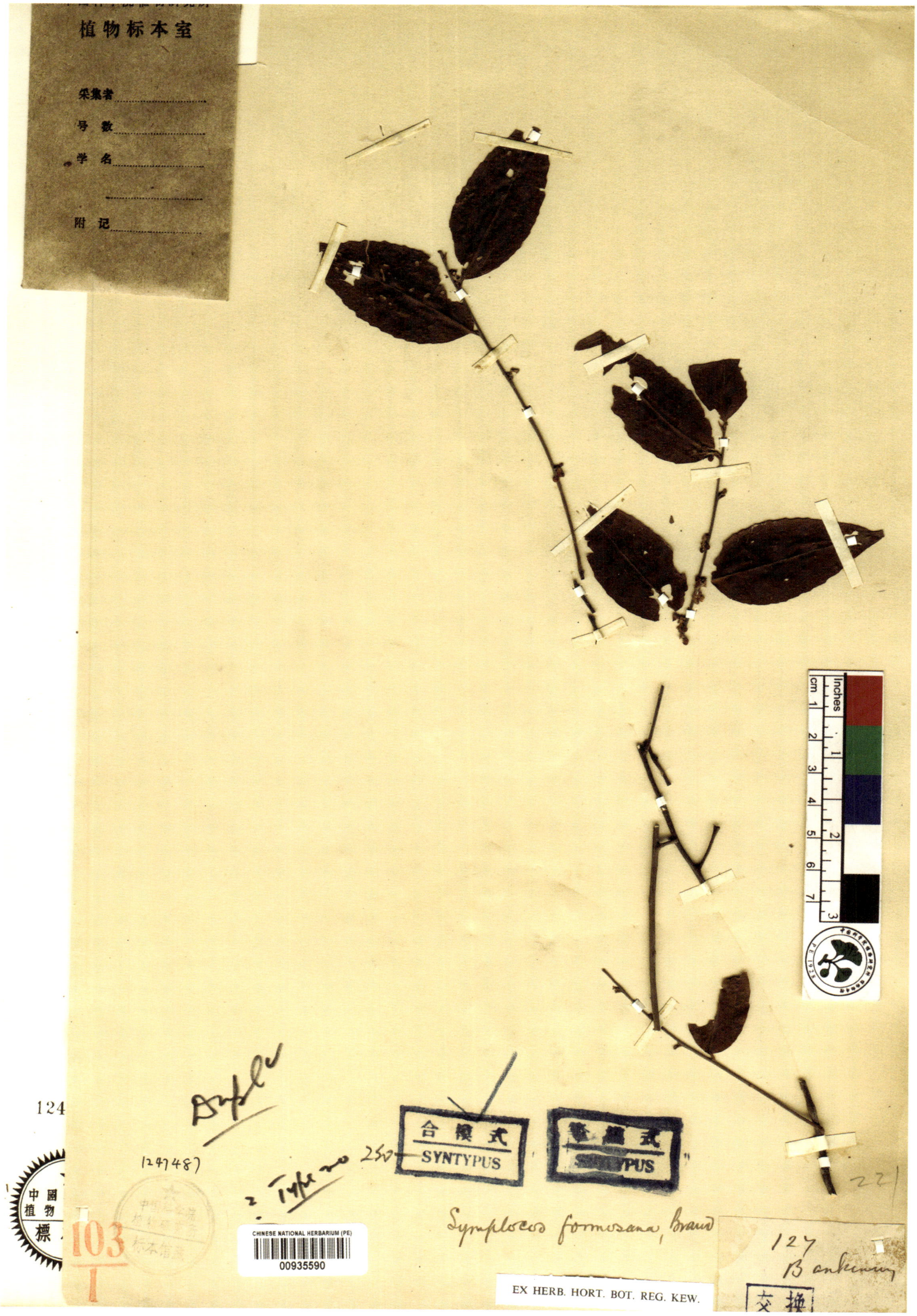

台湾山矾 ***Symplocos formosana*** Brand in Engler & Prantl, Pflanzenr. 6(IV. 242): 67. 1901. **Lectotype** (designated by Yun Lin & al. in Bull. Bot. Res., Harbin 35: 809. 2015.): China. Taiwan: Bankensing, A. Henry 127.

福建山矾 ***Symplocos fukienensis*** Ling in Acta Phytotax. Sin. 1: 218. 1951. **Holotype:** China. Fujian: Qingliu, 1945-07-??, L. K. Ling 939.

蒙自山矾 ***Symplocos henryi*** Brand in Engler & Prantl, Pflanzenr. 6(IV. 242): 67. 1901. **Isotype:** China. Yunnan: Mengzi, alt. 1 700 m, A. Henry 11415.

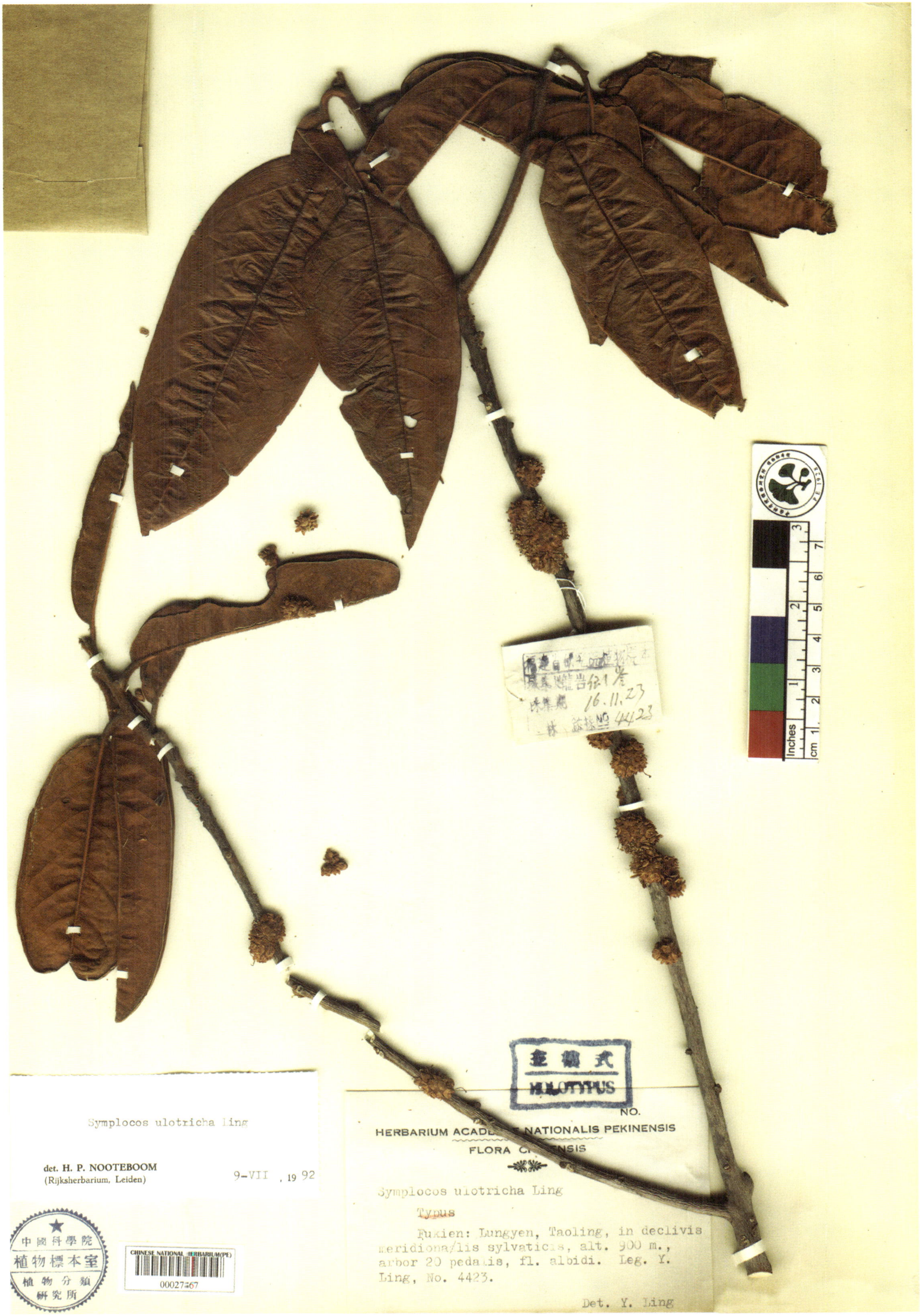

卷毛山矾 ***Symplocos ulotricha*** Ling in Acta Phytotax. Sin. 1: 216. 1951. **Holotype:** China. Fujian: Longyan, alt. 900 m, 1934-11-16, Y. Ling 4423.

Styracaceae

野茉莉科（安息香科）

yemolike （anxixiangke）

醉鱼草叶赤杨叶 ***Alniphyllum buddleifolium*** Hu & W. C. Cheng in Bull. Fan Mem. Inst. Biol., New Ser. 1(2): 195. 1948. **Isotype:** China. Yunnan: Yanshan, alt. 1 200 m, 1939-10-14, C. W. Wang 84380.

白背豆渣树 ***Alniphyllum fortunei*** (Hemsl.) Perkins f. ***hypoglaucum*** C. Y. Wu in Acta Phytotax. Sin. 6(3): 291. 1957. **Holotype:** China. Yunnan：Pingbian, alt. 1 700 m, 1939-10-15, C. W. Wang 82488.

小果豆渣树 ***Alniphyllum fortunei*** (Hemsl.) Perkins var. ***microcarpum*** C. Y. Wu in Acta Phytotax. Sin. 6(3): 292. 1957.

Holotype: China. Yunnan: Xichou, alt. 1 400~1 450 m, 1947-09-18, K. M. Feng 11869.

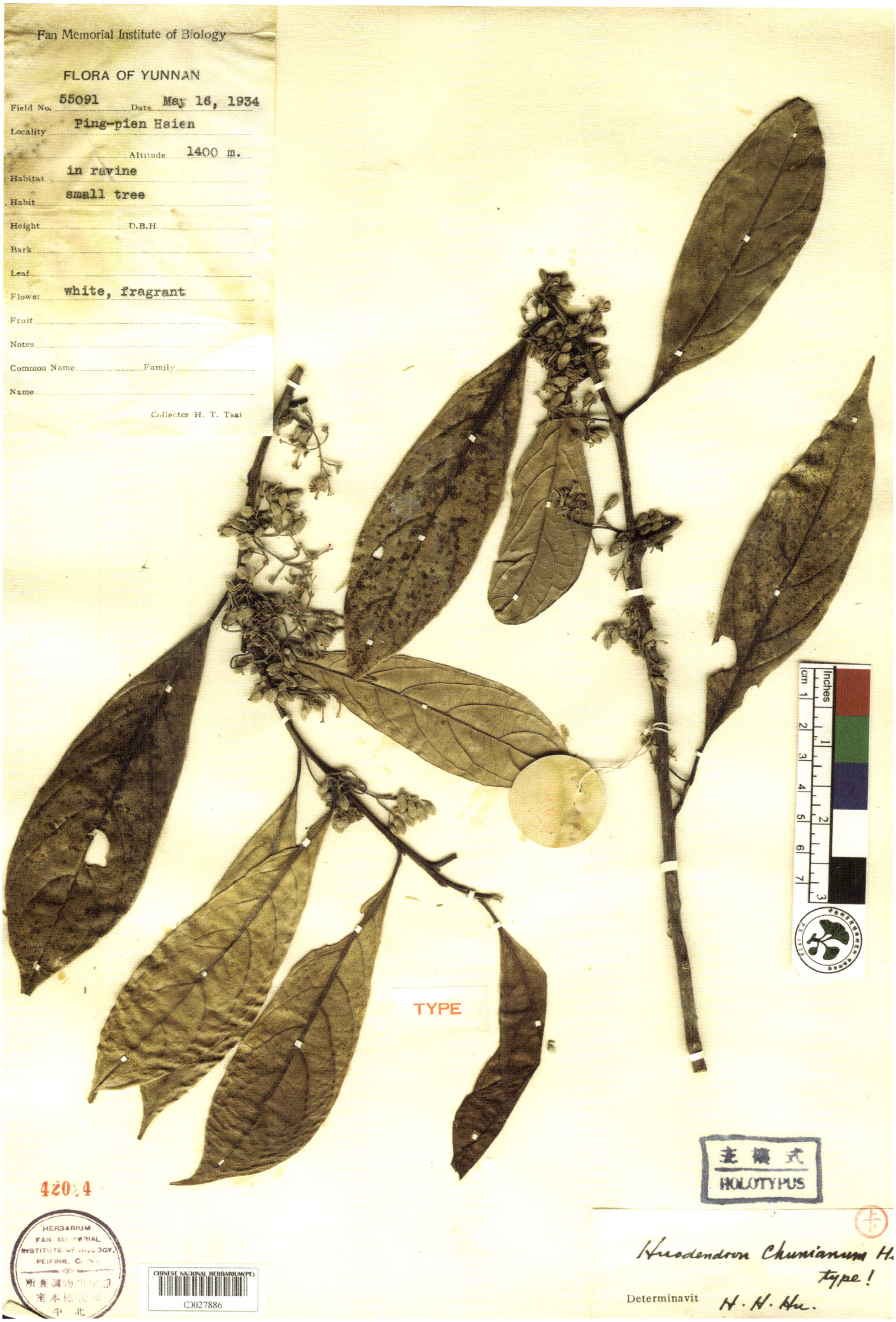

焕镛山茉莉 ***Huodendron chunianum*** Hu in Sunyatsenia 3(1): 36, f. 7. 1935. **Holotype:** China. Yunnan: Pingbian, alt. 1 400 m, 1934-05-16, H. T. Tsai 55091.

宜丰陀螺果 ***Melliodendron jifungense*** Hu in Acta Phytotax. Sin. 8(3): 201. 1963. **Holotype:** China. Jiangxi: Yifeng, alt. 450 m, 1959-06-10, C. Hsiung 4368.

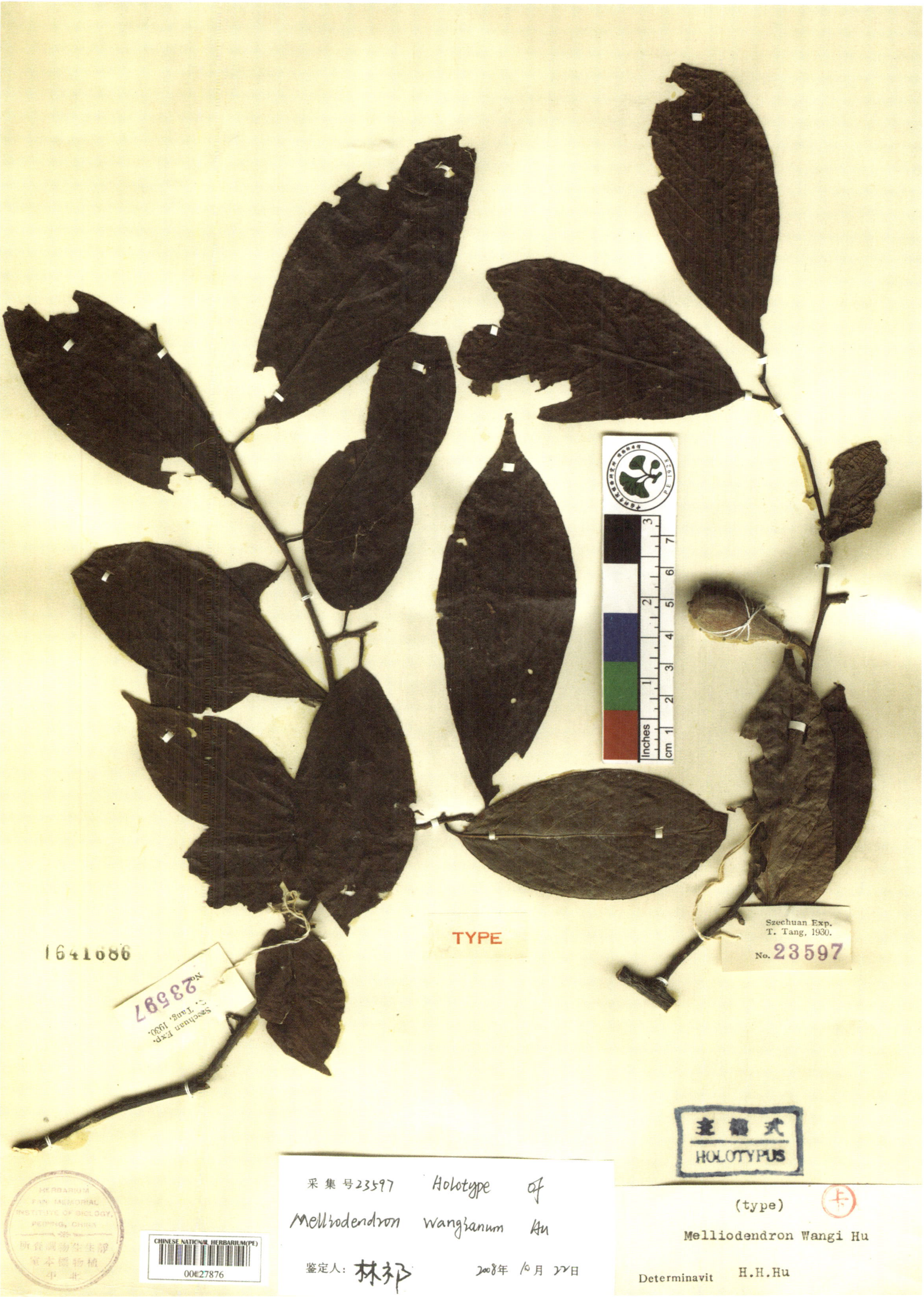

发瓒陀螺果 ***Melliodendron wangianum*** Hu in Bull. Fan Mem. Inst. Biol., Bot. 5(6): 314. 1934. **Holotype:** China. Sichuan: Mabian, 1931-08-26, F. T. Wang 23597.

冯氏芮德木 ***Rehderodendron fengii*** Hu in Acta Phytotax. Sin. 1(3-4): 329. 1951. **Holotype:** China. Yunnan: Xichou, alt. 1 200~1 300 m, 1947-10-09, K. M. Feng 12307.

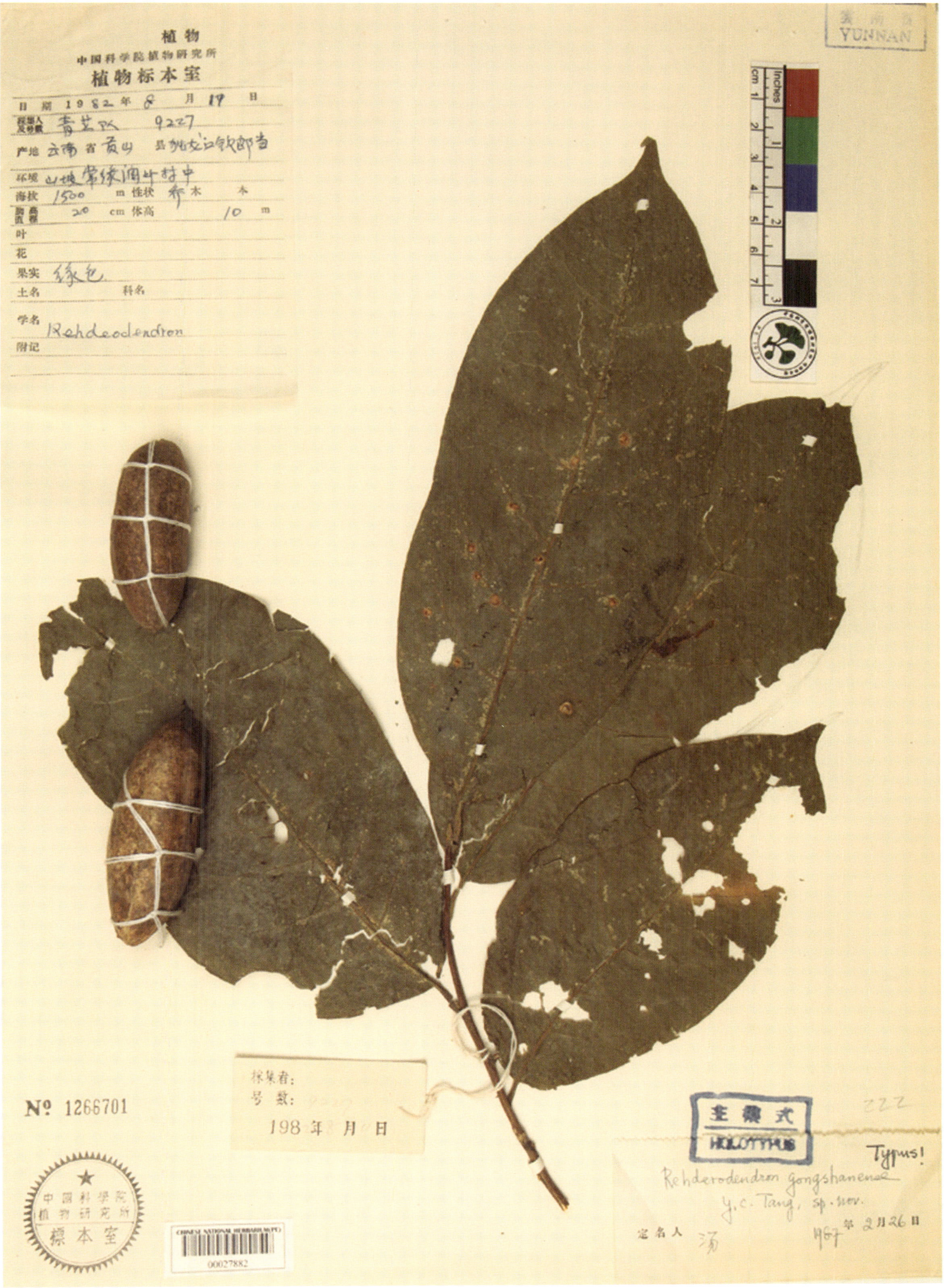

贡山木瓜红 ***Rehderodendron gongshanense*** Y. C. Tang in Acta Bot. Yunnan. 10(3): 350, f. 1. 1988. **Holotype:** China. Yunnan: Gongshan, alt. 1 500 m, 1982-08-11, Qinghai-Xizang Exped. 9227.

岭南木瓜红 ***Rehderodendron hui*** Chun in Sunyatsenia 1(4): 291, pl. 38: 4-6. 1934. **Isotype:** China. Guangdong: Yuyuen (=Ruyuan), 1933-07-29, S. P. Ko 53125.

贵州木瓜红 ***Rehderodendron kweichowense*** Hu in Sinensia 2: 109, f. 1931. **Holotype:** China. Guizhou: Tuhshan (=Dushan), alt. 500 m, 1930-09-07, Y. Tsiang 6953.

大果芮德木 ***Rehderodendron macrocarpum*** Hu in Bull. Fan Mem. Inst. Biol. 3: 78, pl. 1. 1932. **Holotype:** China. Sichuan: Emei, Emeishan, alt. 2 000 m, 1931-08-08, F. T. Wang 23493.

马边芮德木 ***Rehderodendron mapienense*** Hu in Bull. Fan Mem. Inst. Biol. 3: 79, pl. 2. 1932. **Holotype:** China. Sichuan: Mabian, 1931-08-18, F. T. Wang 23631.

毛果木瓜红 ***Rehderodendron praeteritum*** Sleumer in Fedde, Repert. Spec. Nov. Regni Veg. 38: 208. 1935. **Isotype:** China. Guangdong: Yunfu, alt. 210 m, 1928-09-16, S. S. Sin 5176.

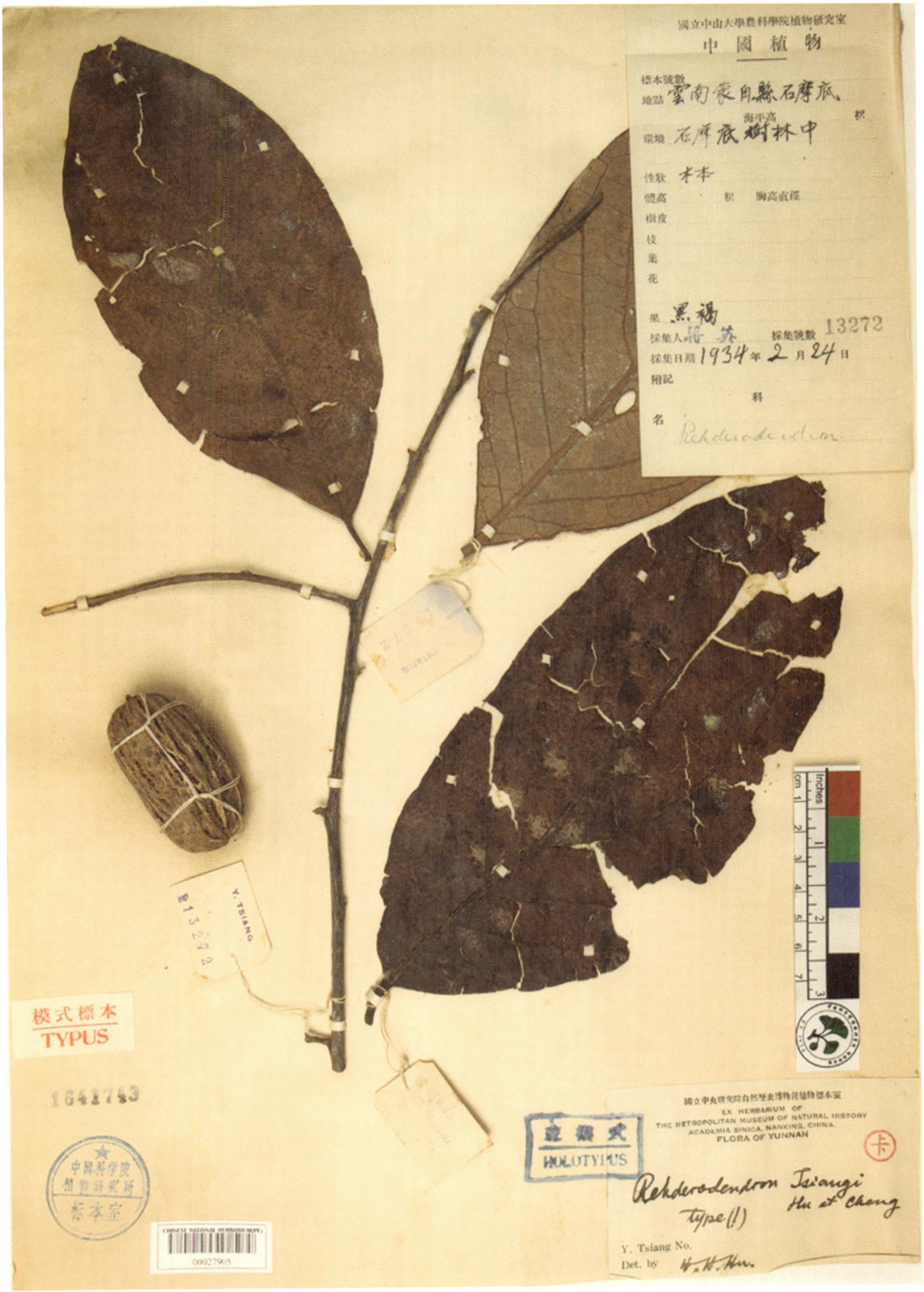

蒋英木瓜红 ***Rehderodendron tsiangii*** Hu & W. C. Cheng in Bull. Fan Mem. Inst. Biol., Bot. 5(6): 313. 1934. **Holotype:** China. Yunnan: Mengzi, 1934-02-24, Y. Tsiang 13272.

云南木瓜红 ***Rehderodendron yunnanense*** Hu in Bull. Fan Mem. Inst. Biol., Bot. 6(4): 176. 1935. **Holotype:** China. Yunnan: Pingbian, alt. 1 400 m, 1934-08-30, H. T. Hsai 61729.

狭果秤锤树 ***Sinojackia rehderiana*** Hu in J. Arnold. Arb. 11: 227. 1930. **Holotype:** China. Jiangxi: Nanchang, 1930-04-20, H. H. Hsiung 578 b.

秤锤树 ***Sinojackia xylocarpa*** Hu in Contr. Biol. Lab. Sci. Soc. China 4(1): 1, f.. 1928. **Holotype:** China. Jiangsu: Nanjing, 1928-04-22, Y. L. Keng 1376.

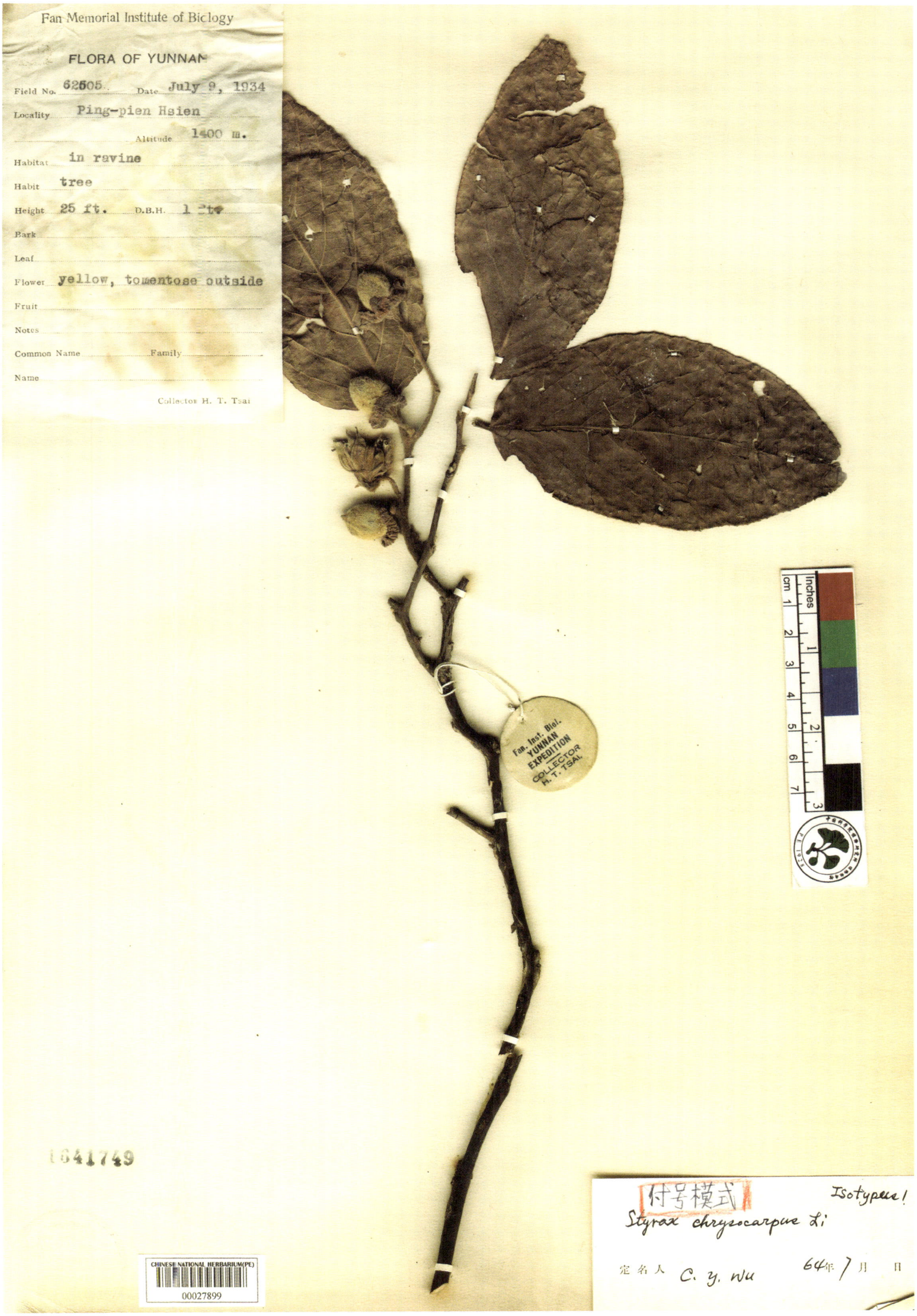

老鸹铃 ***Styrax chrysocarpus*** H. L. Li in J. Arnold. Arb. 25: 312. 1944. **Isotype:** China. Yunnan: Pingbian, alt. 1 400 m, 1934-07-09, H. T. Tsai 62505.

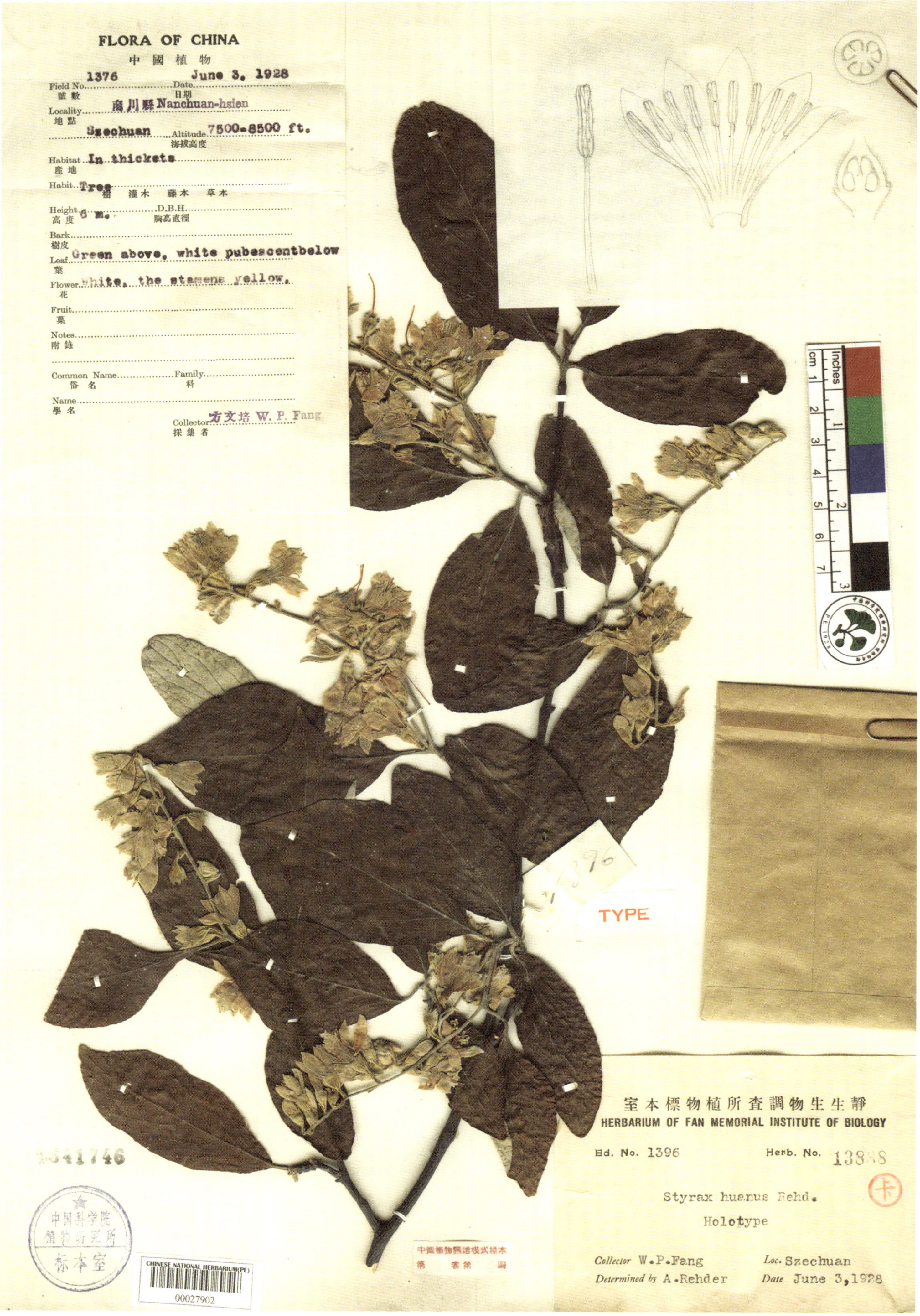

墨泡 ***Styrax huanus*** Rehd. in J. Arnold. Arb. 11: 167. 1930. **Holotype:** China. Chongqing: Nanchuan, alt. 2 280~2 600 m, 1928-06-03, W. P. Fang 1396.

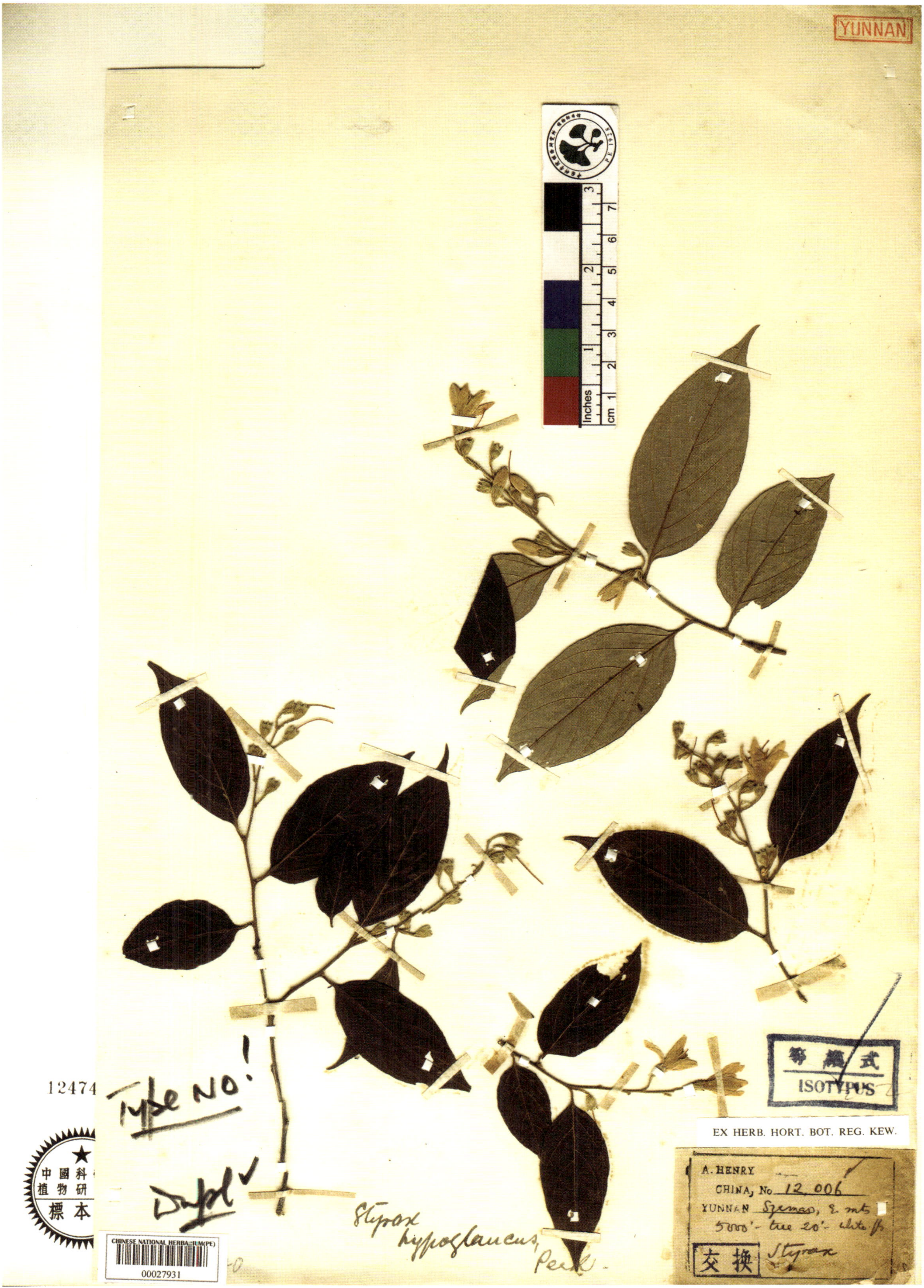

白花树 ***Styrax hypoglaucus*** Perk. in Engler, Bot. Jahrb. 31: 486. 1902. **Isotype:** China. Yunnan: Simao, alt. 1 700 m, A. Henry 12006.

朗空安息香 ***Styrax langkongensis*** W. W. Smith in Notes Roy. Bot. Gard., Edinburgh. 8: 208. 1914. **Isotype:** China. Yunnan: Lang-kong, alt. 2 300~3 000 m, 1910-05-??, G. Forrest 5585.

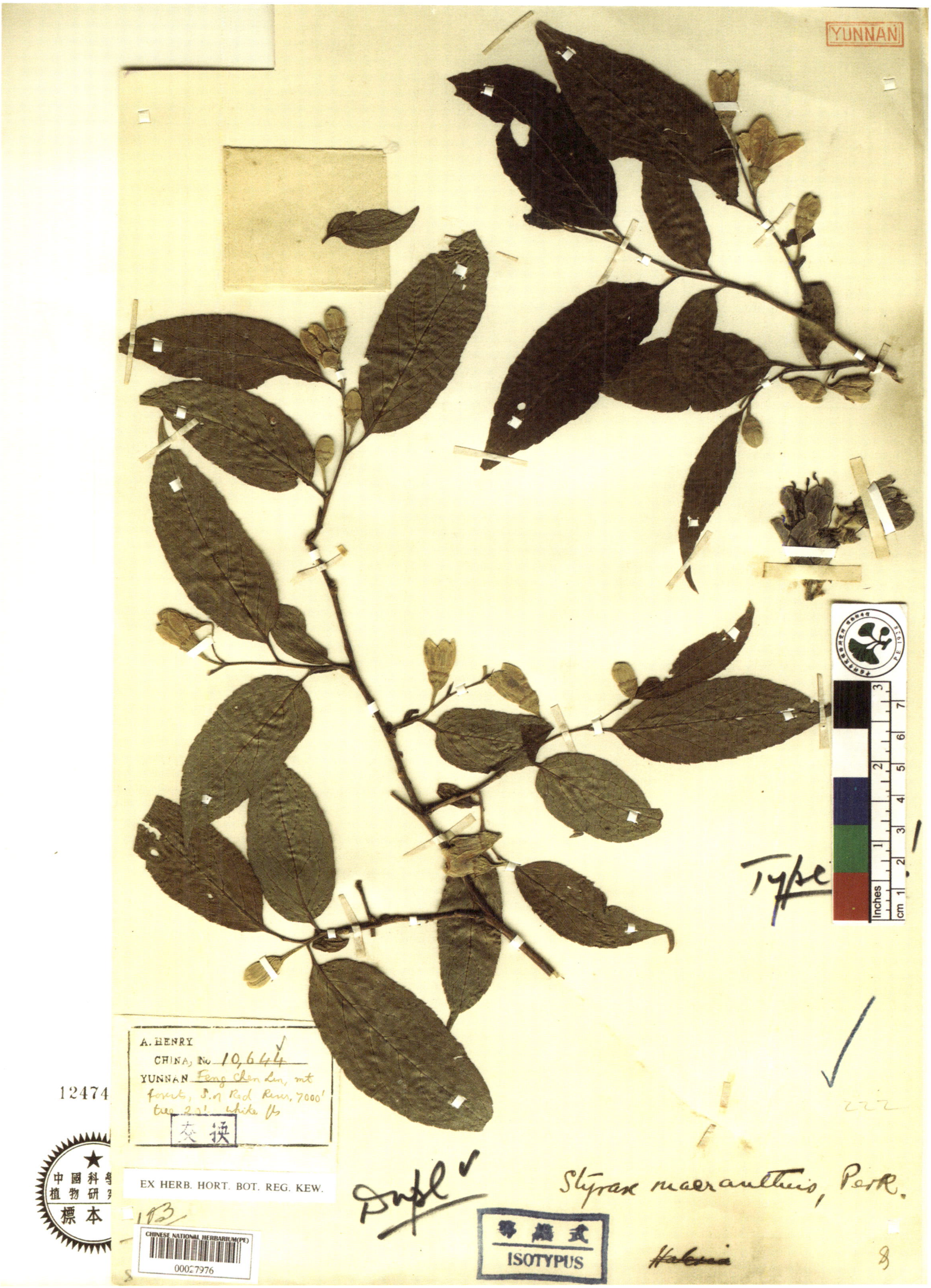

禄春安息香 ***Styrax macranthus*** Perk. in Engler, Bot. Jahrb. 31: 487. 1902. **Isotype:** China. Yunnan: Luchun, alt. 2 300 m, A. Henry 10644.

大果安息香 ***Styrax macrocarpa*** W. C. Cheng in Contr. Biol. Lab. Sci. Soc. China, Bot. Ser. 10(3): 242, f. 25. 1938.
Holotype: China. Hunan: Yizhang, Mangshan, 1937-08-21, W. C. Cheng 7000.

厚叶安息香 ***Styrax pachyphyllus*** Merr. & Chun in Sunyatsenia 2(3-4): 302, f. 39. 1935. **Isotype:** China. Hainan, Yaxian (=Sanya), 1933-07-16, F. C. How 71037.

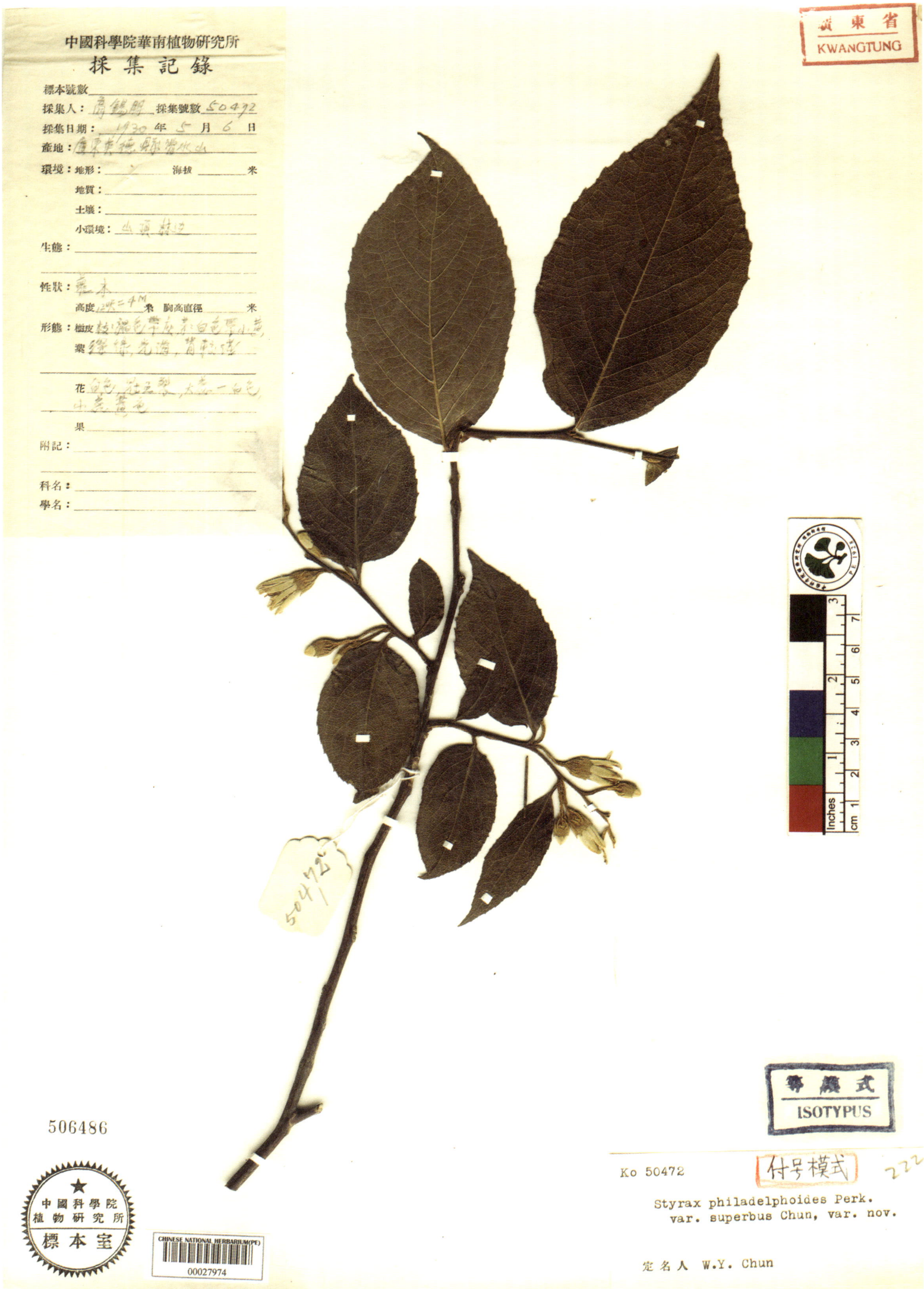

华丽赛山梅 ***Styrax philadelphoides*** Perk. var. ***superbus*** Chun in Sunyatsenia 1(4): 296. 1934. **Isotype:** China. Guangdong: Yingde, 1930-05-06, S. P. Ko 50472.

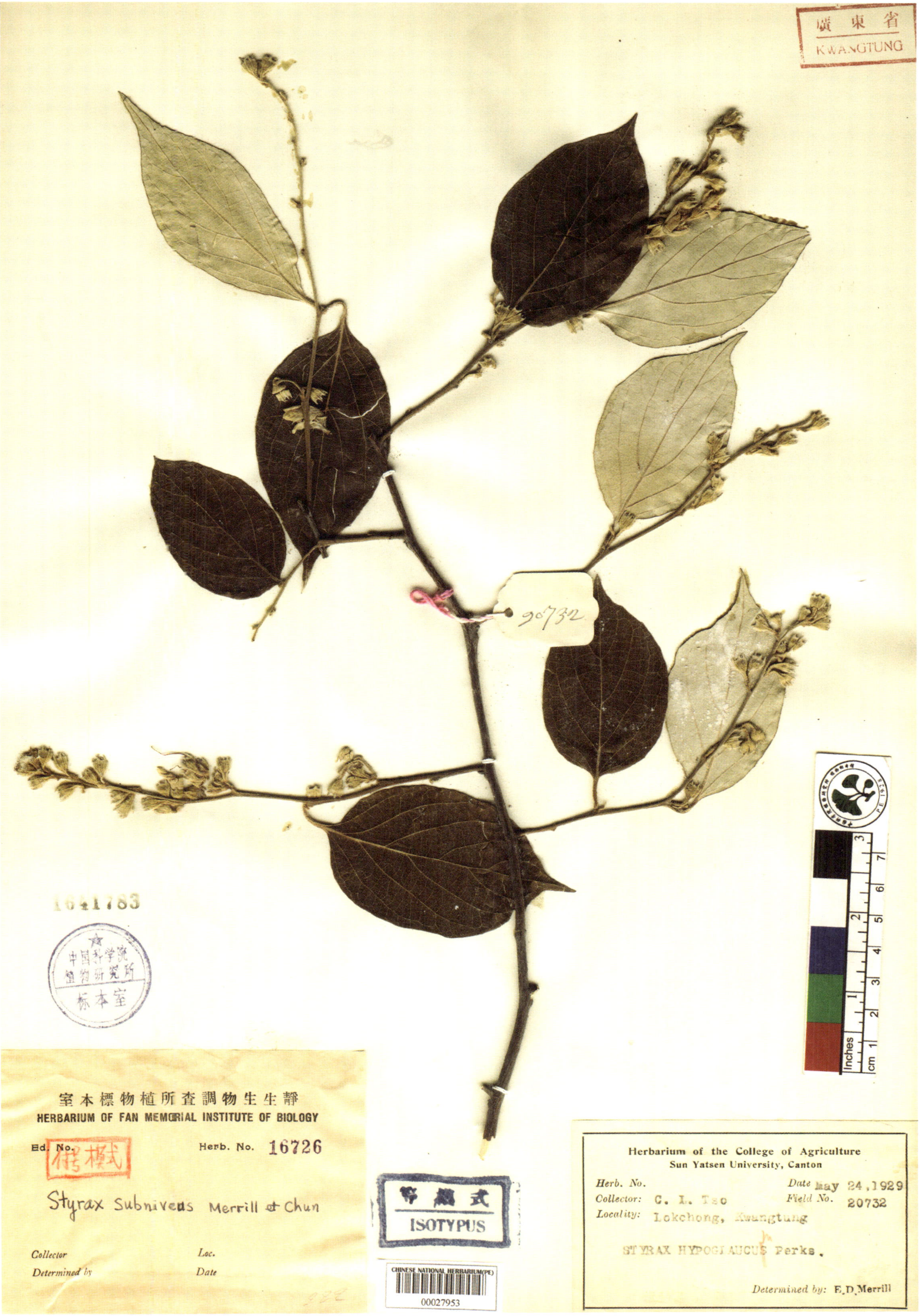

白背安息香 ***Styrax subniveus*** Merr. & Chun in Sunyatsenia 1(1): 78. 1930. **Isotype:** China. Guangdong: Lok Chong (= Lechang), 1929-05-24, C. L. Tso 20732.

裂叶安息香 ***Styrax supaii*** Chun & F. Chun in Sunyatsenia 3(1): 34, pl. 3. 1935. **Isosyntype:** China. Guangdong: Yuyuen (= Ruyuan), 1933-06-05, S. P. Ko 52797.

Loganiaceae

马钱科

maqianke

紫花醉鱼草 ***Buddleia fallowiana*** I. B. Balf. & W. W. Smith in Notes Roy. Bot. Gard. Edinburgh 10: 15. 1917. **Lectotype** (designated by Yun Lin & al. in Bull. Bot. Res., Harbin 35: 810. 2015.)**:** China. Yunnan: Lijiang, alt. 3 000 ~3 330 m, 1910-08-??, G. Forrest 6285.

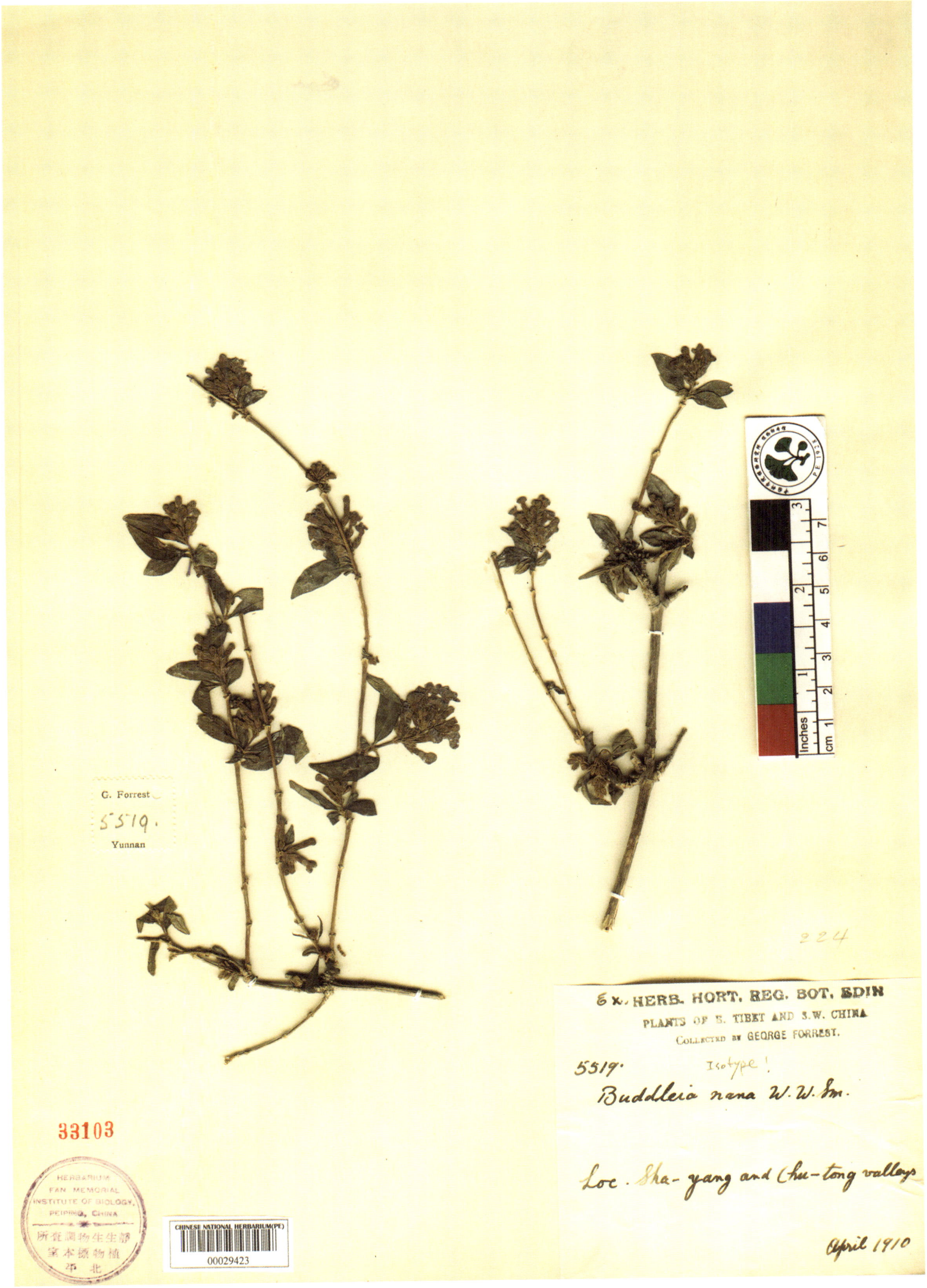

矮小醉鱼草 ***Buddleia nana*** W. W. Smith in Notes Roy. Bot. Gard. Edinburgh 8: 126. 1913. **Isotype:** China. Yunnan: Divide between the Sha-yang and Chu-tong, alt. 2 230 m, 1910-04-??, G. Forrest 5519.

凤山度量草 ***Mitreola pingtaoi*** D. Fang & D. H. Qin in Journ. Trop. Subtrop. Bot. 3(3): 30, f. 1-4. 1995. **Isotype:** China. Guangxi: Fengshan, alt. 500 m, 1992-04-02, D. H. Qin 30575.

华马钱 *Strychnos cathayensis* Merr. in Lingnan Sci. Journ. 13: 44. 1934. **Isotype:** China. Guangdong: Huiyang, alt. 753 m, 1932-03-??, T. M. Tsui 142.

滇南马钱 ***Strychnos cheliensis*** Hu in Bull. Fan Mem. Inst. Biol., Bot. Ser. 10: 163. 1940. **Holotype:** China. Yunnan: Cheli (=Jinghong), alt. 1 000 m, 1936-10-??, C. W. Wang 79227.

Index to Scientific Names / 拉丁学名索引

Index to Chinese Names / 中名索引

5 画

7 画

8 画

9 画

10 画

11 画

Authors and Addresses / 作者及工作单位地址

BAN Qin, CHEN Shurong, DU Yufen, FU Lianzhong, LIN Qi, MA Xintang, WANG Zhongtao, YANG Zhirong
China National Herbarium (PE), Institute of Botany, Chinese Academy of Sciences, Xiangshan, Beijing 100093, Beijing.

CHEN Yali, HE Shanshan, JING Xuan, LIN Yun, LIU Wenqun, WANG Mingqiong, WU Huibing, YUN Yingxia
Hunan Medication Vestibule School, Hunan Food and Drug Vocational College, Changsha 410208, Hunan.

GAO Dai, ZHANG Xiaobing, ZHAO Huijuan
Department of Biology, Taiyuan Normal University, Taiyuan 030031, Shanxi.

LI Hongli
Haidian Agricultural Institute, Beijing100080, Beijing.

班　勤　陈淑荣　杜玉芬　傅连中　林　祁　马欣堂　王忠涛　杨志荣
邮政编码：100093，北京市，香山，中国科学院植物研究所 国家植物标本馆（PE）

陈雅丽　何珊珊　敬　璇　林　云　刘文群　王明琼　吴慧冰　云映霞
邮政编码：410208，湖南省，长沙市，湖南食品药品职业学院，湖南省医药技工学校

高　玳　张小冰　赵慧娟
邮政编码：030031，山西省，太原市，太原师范学院 生物系

李红丽
邮政编码：100080，北京市，海淀区农业科学研究所